U0248663

Optical

Technology

and

Applications

of

Particle

Characterization

许人良

著

颗粒表征的
光学技术及应用

化学工业出版社
· 北 京 ·

内容简介

本书系统总结了颗粒测量的基本原理和各种表征方法,包括光散射技术,以及光学计数法、激光粒度法、光学图像分析法、颗粒跟踪分析法、动态光散射法和电泳光散射法等,涵盖了近年来的技术发展以及市场上新型的仪器产品,对每种技术相关的仪器构造与使用、数据采集与结果分析进行了详细说明。关于颗粒表征的标准化也进行了专门的介绍。

本书适合于颗粒表征和光学领域的科研人员、高校教师和学生、企业相关技术人员阅读。

图书在版编目(CIP)数据

颗粒表征的光学技术及应用/许人良著. —北京:化学工业出版社,2022.8(2023.6 重印)
ISBN 978-7-122-41269-0

Ⅰ.①颗… Ⅱ.①许… Ⅲ.①颗粒-测量-研究
Ⅳ.①O572.21

中国版本图书馆 CIP 数据核字(2022)第 079494 号

责任编辑:李晓红
文字编辑:毕梅芳 师明远
责任校对:宋 夏
装帧设计:刘丽华

出版发行:化学工业出版社
　　　　　(北京市东城区青年湖南街 13 号 邮政编码 100011)
印　 装:北京虎彩文化传播有限公司
710mm×1000mm　1/16　印张 26½　字数 504 千字
2023 年 6 月北京第 1 版第 2 次印刷

购书咨询:010-64518888
售后服务:010-64518899
网　　址:http://www.cip.com.cn
凡购买本书,如有缺损质量问题,本社销售中心负责调换。

定　　价:**168.00** 元

颗粒表征技术是随着 20 世纪 60 年代激光的诞生、70 年代起始的遵循摩尔定律的微电子技术飞跃，以及 20 世纪 60 年代光导纤维的付诸实践应用，而起步发展起来的。在这之前，颗粒表征技术基本都是手动的或半机械化的，所能表征的也都是微米尺度以上的颗粒。半个多世纪以来，颗粒表征领域已出现了几十种技术，能够表征粉体、悬浮液、气溶胶、微细气泡等各类颗粒体系的多项物理特性。在从纳米至 10cm 8 个粒径数量级内应用最广泛的技术中，与光有关的远超过半数以上。这些方法所得结果的准确性与精确性，都是传统方法所不能比拟的，其操作的便利性和规范性更使得那些传统方法除了筛分还在某些行业继续使用以外，其他基本都已退出了历史舞台。

在应用范围内，用于表征各类介质中 10μm 以上固体颗粒的技术，在世纪之交已基本完成并趋于成熟，并仍在不断地完善。近一二十年内表征技术的主要创新与发展，是用于亚微米与纳米尺度内各类颗粒的表征，以及用于液滴（气溶胶、喷雾）和气泡的表征。其中较为突出的是随着高容量、大面积的快速光电探测器发展而来的颗粒跟踪分析法与动态光散射法，以及包括彩色或全息分析的各类显微图像法。表征的范围也从一维的球状颗粒粒径向多维发展，即二维的颗粒表面、三维的颗粒形状、四维结合时空的颗粒体系动态表征。越来越多的技术能够进行浓度与计数的测量。

近十几年来颗粒表征技术的另一显著发展是从技术、仪器设备、使用操作到参考物质全方位的标准化。各类标准（国家标准、国际标准、团体标准、行业标准等）的建立、各类参考物质的制作、各级各类标准化组织的建立，使得当代颗粒表征技术的普及在多个规范化平台同时展开。

本书从对颗粒体系与颗粒表征的一般知识介绍出发，通过对光散射理论的实用性讨论，引出了当代颗粒表征技术中应用最为广泛的六种方法：光学计数法、激光粒度法、光学图像分析法、颗粒跟踪分析法、动态光散射法与电泳光散射法。在综述了颗粒表征技术的标准化现状后，对其他颗粒表征技术进行了简要介绍，并以 27 种粒径测量技术涵盖的粒径范围图作为全书的结尾。为了提供尽可能全面但又不过度的参考资料，本书所引的一千多篇文献集中在最原始的论文、对技术发展具有决定性的关键论文或书籍，以及截至本书完稿时的最新发展，涵盖了从 1809 年首次微电泳法测量电泳迁移率的实验，至 2021 年 5 月研究颗粒定向运动影响动态光散射测量的报告。

展望前景，通过各个技术的进一步发展与完善，标准化的全面普及，当代新技术例如云计算技术、三维打印、纳米科技在业内的融合，颗粒表征技术将会得到更广泛的应用，在社会建设的各个方面将起到更重要的作用。实验测量将不再仅局限于单个参数，而是通过多个参数来评估样品的表现，对颗粒样品的表征测量将逐渐发展过渡到对其的表现评估；多参数的全局分析将会成为一些技术的常规方法；而当代众多技术中球状颗粒假设的瓶颈，期望能通过更多的非球状分析或算法逐渐被突破。

笔者是两次不自觉地进入这一行业的。1972 年中学毕业时，被分配到上海焦化厂，成为煤焦分析组的一名青工，每天的工作就是与我师傅两人手工操作近 1m 宽 1.5m 长的筛子，对刚出炉的焦炭进行筛分分析，并到数百上千吨的煤船上取煤样进行分析，整整做了 5 年。直到很久以后，我才意识到这就是颗粒表征，不过对象是较大的颗粒而已。恢复高考后我进入复旦大学学习化学，又到北美留学，在石溪大学朱鹏年教授的教诲下学习光散射与高分子物理，在多伦多大学魏尼克教授研究组研究荧光与颗粒物理。没想到十多年间转了一大圈，学成后被美国首个动态光散射仪生产商所聘，再一次不知不觉地进入了颗粒表征领域，从此就再也没离开过。在当代颗粒表征技术发展黄金岁月的过去几十年中，有幸在全球三家颗粒表征仪器生产商经历了多种技术与仪器从理论研究、创新设计开发、各类样品测量、全方位应用支持、跨国市场开拓推广到国际标准化的全过程。

笔者将一千多篇文献的精华以及半个世纪内累积的经验知识浓缩在本书内。期望它的出版有助于读者了解、熟悉、应用这些光学技术，为相关行业的科技工作者与高等教育提供一个较全面的实用参考资料，填补现有文献中这方面的空缺。

在本书的写作过程中，得到了多位同行的热情支持与不吝赐教，特别要感谢的是蔡小舒、李兆军、张福根、刘伟等专家，感谢董青云、沈建琪、韩鹏、郝新友等专家提供最新研究成果。限于本人的学术水平与写作综合能力，对颗粒表征这一牵涉到各行各业的领域欲覆全面而力有不足，书中难免存在不尽如人意的地方，或叙述不全、讨论不足等疏漏之处，恳请同行专家和广大读者批评指正和赐教。

最后要感谢的是我的家人，没有她们的支持与鼓励，写作本书的计划是不可能萌生、启动、执行与完成的。

许人良

2022 年 6 月

目 录

第3章　光学计数法　/081

第4章　激光粒度法　/113

第 8 章 电泳光散射法 / 281

第 1 章

颗粒体系与颗粒表征

1.1 颗粒与颗粒体系

什么是颗粒？什么是粒子？根据《现代汉语词典》，粒子是"物质的极微小部分"，根据《韦氏大学字典》，粒子是"一极小的数量或碎片"。因为"小"一词相对于"某物"，粒子可以像量子阱中的夸克一样小，也可以像银河系中的太阳一样大（图 1-1），研究粒子的科学技术范围从高能物理学延伸到天体物理学。在浩瀚的宇宙中，太阳只是一颗极小的粒子。从大小的比例来看，一个 20 nm 的颗粒与足球相比等于足球与月亮之比。对颗粒表征不了解的人可能会认为这是粒子物理学的一部分，粒子物理学家研究的是微米大小的粒子。因此，我们必须定义所感兴趣的粒子，否则可能会出现涂料行业内与颜料色素颗粒打交道的技术人员去加入物理学会的粒子物理分会。为了区别，我们将使用"颗粒"一词而不用粒子。但即使研究大小类似的颗粒，天文学家也用与工业界不同的方法来描述天空中的颗粒，尽管他们可能使用相同的光散射原理。

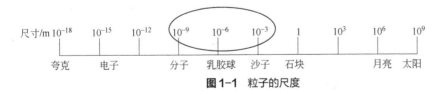

图 1-1 粒子的尺度

本书所涵盖的颗粒尺寸从几纳米到几毫米不等（图 1-2），从高分子到沙粒，我们统称这些颗粒为工业颗粒，尽管许多工业应用中颗粒粒度的上端可能延伸到厘米或更大的范围。在采矿业中，大于十几厘米的矿物往往需要筛选；在炼焦厂内，作为强度检验的一个步骤，也要对从几厘米到十几厘米的焦炭进行筛分分析。在从纳米到毫米的粒度范围内，颗粒可能以不同的形式存在：除了各种带或不带孔隙的固体颗粒，如金属颗粒、陶瓷颗粒以外，颗粒还可以是线状或网状的天然或合成高分子，如蛋白质、凝胶、DNA 和乳胶，也可以是小的无机或有机分子的组合，如胶束、微乳或脂质体，或者是一些独特的颗粒如量子点、富勒烯、碳纳米管、树枝状分子，甚至可以是一片"空间"，如液体或固体泡沫中的气泡。它们还可能只是散装材料，如金属氧化物、糖、药粉，甚至加入咖啡中的非乳制品奶精，也可能是普通的灰尘、花粉、石棉纤维、纸浆、涂料或雾霾，或者很多自然界的颗粒。这些颗粒除了化学构成与结构不同，最显著的就是大小不同。仅在生物学领域，同为球状颗粒，就有从纳米级的冠状病毒、微米级的葡萄球菌到十微米级的淋巴细胞。在全球抗击 COVID-19 新冠中所使用的信使 RNA 疫苗依赖于由聚乙二醇脂质包裹的脂质纳米颗粒（LNP），其中每个信使 RNA 分子周围有可电离的脂质、磷脂和胆固醇[1]。从物理化学的角度来看，工业颗粒系统，其化学成分和实际应用，除了高分子溶液之外，都是两相或三相分散体系。

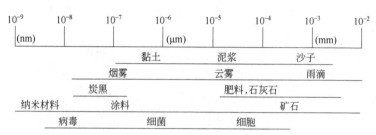

图 1-2　本书涵盖的尺寸范围内的一些颗粒类型

　　颗粒普遍存在于我们的世界中，对日常生活有着重要的影响。可以肯定地说，每个人在日常生活中的某个时候或某个地方，都以某种方式与颗粒打过交道或者正在打交道。有句业内俗语称"所有东西都是颗粒"。仅在不包括农产品的下述九大产业中，微电子、煤炭建材、金属和矿物、清洁和化妆品、药品、纺织品、纸和有关产品、食品饮料、化学品及相关产品，就有许多研发与生产过程极其依赖颗粒技术的应用（图 1-3）。例如，在电瓷制造过程中，必须严格控制颗粒粒度和粒度分布，粒度过细会导致烧结过程中起泡，粒度过于粗糙会导致漏电。薄膜添加剂、胶黏剂、颜料颗粒的粒度及其分布都会影响其相应的产品质量。油漆的光泽和覆盖能力分别受到少数大颗粒和小颗粒总成分的影响。受颗粒特性影响的工业过程还包括电沉积、食品加工、研磨、离子交换、矿石浮聚、高分子合成、沉淀、路面处理、污水处理、土壤调理、炼糖、水处理，以及黏合剂、催化剂、清洁剂、润滑剂等，甚至在研究梵高与毕加索的画色随时间变化中也有颗粒学的踪迹。

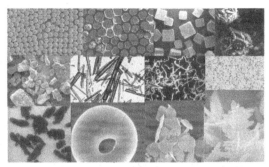

图 1-3　各种各样的颗粒

根据颗粒的物理状态和周围介质，可以用表 1-1 将颗粒体系分类。表 1-1 列出了颗粒体系的常用描述术语与一些实例，比较少见的三相分散体系未包含在内。在颗粒表征中，大部分注意力和兴趣都与分散在液体和气体中的颗粒有关（表中的灰色部分），特别是在工业界或学术界应用极多的干粉、悬浮液、气溶胶和乳液。近年来水中微气泡的应用发展，对颗粒表征提出了新的挑战[2]。除了将颗粒作为单体所进行的物理表征外，对颗粒体系及整体特性的表征，如颗粒悬浮液的浓度、稳定性、再悬浮性，粉体的各类密度、流动性、分离性、混合性等，也越来越受到关注，这方面的商业设备与各类标准也越来越多。

表 1-1　颗粒体系

1. 分散系			
分散相＼分散介质	固体	液体	气体
固体	固体悬浮体（着色塑料）	悬浮液（涂料，药液）	粉体（尘土，面粉）
液体	固体乳液（珍珠，蛋白石）	乳浊液（牛奶，蛋黄酱）	气溶胶（雾、霾）
气体	固体泡沫（发泡聚苯乙烯） 含孔体（分子筛，膜）	泡沫（微泡）	
2. 高分子溶液			

无论其物理形态如何，颗粒系统有两点与整体材料不同：

① 与相同体积或重量的非颗粒材料相比，以颗粒形态存在的材料中有大量具有不同物理特性的颗粒，每个颗粒的物理属性都不尽相同。其宏观可观察到的总体行为通常与非颗粒材料不同，这些宏观特性来自单个颗粒的贡献。如果体系中所有颗粒的某一属性相同，则该体系称为该属性的单分散体系（monodisperse）。如果体系中所有或某些颗粒对某一属性有不均一性，则该体系称为该属性的多分散体系（polydisperse）。"稀疏分散"（paucidisperse）用于描述系统中有几个不同群体的情况，每个群体中所有颗粒的某一属性具有相同的值，但各群之间此属性的值不同。

虽然多分散或单分散多用于描述颗粒大小，但它们也可用于描述颗粒的任何属性，如 zeta 电位、颜色、形状、比表面积、孔隙度等。颗粒体系的某一属性的分散性与另一属性的分散性之间一般没有关联。譬如不同大小聚苯乙烯乳胶球混合物，其粒度是多分散的，但其形状是单分散的，都是球状。

② 颗粒的比表面积（单位质量的表面积）极大。例如，密度为 2 g/cm³ 的球形颗粒，当直径为 1 cm 时，其比表面积为 3 cm²/g；如果直径减少到 10 nm，其比表面积将增加到 3×10^6 cm²/g。这个例子说明颗粒粒度影响其比表面积，从而影响给定颗粒体系的热力学和动力学特性，并导致许多非颗粒材料不存在的现象，如颗粒表面与周围介质和邻近颗粒的相互作用。

正是这两点不同使得颗粒在从制造、加工、混合、分类、整合、运输、储存到表征等各个方面，都具有与其他工程部门不同的特点。在颗粒表征方面，几乎每一个复杂技术的开发和推广，都是为了解决颗粒体系多分散性所造成的复杂性。如果颗粒样品中的所有颗粒的某一属性都有同样的值，则理论上只要测量一个颗粒，该属性值就可以代表样品中的所有颗粒，将不需要很多先进的表征技术，所需要的就是用某种方法来测量单个颗粒。但是由于多分散性，颗粒表征往往需要测量大量的颗粒，以得到对所测样品特性的统计结果——特性分布以及各类统计值。

颗粒物有两类属性。一类属性是材料的特性，如其元素组成、分子结构或晶体结构，它们独立于宏观的存在形式。无论是整体形式（固体或液体）还是颗粒状，这些属性不会发生变化。另一类属性，如单个颗粒的几何特性（大小、形状和表面结构），则与材料以颗粒形式存在密切相关。对于颗粒物，除了单个颗粒特性外，许多散装特性，如易燃性、可输送性、气体渗透性和粉末的可压缩性，也与材料以颗粒形式存在有关，这些属性在非颗粒形式材料中或者不同或者根本不存在。如果将"颗粒表征"仅用于与第二类属性相关的测量，则"颗粒分析"通常可用于与第一类属性相关的测量，颗粒分析中使用的技术与颗粒表征的技术不尽相同。颗粒分析中常见的技术有各种类型的质谱、X 射线晶体衍射、电子衍射、电子能量损失光谱、红外微光谱等。本书不讨论这些技术，只注重颗粒表征的技术。

颗粒体系的大部分物理属性是其中单个颗粒属性的系综表现或统计属性。通常评估的颗粒体系特性包括颗粒数（浓度）、粒度（大小和分布）、形状和表面特征（比表面积、电荷及分布、孔隙度及分布）。在这些特性中，颗粒大小和表面特征的描述具有关键意义。颗粒体系的许多物理参数与粒度有高度相关性。例如，颗粒体系的黏度、流动特性、悬浮物的可过滤性、反应速率和化学活性、乳浊液或悬浮液的稳定性、干粉的磨蚀性、胶体涂料和纸涂层的颜色和表面处理、陶瓷的强度等，都取决于颗粒大小及分布。很多日常用品的特性更是直接与其材料的颗粒粒度有关。例如牙膏中碳酸钙颗粒的粒度和分布与平衡牙膏的清洁效果与保护牙齿表面有关；很多食品与饮料的味道、口感、颜色、均一性、溶解性与其中的颗粒粒度有关，譬如软饮料中乳液滴的大小以及密度直接与该饮料的口感和稳定性密切相关，巧克力中可可颗粒的平均粒度则必须在 25 μm 左右，以吻合味蕾之间的间隙而达到细腻滑润的最佳口感；药物的颗粒度则与有效成分进入体内后的溶解与吸收速率有关；液晶显示屏内的隔层颗粒精度必须达到纳米级才能保证电视彩色的色彩准确性；等等。

从 20 世纪中叶开始，已有许多新技术被成功地应用于颗粒表征，特别是用于测量从纳米到毫米的颗粒粒度。在 1981 年时，就已有 400 多种测量颗粒粒度的方法[3]。在采用光学技术和其他现代技术之前，大多数颗粒粒度的测量方法都依赖于样品的物理分离，如筛子分析，或用显微镜方法分析数量有限的颗粒。分离方法得到每个分离组分的平均值，显微镜方法从有限的被检查颗粒中获得二维的粒度信息。最近40 多年来，由于激光和微电子工业（包括计算机）的诞生和商业化，颗粒表征科学技术得到了极大的发展，很多技术已逐渐被淘汰或更新，更多的新技术被开发出来[4-14]，特别是那些用于表征纳米颗粒的技术[15]。

我们可以根据每次测量中接收到的信号是由样品中很多颗粒同时发出的还是仅由单个颗粒发出的，将颗粒表征方法分为群体（ensemble）方法和非群体（non-ensemble）方法。这两类方法各有优缺点，而且往往是互补的。群体方法的优点是快速、非入侵性测量、动态范围宽、统计精度高，但分辨率较低。由于信号来自不同属性的颗粒，因此必须使用通常涉及建模的数据分析过程才能得到结果。在颗粒粒度测定中两种常见的群体方法是动态光散射法和激光粒度法。非群体方法分析耗时、经常会破坏样品、动态范围窄、统计精度低，但具有分辨率高的优势，而且检测信号通常与测量的属性有一对一的对应关系。非群体方法的样品在测量前必须根据其特定属性分离成单独的颗粒，因此很多非群体方法包含某种分离或分馏机制，譬如筛分、排阻色谱或场流分馏等分离方法。根据分离方法的不同，测量可能一次只检测一个颗粒或者检测一群具有相同属性值的颗粒。每次只测量一个颗粒的两种典型方法是光学颗粒计数法和电阻法（又称为电感应区法或 Coulter 原理）。

颗粒表征正确方法的选择完全取决于应用的要求和适当分析技术的可及性。用户往往需要在颗粒表征的几种方法中作出选择。颗粒表征技术的应用及其选择可参考表 1-2。

表1-2　颗粒表征中的 3M、4R 与 7S+

工具（Machines）	方法（Methods）	材料（Materials）
可靠的信息（Reliable）	样品准备（Sample preparation） 标样（Standard materials） 标准（Standards）	粒度（Size, 一维信息）
能再现的信息（Reproducible）		表面（Surface, 二维信息）
快速的信息（Rapid）		形状（Shape, 三维信息）
合法规的信息（Regulatory）		动态（Sustainability, 四维信息），浓度

1.2 样品制备

获得具有代表性的样品并正确分散样品中的颗粒,是在应用任何颗粒表征技术测量颗粒材料之前最重要的两个步骤。如果没有一个准备充分的代表性样品,无论仪器有多先进,测量结果有多正确,都将是毫无意义的。整个样品的准备过程是为了在后续的表征测量中获得可代表整批物料的、具有一致性的测量结果。

颗粒样品的准备可分为取样与制样两个步骤。取样的目的是获取对于整批物料具有足够代表性的样品,即被检测的颗粒特性应尽可能地代表整批物料。颗粒越大,取样正确的重要性越显著。在亚毫米及更大的颗粒表征过程中,取样往往是最大的误差源。制样的目的是将颗粒分散到所要表征的状态,往往是原始颗粒。取样可分为样品获取、样品缩分与样品转移等部分,制样可分为介质选取、颗粒分散与样品浓度选择等部分。

1.2.1 取样过程

除极少数例外,颗粒材料的表征是通过检查整批物料的一小部分(称为样品)来进行的。获得具有代表性的样品并将其减少到适当数量的过程至关重要。此外,在许多测量技术中,并不是每个进入仪器的颗粒都会被检测到:即信号可能只来自仪器中样品单元的一部分样品,实际被检测的颗粒量少于加入仪器的颗粒量,可能仅在毫克范围内。测量到的颗粒全面地代表整批物料的概率是很小的,很多因素会影响样品的代表性。例如将粉末倒成一堆时,就有可能发生按粒度大小的分离,细颗粒位于堆的底部。当容器中的粉末受到振动时,细颗粒会渗透到粗糙的颗粒中,然后当粉末从容器中倾倒出来时,就有可能出现分离的倾向。悬浮在液体介质中的颗粒会发生分离,较大的颗粒向下沉降,而较小的颗粒则保持悬浮状态。虽然样品处理只是表征样品整体过程的一个步骤,但在样品制备过程中得到具有代表性的样品极其重要。从成吨的整批物料到几克或几毫升待测样品的缩分过程,一般如表 1-3 分阶段实施。

表1-3 取样的不同阶段

阶段	1	2	3	4	5
过程	A		B	C	D
材料性质	整批物料	送交实验室样品	分析样品	加入仪器样品	产生信号的颗粒
样品量	10^n kg (L) 级	kg (L) 级	g (mL) 级	小于分析样品	小于加入仪器样品

在表 1-3 的五个阶段中，测量操作人员从生产第一线人员处获取整批物料的一部分（从第 1 阶段到第 2 阶段的过程 A），是实验室样品的获取过程；测量操作人员或科研人员将实验室样品进一步缩分到可用于测试设备的适当数量的分析样品（从第 2 阶段到第 3 阶段的过程 B），是样品的缩分过程；测量操作人员将制备好、适合于测试设备的待测样品加入测试设备中（从第 3 阶段到第 4 阶段的过程 C），是分析样品的转移过程；测试设备根据设计从部分进入测试设备的颗粒中获取信号（从第 4 阶段到第 5 阶段的过程 D），是仪器测量过程。测量过程是仪器制造时需要设计与验证的。譬如激光粒度仪的圆柱形光束在样品池的中间通过，只有通过光束的颗粒才会被检测到。在对颗粒样品进行测量时，必须保证悬浮液颗粒样品在样品池中循环时，样品池各处的颗粒不但分布是随机的，而且不同大小颗粒的流动速度是一样的；或者喷出的干粉颗粒通过光束时，不同大小的颗粒是空间均匀分布的。否则测量到的颗粒将不能全面地代表所加入的颗粒样品。本章只讨论样品的获取过程（A）与缩分过程（B）。本书略去因所用测量设备而异的转移过程与仪器制造商需要考虑的测量过程。

1.2.2 获取实验室样品

通常从整批物料中获取实验室样品，是在物料的不同部位（整堆物料）或不同时间（流动物料）进行的。每个取样点所取的一定量物料称为点样品，每个点样品的量与所有点样品的总量，必须满足进一步样品制备所需的量，并尽可能代表各取样点周围的物料。点样品的个数越多，则样本越大，定量分析结果越可靠，误差越小。目前尚无确定最佳点样品个数的研究。一般认为点样品在 5～20 个之间能符合大多数类型样品的需要，物料越均匀，所需点样品个数越少。

对一个特定材料的样品获取过程，需要变换取样点、点样品量以及取样点数，通过最终的测量结果来检验此样品获取过程的精密度。

（1）获取动态粉体样品

最理想的粉体取样是获取运动中的粉体，以避免由于静止而造成的颗粒分离。有两条被称为金色规则的粉体取样规则：①应当在运动中的粉体中取样；②应在粉体流动的整个横截面多次取样。

动态粉体样品一般在转动的皮带机的运行段或物料下落处、带搅拌的粉体容器的开口处或底下的物料出口处获取。在这类环境中取样，一定要注意安全，遵循环境中所有的安全规章制度，不进行任何有潜在危险的取样操作。这类样品的取样点一般是固定的，选择性小。可用勺式取样器、铁锹、铁锹等从表面取样，或通过截取下落的物料进行取样。取样时需要拿稳取样器，每次的量要符合自身体力，取样速度要快。取样的总量需要通过试验不断调整，以最终的测试结果能代表产品的质量为目的。

在制定操作规范时，需要通过变换取样点的位置、获取物料的方法和点样品量，来找出对此物料的最佳样品获取流程。

（2）获取静态粉体样品

静态的非流动性干粉不会按照颗粒大小分离，可能存在不均匀，譬如大型煤船中的工业用煤。所以需要在不同的取样点，使用各类取样装置，如开口式管状取样枪、封口式管状取样枪、百叶窗取样枪、螺旋钻、气动探针取样器、吸入式取样枪等，在料堆的不同位置与不同深度取样。取样点位置、取样点数量、取样深度、每次取样的量，需根据粉体颗粒的大小、粒径分布、料堆的大小等综合考虑，并由最终测试结果的重现性来确定。如果物料的总量以及可用的设备允许在取样前将整批物料混合搅拌，则在干粉堆表面用取样勺取样，也可以得到较好的代表性。

静态的流动性干粉会按照颗粒大小分离：小颗粒会渗透到底部，大颗粒会留在表面，甚至当大颗粒比小颗粒有更大的密度时这种现象也会发生。如果物料不能被混合搅拌，则必须在物料堆的不同深度多点取样。需要通过变换取样点位置、取样点深度、点样品量，来找出对此物料的最佳样品获取流程。

（3）获取悬浮液样品

由液相中固体或液体颗粒形成的悬浮液的整批物料，一般源自流动的生产管道、搅拌中的反应釜以及静止容器内。在线获取生产管道或反应釜内的悬浮液样品，往往局限于已经设计安装在固定取样点的取样装置，取样者能够改变的只有取样的时间和次数。如果生产条件恒定，则应该使用同一装置在一定时间内少量多次取样，并尽可能改变取样深度或搅拌条件，并以最终的测量结果来优化此样品的获取过程。对于静止容器内的悬浮液物料，容器内物料必须经过充分的搅拌，在颗粒分布均匀且无沉降或沉降速度远低于取样速度的情况下，获取所需的样品。如果不能搅拌，则需在容器的不同深度取样，并标明样品的取样深度。

从中型、大型容器中获取液体样品时，可以使用带长柄的罐式取样器、长柄取样管、带单向阀与抽取杆的液体取样器、炮弹状取样器等装置。从小型容器内取液体样品时可用移液管或吸管，但此方法只能用于小于几十微米、密度不是很高的颗粒悬浮液，否则所获取的样品将会存在对大颗粒或高密度颗粒偏低的系统偏差。

1.2.3　实验室样品的缩分

（1）粉体样品缩分

实验室对收到的大瓶或大袋样品中进行非流动性干粉（如黏性颗粒或纤维状颗粒等）的样品缩分时，由于这些材料虽然没有分离倾向，但可能并不均匀，因此可以使用勺子取样法、圆堆四分法或增量缩分法来获取测量所需的样品量。无论用哪一种方法，都必须对同一种材料多次操作并核查测量结果。

① 勺子取样法　使用一把具有适当形状的取样勺、取样铲或刮勺，在样品堆的表面取得测量所需的样品量。这个方法适合用于混合均匀、颗粒粒度或形态分布较窄的非流动性粉体，也可用于混合均匀后已被少量液体浸润而形成糊状物的流动性粉体。为了能使获取的样品具有更好的代表性，可以在样品堆表面多处采样，然后混合形成待测样品。

② 圆堆四分法　在此方法中，混合均匀的非流动性粉体样品或已形成糊状物的润湿粉体样品，被一次倾倒在一个干净平整的桌面上，形成圆锥形堆。用一块平板将圆锥堆压平后，将堆用特别的十字状刀具从中心切入形成四个相等的部分，也可用平板沿着中心线将堆分两次切成相等的四个部分（图1-4）。这四个部分必须从堆顶至桌面完全分离，可以使用刷子来清理粘在刀上或平板上的颗粒，并将其归入所属的部分。随机取四部分之一作为测量用样品。如果量还是过大，则可将上述步骤反复进行，一直到将样品缩分到所需的量。分割时需要注意四个部分的对称性，否则将发生缩分错误。

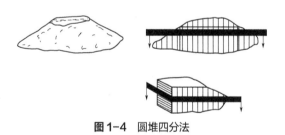

图1-4　圆堆四分法

③ 增量缩分法　将所要缩分的流动性或非流动性实验室样品混合均匀后，平摊在平整面上形成一个正方形的具有均匀厚度的颗粒床。将此颗粒床划分成等面积的小块，其块数与所需的增量数相等。在每一小块上随机确定一个取样点，用一块平板直插到颗粒床的底部，然后用带侧壁的钝头铲在与平板垂直的方向，与平板一起，从底到面铲出颗粒床取样点的样品。在每一小块重复此操作，并将从各小块取得的

样品混在一起，形成待测样品。如果样品量太多，则可以将所取得的待测样品放回实验室样品内，重新制作颗粒床，并调整所划的小块数，或者换较小的钝头铲。

流动性干粉会按颗粒大小分离，当倒入或储存在容器中时，小颗粒会渗透到底部，大颗粒将留在上部。由于此分离倾向，不能使用勺子取样法或圆堆四分法，而应使用桌式采样法、斜槽分流法、增量缩分法或旋转缩分法等样品缩分方法，其中尤以旋转缩分法为最佳选择。

④ 斜槽分流法　此分流器通常有三层，流动性粉体样品被放置在倾斜的顶层 V 形槽中，并沿着斜槽落下，这些斜槽交替地使样品掉落在两个分离托盘（A 与 B）的下一层槽。第三层的托盘可以接收从托盘 A（或托盘 B）进一步向下流动物料的一半（方案 A），也可接收一半来自托盘 A 一半来自托盘 B 中的下落样品（方案 B）。这个过程可以反复进行，也可使用具有多层次的分流器，在下落过程中样品量不断被缩分而减少，直到获得所需的样品量。样品必须在倒入分流器之前混合均匀，操作员须将样品均匀地加载到槽中而不发生分离，并防止槽口被堵住。方案 A 的样品缩分比为 $(1/2)^{n-1}$，方案 B 的样品缩分比为 $(1/2)^{n-1/2}$，其中 n 为分流器的层数，方案 B 为优选的方案。

⑤ 桌式采样法　此缩分方法基于有很多棱柱与孔的一个倾斜平面。样品从顶部倒入后，颗粒沿着倾斜平面向下流动，在遇到棱柱围成的孔时，部分颗粒通过孔跌落下去，部分颗粒继续向下流动直到倾斜平面的最下端而被收集为所需的待测样品。此设备应用时必须保证每次加料的初始样品已很好地混合均匀，而且每次分离后继续流动的颗粒也具有均匀分布和完全混合的特性，否则每次缩分都会造成更多的误差。

⑥ 旋转缩分法　旋转缩分器是一个旋转样品缩分器，由进料漏斗、振动给料器与旋转式收集盒组成（图 1-5）。样品从漏斗加入，然后通过一个不断振动着的斜槽以恒定的流速下落至一圈匀速旋转且相互隔离的收集盒内，直至进料漏斗内的所有样品都清空。其缩分比等于 $1/n$，其中 n 是收集盒的个数。旋转缩分器是各种流动性粉体样品缩分方法中最好的选择，具有最准确的结果。此装置也可设计成多层，即收集盒内的分样又可成为下一层的进料而被进一步缩分。一个 100 层的旋转缩分器可将 10 kg 的整批物料缩分到 1 g；用 20～100 μm 的多分散标准样品经此 100 层旋转缩分器缩分后，从分样中随机取出 5 个样品，其粒度筛分分析的标准偏差只有 1.46%[16]。

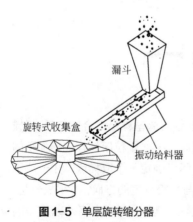

图 1-5　单层旋转缩分器

漏斗

旋转式收集盒

振动给料器

（2）液体样品缩分

液体样品如颗粒悬浮液，可以使用适合处理 1 L 或更少的旋转装置，如混匀器、滚筒、磁搅拌器、管旋转器、试管振动器等。这些设备可以使颗粒保持均匀的悬浮状态，然后用适当的方法将整个悬浮液缩分成拟定的份数。对于小于几十微米而密度又不是很高的颗粒悬浮液，可以在装有样品的容器中使用磁性搅拌棒，并在搅拌棒旋转时用移液管或吸管抽液取样。对于粉体颗粒样品，尽管这些技术能够有效地从液体悬浮液中获得具有代表性的样品，但在样品分散在液体中之前进行粉体取样，往往能够得到更具有代表性的样品。

（3）糊状样品缩分

糊状样品可以是很高浓度的颗粒物料，也可以通过在干粉中边搅拌边逐渐加入适量的对后续测量无干扰的液体分散剂或润湿剂而制成。由于糊状样品中高浓度的颗粒限制了颗粒的运动，所以即使流动性颗粒也不会在糊状样品中分离。糊状样品经充分搅拌达到均匀后，可用刮勺或样品铲随机取出足够的测量样品。

1.2.4 最少待测样品量

由于颗粒材料的多分散性，要得到有代表性的统计值，必须要测量足够多的颗粒，以涵盖某一特性的所有值的范围，即具有各种值的颗粒都必须被测量到。最少所需测量颗粒的数目也与分布的形式有关，此一特性值的分布越宽，所需测量的颗粒数就越多。例如在颗粒数量按粒径分布的测量中，如果粒径分布从 1 μm 至 1000 μm，而某测量仪器测量不同粒径颗粒数都有同样的不确定性，为了达到在测量结果的整个粒径范围都满足设定的测量不确定性，则样品中必须有足够数量的颗粒。由于颗粒特性分布两端的测量不确定性，样品的总量就必须很大[17,18]。

表 1-4 列出了要达到粒度体积分布在大于 D_{90} 的区间内有 1000 个颗粒，不同分布宽度（以几何标准偏差表示）的对数正态分布样品测量所需的最少颗粒数[19]。

表1-4 对数正态分布所需测量的最少颗粒数

几何标准偏差	最少颗粒数	几何标准偏差	最少颗粒数
1.1	2.1×10^4	3.09	2.5×10^8
1.55	2.2×10^5	4	5.3×10^9
2.01	2.3×10^6		

图 1-6 描述了要达到粒度体积分布在大于 D_{90} 的区间内的测量基础误差低于 3%

时，不同球状颗粒大小、不同分布宽度的（以 x_{90}/x_{10} 来表示）对数正态分布所需要的最少样品量，假定颗粒的密度为 1000 kg/m³。

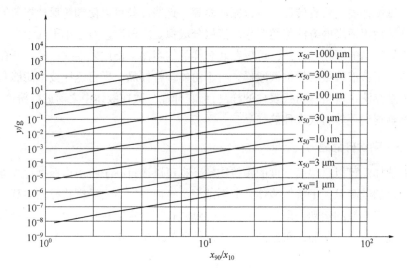

图1-6 对数正态分布所需要的最少样品量（y）[20]

从图 1-6 可以得知，对于中位直径 1000 μm 以上圆球状颗粒的宽分布样品，最小所需测量样品的颗粒质量可高达数千克；如果是稀的悬浮液，则体积可高达数十升，一般的颗粒表征仪器很难测量这么大量的样品。所以对宽分布的大颗粒样品，表征结果往往具有较差的精确度、重复性与再现性。

如果只要求得到具有一定统计误差的中值或平均值，而不是分布的细节，则所需要的最少颗粒数就较小些。从在给定的置信区间内，通过一定相对误差范围内所需最小颗粒数的一般公式[21]，可以得出对于几何标准偏差为 1.55 的对数正态分布，如果要得到概率为 95%，相对误差为 5%的体积中值与体积平均值，其最少颗粒数分别为 47358 与 4952，远小于表 1-4 中的数值[22]。

1.2.5 样品分散

分散是颗粒被介质（液体或气体）均匀悬浮的过程，之后每个颗粒可以作为个体被检测。无论使用哪种颗粒分析设备，分散正确与否决定了分析测量的成败。因此在将样品引入仪器之前，必须充分注意样品分散。颗粒分散是个多学科领域的技术，包括分散介质的选取、分散的方法以及浓度的调整[23-27]。

（1）分散介质的选取

本书讨论空气与液体两类分散介质，其中液体又可分为水相与非水相两类。对于粉体，其物理特性的表征既可以用干法进行，也可以分散在液体介质中用湿法进行。干湿方法的选择可根据表 1-5 进行。对于未知颗粒材料，同时进行干法与湿法的表征，并比较其结果，这对于选择适合的分散介质是十分必要的。在粒度测量中，如果干法测量的样品粒度小于已经进行正确样品分散的湿法测量，而且干法分析所用压力越大，粒度越小，则表明干法分散过程粉碎了原始颗粒。而在测量小于微米级的粉体粒度时，如果干法测试的粒度比湿法大，则表明干法没有将样品完全分散到原始颗粒。在这两种情况下，样品需要用湿法进行测量。

表 1-5　粉体样品测试的干湿方法选择

适用于干法	适用于湿法
样品可被悬浮在空气中	样品在空气中有毒，危害操作者或环境
颗粒与液体介质有反应	样品含亚微米颗粒
颗粒不会在干法分散过程中被粉碎	颗粒之间有很强的黏合
流程及产品需要干法测定	颗粒易碎
颗粒之间的黏合可用干法有效分散	

如果粉体被选定需要在液体介质中测试，则其在介质中的溶解性、反应性、悬浮性等决定了介质的选取。尽管首选介质是水，但许多粉体不适合分散在水中，因此介质也可以是非水的，例如在测定可溶于水的肥料样品或许多药粉时就需要使用非水介质。如果样品必须分散在可溶解此样品颗粒的液体介质中，可以使用过饱和法，即将足够多的此样品颗粒加入液体介质中形成饱和溶液，用过滤后的饱和溶液作为介质来分散样品。应避免那些与样品有化学反应的介质，例如氢化锂在与水接触时会爆炸，水泥在水中会结块，此时水就不能成为分散这些样品的介质。颗粒在分散过程中不应存在聚合、絮凝、聚集、凝结、收缩或膨胀等物理变化。另外，介质的不变性也必须考虑，如介质的吸水性、是否允许细菌或酵母生长、纯度、对测量结果的影响，所有这些在选择适当的介质时都必须考虑。如果大或重的颗粒在介质中的悬浮性有问题，可以使用甘油等高黏性的介质。但是如果黏度过高，悬浮物可能会诱捕气泡，颗粒可能不会均匀分散。以上示例说明了为什么有时需要选择非水介质而不是水。当然水相体系具有很多优势，如对许多样品能提供有效的分散，在使用和处理废物时需要较少的预防措施，用水的成本远远低于任何有机溶剂。当受可用设备所限，样品只能在不理想或不适合的介质中测试时（譬如由于缺乏干法测试设备，只能进行湿法测试），就需要在注意安全的同时，通过改变诸如搅拌、外加分散能量、测试时间等各种条件，来找到能最准确地表征样品的测试方法或流程[28]。

选择合适介质的另一个问题是它是否适合所选定表征的技术和仪器，譬如电阻法需要在电解质液体中进行测量；而用光作为信号源的技术需要介质的折射率与颗粒的折射率有足够的差异；在沉降分析中，液体与颗粒的密度需有足够的差异。液体介质的选取举例见表1-6。

表1-6　液体介质的选取

条件	举例
无溶解现象	肥料不能分散在水中
无反应	水泥、氢化锂不能分散在水中
足够的悬浮性	亚毫米以上的钨颗粒不能悬浮在水中
符合仪器测试要求	有色液体不能用于激光粒度测量
符合测量技术要求	用电阻法测试需用电解质液体

（2）样品在介质中的分散

① 粉体的干法分散　流动性或不结块的粉体无需外部分散辅助装置。非流动性的粉体颗粒之间由于 van der Waals 力产生的黏附取决于粒度，特别是对很小的颗粒，分散很困难。通常利用在高压空气下或者抽真空时颗粒所受到的压力差以及颗粒与颗粒之间的碰撞或者颗粒与物体（譬如管道壁、样品池壁）的碰撞来完成。干粉分散辅助剂，譬如白炭黑、磷酸三钙或石墨，有助于对颗粒进行表面覆盖，减少颗粒间的黏合。这些纳米大小的分散辅助剂比样品颗粒小得多，其对颗粒粒度测量的影响可以忽略不计。当这些分散辅助剂以 0.5%~1%体积分数与样品混合后，能通过"滚珠效应"改善颗粒的流动性与分散性。在用高压气体分散粉体时，需要变换气体压力，观察测量结果的变化，以避免发生粉碎颗粒的后果，一些常见的针状结构药物材料（譬如扑热息痛）特别容易被打碎。在干法分析时，需要注意静电，可以利用防静电辅助手段，如喷雾剂和静电棒来消除静电。

② 粉体的湿法分散　粉体在水或非水液体中的稳定分散，可以通过颗粒表面电荷稳定或空间位阻稳定，在超声或搅拌等物理作用辅助下来实现将样品分散到原始颗粒。此处的讨论不包括团聚体或絮凝物表征的样品分散。

使用润湿剂是粉体在液体中分散的第一步，其主要作用是降低表面张力及改善颗粒的憎水性，使颗粒更容易分散到液相中去。有两类方法可以将润湿后的颗粒（团）分散开来：添加表面活性剂与调节颗粒表面电荷，调节颗粒表面电荷又可分为酸碱度调节与通过添加离子调节。

表面活性剂在粉体样品制备中被作为分散剂而引入颗粒表面电荷和减少颗粒憎

水性。大多数表面活性剂都有一个被吸附到颗粒表面的憎水部分与一个延伸到介质中的亲水部分，表面活性分子使颗粒湿润和带电，从而排斥相似的颗粒而达到分散稳定的目的。表面活性剂可分为带负电的阴离子型（如含羧基、磺酸酯基、烷烃磺酸基、烷基芳香烃磺酸基、磷酸盐等）、带正电的阳离子型（如各类铵盐）、既带正电又带负电的两性型与不带电荷的非离子型（如醚类、酯类、酰胺类）。附录4列出了颗粒分散中常用的分散剂。

分散剂的浓度必须很低，否则有可能适得其反，导致颗粒的聚合或絮凝。非水介质的选取除了稀释作用，还需要考虑其对颗粒的分散功能。在将粉末分散到非水介质中时，选择一种既是稀释剂又是分散剂的有机溶剂至关重要，也有许多有机分散助剂可用于非水介质。

pH调节是另一种改变表面电荷的方法。常见的颗粒表面基团如氨基（—NH$_2$）、羟基（—OH）、羧基（—COOH）在等电点以下吸附氢离子形成带正电的—NH$_3^+$、—OH$_2^+$、—COHOH$^+$，或在等电点以上失去氢离子形成带负电的—NH$^-$、—O$^-$、—COO$^-$。通常距等电点两个pH单位时能得到稳定的分散，相应的zeta电位约为±30 mV。

在悬浮液中加入与颗粒表面分子晶格所含离子相同的离子，也可以使得颗粒表面吸附此类离子而增加表面电位，从而促使颗粒的分散。对在水悬浮液中的离子型或表面带极性键的颗粒，加入与其表面分子晶格不同的多价离子，譬如六偏磷酸盐、焦磷酸盐、聚硅酸盐等，也可形成表面吸附而增加表面电位。

对于极性非水介质中的非极性有机颗粒，可以通过吸附中性离子对来增加表面电位。离子对的一部分通过分离解吸而使颗粒表面带电。例如吸附的羟基苯甲酸N,N,N-三甲基十二铵通过分离成季铵阳离子和极性有机酸阴离子而使颗粒表面带电。对于非水悬浮液，空间位阻稳定可能更有效。使用非离子型分散剂或嵌段共聚物可以实现空间位阻稳定：一部分强烈地吸附在有机颗粒表面，另一部分溶解在介质中。非离子分散剂的一个例子是聚乙烯氧化物链。

选定润湿剂与分散剂后，将粉体样品用少量润湿剂润湿，用刮勺压碎团块并调拌，加入分散剂溶液，在搅拌中加入一定量的选定介质形成稀浆料，然后将少量样品放在显微镜下对分散效果进行微观评估。如果样品分散尚不够理想，可用适当的混匀装置或搅拌装置，如混匀器、滚筒、磁搅拌器、管旋转器、试管振动器等来对悬浮液施加机械动力，形成颗粒分散良好的悬浮液。如果机械搅拌或混匀装置尚不足以达到颗粒的完全分散，则可以用适当的超声装置如超声水浴或超声探头对悬浮液进行超声处理。超声水浴能提供均匀的分散能量，而超声探头能在局部提供极高的超声能，离探头越远，能量越弱。超声能量必须控制恰当，持续时间过长或超声波功率过强，可能会导致聚集、粉碎和加热，从而破坏样品的完整性，损坏原始颗粒；太弱则不能起到将所有颗粒完全分散至原始颗粒的目的，必须通过对样品的不断试验来正确地选择适当的能量。一般超声时间不宜超过 3～5 min。

在分散某些类型的样品时，需要特别注意颗粒受损：当磁性颗粒用去磁线圈或将样品加热去磁时；分散乳液时使用分散剂和声波可导致去乳化；分散脂质体时使用分散剂和声波可能破坏或破裂脂质体壁。

下面是粉体在液体介质中被分散至初级颗粒或不可分散的聚集体的步骤：

a. 选择分散剂。确定哪一种分散剂与颗粒有最好的作用。根据颗粒的表面特性选择适当的分散剂。

b. 润湿。使用少量润湿剂将试样润湿形成糊状物，用肉眼观察粉体是否能被润湿。润湿剂可以是分散剂稀溶液，也可以是水或乙醇等有机液体。

c. 调拌。逐渐加入足够的、已选定的分散剂。在加入的过程中，用调拌勺或刮勺压碎大颗粒，使样品成为厚的糊状物。

d. 加液稀释。逐渐加入液体介质，以形成稀浆状。

e. 显微镜观察。取少量稀浆状样品放置在光学显微镜的载玻片上，用放大倍数 40～400 倍的光学显微镜检查颗粒的分散状况。当颗粒的折射率与液体的折射率有一定差异时，大于 1 μm 颗粒的分散状况可很容易地被观察到。对更小的颗粒，可用超显微技术，即颗粒被背面的光照射形成光点，从光点的运动（颗粒的布朗运动）估计颗粒的分散状况。油滴的超显微技术的观察下限约在 100 nm，而二氧化钛与金属颗粒则可小至 20 nm。

f. 加能量分散。当试样都已被分散至初级颗粒或聚集体，可进一步在搅拌过程中加入液体介质，形成适合浓度的悬浮液。如果仍有聚结状态的颗粒，可用搅拌、加热、超声浴或超声探头等方法解聚。超声通常是最有效的解聚方法。

g. 再分散。当采取上述步骤后，仍有絮凝物或团聚的颗粒，可增加能量或换另一种分散剂，直到试样都被完全分散成初级颗粒或聚集体。

h. 检查稳定性。由于稀释、pH 值变化、离子浓度或分散剂选择不当，颗粒可能会重新团聚或絮凝，即悬浮液不稳定。可采取以下两种方法评估悬浮液的稳定性：ⅰ.在用光学显微镜观察时，当液体中两个颗粒靠近时，如果互相排斥而不是互相碰撞，则稳定性良好；如果颗粒有短暂碰撞粘连，但再次分离，则稳定性一般；如颗粒发生碰撞且粘连在一起形成絮状物，则稳定性差。ⅱ.可将悬浮液转移到仪器内进行测量。如果相隔几小时的测量结果重复性在仪器重复性范围内，则该分散体系稳定。如果分散不稳定，则必须改变方法，如使用不同的分散剂或不同的条件，或改变 pH 或离子浓度等，并重复以上步骤。

如果在测量所需时间之内经分散的颗粒悬浮液是稳定的,则可以进行样品转移。

③ 液态颗粒的稀释与分散 除了固体颗粒，分子集合体如胶束、脂质体与乳状

液的悬浮液，也经常由于测量的要求而需要进一步分散（稀释）。对于这些颗粒，在稀释的操作过程中必须避免损坏这些颗粒。加入不适当的分散剂或使用超声会使乳状液破乳而造成颗粒损坏，会使脂质体破壁而解体。应缓慢地将样品加入稀释液中，并小心地搅拌以形成均匀的悬浮液。

（3）待测样品的浓度调节

每一种颗粒表征技术与特定的仪器，对于在样品单元中的样品浓度都有特定的要求。譬如电阻法或光阻法的颗粒计数要求进入测量区的颗粒之间有足够的时间空间分离；激光粒度测量为了避免多重光散射的发生，要求颗粒的浓度低于一定范围；而动态光散射对于纳米颗粒要求必须有一定的浓度以能检测到光散射信号。很多技术的浓度要求随颗粒与介质的特性而变。对于每一个颗粒样品体系（颗粒与介质的组合），当应用某一表征技术、使用某一特定仪器时，都需要在建立测试流程时，用不同的样品浓度进行测试，比对结果，选出最佳的样品浓度范围。

特别需要注意的是对 zeta 电位测量样品的稀释。由于颗粒的 zeta 电位既取决于颗粒表面基团，也取决于悬浮介质中各类离子的类型与浓度，所以测量 zeta 电位的样品不能简单地用液体进行稀释，而需要使用均衡稀释法以防止溶解冲击或者其他稀释作用改变样品的电动力学特性。

均衡稀释法中稀释用的液体与原体系中的液体一样。通过适当的操作，均衡稀释使得样品的特性除了颗粒浓度外，其余都保持原样。只有采用均衡稀释方法来制备样品，才能保证原始样品和稀释样品的 zeta 电位在理论上一致。简单地用去离子水稀释，是误导性的错误方法。

获得等同介质的方法有以下三种：

① 用与原有样品等同的液体、同样浓度的各类离子配制稀释液。这一方法要求精确知道样品介质中各种离子的浓度，但是很难知道从颗粒相释放出来的成分。对于密度差异小的纳米颗粒与利用第三相（表面活性剂）把通常不能混合的油性物质和水相组分通过桥接方式混合而成的乳液，由于很难使用下述的离心与膜分离方法，只能采用这种等同液体稀释法。

② 通过重力或离心沉降的方法，提取上层的液体。然后使用这种称为"母液"的上层液体把原始样品稀释到测量技术所要求的最佳浓度。这种方法适用于颗粒较大并且颗粒和液体之间的密度差异足够大的体系。

③ 对纳米和生物胶体，利用渗透膜的透析方法也可获取等同介质。渗透膜能透过离子和分子而不能透过胶体颗粒，但要避免渗透膜上脱落的颗粒或表面活性剂等。

在某些比较少见的情形下，需要把比较稀的样品变成比较浓的样品。这时需要将颗粒与液体分离，然后再用更高的体积比把颗粒分散到相同的液体中；也可以通过适度的离心移走上层液体，但要优化该过程以减少颗粒损失或聚集效应。

1.3　颗粒测量数据及其统计分析

在颗粒表征中，数据通常以 $q(x)\Delta x$ 的形式表示，其中 $q(x)$ 是所测量变量 x 的比例振幅或浓度（相对或绝对），即 $q(x)$ 是变量 x 的密度分布，$q(x)$ 可根据测量方法和使用的数据分析过程而取离散或连续形式。通常 $q(x)\Delta x$ 表示 Δx 范围内 x 的百分比或绝对值，x 可为以下属性之一：颗粒体积、颗粒粒度、孔隙度、孔隙体积、颗粒表面积或颗粒迁移率等。根据应用情况，$q(x)$ 和 x 都可以使用不同的权重转换为其他变量。无论采用哪种技术获得测量结果，使用适当的统计方法并正确地呈现数据，是整个表征过程中的一个重要步骤。

颗粒表征领域内术语的命名与定义往往因行业和原产国而异，因此往往令人困惑。譬如用于表述颗粒直径的符号，美国和其他一些国家用 d，但在德国和其他欧洲国家用的是 x[29]。又如不同平均值的定义，有两套定义这些平均值的符号系统[30-36]。下面我们将首先介绍 $q(x)$ 的表达方式，然后介绍可从 $q(x)$ 计算出的一些基本统计参数以及各种平均值的定义。

1.3.1　数据的统计表达形式

在颗粒表征实验中，$q(x)$ 是在经过校准而直接测量的 x 值或预定的 x 值处获得的，即 x 值可以是直接预设、提取或测量的。如何决定 x 值从而获取 $q(x)$，取决于所用的表征技术和样品特性。从统计角度来看，x 值的排列方式应是连续 x 值之间的距离（或步长）都相同或相似（即 Δx 大致相同），这样能全面地表示真实分布的每一部分。虽然由于样品中的颗粒数几乎无限，分布函数 $q(x)$ 可以是连续的或离散的，但实验中除了色谱和其他几种可以连续测量 $q(x)$ 的方法，从 $q(x)$ 中采样的数据点（x 的位置）通常是有限的。除非可以用解析公式来表示分布，否则大多数数据将以离散形式出现，统计计算也只能基于这些离散的测量值。

大多数颗粒系统是多分散的，其所测量的属性有很宽的分布。在实践中，对于宽分布，x 值通常取在对数尺度上的等间隔，以便可以全面地表示整个分布。假设在颗粒粒度测量中，粒度分布范围为 100 nm～100 μm，如果以线性间隔取点测量，一次测量 100 个数据点，则每个步骤大约为 1 μm，得不到从 100 nm 到 1 μm 的详细信息。如果以在对数尺度[$\lg(x)$]上的等间隔测量，则每个十进位中将有相似的分辨率：在粒度范围从 100 nm 到 1 μm 之间，从 1 μm 到 10 μm 之间，以及从 10 μm 到

100 μm 之间都将有 33 个数据点。由于测量是在 lg(x)尺度等间隔数据点进行的，某些统计计算必须根据值的对数而不是值本身进行计算，因此在颗粒表征中有算术与几何两种统计计算[37]。

算术计算应用于 x 值为线性等间隔的情况，其算法与传统意义中的一样。譬如 N 颗粒（其中 n_1 颗粒具有变量 x_1，n_2 颗粒具有变量 x_2，等等）的算术平均数 $\overline{x}_a$ 为：

$$\overline{x}_a = \frac{\sum_i n_i x_i \Delta x_i}{\sum_i n_i \Delta x_i} = \frac{1}{N} \sum_i n_i x_i \qquad (1\text{-}1)$$

式（1-1）的第二个等式在当所有 Δx_i 都相同且 $N = \Sigma n_i$ 时成立。

如果 x 不是等间隔排列而 lg(x)是等间隔排列，则可以用公式（1-2）计算同样 N 颗粒的几何平均数：

$$\overline{x}_g = (x_1^{n_1} x_2^{n_2} \cdots x_i^{n_i})^{\frac{1}{N}} \qquad (1\text{-}2)$$

式（1-2）的对数式为：

$$\lg(\overline{x}_g) = \frac{1}{N} \sum_i n_i \lg(x_i) \qquad (1\text{-}3)$$

式（1-3）与式（1-1）相似，不过其计算是基于数据的对数。当数据以对数排列时，即 x 值的对数基本为线性间隔时，通常使用该公式。显然这两种类型的统计数据给出不同的结果，因为它们基于不同的"尺度"。可以证明对于任何多分散系统，算术平均值始终大于其相应的几何平均值。

实验只测量数据点 x_i 值处的密度分布信息，并不知道那些没有测量的 x_i 值处（即测量点之间）的密度分布，这些值可能是零值或任何非负值。在大多数实际颗粒系统中，分布不存在跳跃式的变化。如果采样点的数量不是太小，则可以假设测量点 x_i 值附近的密度分布与测量点 x_i 值处的密度分布值相同。根据这一假设，测量分布可以通过直方图表示，其中从 x_{i-1} 到 x_i，或从 x_i 到 x_{i+1}［或更常见的从$(x_{i-1}+x_i)/2$ 到 $(x_i+x_{i+1})/2$］的 q(x) 值以 x_i 处的 q(x)值表示。直方图由连续的矩形柱组成，每个矩形柱表示 $q(x_i)\Delta x_i$。当 i 非常大时，即$\Delta x_i \rightarrow dx_i$，譬如当使用分馏技术时，测量通常几乎是连续的，这时直方图就成为一个连续的曲线。另一个通常采用的近似方法是从直方图转换为连续曲线。此近似方法涉及的插值是通过直线连接连续列的中心点，以显示为平滑的密度分布曲线，所有统计参数仍需要使用原始直方图进行计算。图 1-7 显示了某个聚苯乙烯乳胶悬浮液的激光衍射测量直方图和平滑化后的体积分数分布。

除了如上所述称为差分形式的 q(x)分布形式，分布也可以累积形式表示。在累积形式中，$Q(x_i)$ 表示其对应值 x 小于 x_i 的所有差分 q(x)值的总和，以下列数学形式表示：

$$Q(x_i) = \sum_{n=1}^{i} q(x_n)\Delta x_n = \int_{x_{\min}}^{x_i} q(x)\mathrm{d}x \qquad (1\text{-}4)$$

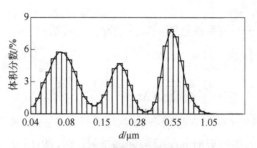

图1-7 直方图与平滑化后的分布图示

在直方图形式中，可以通过从最小的 x 值到差分分布的点 i 进行加和，从而获得"递增累积"或"累积小于"分布。此累积分布与"递减累积"或"累积大于"分布互补，即存在 $Q(x_i)_{累积小于}=1-Q(x_i)_{累积大于}$的关系。由于累积分布的积分特性，累积分布中最大和最小斜率的绝对值分别与差分分布中的峰值和最低值相对应。图1-8显示了以三种不同形式表达的颗粒粒度分布。

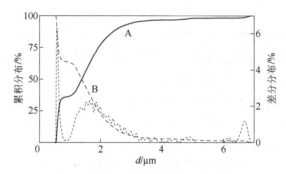

图1-8 累积和差分分布
点线—差分体积分布（右坐标）；实线（A）—递增累积体积分布（左坐标）；
点划线（B）—递减累积体积分布（左坐标）

累积分布的结果与所选横坐标是线性的还是对数的无关，因为 $Q(x_i)$表示小于 x_i的总量，因此 $Q(x_i)=Q[\lg(x_i)]$。但是，在差分分布中，当横坐标从线性变为对数时，整个分布需重新计算，以便保持直方图每个矩形柱中的区域保持不变：

$$q[\lg(x_i)] = q(x_i)\frac{\Delta x_i}{\Delta\lg(x_i)} \qquad (1\text{-}5)$$

分布的表达有三种方法：制表、图形和函数。表格可列出在数据点得到的实验结果。在图形表示中，描述颗粒物理属性的变量为横坐标，与该属性所关联的变量为纵坐标。在电子计算工具问世之前，图形表示除了用作演示工具外，一些图形纸（如概率图纸）还经常用于绘制数据并估计统计参数。即使对于 100 个数据点，手工计算标准偏差（分布宽度）也是个极其乏味的工作。当然现在图形表示已成为纯粹的演示工具，图形纸也早已消失了。

有很多可以用几个参数来表述的分布函数。一旦确定了这些参数，整个分布就可以被确定。因此，从实验结果中拟合所选函数的参数以表示真实分布，是颗粒表征中以前常用的方法，尤其是对于不直接测量而是通过特定转换过程确定 $q(x)$ 的一些群体方法。真正的分布，特别是那些多峰分布，是不可能用常见的函数来描述的。即使实际分布很接近某个函数，也可能不是仅由两个或三个参数能拟合的常见函数。由于计算能力的提高，大多数当代颗粒表征技术都采用直接计算分布的方法，而对分布形式没有任何假设。然而函数的拟合往往可以用简单的计算方法实现，而那些参数可用于产品或工艺的质量控制。这些分布函数在颗粒表征领域仍然存在，它们可用于模拟目的以及与现有数据或预先确定的质量控制规范进行比较。表 1-7 列出了几个常见的单模分布函数及其算术平均值和模值。

表1-7　常见分布函数

分布函数	平均值	模值（峰值）
正态分布（Gaussian 分布） $q(x)=\dfrac{1}{\sqrt{2\pi}\sigma}\exp\left[-\dfrac{(x-\bar{x})^2}{2\sigma^2}\right]$	$\bar{x}$	$\bar{x}$
对数正态分布 $q(x)=\dfrac{1}{\sqrt{2\pi\ln\left(\dfrac{\sigma^2}{\bar{x}^2}+1\right)}\,x}\exp\left\{-\dfrac{\left[\ln\left(\dfrac{x}{\bar{x}}\sqrt{\dfrac{\sigma^2}{\bar{x}^2}+1}\right)\right]^2}{2\ln\left(\dfrac{\sigma^2}{\bar{x}^2}+1\right)}\right\}$ $q(x)=\dfrac{1}{\sqrt{2\pi}x\sigma_{\ln(x)}}\exp\left\{-\dfrac{[\ln(x)-\bar{x}_{\ln(x)}]^2}{2\sigma_{\ln(x)}^2}\right\}$	$\bar{x}$	$\dfrac{\bar{x}^4}{(\sigma^2+\bar{x}^2)^{3/2}}$
Rosin-Rammler-Sperling-Bennet 分布 $q(x)=nbx^{n-1}\exp(-bx^n)$	$\dfrac{\Gamma\left(\dfrac{1}{n}+1\right)}{\sqrt[n]{b}}$	$\sqrt[n]{\dfrac{n-1}{bn}}$
Schulz-Zimm 分布 $q(x)=\left(\dfrac{\sigma}{a}\right)^{\sigma+1}\times\dfrac{x^{\sigma}}{\Gamma(\sigma+1)}\exp\left(-\dfrac{\sigma x}{a}\right)$	$\dfrac{a(\sigma+1)}{\sigma}$	a
β 分布 $q(x)=\dfrac{x^m(a-x)^n}{B(m+1,n+1)}$　　$x<a$，（当 $m>n$ 时为负偏态）	$\dfrac{a(m+1)}{(n+m+2)}$	$\dfrac{am}{m+n}$

在表 1-7 中，σ 是分布的标准偏差，$\Pi(\alpha)$ 与 $B(m,n)$ 分别是 Γ 函数和 B 函数。对数正态分布以两种形式表达：在第一个公式中，变量是线性尺度中的平均值 $\overline{x}$ 和标准偏差 σ；在颗粒表征文献中较常见的第二个公式中，变量是 $\ln(x)$ 的平均值 $\overline{x}_{\ln(x)}$ 和 $\ln(x)$ 的标准偏差 $\sigma_{\ln(x)}$。

1.3.2 基本统计参数

平均值：平均值是整个分布的平均。可以从同一组数据中计算出不同类型的平均值。下一小节将进行更详细的讨论。

中位数：中位数是将分布分成两半等值的 x 值，有 50% 的颗粒 x 值小于中位数，50% 的颗粒 x 值大于中位数。与平均值一样，同一分布使用不同权重将得到不同中位数。

模值：模值是分布中出现最频繁的值，通常也被称为峰值。如果分布中有多个高频区域，则分布称为多模式分布。

方差（σ^2）：是对分布宽度的衡量，式（1-6）与式（1-7）分别为数量分布的算术统计方差和几何统计方差。

$$\sigma^2 = \frac{\sum_{i=1}^{N}(x_i - \overline{x})^2}{N-1} \tag{1-6}$$

$$\sigma_{g}^2 = \text{anti} \lg \left\{ 2\sqrt{\frac{\sum_{i=1}^{N}[\lg(x_i / \overline{x})]^2}{N-1}} \right\} \tag{1-7}$$

标准偏差（σ）：方差的平方根。几何标准偏差不是真正意义上的标准偏差。

变异系数（仅限算术统计）：变异系数（CV）是被平均值所除的标准偏差。它以百分比形式表示分布的宽度与平均值之比。

偏斜度（g_1）：偏斜度是分布对称性变形程度的一个衡量。如果平均值两侧的 $q(x)$ 分布对称（即一侧是另一侧的镜像反射），则分布没有偏斜，否则分布是偏斜的。当分布完全对称时，偏斜度（g_1）等于零。对于右偏斜分布，右侧有一条长尾巴，左侧有陡峭的上升，偏斜度是正的。对于左偏斜分布，偏斜度为负数，尾部在左侧，大部分分布在右侧（图 1-9）。数量分布的偏斜度公式（1-8a）与公式（1-8b）中的近似等号在 N 很大时成立。

算术偏斜度：
$$g_1 = \frac{N}{(N-1)(N-2)} \sum_{i=1}^{N} \left(\frac{x_i - \overline{x}}{\sigma} \right)^3 \approx \frac{\sum_{i=1}^{N} (x_i - \overline{x})^3}{\sigma^3 N} \tag{1-8a}$$

几何偏斜度：
$$g_1 \approx \frac{\sum_{i=1}^{N} (\lg x_i - \lg \overline{x})^3}{(\lg \sigma_g)^3 N} \tag{1-8b}$$

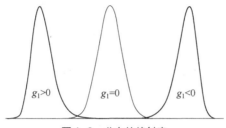

图1-9 分布的偏斜度

峭度(g_2)：峭度（g_2）是衡量分布尾部权重或分布峰度的量度。正态分布被定义为零峭度（mesokurtic）。当 $q(x)$ 值都接近均值时，分布比正态分布更窄或更尖锐，峭度为正值（leptokurtic）。当 $q(x)$ 值倾向于极端时，分布范围比正态分布更宽，峭度为负值（platykurtic），图 1-10 显示了这三种情况。数值分布的峭度公式［式（1-9a）与式（1-9b）］中的近似等号在 N 很大时成立。

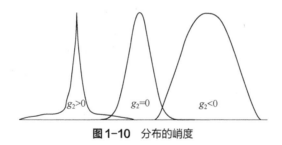

图1-10 分布的峭度

算术峭度：

$$g_2 = \frac{N(N+1)}{(N-1)(N-2)(N-3)} \sum_{i=1}^{N} \left(\frac{x_i - \overline{x}}{\sigma} \right)^4 - \frac{3(N-1)^2}{(N-2)(N-3)} \approx \frac{\sum_{i=1}^{N} (x_i - \overline{x})^4}{\sigma^4 N} - 3 \tag{1-9a}$$

几何峭度：
$$g_2 \approx \frac{\sum_{i=1}^{N} (\lg x_i - \lg \overline{x})^4}{(\lg \sigma_g)^4 N} - 3 \tag{1-9b}$$

$x_{w\%}$：表示有 $w\%$ 的颗粒的 x 值比 $x_{w\%}$ 更小。它经常用在粒径分布表述中，其中 $d_{w\%}$ 表示比 $d_{w\%}$ 直径更小的颗粒有 $w\%$，即重量递增累积分布百分比在 $d_{w\%}$ 处的值。

从上述公式可明显地看出，当 x 的平均值不同时，各个统计参数（算术统计和几何统计）都将会不同。对于大多数工业颗粒体系的单峰正偏斜分布，模值<中位数<均值。这三个值的差异程度取决于分布的对称性，对于完全对称的分布，这三个值重叠。对于非单峰分布，这三个值的相对大小没有一定规律。图 1-11 为一个双峰分布，其中一个大颗粒的峰有 51%（体积分数）的颗粒，另一个小颗粒的峰有 49%（体积分数）的颗粒。在这个分布中样品中没有一粒具有此分布平均粒径的颗粒[38]。

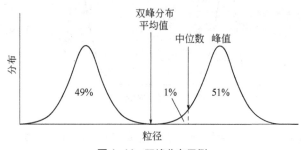

图 1-11　双峰分布示例

1.3.3　平均值

很多时候需要用一个简单的值来表示颗粒样品的某种属性，这个值的衡量标准应该是某种中心趋势且不受分布尾部相对较少的极端值的影响。这就是所谓的平均值，是整个分布某种类型的平均。譬如如果有 10 个直径从 1 到 10 的球，则其直径总和可以用 10 个直径为 5.5 的球表示，但其体积总和必须用 10 个直径为 6.72 的球表示。每种颗粒表征技术由于其本质不同，对同样的颗粒体系或样品，将出现不同的结果。用统计语言来说，就是不同的技术通过不同的"加权因素"来测量。例如，在使用透射电镜时，人们根据颗粒的数量测量颗粒，但在使用激光衍射时，检测颗粒的光散射强度与其体积有关。因此如果使用测量的"原生权重"计算分布的平均值，即不将其转换为同一基数，即使对球体也无法根据两种不同的测量结果进行有效的比较[39]。由于缺乏计算能力，过去用两种技术测量时很难进行加权因子的转换。此外，实践中各种应用可能需要具有不同权重因子的表述，因此必须定义不同的平均值。在定义和计算平均值时，通常有两个系统，即国际通用的矩比例符号系统与德国的矩符号系统。近几十年来大部分文献与实践应用都采用矩比例符号系统[30]，见表 1-8。本书将略去矩符号系统的介绍，有兴趣的读者可参阅有关文献[31,35]。

表 1-8　矩比例符号系统中各种平均值

符号	平均值	符号	平均值
$\bar{D}_{-3,0}$	调谐平均体积	$\bar{D}_{2,1}$	长度权重的平均直径
$\bar{D}_{-2,1}$	长度权重的调谐平均体积	$\bar{D}_{3,2}$	表面积权重的平均直径（Sauter 平均）
$\bar{D}_{-1,2}$	表面积权重的调谐平均体积	$\bar{D}_{4,3}$	体积权重的平均直径（de Brouckere 平均）
$\bar{D}_{-2,0}$	调谐平均表面积	$\bar{D}_{2,0}$	平均表面积
$\bar{D}_{-1,1}$	长度权重的调谐平均面积	$\bar{D}_{3,1}$	长度权重的平均面积
$\bar{D}_{-1,0}$	调谐平均直径	$\bar{D}_{4,2}$	表面积权重的平均面积
$\bar{D}_{0,0}$	几何平均直径	$\bar{D}_{5,3}$	体积权重的平均面积
$\bar{D}_{1,1}$	长度权重的几何平均直径	$\bar{D}_{3,0}$	平均体积
$\bar{D}_{2,2}$	表面积权重的几何平均直径	$\bar{D}_{4,1}$	长度权重的平均体积
$\bar{D}_{3,3}$	体积权重的几何平均直径	$\bar{D}_{5,2}$	表面积权重的平均体积
$\bar{D}_{1,0}$	平均直径	$\bar{D}_{6,3}$	体积权重的平均体积

在矩比例符号系统中，平均值表示为参数 x 的数字密度分布的两个矩之间的比率。在这里，x 是一个特征参数，最常见的是直径 d，但也可以是一些其他参数。$\bar{D}_{p,q}$ 用于表示加和离散 x 的 p 幂级值（幂 p 表示测量信号与颗粒参数 x 之间的关系）经过加和离散 x 的 q 幂级值（幂 q 表示测量中每个颗粒的权重与其测量参数 x 之间的关系）归一化后的 $(p-q)$ 次根号值[31]：

$$\bar{D}_{p,q} = \left(\frac{\sum_{i=1}^{N} x_i^p}{\sum_{i=1}^{N} x_i^q} \right)^{\frac{1}{p-q}} \qquad p \neq q \qquad (1\text{-}10)$$

$$\bar{D}_{p,q} = \exp\left(\frac{\sum_{i=1}^{N} x_i^p \ln(x_i)}{\sum_{i=1}^{N} x_i^p} \right) \qquad p = q \qquad (1\text{-}11)$$

$$\bar{D}_{p,q} = (\bar{D}_{p,c})^{\frac{p-c}{p-q}} / (\bar{D}_{q,c})^{\frac{q-c}{p-q}} \qquad p \neq q \qquad (1\text{-}12)$$

在上述定义中，p 和 q 仅限于整数值。当无法直接测量某一特定平均值，但其他两个平均值可测量时，式（1-12）尤其有用。使用图像法（电子显微镜、光学显微镜或动态图像仪）测量颗粒时，可以在得到的图像上测量每个颗粒的直径，将它们加起来，并除以总颗粒数，就可获得数量平均 $\bar{D}_{1,0}$；将图像上每个颗粒的面积加和，并除以总颗粒数，就可获得面积平均 $\bar{D}_{2,0}$；用电阻法测量颗粒体积得到 $\bar{D}_{3,0}$；用激光衍射法得到 $\bar{D}_{4,3}$。

图 1-12 展示了以两种形式绘制的同一样品颗粒粒径分布，及其相应的算术平均

值 $\bar{D}_{p,q}$。表 1-9 列出了一个简单的例子,以表明不同统计平均之间的差异。这个例子中有四个颗粒,它们的直径分别是 1、2、3、10(尺度单位在这里不重要)。

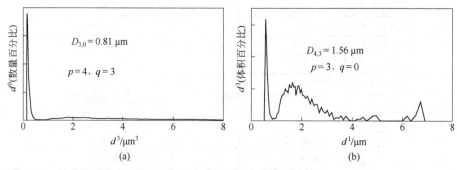

图 1-12　同一样品粒度分布的不同表述

从表 1-9 我们可以看到,如果用图像法($D_{1,0}=4.00$)或激光衍射仪器($D_{4,3}=9.74$)来测量这个四颗粒系统,平均粒径可能大不相同。数字平均值($q=0$)和体积平均值($q=3$)之间的差异在于,数量分布提供了每个粒径范围内的颗粒数量,其平均值中的贡献主要来自数量分布最多的颗粒,数量分布特别适合于测量少量的离群颗粒;而体积分布提供的是每个粒径范围内的颗粒总体积,其平均值中的贡献则主要来自大颗粒,这一点通过比较图 1-12 中的 (a)、(b) 可以很清楚地看出。

表 1-9　一简单体系的 $\bar{D}_{p,q}$ 值

$\bar{D}_{0,0}=2.78$	$\bar{D}_{1,1}=5.65$	$\bar{D}_{3,2}=9.08$	$\bar{D}_{6,3}=9.88$
$\bar{D}_{1,0}=4.00$	$\bar{D}_{2,1}=7.13$	$\bar{D}_{4,2}=9.41$	$\bar{D}_{4,4}=9.87$
$\bar{D}_{2,0}=5.34$	$\bar{D}_{3,1}=8.05$	$\bar{D}_{5,2}=9.58$	$\bar{D}_{5,4}=9.93$
$\bar{D}_{3,0}=6.37$	$\bar{D}_{4,1}=8.57$	$\bar{D}_{6,2}=9.67$	$\bar{D}_{6,4}=9.95$
$\bar{D}_{4,0}=7.08$	$\bar{D}_{5,1}=8.90$	$\bar{D}_{3,3}=9.55$	$\bar{D}_{5,5}=9.96$
$\bar{D}_{5,0}=7.58$	$\bar{D}_{6,1}=9.10$	$\bar{D}_{4,3}=9.74$	$\bar{D}_{6,5}=9.98$
$\bar{D}_{6,0}=7.94$	$\bar{D}_{2,2}=8.42$	$\bar{D}_{5,3}=9.83$	$\bar{D}_{6,6}=9.99$

表 1-10 是图 1-12 中数据的相应统计计算结果。

从以上分析可以知道,为了比较两种技术的测量结果,无论是平均值还是分布,它们必须转换为相同的比较基点,即相同的权重。但是这种转换基于一个假设,即比较中的两种技术在整个粒度范围内具有相同的灵敏度,并且从真实形状到等效球直径都有相同的偏差。否则即使转换后结果也会有所不同。例如在激光衍射测量中,如果在大散射角度测量,大颗粒的散射光将有可能被噪声淹没;而在电阻法测量中,

如果使用的小孔管孔径太大，则来自小颗粒的信号将被噪声淹没。无论执行何种类型的转换，由于引入的偏差不同，因此两个测量结果永远不会匹配。另外，在转换过程中，实验误差也会被转换。如果在电子显微镜测量中平均粒度有±3%的误差，当数量平均粒度值转换为重量平均粒度值时，则误差将变为原来的三次方而变为±27%。分布也是如此，假设原始数量分布对每个粒度的振幅具有相同的不确定性，在转换为体积分布后，误差将不同程度地放大：颗粒越大，体积分布中的误差越大。在从重量平均转为数量平均时，重量平均±3%的不确定性在数量平均中将缩小到±1.5%。另一种常用的转换是从重量百分比到体积百分比，在此转换中，如果所有颗粒的密度相同，则两个分布将具有相同的形状，即重量百分比=体积百分比。

表1-10　图1-12中分布的统计值　　　　　　　　　　单位：µm

项目	体积权重		数量权重	
	算术值	几何值	算术值	几何值
平均值	$\overline{D}_{4,3}=1.56$	$\overline{D}_{3,3}=1.24$	$\overline{D}_{1,0}=0.68$	$\overline{D}_{0,0}=0.65$
中位数	1.37	1.37	0.60	0.60
模值	0.58	0.58	0.56	0.56
标准偏差	1.09	1.86	0.28	1.30

1.3.4　颗粒表征中的等效球

颗粒表征中的颗粒大小如何表示？对于一个球体、立方体或某些形状的多边形，人们可以用一个唯一的数字来描述其尺寸。然而对于大多数三维颗粒，我们可以只选择几个参数来描述一个三维颗粒吗？对具有常规形状的对象，答案是肯定的，如平行六面体（2或3个参数）或圆柱体（2个参数）。对于现实世界中的不规则形状颗粒，例如一粒沙子或一块碎玻璃，需要很多维度参数来准确地描述。如果我们只表征几个颗粒，尽管比较困难，但还是有方法来获得描述颗粒尺寸所需的数值。然而对于数百万个不规则颗粒，如此描述其中每个颗粒是不现实的。我们需要只使用一个参数（或最多两个参数）来"描述"每个颗粒。我们称这些参数之一为"粒度"。可是由于我们仅用这一个或两个参数来描述任意颗粒，显然该参数的定义将影响我们获得的结果。事实上在使用单个参数来描述三维不规则颗粒时，有许多不同的定义。

在当代表征技术出现之前，常见的测量颗粒大小的技术为筛分与静态图像（二维的颗粒投影图形分析）。几十年前标准圆球形颗粒（聚苯乙烯乳胶球）的直径定值，是通过电子显微镜或光学显微镜拍照后，用一把尺人工测量照片中每个圆球投影的直径，当然这中间的每一步都是可溯源的。对非球状颗粒，常用的粒径定义有：①Heywood 直径，一个其面积等于颗粒投影面积的圆的直径，又称为等效直径；②Martin 直径，在颗粒定向确定之后，将颗粒投影轮廓分为两个面积相等部分的弦长；③Feret 直径，又称为卡尺直径，在颗粒定向确定之后，与颗粒投影轮廓的边相切的平行线之间的距离。图 1-13 是这三种不同直径定义的图示。

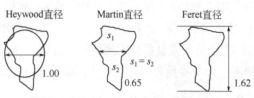

Heywood直径　　Martin直径　　Feret直径

图 1-13　同一颗粒投影的不同直径定义

　　对颗粒的三维描述最常见的是使用等效球，因为球体是一个只需要一个参数就能描述其粒径的三维物体，这样颗粒的所有维度信息都被浓缩成一个数字。等效球有许多不同的定义，视所用的测量技术而异。以下定义是文献中经常出现的几种：d_{max}，有同样最大长度的球；d_{min}，有同样最小长度的球；d_{w}，有同样重量的球；d_{V}，有同样体积的球；d_{s}，有同样表面积的球；d_{sieve}，可通过同样筛分网孔的球；d_{sed}，有同样沉降速度的球；d_{scat}，有同样光散射强度的球。

　　体积等效球是涉及体积测量的大多数粒度测量技术中使用的等效球，很多技术测量的值尽管与体积有关，但实际的测量信号却受到颗粒的定向以及"观看"到的截面影响，而只有体积是常数。面积等效圆则常用于涉及投影面积测量的技术。球的独特性源自在任何给定体积：它的任何定向都是相同的，具有最小的"最大尺寸"、最小的表面积、最小的"最大投影面积"。然而，人们用来测量不规则形状颗粒的方法，将影响以等效球直径的形式获得的结果。使用不同技术获得的球直径分布和平均直径将不同于真正的等效直径，因为形状对测量技术和样品中不同颗粒的加权影响都不同，即我们以不同的角度"观看"正在被测量的样品。一种技术可能更注重大颗粒，另一种技术可能更关注小颗粒。哪个结果是正确的？答案是，它们都是从不同的观察角度得到的"正确"的结果（这里暂时忽略所有的测量错误或不确定性），但与真实情况不一定相等[40]。

　　根据测量值导出的值与实际颗粒粒度的偏离程度，与颗粒的形状相关，这可以通过一个圆柱体与其等效球的例子来说明。从圆柱体大小计算的等效球直径 (d) 是：

$$d = \sqrt[3]{6r^2h} \tag{1-13}$$

　　式中，r 与 h 分别是圆柱体的半径和高度。图 1-14 显示了具有给定半径（r=10 μm）的圆柱体的等效球直径 d 随圆柱体高度而变的曲线。对于半径相同但高度差 216 倍

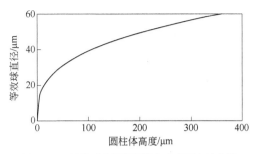

图1-14 等效球直径随圆柱体高度而变的曲线

（1.67～360 μm）的圆柱体，其等效球直径仅变化 6 倍（10～60 μm）。

等效球表示实际颗粒的另一个误差来源是测量方法。使用电感应区计数器测量圆柱体积，获得的是等效球体积；使用筛网筛分这些圆柱体，每个颗粒都可能在某一瞬间直立在筛网上而通过直径为 20 μm 的网孔而得到相同的等效球结果；用沉降法分析时，不同长度圆柱体的沉降速度与相应不同直径的等效球沉降速度不一定呈线性相关；用显微镜分析时，如果所有圆柱体都平躺在载玻片上，则圆柱体成为长方体，与球的等效关系完全不同。因此，即使实验不存在任何误差，从这四种分析手段获得的颗粒粒度分布也会很不一样，而用等效球方法会引入进一步的差异。大量文献报道了用不同颗粒表征方法测量各类颗粒样品的结果比较，总的结论是分布越窄，颗粒越接近于球状，不同测量方法得到的结果越接近[41-45]。

在实践中经常要比较两种测量方法的结果，譬如在与原料供应商（上家）比较原料的质量指标或与客户（下家）比较产品的质量指标时，双方使用的是不同的分析方法。这时就需要找出该产品用这两种方法测量某一特性的结果之间的相关关系。这种情况在 20 世纪八九十年代大量存在，当时很多工业界从传统的筛网分析过渡到使用激光粒度仪来分析各类粉体或悬浮颗粒的产品质量。一种被普遍接受的方法是在一段时间内，譬如几个月内，用现有方法与将要使用的新方法同时测量各种标准产品，以建立两种方法监测质量参数之间的相关性，寻找转换因子。然后逐渐使用新方法与新质量标准来检测质量，而将旧方法、旧标准作为备用，直到用新方法测量产品有较丰富的数据，经受了各方面的考验而被接受时，才彻底淘汰旧方法。

1.3.5 分布的分辨率

对某一特性为多分散的样品，此特性值的分布（例如粒度分布、zeta 电位分布、孔径分布等）往往会有多个离散或连续的峰。对这些峰的分辨能力，特别是间隔很近的峰，体现了表征技术的分辨率。对群体法技术，此分辨能力与信号的精确度、背景噪声与数据处理紧密相关；对非群体法技术，此分辨能力与每个颗粒信号的精确度、确定性与背景噪声有关。分辨率 R_s 可采用源自色谱数据分析的方法定义[46,47]。

$$R_s = \frac{2(x_{c2} - x_{c1})}{w_1 + w_2} \tag{1-14}$$

$$R_s = \frac{2(x_{c2} - x_{c1})}{1.7(w_{0.5,1} + w_{0.5,2})} \tag{1-15}$$

式（1-14）与式（1-15）中，x_{c1} 和 x_{c2} 分别为峰 1 和峰 2 的峰值；w_1 和 w_2 分别为峰 1 和峰 2 的基线宽；$w_{0.5,1}$ 和 $w_{0.5,2}$ 分别为峰 1 和峰 2 的半峰宽。式（1-14）用于当两个峰在分布的基线处完全分开的情形；式（1-15）用于当两个峰在基线处分不开的情形，其中的因子 1.7 用于调整由于使用了半峰宽而造成与式（1-14）的不一致。对于 Gaussian 分布，R_s 值通过这两个公式计算的结果是一样的；如两个峰的基线正好能全部分开，R_s 值应该在 1.5 左右。

1.3.6　测量质量

颗粒表征测量的质量可以使用准确度与精确度来判断[48]。准确度是衡量测定值与"真实值"差别的度量。此真实值可以通过其他（经认证的）参考测量方法来确定，或者在很多工业界的实践中根本就是未知的。避免此差别（包括仪器、取样和操作中的偏差）的最佳方法，是使用参考材料验证整个测量过程（包括校准仪器）。参考材料可以是用户自己的参考或控制产品、国家标准参考材料，也可以是可追溯至国家标准的二级参考材料[49]。准确度也往往与测量技术的固有分辨率有关。图 1-15 显示了使用电阻法和激光衍射法测量的聚苯乙烯乳胶标准样品颗粒粒度分布的比较。虽然这两种方法测得的平均值非常接近，但由于这两种方法的分辨率不同，

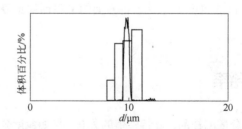

图 1-15　用电阻法与激光衍射法测得的乳胶球悬浮液样品粒度分布

粒度分布差异很大。在这个例子中，电阻法测量（中心狭窄的峰值 $d = 9.83$ μm，SD = 0.41 μm）分布宽度的准确度比激光衍射法要高（四矩形直方图，$d = 9.87$ μm，SD = 1.88 μm），因为已知此标准样品具有极窄的粒度分布。

精确度是在规定条件下，所获得的独立测试/测量结果间的一致程度，可以用结果的离散特性来定量表示。精确度仅依赖于误差的分布，与真值或规定值无关。精确度的度量值用测试结果或测量结果的标准差来表示。标准差越大，精确度越低。

根据比较条件，与精确度有关的术语包括：

① 标准偏差。定义为同一操作员对同一测试/测量设施上遵循相同操作程序，在短时间内对同一测试/测量对象进行多次测量结果的一致程度；

② 重现性。定义为同一操作员在相同的测试/测量设施上遵循相同操作程序，在短时间内对同一测试/测量对象重复测量结果的一致程度；

③ 再现性。定义为用结果的离散特性来定量表示的改变一个或数个条件（操作员、测试或测量设施、测量时间、测量地点、操作程序等）后测量结果的一致程度。

表示精确度的相对标准不确定度 u_m 是上述因素的综合：

$$u_m = \left(\frac{\text{RSD}_r^2}{n_{rep}} + \frac{\text{RSD}_R^2}{n_{lab}} \right)^{1/2} \tag{1-16}$$

式中，RSD_r 与 n_{rep} 为同一样品在同一实验室（仪器或操作员）多次测量的相对标准偏差与测量次数；RSD_R 与 n_{lab} 为同一样品在不同实验室（仪器或操作员）多次测量的相对标准偏差与测量次数。

准确度的相对标准不确定度 u_t 可由 u_m 与有证参考物质的相对标准不确定度 u_{CRM} 通过下式估算：

$$u_t = \sqrt{u_m^2 + u_{CRM}^2} \tag{1-17}$$

扩展测量不确定度（U）由结合精确性和准确性的相对标准不确定度，与一个覆盖系数 $k = 2$（约 95% 置信区间）相乘来获得。

$$U = k\sqrt{u_m^2 + u_t^2} \tag{1-18}$$

在进行颗粒表征测量时，误差可能来自仪器设计不完善和仪器故障（工作状态不佳、设置不当、仪器滥用或数据解释模型选择错误等）。此外，误差还可能来自不当的采样和样品分散，前者可能是批次样品中的无代表性采样或测量过程中的非同一采样，后者可能是不充分或错误的分散程序导致聚集、粉碎、溶胀或气泡。通常采样引起的误差随着颗粒粒度的增加而增加，而分散引起的误差随着颗粒粒度的减小而增加[50]。

图 1-16 示意了对一样品多次测量所获得的平均值的分布（不是颗粒粒度的分

布）的四种可能性。图中的直线表示真实平均值的位置。

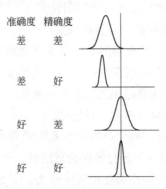

准确度　精确度

差　差

差　好

好　差

好　好

测量平均值的分布

图1-16　测量准确度与精确度

参考
文献

[1] Cross, R.; Powerful Packaging. *Chem Eng News*, 2021, Mar 8, 16-19.

[2] Xu, R.; Wang, Y.; Li, Z.; Exploration of Particle Technology in Fine Bubble Characterization. *Particuology*, 2019, 46, 109-115.

[3] Stanley-Wood, N.; Allen, T.; *Particle Size Analysis*. John Wiley and Sons, New York, 1982, 3.

[4] Provder, T.; *Particle Size Distribution Assessment and Characterization, ACS Symp Series 332*. ACS, 1987.

[5] Provder, T.; Particle *Size Distribution* Ⅱ, *ACS Symp. Series 472*. ACS, 1991.

[6] Knapp, J.; Barber, T.; Lieberman, A.; *Liquid and Surface Borne Particle Measurement Handbook*. Marcel Dekker, New York, 1996.

[7] Müller, R.H.; Mehnert, W.; *Particle and Surface Characterization Methods*. Medpharm Scientific Publishers, Stuttgart, Germany, 1997.

[8] Provder, T.; *Particle Size Distribution* Ⅲ, *ACS Symp. Series 693*. ACS, 1998.

[9] 王乃宁等. 颗粒粒径的光学测量技术及应用. 北京: 中国原子能出版社, 2000.

[10] Jillavenkatesa, A.; Dapkunas, S.J.; Lum, L.H.; *Particle Size Characterization*. NIST Special Publications, 2001.

[11] Yekeler, M.; *Fine Particle Technology and Characterization*. Research Signpost, Kerala, India, 2008.

[12] 蔡小舒, 苏明旭, 沈建琪等. 颗粒粒度测量技术及应用. 北京: 化学工业出版社, 2010.

[13] Merkus, H.G.; *Particle Size Measurements*. Springer, 2009.

[14] 王介强, 徐红燕等. 粉体测试与分析技术. 北京: 化学工业出版社, 2017.

[15] 穆拉绍夫 V.,霍华德 J. 纳米技术标准. 葛广路等译. 北京: 科学出版社, 2013.

[16] Rideal, G.; Absolute Precision in Particle Size Analysis. *Am Lab*, 1996, 28(17), 46-50.

[17] Masuda, H.; Gotoh, K.; Study on the Sample Size Required for the Estimation of Mean Particle Diameter. *Adv Powder Technol*, 1999, 10, 159-173.

[18] Yoshida, H.; Mori, Y.; Masuda, H.; Yamamoto, T.; Particle Size Measurement of Standard Reference Particle Candidates and Theoretical Estimation of Uncertainty Region. *Adv Powder Technol*, 2009, 20(2), 145-149.

[19] Wedd, M.W.; Procedure for Predicting a Minimum Volume or Mass of Sample to Provide a Given Size Parameter Precision. *Part Part Syst Charact*, 2001, 18(3), 109-113.

[20] ISO 14488:2007. *Particulate Materials-Sampling and Sample Splitting for the Determination of Particulate Properties*. International Organization for Standardization, Genève, 2007.

[21] Masuda, H.; Iinoya, K.; Theoretical Study of the Scatter of Experimental Data Due to Particle-Size-Distribution. *J Chem Eng Jpn*, 1971, 4(1), 60-66.

[22] GB/T 21649.1-2008. 粒度分析 图像分析法 第 1 部分：静态图像分析法. 国家标准化管理委员会, 2008.

[23] Polke, R.; Schäfer, M.; Scholz, N.; Preparation Technology for Fine Particle Measurement. *Part Part Syst Charact*, 1991, 8, 1-7.

[24] Nelson, R.D.; *Dispersing Powders in Liquids*. Elsevier, New York, 1988.

[25] Conley, R.F.; *Practical Dispersion: a Guide to Understanding and Formulating Slurries*. VCH Publishers, 1996.

[26] 高濂, 孙静, 刘阳桥. 纳米粉体的分散及表面改性. 北京: 化学工业出版社, 2003.

[27] 任俊, 沈健, 卢寿慈. 颗粒分散科学与技术. 北京: 化学工业出版社, 2005.

[28] 柳青, 陈超, 杨辑, 王海水. 激光检测药用蒙脱石粒度的方法. 中国粉体技术, 2020, 26(1), 41-45.

[29] ISO 9276-1. *Representation of Results of Particle Size Analysis Part 1: Graphical Representation*. International Organization for Standardization, Genève, 1990.

[30] Alderliesten, M.; Mean Particle Diameters. Part Ⅰ: Evaluation of Definition Systems. *Part Part Syst Charact*, 1990, 7, 233-241.

[31] Alderliesten, M.; Mean Particle Diameters. Part Ⅱ: Standardization of Nomenclature. *Part Part Syst Charact*, 1991, 8, 237-241.

[32] Alderliesten, M.; Mean Particle Diameters. Part Ⅲ: An Empirical Evaluation of Integration and Summation Methods for Estimating Mean Particle Diameters from Histogram Data. *Part Part Syst Charact*, 2002, 19, 373-386.

[33] Alderliesten, M.; Mean Particle Diameters. Part Ⅳ: Empirical Selection of the Proper Type of Mean Particle Diameter Describing a Product or Material Property. *Part Part Syst Charact*, 2004, 21, 179-196.

[34] Alderliesten, M.; Mean Particle Diameters. Part Ⅴ: Theoretical Derivation of the Proper Type of Mean Particle Diameter describing a Product or Process Property. *Part Part Syst Charact*, 2006, 22, 233-245.

[35] Alderliesten, M.; Mean Particle Diameters. Part Ⅵ: Fundamental Distinction between Statistics Based (ISO/DIN) and Physics Based (Moment-Ratio) Definition Systems. *Part Part Syst Charact*, 2010, 27, 7-20.

[36] Alderliesten, M.; Mean Particle Diameters. Part Ⅶ. The Rosin-Rammler Size Distribution: Physical and Mathematical Properties and Relationships to Moment-Ratio Defined Mean Particle Diameters. *Part Part Syst Charact*, 2013, 30, 244-257.

[37] Herdan, G.; *Small Particle Statistics*. Butterworths, London, 1960.

[38] Young, H. D.; *Statistical Treatment of Experimental Data: an Introduction to Statistical Methods*. Waveland Press, Prospect Heights, 1996.

[39] Lange, H.; Comparative Test of Methods to Determine Particle Size and Particle Size Distribution in the Submicron Range. *Part Part Syst Charact*, 1995, 12, 148-157.

[40] Scarlett, B.; Measurement of Particle Size and Shape, Some Reflections on the BCR Reference Material Programme. *Part Charact*, 1985, 2, 1-6.

[41] Xu, R.; Particle Size and Shape Analysis Using Laser Scattering and Image Analysis. *Rev Latinoam de Metal y Mater*, 2000, 20(2), 80-84.

[42] Xu, R.; Diguida, O.; Comparison of Sizing Small Particles Using Different Technologies. *Powder Technol*, 2003, 132/2-3, 145-153.

[43] Li, M.; Wilkinson, D.; Patchigolla, K.; Comparison of Particle Size Distributions Measured Using Different Techniques. *Particul Sci Technol*, 2005, 23(3), 265-284.

[44] Yang, J.; Fang, H.; Research into Different Methods for Measuring the Particle-size Distribution of Aggregates: An Experimental Comparison. *Constr Build Mater*, 2019, 221, 469-478.

[45] Roostaei, M.; Hosseini, S.A.; Soroush, M.; Velayati, A.; Alkouh, A.; Mahmoudi, M.; Ghalambor, A.; Vahidoddin, F.; Comparison of Various Particle-Size Distribution-Measurement Methods. *SPE Res Eval & Eng*, 2020, 23, 1159-1179.

[46] Snyder, L.R.; Kirkland, J.J.; Dolan, W.J.; *Introduction to Modern Liquid Chromatography*. 3rd ed. John Wiley & Sons, Inc, Hoboken, 2010.

[47] Kestens, V.; Bozatzidis, V.; de Temmerman, P.J.; Ramaye, Y.; Validation of a Particle Tracking Analysis Method for the Size Determination of Nano- and Microparticles. *J Nanopart Res*, 2017, 19, 271.

[48] ASTM Standard D2777. *Standard Practice for Determination of Precision and Bias of Applicable Methods of Committee D19 on Water*. American Society for Testing and Materials, West Conshohocken, 1994.

[49] Xu, R.; Reference Materials in Particle Measurements.//Knapp, J.Z.; Barber, T.A.; Lieberman, A.; *Liquid and Surface-Borne Particle Measurement Handbook*. Marcel Dekker, New York, 1996, Chpt.16, pp.709-720.

[50] Paine, A.J.; Error Estimates in the Sampling from Particle Size Distribution. *Part Part Syst Charact*, 1993, 10, 26-32.

第2章

光散射的理论背景

2.1　光散射现象与技术

通常所说的"光"是频率范围从大约 10^{13} Hz（红外线）到 10^{17} Hz（紫外线）或波长范围从大约 3 nm 到 30000 nm 的电磁波。光的频率（v）和波长（λ）之间的转换可以用下式来进行（真空光速定义值：c=299792458 m/s）：

$$c=\lambda v \tag{2-1}$$

可见光是人眼可见的那一部分电磁波。当包含一系列波长的白光按波长分离时，每个波长对应于一定的颜色。可见光的波长范围从约 400 nm（紫色）到约 750 nm（红色）[1]。光的传播具有横波（光波）和粒子（光子）的两象特性。光既有波的特性，如频率、波长和干涉，也有粒子的特性，如动量、速度和位置。在本文的大部分讨论中，光束的尺寸大于颗粒材料，也大于光波长。在这些情况下，几何光学的描述已不足以描述光与物质作用的散射，而是需要更复杂的理论。

当光照射到与介质有不同介电常数的物质时，由于光的波长和物质的光学特性，光会被吸收或散射，或者两者兼而有之，导致入射光强的减弱。光散射源自光与物质中电子的相互作用。只有当散射体积（光束与被照射物相交的体积）中的材料不均匀或多相时，才会由于材料的局部密度涨落（譬如纯液体）或者材料的光学不均匀性（譬如含颗粒的悬浮液）而发生散射。在完全均一和各向同性的物质中，单个分子的散射光相干相消，因此观察不到散射。在颗粒体系中，光散射主要来自散射体积中的颗粒。而被物质吸收的光能，主要通过热降解（即转化为热）

消散，或由于物质从激发态跃迁后的自发辐射而产生荧光或磷光。由于许多物质在红外和紫外区有强烈的吸收，大大减弱了散射强度，因此大多数光散射测量都是使用可见光源进行的。

物质的散射强度是其与周围介质之间的折射率比以及物质其他属性的函数。当颗粒比光波长小得多时，散射强度 (I_s) 与入射光强度 (I_0) 成正比，与波长的四次方成反比，即波长越短，散射越强：

$$I_s \propto I_0 / \lambda^4 \tag{2-2}$$

人们早就在自然界中观察到了颗粒散射能力与波长之间的关系。天空之所以蓝，就是因为大气中的颗粒（尘埃、水汽等）较强地散射了太阳光波长较短的部分，而长波较长的红光部分，由于散射较弱，对观测到的天色的贡献要小得多。在日出或日落观察阳光的透射时，情况则正好相反。此时阳光中波长较短的部分（蓝光）大量被散射，而波长较长的部分（红光）更多地到达地球。阳光在不同时段穿过大气层的厚度不一，越接近地平线，穿过大气层的距离越长，大气层对阳光由于散射而造成的过滤效应就越明显，太阳在黄昏落下时，颜色从橙色变到红色，直到深红色；而在黎明太阳升起时是从深红色、红色、变到橙色。澳大利亚悉尼西部蓝山的蓝色是由于满山的桉树释放出的微小油滴的散射。人们使用红色作为交通停止灯的颜色和交通控制警告标志，就是利用了这种透射能力与波长的依赖性，因为红色在可见光谱中的散射能力最弱，从而可透过雾、雨和灰尘颗粒到达预期的探测器：人眼。史上第一个交通信号灯是在英国设立的，那里的天气多雾。

人类解释自然散射现象的尝试可以追溯到 11 世纪初的阿拉伯物理学家、以巴士拉的阿尔哈曾著称的 Ibn Al-Haitham，随后意大利文艺复兴时期的画家、建筑师、音乐家和工程师 Leonardo da Vinci 与 17 世纪的 Issac Newton（牛顿）也都对自然界的光散射现象进行过解释。首次系统地研究散射效应并进行理论阐释的是 John Tyndall（丁铎尔），他在 19 世纪 60 年代对悬浮物和气溶胶的光散射进行了解释[2]。John Strutt（Rayleigh 勋爵）在 19 世纪 70 年代对自然现象中光散射的观察和研究，为光散射作为自然科学的一个分支奠定了坚实的基础[3]。在 Maxwell 电磁理论建立之后，Ludvig Lorenz（洛伦兹）[4]、Gustav Mie（米氏）[5]、Peter Debye（德拜）[6]与 Albert Einstein（爱因斯坦）[7]等物理学大师进一步发展了散射理论。涉及时间平均散射强度和随时散射强度涨落的光散射理论，在 20 世纪得到了进一步发展。随着量子力学的建立，光散射成为一个成熟的科学领域，散射问题的数值计算和实验应用，从研究液体、高分子溶液最终扩展到颗粒表征等与工业界密切相关的领域。

在过去几十年内，光散射作为检测工具在材料科学的许多分支中得到了蓬勃发展，并在理论和实验上渗透到了不同领域。这在很大程度上与若干新技术的发展及商业化有关，特别是激光和微电子设备，包括计算机。例如光子相关实验早在 20 世纪 50 年代就已被提出，但这项技术的普及与进一步发展，在 20 世纪 70 年代以后激光器技术不断发展与普及之后才得以实现。只有当计算速度足够快，通过光子相关光谱研究溶液中大分子或悬浮液中颗粒的 Brownian（布朗）运动分布才成为可行。使用 T 矩阵或离散偶极矩方法计算不规则形状颗粒的散射，直到计算机计算速度超过几百兆赫以后才为可行。利用激光粒度仪测量颗粒粒度分布时所牵涉的 100×100 的矩阵反演所需要的时间，也随着计算机的计算能力的发展而从数小时演变成瞬时计算。

光散射作为一个一般科学术语，可以在天体物理、海洋学、光学、物理化学、材料科学、流体动力学、固体物理、纳米科学、计量学等很多科学分支中遇到。每个科学分支都有自己的术语、专业知识、应用和测量技术。仅在材料科学的应用中，就有许多光散射技术，譬如：测量散射强度作为时间函数变化的瞬态光散射、动态光散射和扩散波光散射；基于时间平均散射强度的静态光散射和浊度测量；用散射光相位分析的相位 Doppler（多普勒）分析；对于在附加应用场下进行的测量，有电泳光散射、电场光散射和强制 Rayleigh（瑞利）散射等；在测量光学各向异性材料时用的圆二色光散射；对于液体和空气以外的测量，有表面 Raman（拉曼）散射、固体散射等。

根据检测的散射光频率是否与入射光相同，光散射实验可分为弹性（ELS）、准弹性（QELS）或非弹性光散射（IELS）。在 ELS 中，检测到的散射信号是时间平均光强度，因此通常无法测量其与入射光的频率差异。有关颗粒的信息是在 ELS 测量中通过静态散射光获得的，其强度是颗粒和介质的光学特性、颗粒的粒度和质量、样品浓度、观测角度和距离的函数。在 QELS 中，检测到的散射光频率与入射光频率相差很小，通常在几赫兹到几百赫兹范围内。频率差异来自颗粒的平动和旋转运动，其值与颗粒的运动直接相关。QELS 通常用于研究颗粒的运动，并通过其运动获得颗粒的其他信息。在 IELS 中，由于其他形式的能量，譬如 Raman 散射中散射体的振动和旋转能量，或 Brillouin（布里渊）散射中光子-声子的相互作用，散射光频率与入射光的频率相差远大于几百赫兹。与 ELS 或 QELS 的信号相比，IELS 散射信号对于大质量的散射体极其微弱，因此很少用于颗粒表征，常用于分子和液体的结构研究。

除了一些涵盖光散射主题的专著外[8]，在期刊和杂志上也有极多有关这些技术的专题论文与综述。谷歌学者中搜索"light scattering"在 2001~2010 年间有 101 万篇文章，搜索"light scattering"加"particles"，在同样的年份有 16.2 万篇文章。同样的搜索在 2011~2020 年间分别有 82.4 万篇与 16.9 万篇。表 2-1 列出了用于研究液体和空气中颗粒材料（不包括颗粒表面）的光散射技术。在本书的后面章节中，介绍了几种应用较广的光散射技术与基本理论，略去了表中在颗粒表征中并不常见或不成熟的技术。

表 2-1　光散射技术

散射频率变化	名称	信号	主要应用	外加场
弹性	静态光散射（含激光粒度法）[9-15]	角散射强度图	粒度、浓度、分子量	无或流动
	光学计数法[16,17]	单颗粒散射	粒度、计数	流动
	聚焦光束反射法[18,19]	用一转动光束测量背散射	粒度	流动
	穿越时间测量[20,21]	用一转动光束测量穿越时间	粒度	流动
	飞行时间测量[22,23]	加速气溶胶的散射	粒度	流动
	瞬变电场双折射[24-26]	透射偏振光强在电场中的变化	形状、粒度、DNA 研究	电场
	浊度法（消光法）[27-29]	透射光	粒度、成分研究	无或流动
	瞬变光散射[30-32]	在电场中光散射强度的变化	形状研究	电场
	强制 Rayleigh 散射[33-35]	由于扩散引起的条纹图案变化	扩散研究	光脉冲
	共振光散射[36,37]	由于吸收变化而强化的散射	聚合研究	无
	流式细胞仪[38-40]	单颗粒散射与荧光	细胞分析	流动
	脉冲位移（时移技术）[41,42]	折射与反射脉冲	粒度、流速	流动
	彩虹折射法[43-45]	光在液滴中的折射	粒径、折射率、温度	喷雾
准弹性	动态光散射(包含 DWS)[46-57]	散射强度的涨落	扩散研究、粒度	无或流动
	电泳光散射[58-60]	散射强度在电场中的涨落	电泳迁移率、zeta 电位、粒度	电场
	激光相位 Doppler[61-65]	散射频率位移与相位延迟	粒度、计数、流速分析	流动
	相位分析[66-68]	散射相位变化	电泳迁移率、zeta 电位、粒度	电场
	光子密度波谱[69,70]	浓溶液中正弦调制光的扩散	粒度	无
	QELS-SEF[52,71]	电场中光散射的强度涨落	动态特性研究	电场
	调制动态光散射[72-74]	单颗粒的散射强度涨落	颗粒质量、扩散、速度与形态研究	流动
	倏逝波动态光散射[75-77]	近壁颗粒的散射强度涨落	近壁颗粒的动态研究	无
	荧光相关光谱[78-80]	荧光的强度涨落	带荧光颗粒的动态研究	无
非弹性	RCS[81,82]	Raman 散射强度涨落	动态与材料成分研究	无

　　在表 2-1 中，DWS 表示扩散波光谱，QELS-SEF 表示正弦波电场中的准弹性光散射，RCS 表示 Raman 相关光谱。有兴趣的读者可以从此表和本书其他章节的参考文献中找到更多详细信息，包括本书中许多方程的有关推导。

　　可以肯定的是，即使是具有坚实科学知识背景的人，也可能被这些不同的技术所困扰，几乎没有人能够成为所有光散射技术领域的专家。此外，不同科学领域使用的光散射术语的多样性，导致经常在文献中造成混乱。表 2-1 中列出的技术名称在不同的文献中可能以不同的名称出现。在本书中，我们只讨论那些应用于空气与液体中颗粒物表征的散射技术[83]。

2.2 光散射理论要点

有很多专著描述时间平均和强度涨落的散射理论。本节所介绍的理论并不是非常详细，只介绍了一些实用中所需要的光散射知识，作为后续章节中各种光散射应用的基础，以便理解相应的颗粒表征技术。我们将从散射几何和一些基本定义开始，然后介绍时间平均散射强度和散射强度涨落的基本理论。

2.2.1 光散射几何

图 2-1 是实验室框架中光散射几何的基本方案。在图 2-1 中，k_o 是沿着 X 方向传递、波长为 λ、强度为 I_o 的入射光波矢量。$\lambda = \lambda_o/n_o$，n_o 为介质的折射率，λ_o 为入射光在真空中的波长。k_o 的量值 $|k_o|$ $(=2\pi/\lambda)$ 为入射光的波数。非偏振光的电场矢量是随机定向的，偏振光的电场矢量定向于某一个方向。出于理论上的简化和实际应用的方便，偏振的方向或垂直于假想桌面的 Z 方向，称为垂直偏振（E_v）；或与 Z 平行，称为水平偏振（E_h）。绝大部分入射光将透射通过包含颗粒的散射体积，除非粒子浓

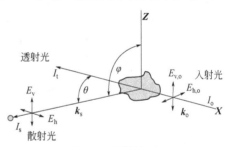

图 2-1 光散射几何

度足够高，致使发生多次散射，即一个颗粒散射的光成为另一个颗粒的入射光，或者光被颗粒高度吸收。照射到颗粒的光将向各个方向散射。散射强度和强度涨落都是散射方向的函数。因此，我们必须规定散射方向。通常它被定义为与 X 方向成 θ 角度、与 Z 方向成 φ 角度的方向，其中 θ 称为散射角，φ 称为方位角。由入射方向、传播方向与散射方向所形成的平面称为散射平面。除非特别指明，方位角 φ 一般假定为 90°，并且散射平面处在 φ 为 90° 处。$k_s(|k_s| \approx |k_o|)$ 与 I_s 为散射光的波矢量与强度。常出现在散射理论中的参数还有动量转移矢量 K，一般也被称为散射矢量。K 是入射光与颗粒之间动量转移的结果，其量值 $K(= |K| = |k_o - k_s|)$ 为：

$$K = \sqrt{\left|\boldsymbol{k}_{\mathrm{o}} - \boldsymbol{k}_{\mathrm{s}}\right|^2} = \sqrt{k_{\mathrm{o}}^2 + k_{\mathrm{s}}^2 - 2k_{\mathrm{o}}k_{\mathrm{s}}} \approx \sqrt{4k_{\mathrm{o}}^2 \sin^2(\theta/2)} = \frac{4\pi n_{\mathrm{o}} \sin(\theta/2)}{\lambda_{\mathrm{o}}} \tag{2-3}$$

在几乎所有的光散射实验中，一个偏振或非偏振的准直光源从比颗粒粒度大得多的距离处照射样品。散射强度的测量也在远场进行，即检测器和颗粒之间的距离比颗粒大得多。因此，入射光和散射光都可视为平面波，以使理论描述变得较为简单。散射体积定义为入射光束和检测器视锥之间的交界体积。在散射体积中，可能只有一个颗粒（例如在光学颗粒计数仪中），也可能像其他散射实验中那样有许多颗粒。由于颗粒向各个方向散射光，检测器接收到的散射强度与其探测区域成正比，与散射体距离的平方成反比。虽然悬浮介质（空气或液体）也散射光，但与颗粒的散射强度相比，空气或任何均匀液体的散射几乎总是可以忽略的，除非使用不均匀的介质或者颗粒的质量与介质分子的质量相近。

2.2.2 单个颗粒的光散射

在下面的讨论中，入射光被假定为具有平面波和均匀强度的准直光束。但是很多光源，譬如氦氖激光，具有 Gaussian（高斯）光强分布。光束直径（光点大小）被描述为半径为标准偏差两倍（2σ）的圆形区域。大部分光能在此区域内，在此区域的边缘光强度下降到最大强度的 0.135。对于高斯或发散的光束，所有给出的公式必须作相应的修正，导致更复杂的普适理论公式（例如广义 Mie 理论）[84-88]。因此设计光散射仪器光学的一个重要目标是使入射束强度均匀，并将光束发散减少到最低限度。

在 Maxwell（麦克斯韦）方程的平面波解中，光的电矢量由两个彼此正交的偏振分量 E_{v} 和 E_{h} 组成。入射光和散射光都可以由一组 Stokes 参数 $S(I_{\mathrm{v}},I_{\mathrm{h}},U,V)$ 来充分描述其强度、偏振与相位：

$$I_{\mathrm{v}} = E_{\mathrm{v}} E_{\mathrm{v}}^* \tag{2-4a}$$

$$I_{\mathrm{h}} = E_{\mathrm{h}} E_{\mathrm{h}}^* \tag{2-4b}$$

$$U = E_{\mathrm{v}} E_{\mathrm{h}}^* + E_{\mathrm{h}} E_{\mathrm{v}}^* \tag{2-4c}$$

$$V = i(E_{\mathrm{v}} E_{\mathrm{h}}^* - E_{\mathrm{h}} E_{\mathrm{v}}^*) \tag{2-4d}$$

在上述公式中，星号表示共轭复数。散射光的 Stokes 参数是入射光的均匀线性函数，由具有 16 个元的 4×4 变换矩阵 $\boldsymbol{F}$ 组成[89]。$\boldsymbol{F}$ 矩阵中的所有元都是 S_1、S_2、S_3 和 S_4 四个复变振幅函数的组合，这些函数可以用不同的散射理论来进行计算。

$$\begin{pmatrix} |S_1|^2 & |S_4|^2 & \frac{1}{2}(S_1S_4^*+S_4S_1^*) & \frac{i}{2}(S_1S_4^*-S_4S_1^*) \\ |S_3|^2 & |S_2|^2 & \frac{1}{2}(S_2S_3^*+S_3S_2^*) & \frac{i}{2}(S_3S_2^*-S_2S_3^*) \\ (S_3S_1^*+S_1S_3^*) & (S_2S_4^*+S_4S_2^*) & \frac{1}{2}(S_1S_2^*+S_2S_1^*+S_3S_4^*+S_4S_3^*) & \frac{i}{2}(S_3S_4^*-S_4S_3^*+S_1S_2^*-S_2S_1^*) \\ i(S_3S_1^*-S_1S_3^*) & i(S_2S_4^*-S_4S_2^*) & \frac{i}{2}(S_2S_1^*-S_1S_2^*+S_3S_4^*-S_4S_3^*) & \frac{1}{2}(S_1S_2^*+S_2S_1^*-S_3S_4^*-S_4S_3^*) \end{pmatrix}$$

$$(2\text{-}5a)$$

入射光和散射光之间的关系可以由以下矩阵方程来表述：

$$\boldsymbol{S}_{\text{散射}}(I_v, I_h, U, V)_{4\times1}=\boldsymbol{F}_{4\times4}\cdot\boldsymbol{S}_{\text{入射}}(I_{vo}, I_{ho}, U_o, V_o)_{4\times1}/k_o^2r^2 \qquad (2\text{-}5b)$$

在式（2-5b）中，下标表示矩阵的维数，右侧的分母项是由于测量是从散射中心到某个距离 r 进行的。振幅函数是颗粒的大小、形状、定向和光学特性以及散射角度的函数。一旦振幅函数确定，就可以通过矩阵 $\boldsymbol{F}$ 获得散射光的特征。在 S_3 和 S_4 均为零的情况下，入射光与散射光的光强关系很简单：

$$I_v=|S_1|^2I_{vo}/k_o^2r^2 \qquad (2\text{-}6a)$$

$$I_h=|S_2|^2I_{ho}/k_o^2r^2 \qquad (2\text{-}6b)$$

现在的任务是计算不同类型颗粒的振幅函数。

另一个常用于处理辐射能量和物质相互作用的概念是散射截面。在光散射中，颗粒的角散射截面被定义为：作用在颗粒上的入射光截面具有与颗粒在散射角度 θ 处单位立体角散射能量相等的区域。颗粒的总散射截面对应于散射到所有方向的总能量。气体分子的单位可见光辐照的总散射横截面约为 10^{-26} cm^2，50 nm 乳胶颗粒的总散射横截面约为 10^{-14} cm^2。在远场检测到的散射强度来自光束中颗粒不同部分的散射。由于颗粒不同部分的散射场相互干涉，因此必须求解整个颗粒完整的 Maxwell 方程组，才能获得在任意散射角度的散射强度。自从一个多世纪前 Gustav Mie 导出描述任意大小球体的散射公式以来，人们一直在为其他形状颗粒的散射寻找类似的理论解决方案。由于问题的复杂性，求解 Maxwell 单颗粒方程的严格分析公式仅存在于一些特殊情况，例如：球形坐标系中的球体；椭球形坐标系中的椭球体[90]；几个圆柱形坐标系中的无限长柱状体[10,91]。

对具有较高对称性的单颗粒散射，Debye 在 1908 年导出的、被称为 Debye 级数的是一种可以与 Mie 理论媲美的方法：将颗粒散射的内部振幅分解为不同 p 阶射线的光线路径的贡献。球体、多层球体、圆柱体和椭球的散射，都可以用德拜级数展开求解其角向散射图形[92-94]，图 2-2 是 Debye 级数前四项的角向散射图形。

对于其他规则或不规则形状的颗粒，还有另外两种方法：一种是找到近似的解析式，另一种是用数值计算散射强度。在几种特例中，例如当颗粒比光的波长小得多或大得多时，近似理论与更严格的计算结果非常接近（或几乎相同），并已在许多科学领域得到广泛应用。与此同时，随着计算能力的不断提高，新的数值算法（以及相关的数值计算软件）也在迅速发展，近年来，计算任意形状颗粒甚至颗粒分布的散射强度也已成为可能[95]。

任意大小球体散射强度的解析式，现在被广泛应用于许多光散射技术中。在这些技术中，颗粒几乎总是被假设是球形的。下面我们介绍球体散射的严格方程与近似理论，并简要地总结用于其他形状粒子散射的数值计算方法。

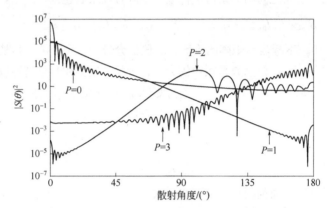

图2-2 聚苯乙烯乳胶球在水中散射的 Debye 级数的前四项（λ_o=632 nm，d=10 μm）

（1）严格解：Mie 理论

Mie 理论[96]是在非吸收介质中任何直径的均匀、各向同性、非磁性球体散射的严格解。虽然该理论通常被称为 Mie 理论或 Lorenz-Mie 理论，但它实际上是根据包括 Lorenz 和 Mie 在内的许多理论家的独立研究而发展起来的（见参考文献[10]第55页中的历史回顾）。对 Mie 理论的推导，有兴趣的读者可以在参考文献中找到[9,10]。Mie 理论的公式可以通过以下矩阵来表示：

$$
\begin{pmatrix} S_1 & S_4 \\ S_3 & S_2 \end{pmatrix} = \begin{pmatrix} \displaystyle\sum_{k=1} \frac{2k+1}{k^2+k}(a_k\pi_k + b_k\tau_k) & 0 \\ 0 & \displaystyle\sum_{k=1} \frac{2k+1}{k^2+k}(a_k\tau_k + b_k\pi_k) \end{pmatrix} \tag{2-7}
$$

式中，a_k 与 b_k 是 α（$=\pi dn_o/\lambda_o$）、β（$=\pi dm_1/\lambda_o$）与 m（$=m_1/n_o$；$m_1 = n-ki$，是颗粒的复数折射率）的函数，π_k 与 τ_k 是 $\cos\theta$ 的函数。在附录2中有 a_k、b_k、τ_k 与 π_k 的表达式。式（2-7）中的 S_1 与 S_2 是具有振荡特性的球谐 Bessel 函数。

球体的散射角向图形具有相对于入射光轴的对称性，即在同样散射角度绝对值处的散射强度相同。根据球体的特性，在这些散射图形的不同角度有散射的局部极小值与极大值。图 2-3 显示了两个不同大小球形颗粒的散射图形。

球体散射的一般特征是越大的颗粒，其峰值强度越大，而第一强度最小值的角度越接近光轴。图 2-3 中的实线与虚线分别为一个大圆球与一个较小圆球的角向散射强度图形。因为散射图形是轴向对称的，即负散射角度的强度曲线是正散射角度的镜像，为了方便起见，我们在讨论中仅用正散射角。球体散射的光强分布也可用如图 2-4 所示的"径向图"来表示。在此图中，球位于图的中心，粗体弧线是散射强度轮廓，其中与中心点的距离与该角度的强度成正比。

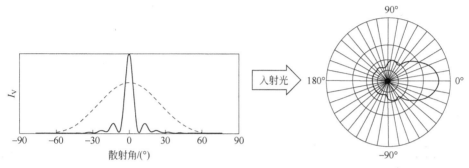

图 2-3　球体角向散射强度图形　　　　　图 2-4　散射强度的极坐标示意图

图 2-5 以三维方式显示了悬浮在水中的聚苯乙烯乳胶球（PSL）在垂直偏振入射光 I_{v0}（$\lambda_0 = 750$ nm）中的单位体积散射强度（I_v）。在此图中，散射强度被绘制为散射角度和球体直径的函数，并且所有三个轴均以对数坐标绘制，以便捕获宽动态范围并揭示强度变化中的细节。此图有三个一般特征：

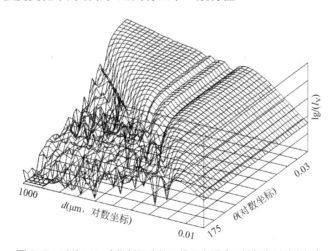

图 2-5　球体 Mie 光散射强度的三维示意图（三轴都为对数坐标）

① 散射强度变化的趋势。在小角度，大颗粒的散射强度比同一散射角度的小颗粒强；随着散射角度的增加，所有颗粒的散射强度都会降低。但是，随着球体粒度的减小，角向依赖性会降低。对于纳米范围内的球体，强度图形的角向依赖性很小。对于小于 50 nm 的球体，角向强度图形几乎是一条平线。

② 由于 Bessel 函数的振荡性质，每一给定直径球体的散射图形都有许多系统性的波纹和峰谷。特别是从以零度为中心的中央峰值到第一最小值，以及随后的系列最小值和最大值，都有剧烈的强度变化。从入射光轴至第一最小值为半径的圆所含的中央散射峰称为 Airy（艾里）斑。这些振荡变化是给定大小球体与其在介质中相对折射率的特征。如图 2-5 所示，如果散射角与球直径都以对数坐标表示，则随着球体直径的增加，第一最小值的角度位置越来越小，而且在大部分区域呈线性变化，除了非吸收颗粒在某些周期性出现的区域会有异常现象。

③ 存在 Airy 斑反常变化。即在一定的粒径范围内，随着粒径的增大，非吸收球形颗粒的 Airy 斑增大而不是变小，从图 2-5 中 d 为 1~10 μm 区间强度的角向变化也可略见此反常变化。Mie 理论的详细计算结果表明，对不同相对折射率的球形颗粒的 Airy 斑反常是周期性的，此一反常随着相对折射率虚部的增加（即存在吸收）而越来越不明显，当吸收率高于一定值时，此反常将消失。利用几何光学近似可以导出 Airy 斑反常发生的粒径范围的解析公式与如下规律：对于非吸收颗粒，Airy 斑反常是周期性的，当颗粒趋于无穷大时，周期趋于某一定值。随着相对折射率的增加，发生 Airy 斑反常的粒径范围向较小的值移动，周期变小，粒径范围的宽度变窄。另外，由公式可以预测，相对折射率小于 1 的颗粒也存在 Airy 斑反常。图 2-6 显示了不同相对折射率球状颗粒根据 Mie 理论计算的前三个 Airy 斑反常的区域[97]。图中横坐标 $\alpha = \pi d n_0/\lambda_0$，纵坐标为 Airy 斑对应的角度，如果取 $\lambda_0 = 632.8$ nm，$n_0 = 1.33$，则 $\alpha = 10$ 及 $\alpha = 100$ 分别对应于 $d = 1.5$ μm 及 $d = 15$ μm 的颗粒。此反常现象会引起在一定粒径范围内颗粒测定的不确定性。

根据颗粒散射图形的特征，球形颗粒的直径可以通过光散射测量来求得。上述三维示意图的形状可能因相对折射率和入射光波长而异，但这三个一般特征始终存

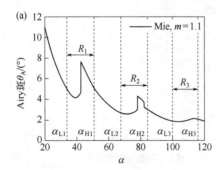
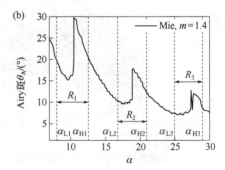

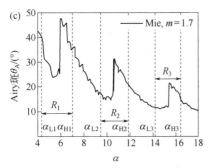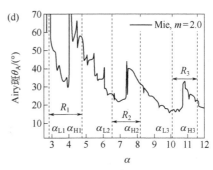

图2-6 不同相对折射率颗粒的前三个 Airy 斑反常区域（R_1、R_2、R_3）

在。图 2-7 演示了悬浮液中 0.5 μm 聚苯乙烯乳胶球在不同波长或偏振的入射光中的角向散射强度曲线。

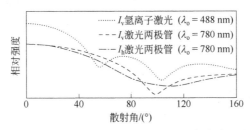

图2-7 聚苯乙烯乳胶球在不同波长与偏振方向的入射光中的散射强度

　　球体的小角度散射图形除了轴向对称外，还是中央对称的，即它在入射光的传播方向呈同心环。在此范围内，相对于入射光有相同固体角度处的散射强度都相同，而并不限于在桌面散射平面的角度 θ（图 2-1）。

　　根据 Mie 理论计算散射强度的方法与程序可在文献中找到[13,98-100]。用于不同类型球体的扩展 Mie 理论公式也已被导出并有计算机源程序[101]，如磁性球[102]、手性球[103]、多层不同光学结构的球[13,104-106]、具有径向折射率梯度的球[107-109]、非同心双层球[110]、在有吸收的介质内的双层球[111]等。随着计算机能力的提高，多个球体聚合物的扩展 Mie 理论计算也已成为可能[112]。这些特殊情况的球体在颗粒表征中的实践应用仍然极其有限。

（2）零级近似：Rayleigh 散射

　　如果颗粒比光的波长小得多，那么颗粒的每个部分将受到具有均匀瞬时相位的同一入射光电场，从颗粒中散射的光就似一个从四面八方辐射的振荡偶极子的散射一样。当非极性颗粒（或分子）受到电磁波影响产生辐射时，其电荷被迫分离，并产生感应偶极矩，导致颗粒的极化。这一偶极矩是入射光作用到颗粒后，由于颗粒的极化率而产生的。偶极矩与光电场同步振荡，偶极矩轴与入射波的电矢量同向。这种类型的散射称为 Rayleigh 散射。Rayleigh 散射近似必须满足两个条件：①颗粒最长尺寸远小于 k_o^{-1}；②相对复数折射率绝对值与最长尺寸的乘积远小于 k_o^{-1}。一般而言，α 是一个张量，在三个相互正交的方向上各有一个分量。对大部分光学各向同性的物质，这三个分量相同。散射强度从而只与作为颗粒体积与形状的函数 α 有

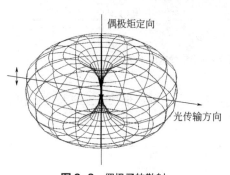

图 2-8 偶极子的散射

关。只要颗粒是各向同性、没有光学活性，而入射光是线性偏振的，所有散射光就都将是线性偏振的。前向半球散射与后向半球散射将有等量的散射光强，即散射强度的空间分布是轴向对称，但有 $\cos^2\varphi$ 依赖性。偶极子在其振荡的方向没有散射，所以在 $\varphi=90°$ 处的散射几乎等于零。如图 2-8 所示，在垂直偏振入射光中的偶极子三维散射强度图形就像一个中央带有无限小孔的甜饼圈。

在非偏振光中，偶极子的振幅函数有下述表达：

$$\begin{pmatrix} S_1 & S_4 \\ S_3 & S_2 \end{pmatrix} = \mathrm{i}k_o^3\alpha \begin{pmatrix} 1 & 0 \\ 0 & \cos\theta \end{pmatrix} \tag{2-8}$$

从中我们可以得到著名的非偏振光散射 Rayleigh（瑞利）公式：

$$I = (1+\cos^2\theta)k_o^4|\alpha|^2 I_o/2r^2 \tag{2-9}$$

式（2-9）中括号内的两项分别对应于散射光的垂直与水平偏振分量。散射强度随着颗粒质量的平方（颗粒大小的六次方）而变化。由于探针长度（光的波长）比颗粒大得多，除了颗粒的质量之外，从 Rayleigh 散射得不到其他细节。虽然 α 确实取决于形状，但所有颗粒都会像无结构的物质那样根据式（2-9）散射光。

（3）一级近似：Rayleigh-Debye-Gans 散射

当颗粒大于可视为单个偶极子时，它可被视为许多微小且无结构的散射单元的集合。每一个散射单元都独立于其他散射单元而产生 Rayleigh 散射。与颗粒中任何单元相对应的相位移可以忽略不计，颗粒中不同单元之间的相位差仅由其位置决定，并且独立于颗粒的物质特性。由于这些单元在颗粒中的位置不同，所有这些单元在给定方向的散射会相互干涉。要满足上述近似，颗粒的折射率必须非常接近于介质的折射率（$|m-1|\ll 1$），而且颗粒必须小于光波长（$|m-1|$ 与粒径的乘积远小于 k_o^{-1}）。在 Rayleigh-Debye-Gans 理论中，颗粒的散射振幅函数是所有带有一个相位因子 δ 的散射单元的叠加：

$$\begin{pmatrix} S_1 & S_4 \\ S_3 & S_2 \end{pmatrix} = \frac{ik_o^3(m-1)}{2\pi} \int e^{i\delta} dV \begin{pmatrix} 1 & 0 \\ 0 & \cos\theta \end{pmatrix} = \frac{ik_o^3(m-1)V}{2\pi} \sqrt{P(x)} \begin{pmatrix} 1 & 0 \\ 0 & \cos\theta \end{pmatrix} \quad (2\text{-}10)$$

$$P(x) = V^{-2} \left| \int e^{i\delta} dV \right|^2 = n^{-2} \sum_i \sum_j \sin(Kr_{ij}) / Kr_{ij} \quad (2\text{-}11)$$

$P(x)$是当 m 为实数（没有吸收）时由颗粒形状决定的散射因子。$P(x)$的导出是基于：①一个大颗粒有很多相等的散射中心，任意两个散射中心的距离为一个空间矢量 $\boldsymbol{r}_{ij}$（长度为 r_{ij}）；②所有这些距离可能的两两组合的集合形成了散射干涉图形。根据以上两点，可以导出许多规则形状的散射因子。文献中可找到多达几十种形状的颗粒散射因子，包括各类平面多边形颗粒[113-115]。表 2-2 列出了一些随机定向、各向同性的规则颗粒的散射因子。

表 2-2 一些随机定向、各向同性的规则颗粒的散射因子

形状	散射因子 $P(x)$	R_g^2
球	$\left[\dfrac{3(\sin x - x\cos x)}{x^3} \right]^2$；$x = Kd/2$，$d$ 为直径	$3d^2/20$
薄圆盘	$\dfrac{2}{x^2}\left[1 - \dfrac{1}{x}J_1(2x) \right]$；$x = Kd/2$，$d$ 为直径	$d^2/8$
无限细棒	$\int_0^{2x} \dfrac{\sin t}{t} dt - \dfrac{\sin^2 x}{x^2}$；$x = Kl/2$，$l$ 为长度	$l^2/12$
无规线团	$\dfrac{2}{x^4}(e^{-x^2} + x^2 - 1)$；$x = KR_g$，$n_s$ 为线段数，L_k 为线段长度（Kuhn 长度），l_e 为链的两终端之间距离	$n_sL_k^2/6$ 或 $l_e^2/6$
同心圆（核壳）	$\left\{ \left\{ \dfrac{3(\sin x - x\cos x)}{x^3} + \dfrac{m_i - m_o}{m_o - 1}\left(\dfrac{d_i}{d_o}\right)^3 \times \left[\dfrac{3(\sin y - y\cos y)}{y^3} \right] \right\} \right\}^2$；$x = Kd_o/2$，$y = Kd_i/2$，$d$ 为直径，m 为折射率，o 表示壳，i 表示核	如果核与壳有同样密度，则与球的一样
圆棒	$\int_0^{\pi/2} \dfrac{\pi}{2y\cos\beta}\left[J_{0.5}(y\cos\beta)\dfrac{2J_1(x\sin\beta)}{x\sin\beta} \right]^2 \sin\beta d\beta$；$y = Kl/2$，$l$ 为棒长，$x = Kd/2$，d 为直径，β 为杆轴和等分线之间的夹角	$3l^2/20$
旋转椭球	$\int_0^{\pi/2}\left[\dfrac{3(\sin x - x\cos x)}{x^3} \right]^2 \cos\beta d\beta$；$a$、$b$ 为半轴长 $x = Ka\sqrt{\cos^2\beta + \left(\dfrac{b}{a}\sin\beta\right)^2}$；$\beta$ 为图形轴和等分线之间的夹角	$(a^2 + 2b^2)/5$

大部分规则形状颗粒的散射因子是颗粒特征粒度与散射矢量乘积的函数，通常用符号 x 表示此乘积。$P(x)$也可通过系列展开的一般公式来求得[11]：

$$P(x) = 1 - \frac{K^2 R_g^2}{3} + \cdots \quad (2\text{-}12)$$

式中，R_g 是颗粒的回转半径，即颗粒体在旋转时的有效半径，或所有质量集中点的半径。R_g 的定义为：

$$R_g^2 = \frac{\int \rho(r)r^2 \mathrm{d}V}{\int \rho(r)\mathrm{d}V} \tag{2-13}$$

式中，$\rho(r)$ 为 r 处的质量密度。当 x 小于 0.25 时，式（2-12）的第三项与更高项可以忽略不计。$P(x)$ 对 K^2 作图的初始斜率即为颗粒的回转半径。因此，散射因子的分析公式比特定形状的严格解决方案（如果存在这些解决方案）简单得多。散射因子是随着 x 的增加而单调衰变的函数。图 2-9 是几种常见形状颗粒的散射因子。曲线 a：长（L）与直径（d）比 $L/d = 8$ 的随机定向圆形杆，$x = 4\pi L \sin(\theta/2)/\lambda$；曲线 b：直径为 d 的随机定向无限薄盘，$x = 4\pi d \sin(\theta/2)/\lambda$；曲线 c：直径为 d 的球体，$x = 4\pi d \sin(\theta/2)/\lambda$；曲线 d：回转半径为 R_g 的无规线团，$x = 4\pi R_g \sin(\theta/2)/\lambda$。

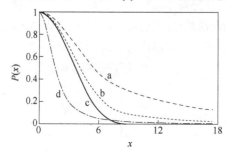

图 2-9　常见形状颗粒的散射因子

光学各向异性颗粒的散射因子会因入射光和散射光的偏振而有不同的形式。使用散射因子的最大优点是这些函数独立于颗粒的折射率，一旦实验设置确定后，颗粒大小和形状是仅有的变量。对于小颗粒，一旦知道形状，并且所有颗粒具有相同的几何形状，粒度的测量就很容易进行。在可见光范围内，Rayleigh-Debye-Gans 理论可用于粒度达几百纳米的颗粒[116]。这一理论已被广泛应用于合成和天然高分子的研究，因为这些分子在溶液中很多处于线团构象，并且粒度小于 100 nm。如果知道颗粒的形状，从角散射强度测量可以得到颗粒粒度。在实践中，由于工业界颗粒形状的多分散性和小颗粒的弱角强度依赖等限制，此类应用多局限于学术研究，其中散射因子常与动态光散射测量结合使用。

（4）大粒度近似：Fraunhofer 衍射

当颗粒粒度远大于入射光的波长或材料有高度吸收时，颗粒会"消耗"相当于其横截面面积两倍的透射光能，一个横截面是由于反射、折射和吸收，另一个是由于颗粒边缘光弯曲产生的衍射。对于大颗粒，颗粒的边缘效应对总散射强度的贡献要大得多，可以使用另一种截然不同的方法来处理大颗粒的光散射。在这种情况下，来自颗粒内部的散射就不那么重要了，而且作为近似可以被忽视。当只考虑颗粒的边缘效应时，我们可以使用各种衍射方程来描述散射图形。颗粒的行为就像一个二维物体，而不是一个三维颗粒。只有与入射光垂直的投影面积才重要，而不是颗粒的体积。

Huygen-Fresnel 原理定性地描述了衍射现象中光的传播问题：传播波前端的每

个点都可视为子波的波源，空间某点的光波是所有这些子波在该点相干波的叠加。子波之间的干涉产生条纹图形，随着光传播初始方向角度的增加，强度迅速降低。有两类衍射，即 Fraunhofer 衍射和 Fresnel 衍射。Fraunhofer 衍射[117]涉及相干平面波受障碍物所阻，Fresnel 衍射涉及球面波受障碍物所阻。从实验上来说，Fresnel 衍射由点光源产生，而 Fraunhofer 衍射由平行光产生。由小孔产生的 Fraunhofer 衍射数学上等效于小孔形状的 Fourier 变换。由于用积分描述 Fresnel 衍射很棘手，Fresnel 衍射图形甚至在一维上几乎没有解析公式。在光散射测量中，由于光源总是远离散射体，而且光路设计通常会将入射光调整为均匀的准直光，所以只用到 Fraunhofer 衍射。根据衍射理论，一个由光照亮的黑盘和带有小孔覆盖整个波前部的黑屏产生相同的衍射图形，因为边缘效应主导着衍射图形。在散的衍射近似中，光散射振幅函数 S_3 与 S_4 同为零，并且 S_1 与 S_2 相同，都可通过沿光束中颗粒投影区域的轮廓进行积分来计算：

$$\begin{pmatrix} S_1 & S_4 \\ S_3 & S_2 \end{pmatrix} = \frac{k_o^2}{2\pi} e^{-ik(x\cos\varphi + y\sin\varphi)\sin\theta} dxdy \begin{pmatrix} 1 & 0 \\ 0 & 1 \end{pmatrix} \tag{2-14}$$

任意形状颗粒的振幅函数可用数值化或解析式计算公式［式（2-14）］来获得[118-122]。很多多边体的衍射存在解析公式。例如长方形的衍射强度图形可以用下述公式表述：

$$S_1 = S_2 = \frac{2\sin(ak_o\cos\varphi\sin\theta)\sin(bk_o\sin\varphi\sin\theta)}{\pi\cos\varphi\sin\theta\sin\varphi\sin\theta} \tag{2-15}$$

式中，a 和 b 为长方形两边的半长。根据式（2-14），衍射强度图形至少存在双重对称：

$$I(\theta, \varphi) = I(\theta, \varphi+\pi) \tag{2-16}$$

对具有 n 重对称的规则多边形，当 n 为偶数时，其衍射图形有 n 重对称性；当 n 为奇数时，其衍射图形有 $2n$ 重对称性。按此规则，对垂直于光传播方向的细杆、三角形、长方形、五边形、六边形，它们的衍射图形将分别有两重、六重、四重、十重、六重对称性。椭球形物体的衍射图形可由下式表述，其中 a 和 b 分别为长轴与短轴的半长：

$$S_1 = S_2 = \frac{2\pi b J_1(z\pi\sqrt{\mu}2a\sin\theta / \lambda)}{z\sqrt{\mu}\lambda\sin\theta}; \quad z = \sqrt{\mu\cos^2\varphi + \frac{1}{\mu}\sin^2\varphi}; \quad \mu = \frac{a}{b} \tag{2-17}$$

式中，J_1 是一阶的第一类 Bessel 函数：

$$J_1(x) = x\sum_{k=1}^{\infty}(-1)^{k+1}\frac{x^{2k-2}}{(k-1)!k!2^{2k-1}} \tag{2-18}$$

对球体，$2b = 2a = d$（直径），式（2-17）可被简化而 z 与 μ 都等于 1。这时 Fraunhofer

衍射公式就回到了当直径远大于波长时的 Mie 公式:

$$\begin{pmatrix} S_1 & S_4 \\ S_3 & S_2 \end{pmatrix} = \frac{\pi d J_1(\pi d \sin\theta / \lambda)}{\lambda \sin\theta} \begin{pmatrix} 1 & 0 \\ 0 & 1 \end{pmatrix} \tag{2-19}$$

式（2-19）的推导假设颗粒散射等于位于光束轴的同一投影区域的不透明圆盘的散射。由于这一假设，在 Fraunhofer 理论中，颗粒的折射率无关紧要。Fraunhofer 衍射可用于投影面积中的最长尺寸远大于波长（通常大于几十微米）且不透明的颗粒，即颗粒与介质有不同的折射率（通常相对折射率大于 1.2）；也可用于高度吸收的颗粒（通常吸收系数大于 0.5）。大颗粒的 Fraunhofer 衍射强度都集中在前向，通常在 $\theta = 10°$ 之内，Fraunhofer 衍射也常被称为前向散射。对球体的 Fraunhofer 衍射，衍射图形中第一最小值的角度与直径有下述简单的关系：

$$\sin\theta_{第一最小} = \frac{1.22\lambda}{d} \tag{2-20}$$

并且大部分散射强度集中在非常尖锐的中央峰，如表 2-3 所示。

表 2-3　球体 Fraunhofer 衍射的强度分布

光强环	位置（θ）	相对强度（I/I_0）	环中的总强度/%
中心最大值	0.0	1.0	83.8
第一最小值	$\sin^{-1}$（$1.22\lambda/d$）	0.0	
第二最大值	$\sin^{-1}$（$1.64\lambda/d$）	0.0175	7.2
第二最小值	$\sin^{-1}$（$2.23\lambda/d$）	0.0	
第三最大值	$\sin^{-1}$（$2.68\lambda/d$）	0.0042	2.8
第三最小值	$\sin^{-1}$（$3.24\lambda/d$）	0.0	
第四最大值	$\sin^{-1}$（$3.70\lambda/d$）	0.0016	1.5
第四最小值	$\sin^{-1}$（$4.24\lambda/d$）	0.0	

图 2-10 与图 2-11 分别显示了横截面为正方形、长方形、圆、椭圆的衍射图形，从中可以很明显地看出图形的对称性。

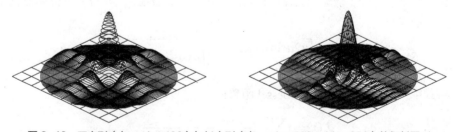

图 2-10　正方形（左，$ak_0 = 100$）与长方形（右，$ak_0 = 100$，$bk_0 = 250$）的衍射图形
绝对电磁场分布，方位角 φ 从 0° 到 360°，散射角 θ 从 0° 到 7°

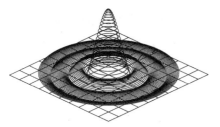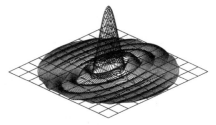

图 2-11 圆盘（左，$dk_0 = 400$）与椭圆盘（右，$ak_0 = 200$，$bk_0 = 400$）的衍射图形

绝对电磁场分布，方位角 φ 从 0° 到 360°，散射角 θ 从 0° 到 3.5°

图 2-12 是 He-Ne 激光照射的 500 μm 针孔的衍射图像，以及 He-Ne 激光照射具有六边形网孔筛子的衍射图像。

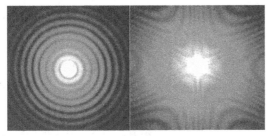

图 2-12 针孔与六边形网孔筛子的衍射图像

由于球体的衍射模式具有中心对称性，因此我们可以在任何方位角获取强度图形，以球直径和散射角度 θ 为变量作出类似于图 2-5 的三维衍射（散射）强度图，不过不是用式（2-7），而是用式（2-19）（图 2-13）。不出所料，当颗粒大于几十微米时，小角度球体的 Fraunhofer 衍射图形与 Mie 散射理论得到的散射图形相同。这两种理论的散射图形随着散射角度的增加或颗粒变小而差异越来越大。

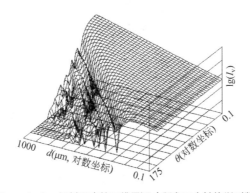

图 2-13 Fraunhofer 衍射强度的三维显示（所有三个轴均以对数坐标绘制）

对于 m 值较小的颗粒，即使粒度可能很大，式（2-19）也不再适用，因为这时必须考虑光通过颗粒时传输与折射的影响。在这个异常的衍射区域中，必须使用严格的理论（如球体的 Mie 理论）或某些近似[123,124]。在一种方法中，球体的 Fraunhofer 衍射公式中加了一项考虑折射率的 $f(m,\theta)$[125]：

$$f(m,\theta) = 4\left(\frac{m}{m^2-1}\right)^4 \times \frac{[m\cos(\theta/2)-1]^3[m-\cos(\theta/2)]^3}{\cos(\theta/2)[m^2+1-2m\cos(\theta/2)]^2} \times \left[1+\frac{1}{\cos^4(\theta/2)}\right] \quad (2\text{-}21)$$

$$I \propto 2\left[\frac{\pi d J_1(\pi d \sin\theta/\lambda)}{\lambda\sin\theta}\right]^2 + \left[\frac{\pi d}{\lambda}\right]^2 f(m,\theta) \quad (2\text{-}22)$$

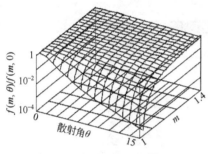

图 2-14 异常衍射函数 $f(m,\theta)$

从图 2-14 中可看到 $f(m,\theta)$ 很强的角度依赖性在 $m>1.2$ 时开始减弱而成为常数，从而回到了普通的 Fraunhofer 理论。

（5）数值方法

对于颗粒粒度与光波长相近的任意形状颗粒，既不能使用上述近似方法，也没有解析方程可用。由于现代微电子学的飞速发展，计算复杂形状粒子散射强度的数值方法现已变得可行。这些方法用于日常颗粒表征实践尚有一段距离，有几篇综述文章简要地总结了弹性散射强度数值计算的最新发展[126,127]。数值方法可分为表面方法和体积方法。在几个表面方法，即点匹配法、T 矩阵法和广义多极技术中，散射电场被扩展为原点或在球体中心或在球体某处的球形矢量波函数（或称为多极）。扩展项的系数是通过满足一些离散表面点（点匹配方法）的边界条件，或对颗粒表面使用表面积分（T-矩阵方法）获得的[128,129]。随着计算机能力与速度的提高，这些方法已被广泛应用在计算各种大小的单颗粒甚至颗粒聚合物，很多计算方法的源程序都是开放式的。

在基于体积的方法中，如有限不同时间域法[130]、有限元法[131]、离散偶极近似法[132]，颗粒体积被分为小单元，通过分步计算入射光在这些单元中的传播来获得散射光强。每个元的电场都源自邻近元的贡献。由于计算的复杂性，使用基于体积的方法计算的最大颗粒度与计算能力直接有关。

在过去二十年中，计算机能力不断地提升，遵循 Moore 定律，CPU 中晶体管数量每两年翻一番，从 2000 年的 4200 万个增加到了 2020 年的 1600 亿个。这大大促进了使用各种方法计算任意形状和各种大小的颗粒在各种入射光束形状中的散射。此外，云计算和服务器功能等信息技术使计算代码的比较、共享和验证变得更加容易。表 2-4 为各种方法进行散射计算的一个小结[133]。

表 2-4　利用各种方法计算散射结果小结

计算方法	形状	有效粒径与折射率范围	输出形式与计算速度
Mie 理论	各类球	所有粒径与折射率	从矢量解可导出全 Muller 矩阵，快
T-矩阵法	椭球、圆柱	$d/\lambda<4$, $a/b<20$, $\|m\|<10$	从矢量解可导出全 Muller 矩阵，慢
有限不同时间域法	任何可以由立方体的网格代表的形状	所有粒径与折射率	从矢量解可导出全 Muller 矩阵，大颗粒很慢
离散偶极近似	任何可以由偶极子的网格代表的形状	$\|m\|Kd<1$, 精确度随着 m 的增加而减弱，不适合于金属物	从矢量解可导出全 Muller 矩阵，极慢
Rayleigh-Debye-Gans 近似	任何形状	$d/\lambda \ll 1$, $\|m-1\|Kd \ll 1$	从矢量解可导出全 Muller 矩阵，极快
异常衍射近似	球、椭球、圆柱、圆盘、立方体	$d/\lambda \gg 1$, $\|m-1\| \ll 1$	从标量解可求出消光、吸收和散射截面，极快
改进的异常衍射近似	球、椭球、圆柱、圆盘	任何粒径，$\|m-1\|<1$	从标量解可求出消光、吸收和散射截面，极快

综上所述，单个颗粒的散射强度，取决于颗粒的大小和形状以及相对折射率，可以通过各种理论来描述。图 2-15 显示了颗粒特性和适用理论之间的一般关系。图中显示的边界只是大约的图示，实际的边界由许多其他因素决定。

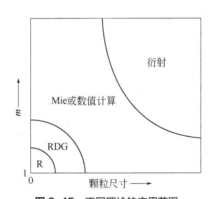

图 2-15　不同理论的应用范围

R—Rayleigh 散射；RDG—Rayleigh-Debye-Gans 散射

2.2.3　颗粒的时间平均散射强度

如果散射体积中有多个颗粒，则总散射强度是散射体积中所有颗粒散射的复合结果。一般来说，我们可以将各类多颗粒体系按照浓度不同分成两个范围，每个颗粒对整体散射的贡献在这两个范围内是不同的。当颗粒数量少，即浓度很低，颗粒之间的距离大时，多重散射可以忽略不计。颗粒之间物理力的相互作用以及颗粒间的散射、干涉依然存在，但对整体散射图形的影响有限。在这个浓度范围内，尽管每个颗粒的实际散射角度可能略有不同，但散射体积中颗粒的总散射通常可以被视为每个颗粒散射的简单加和。这个范围的极限为散射体积中只有一个颗粒，这时只需考虑单颗粒散射。在另一个浓度范围，颗粒的数量密度足够高，颗粒之间的距离非常小，这时至少有三种现象会发生。第一种是多重散射。某一颗粒的散射光在到达检测器之前，碰到了另一个颗粒，成为该颗粒的入射光，从而产生散射。多重散射可能会发生多次，譬如第二个颗粒的重散射光成为第三个颗粒的入射光，然后再次重散射，等等。第二种是当颗粒之间的距离很小，譬如相距不到粒径的数倍时，它们之间将发生几种类型的物理相互作用，颗粒的散射将受到其相邻颗粒的影响。第三种是不同颗粒散射的光在检测器上会发生干涉。在该高浓度范围内，颗粒之间的多重散射、相互极化和散射光的干涉，在很大程度上取决于颗粒的形状、粒度和物质性质。因此，从时间平均强度测量中获得颗粒特征是一项非常困难的任务，尽管对于一些定义明确的系统可以进行理论计算。在 Fraunhofer 衍射的应用区域，如不考虑颗粒间相互作用但允许多重散射存在，则可通过经验公式获得浓悬浮液中颗粒的粒径分布[134,135]。上述两个颗粒浓度范围之间没有明确的边界，因为浓度增加产生的影响是逐渐显现出来的。在高分子研究中，通常用"重叠浓度"的概念，即两个分子链开始出现重叠时的浓度，来区分稀溶液和半浓溶液范围。

2.2.4　颗粒的散射强度涨落

第 2.2.1 节和第 2.2.3 节中描述的理论都是基于时间平均散射强度，即假设散射体不移动，从稳定的光源中发出的入射光强度保持不变，并且实验装置的组件之间没有相对运动，一切都处于某种静止状态。"静态光散射"通常用于描述这类技术。在现实中，虽然入射光的强度（I_0）可以保持在恒定水平，仪器可以做得很坚实，但散射体积中的颗粒一定会由于各种原因而不断地运动。运动可能来自无规热平动或旋转运动（布朗运动）、外加流动场或电场引入的强制运动，甚至生物活性引起的运动，如细菌颗粒在水中的移动。颗粒的任何运动都会引起散射光的变化、涨落或跳跃，这些变化可能很快也可能较缓慢，取决于运动的性质和颗粒的类型。测量散射强度随时间变化的技术称为动态光散射，在这类技术中，除光子密度波谱外，入射光的强度是恒定的，仪器组件的相对位置保持不变，光散射强度的变化只来自颗粒、光源和检测器之间的相对位置以及颗粒之间相对位置的变化。动态光散射可以提供很多时间平均强度测量得不到的信息。

（1）多普勒位移

当列车进站或出站时，站在铁轨旁站台上的人们将听到列车哨声音调的变化。音调的这种变化源于声音来源（火车）和倾听者耳朵的相对运动。当列车向人们驶来时，声波越来越近，哨声的音调会越来越高。当列车驶离时，声波变得越来越远，哨声的音调会越来越低。一般来说，每当波源和接收器之间有相对运动时，接收器接收到的波与原始波的频率不同。这种频率的改变以奥地利物理学家和数学家 Christian Doppler 命名，被称为 Doppler（多普勒）位移。多普勒位移可发生在任何类型的波：光、X 射线或声音。此频率位移 Δv 与发出波速 v、波源频率 v_o 的和接收器之间相对运动速度 Δv 之间的关系是：

$$\Delta v = v_o \Delta v / v \tag{2-23}$$

在光散射实验中，如果颗粒存在运动，则颗粒与入射光以及颗粒与检测器之间就会有相对运动，光波也会随之产生多普勒位移。在这种情况下，颗粒既是入射光的接收者，又是散射光的波源。散射光的检测器通常为光电倍增管（PMT）或光电二极管（PD）。这两种类型的检测器都是平方律检测器：它们根据与落在检测器表面的电场平方成正比的光电子脉冲数量或光电流来测量光强。从 N 个运动颗粒的光散射到达检测器表面的电场是：

$$
\begin{aligned}
E_s(t) &= \sum_{j=1}^{N} E_j(t) + E_m(t) = \sum_{j=1}^{N} A_j E_o e^{-i[\omega_o t - \boldsymbol{k_o} \cdot \boldsymbol{r_j}(t) + \boldsymbol{k_s} \cdot \boldsymbol{r_j}(t)]} + A_m E_o e^{-i(\omega t - \phi_m)} \\
&= \sum_{j=1}^{N} A_j E_o e^{-i[\omega_o t - \boldsymbol{K} \cdot \boldsymbol{r_j}(t)]} + A_m E_o e^{-i(\omega t - \phi_m)}
\end{aligned}
\tag{2-24}
$$

式中，$r_j(t)$ 是第 j 个颗粒质量中心在时间 t 相对于某个共同参考点的位置。由于颗粒在运动，$\boldsymbol{K} \cdot \boldsymbol{r_j}(t)$ 不断地变化，导致散射光的频率偏离入射光频率 ω_o 并生成散射光的频率分布。上式中的第二项对应于介质分子的散射。A_j 是遵循理论描述的第 j 个颗粒的散射振幅。

由于颗粒运动产生的频率变化小于几百赫兹，目前没有检测器能够在可见光范围（约 10^{15} Hz）内检测并记录如此小的移位。必须用另一光源与散射光混合，使这两束光在检测器表面相互"拍打"，才能检测到如此小的频率变化。这种测量小光频变化的技术通常被称为光拍光谱，可以通过比较两个频率略有不同的正弦函数来说明（图 2-16）。虽然在本示例中频率差异（10%）不是很小，但还是很难仅通过单独观察正弦函数来辨别差异。但是当这两个函数叠加在一起时，可以清楚地看到除了原始频率以外，还有节拍频率。此节拍频率是两个原始频率之间差异的一半。

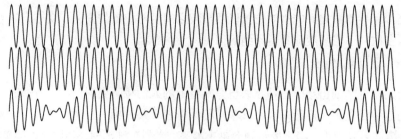

图 2-16 波的拍打

在实践中有三种实验配置,如图 2-17 所示。混入的另一光源可以是颗粒本身的散射 (图 2-17 中的 A),也可来自通常通过分割入射光获得的外加光源。分出来的光或直接射到检测器,或通过某一固定物体的散射 (如样品池上的划痕) 进入检测器。被称为本振源的外加光也可在到达检测器之前通过换频器使其频率略有变化(图2-17 中的 C)。文献中有两套描述这三种配置的术语约定 (表 2-5)。本书采用第一套约定。

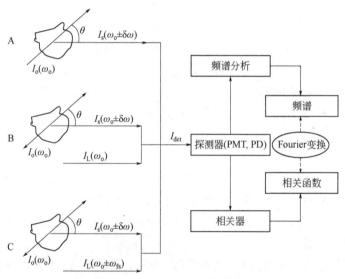

图 2-17 动态光散射实验配置

表 2-5 动态光散射术语约定

实验配置	约定一	约定二
A	自拍 (self-beating)	零差
B	零差 (homodyne)	外差
C	外差 (heterodyne)	外差

（2）相关函数与功率频谱

如图 2-17 所描述的那样，散射强度涨落的测量有两类方案：相关函数测量［自相关函数（ACF）或交叉相关函数（CCF）］和频谱分析。频谱分析和相关函数测量的结果是相互关联的。下面简要讨论这两种技术及其在某些实验条件下的关系。关于散射涨落检测和解释的更多细节将在第 7 章和第 8 章中给出。

ACF 测量方案见图 2-18。变量 x 的时间自相关函数（ACF）由以下公式定义：

$$\text{ACF} = \langle x(t)x^*(t+\tau) \rangle = \lim_{T \to \infty} \frac{1}{2T} \int_0^{2T} x(t)x^*(t+\tau)\mathrm{d}t \qquad (2\text{-}25)$$

式中，尖括弧表示测量期间（$2T$）的系综平均值；符号 τ 表示延迟时间，是两次测量之间的时间差；绝对时间 t 可以是平均期间内的任何值。ACF 的物理含义：在时间 t 的测量和在时间（$t+\tau$）的测量，如果 τ 较小，则这两个测量值 $x(t)$ 与 $x(t+\tau)$ 所包含的信号或信息应以某种方式关联（相关）。τ 越大，系统在时间（$t+\tau$）的状态与时间 t 的原始状态相差越远，即这两种状态的关联性越小。当延迟时间 τ 无穷大时，这两种状态就变得完全不相关了。在这种情况下，$x(t)$ 和 $x(t+\tau)$ 的乘积平均值可以分离为 $x(t)$ 和 $x(t+\tau)$ 平均值的乘积：

$$\langle x(t)x^*(t+\tau) \rangle \to \langle |x(t)|^2 \rangle \qquad \tau \to 0$$
$$\to \langle x(t) \rangle^2 \qquad \tau \to \infty \qquad (2\text{-}26)$$

$\langle |x(t)|^2 \rangle$ 大于等于 $\langle x(t) \rangle^2$，ACF 在 τ 为零时有最大值，随着 τ 的增加，ACF 逐渐衰减，在 τ 足够大时，ACF 成为 $x(t)$ 平均值的平方。ACF 衰减的方式取决于变量 $x(t)$ 的性质。对于随时间变化的随机过程，式（2-25）中的 t 可以取任何值，从而有下述关系：

$$\langle x(t)x^*(t+\tau) \rangle = \langle x(0)x^*(\tau) \rangle \qquad (2\text{-}27)$$

在测量的数值形式中，时间轴被分成小的离散时间间隔 Δt，$T = N\Delta t$，$\tau_n = n\Delta t$。当 $\Delta t \to 0$ 时，ACF 可被近似成：

$$\text{ACF} = \langle x(0)x^*(\tau_n) \rangle \cong \lim_{N \to \infty} \frac{1}{2N} \sum_{j=1}^{2N} x_j x_{j+n}^* \qquad (2\text{-}28)$$

根据 Wiener-Khintchine 定理[36]，对于随机的复变量，ACF 是功率谱密度 $S_x(\omega)$ 的 Fourier 逆变换，功率谱密度是 ACF 的时间 Fourier 变换[54]。

$$\langle x(t)x^*(t+\tau) \rangle = \int_{-\infty}^{\infty} S_x(\omega)\mathrm{e}^{-\mathrm{i}\omega\tau}\mathrm{d}\omega \qquad (2\text{-}29a)$$

$$S_x(\omega) = \frac{1}{2\pi} \int_{-\infty}^{\infty} \langle x(t)x^*(t+\tau) \rangle \ \mathrm{e}^{\mathrm{i}\omega\tau}\mathrm{d}\tau \qquad (2\text{-}29b)$$

在光散射测量中，ACF 中的变量可以是电场或光强度。前者称为电场-电场自相关函数［或一阶 ACF，$G^{(1)}(\tau)$］，后者称为强度-强度自相关函数［或二阶 ACF，$G^{(2)}(\tau)$］。$g^{(1)}(\tau)$ 与 $g^{(2)}(\tau)$ 分别被用来表示归一化的 $G^{(1)}(\tau)$ 与 $G^{(2)}(\tau)$。对于散射光和参考光的混合光，强度-强度自相关函数可写成：

$$G_{\text{det}}^{(2)}(\tau) = \langle [E_L^*(t) + E_s^*(t)][E_L(t) + E_s(t)][E_L^*(t+\tau) + E_s^*(t+\tau)][E_L(t+\tau) + E_s(t+\tau)] \rangle$$

$$= I_L^2 + 2I_L[\langle I_s \rangle + |\langle E_s(t)E_s^*(t+\tau)\rangle|\cos(\Delta\omega\tau)] + \langle I_s(t)I_s(t+\tau)\rangle \tag{2-30}$$

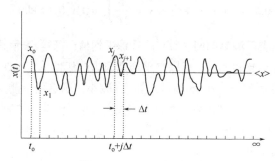

图 2-18 ACF 测量方案

式中，$\Delta\omega$ 是入射光与参考光（本振源）之间的频率差。如果本振源（E_L）与散射电场（E_s）完全不相关，且 $\langle e^{i\omega t}\rangle$ 为零，即有第二个等式。当 I_L=0（如图 2-17 中的 A）时：

$$G_{\text{det}}^{(2)}(\tau) = G_s^{(2)}(\tau) \tag{2-31}$$

当 I_L 远大于 I_s 时（如图 2-17 中的 B 与 C）：

$$G_{\text{det}}^{(2)}(\tau) = I_L^2 + 2I_L|G_s^{(1)}(\tau)|\cos(\Delta\omega\tau) \tag{2-32}$$

一般情况下，$G^{(2)}(\tau)$ 与 $G^{(1)}(\tau)$ 没有简单的关系。然而在特殊情况下，当 $x(t)$ 是一个 Gaussian 随机变量时，如颗粒进行 Brownian 运动时散射光的电场，这两个 ACF 通过下列 Siegert 公式关联[137]：

$$G_s^{(2)}(\tau) = \langle I_s \rangle^2 + |G_s^{(1)}(\tau)|^2 \tag{2-33a}$$

$$g_s^{(2)}(\tau) = 1 + |g_s^{(1)}(\tau)|^2 \tag{2-33b}$$

这样，归一化的 ACF $g_{\text{det}}^{(2)}(\tau)$[138]则为：

$$g_{\text{det}}^{(2)}(\tau) = 1 + \frac{I_s^2}{(I_L + I_s)^2}|g_s^{(1)}(\tau)|^2 + \frac{2I_L I_s}{(I_L + I_s)^2}|g_s^{(1)}(\tau)|\cos(\Delta\omega\tau) \tag{2-34}$$

在实践中，大多数光子相关光谱测量中的自相关函数，是以单光子计数模式进行的。严格来说,尽管我们在本书中使用符号 I,上述方程中的强度 I 其实是光子的数量。

2.3 其他光学技术

以下几章将详细讨论颗粒表征领域内使用的一些成熟且广泛应用的光散射技术,包括单颗粒光学计数法、激光粒度法、光学图像分析法、颗粒跟踪分析法、动态光散射法和电泳光散射法。这些广泛采用的技术已有众多国际标准或国家标准和全球很多商用仪器制造商。本节将简要地介绍其他一些使用较少的光学技术。其中一些技术已商业化,并具有各种研究和实际应用。每种技术都列出了一些参考文献,以便读者可以找到有关特定技术的更多详细信息或最新动态。

2.3.1 静态光散射

任何时间平均散射强度的测量都属于静态光散射(包括激光粒度法)。本节内容主要包括由散射强度测量确定绝对颗粒质量(分子量)以及非常小和弱的散射体(如处于静止溶液中的高分子和表面活性剂)的其他参数。

与固体颗粒相比,链分子的质量要小得多。大多数高分子链以线团的形式存在于溶液中,与许多工业颗粒相比,其粒度通常非常小。由于这两个原因,高分子溶液的散射往往可归入 Rayleigh-Debye-Gans 散射,使用光电检测器在很宽的角度范围内进行。从稀溶液中链分子的表征(包括分子量、回转半径、维里系数和构象)到半浓溶液中链分子相互作用以及其他主题的研究,都已有大量的文献资料[11,14,139-142]。学术界这些研究大多使用高功率激光(几百毫瓦)测角仪。工业界的应用和商业仪器更侧重于使用该技术作为与分离设备(如体积排阻色谱法或场流分离法)相连的检测装置。

图 2-19 是静态光散射的仪器示意图。静态光散射仪器与激光粒度测量仪器的不同在于,在很宽的散射角范围内测量散射光强度,对极小角度的关注较少,仪器使用已知散射强度的物质进行绝对散射强度的校准。

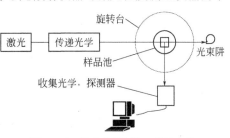

根据 Rayleigh-Debye-Gans 散射模型,对散射体积 V 中每个颗粒占据体积 V_p 的 N 个颗粒,垂直偏振入射光作用在

图 2-19 静态光散射仪器的示意图

这些颗粒上的总散射强度与单个颗粒散射强度的总和以及颗粒间相互作用的结构因子 $S'(r_{ij})$ 有关：

$$
\begin{aligned}
\frac{I_s - I_{\text{medium}}}{I_o V} &= \frac{k_o^4 (m-1)^2}{4\pi^2 V r^2}\left[\sum_{i=1}^N (V_{\text{p},i}^2 P(x_i)) + \sum_{i=1}^N \sum_{j=1}^N V_{\text{p},i} V_{\text{p},j} S'(r_{ij})\right] \\
&= \frac{4\pi^2 n_o^2 C^2}{\lambda_o^4 r^2 V}\left(\frac{\partial n}{\partial C}\right)_T^2 \left[\sum_{i=1}^N V_{\text{p},i}^2 P(x_i) + \sum_{i=1}^N \sum_{j=1}^N V_{\text{p},i} V_{\text{p},j} S'(r_{ij})\right] \\
&= \frac{HC}{r^2} \times \frac{\sum_{i=1}^N M_i^2 P(x_i) + \sum_{i=1}^N \sum_{j=1}^N M_i M_j S'(r_{ij})}{\sum_{i=1}^N M_i} \\
&= \frac{HC\bar{M}_w}{r^2} \times \frac{\sum_{i=1}^N M_i^2 P(x_i) + \sum_{i=1}^N \sum_{j=1}^N M_i M_j S'(r_{ij})}{\sum_{i=1}^N M_i^2}
\end{aligned}
\tag{2-35}
$$

在式（2-35）中，M_i、$\bar{M}_w$、$(\partial n/\partial C)_T$、$r$、$C$ 依次为第 i 个颗粒的分子量、重均分子量、在温度 T 时由于颗粒所造成的溶液折射率增量、散射体积与探测器之间的距离、颗粒总浓度；$H(\text{mol·cm}^2/\text{g}^2)$ 是一个光学常数，等于 $[2\pi n_o (\partial n/\partial C)_T]^2/(\lambda_o^4 N_A)$；$S'(r_{ij})$ 是相隔距离为 r_{ij} 的两个颗粒间相互作用的结构因子。根据颗粒的类型及其环境、颗粒间相互作用的模型不同，结构因子类型也不同，如硬球的结构因子、黏硬球的结构因子等[113]。公式中的加和适用于散射体积中相隔不同距离的所有颗粒。对光学各向同性颗粒，去偏振散射强度可假定忽略不计。对于非偏振入射光，式(2-35)的右侧需要添加乘数 $(1+\cos^2\theta)$。

在溶液或悬浮物中的大分子或小颗粒的研究中，通常用超额 Rayleigh 比来描述绝对散射强度。超额 Rayleigh 比的定义为：

$$
R_{\text{ex,p}} = \frac{(I_s - I_{\text{medium}})r^2}{I_o V}
\tag{2-36}
$$

在实验中，可以通过比较样品散射强度和已知 Rayleigh 比物质的散射（如环己烷、甲苯或苯）来获得超额 Rayleigh 比[11,50]：

$$
R_{\text{ex,p}} = \frac{I_s - I_{\text{medium}}}{I_{\text{环己烷}}} R_{\text{ex,环己烷}}
\tag{2-37}
$$

在实验数据分析中，更常使用式（2-35）的倒数：

$$
\begin{aligned}
\frac{HC}{R_{\text{ex,p}}} &= \frac{1}{\bar{M}_w \bar{P}_z(x)}\left[1 + \frac{\sum_{i=1}^N \sum_{j=1}^N M_i M_j S'(r_{ij})}{\bar{P}_z(x)\sum_{i=1}^N M_i^2}\right]^{-1} \\
&\approx \frac{1}{\bar{M}_w}\left(1 + \frac{K^2 \overline{R_{\text{g}z}^2}}{3}\right) - \frac{NS'(r)}{\bar{M}_w \bar{P}_z^2(x)} = \frac{1}{\bar{M}_w}\left(1 + \frac{K^2 \overline{R_{\text{g}z}^2}}{3}\right) + 2A_2 C
\end{aligned}
\tag{2-38}
$$

式中，第二个等式是当 $K^2\overline{R_{g_z}^2}$ 与结构因子相关的项都很小，且假设不同颗粒的 $S'(r_{ij})$ 都相等时的近似等式，适用于在小角度和非常稀的溶液中的小颗粒。第三个等式是利用第二 Virial（维里）系数 A_2 与结构因子之间的关系获得的。在上述公式中，$\overline{M_w}$、$\overline{R_{g_z}^2}$ 与 $\overline{P_z}$ 分别是重均分子（颗粒）量、回转半径的 z 均平方与 z 均散射因子。分子量的数均、重均与 z 均可由下式进行计算，k 值分别取 0、1、2。

$$\overline{x_k} = \frac{\sum_{i=1}^{N} M_i^k x_i}{\sum_{i=1}^{N} M_i^k} = \frac{\sum_i n_i M_i^k x_i}{\sum_i n_i M_i^k} \tag{2-39}$$

根据式（2-38），通过测量不同浓度和不同角度的散射强度，可分别从以浓度或散射角度为变量的散射强度的斜率，获得第二 Virial 系数和回转半径的 z 均平方。然后从这两个曲线的共同截距可以获得重均分子量。

对于光学各向异性但对称的颗粒，式（2-38）需要修改以考虑颗粒的两个极化率 α 与 β[143]：

$$\frac{HC}{R_{ex,p}} = \left(1+\frac{4\delta^2}{5}\right)^{-2} \left\{ \frac{1}{\overline{M_w}} \left[\left(1+\frac{4\delta^2}{5}\right) + \frac{K^2\overline{R_{g_z}^2}}{3}\left(1-\frac{4\delta}{5}+\frac{4\delta^2}{7}\right) \right] + 2A_2C \right\} \tag{2-40}$$

在式（2-40）中，δ 是固有各向异性因子，定义为 $\delta = (\alpha-\beta)/(\alpha+2\beta)$。

对无规线团，当 $x^2 = (KR_g)^2 = MK^2l_k^2/(6m_o)$ 很大时，散射因子 $P(x)$ 的渐近极限为 $(2/x^2-2/x^4)$。这里 l_k、M 与 m_o 分别为线段长度、线团分子量与每个线段的质量。当以 $HC/R_{ex,p}$ 对 K^2 作图，从大的 K^2 值线性外推至 K^2 趋于零，高分子无规线团的数均分子量和数均回转半径平方可从以下公式得到：

$$\frac{HC}{R_{ex,p}} = \frac{1}{\overline{M_w}\overline{P_Z}(x)} = \frac{\sum_{i=1}^{N} M_i}{\sum_{i=1}^{N} M_i^2\left(\frac{2}{x_i^2}-\frac{2}{x_i^4}\right)} = \frac{\sum_{i=1}^{N} M_i}{\frac{12m_o}{K^2l_k^2}\left(\sum_{i=1}^{N} M_i - \sum_{i=1}^{N}\frac{6m_o}{K^2l_k^2}\right)}$$

$$= \left[\frac{12m_o}{K^2l_k^2}\left(1-\frac{6m_o}{K^2l_k^2\overline{M_n}}\right)\right]^{-1} \approx \frac{K^2l_k^2}{12m_o}\left(1+\frac{6m_o}{K^2l_k^2\overline{M_n}}\right) = \frac{K^2l_k^2}{12m_o}+\frac{1}{2\overline{M_n}} = \frac{K^2\overline{R_{g_z}^2}}{12\overline{M_n}}+\frac{1}{2\overline{M_n}}$$

$$\tag{2-41}$$

不同浓度溶液的角向散射强度数据分析的一个众所周知的技术是 Zimm 图[144]。在 Zimm 图（图 2-20）中，式（2-38）左端的 $HC/R_{ex,p}$ 对 $\sin^2(\theta/2)+K'C$ 作图，K' 是一个任意常数，不同浓度的角向散射数据点被有效地分散开来，两组曲线形成一个网格状的图。一个表示给定浓度下的角向散射强度依赖性（每个样品的角向图形），

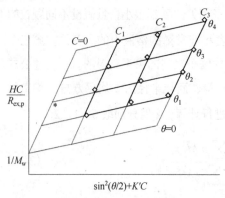

图 2-20 Zimm 图示意

另一个是在给定散射角度的样品浓度依赖性。这些曲线分别被外推至零角度与零浓度。这些外推可根据式（2-38）来进行，例如图 2-20 中 $HC/R_{ex,p}(\theta_2)$ 对应于角度 θ_2 和零浓度的横坐标为 $\sin^2(\theta_2/2)$。我们可以在 $HC/R_{ex,p}(\theta_2)$ 浓度依赖性的外推中找到对应的横轴点 $\sin^2(\theta_2/2)$（图 2-20 中的*处）。当对所有角度都进行同样操作后，这些对浓度外推得到的点连起来并外推到零角度，在纵坐标的点的值为 $HC/R_{ex,p}(0)|_{C=0}$。对每个样品的角度依赖性也进行类似的外推，得到一组角度为零的外推点。这些不同浓度样品角度外推点的连线进一步外推到浓度为零，与前一条外推线在纵坐标的同一点上相遇（$HC/R_{ex,p}(0)|_{C=0}$）。从 Zimm 图的斜率与截距，根据式（2-38），可以得到样品的 $\bar{M}_w$、$\overline{R_{g_z}^2}$、A_2。

2.3.2　浊度法

浊度法又称为消光法。在浊度测量中，光谱仪用于测量光在通过样品时强度作为波长函数的衰减。传统的光谱仪使用单个光检测器通过手动或自动波长扫描来记录不同波长的透射光强。最新的光纤光谱仪使用光纤将透射光传输通过微型光栅设备后，由光电检测器阵列记录光谱。所有测量记录组件都可安装在一块小型电路板上[145,146]。

入射光衰减或透射光变化是颗粒在不同波长中散射和吸收入射光的结果。单位体积内具有数量粒径分布 $N(d)$ 的颗粒在波长 λ 测量的浊度 $\tau(\lambda)$ 定义为入射光通过已知长度（l）悬浮液后的强度衰减[9]：

$$\tau(\lambda) = \frac{1}{l}\ln\left[\frac{I_o(\lambda)}{I(\lambda)}\right] = \frac{\pi}{4}\int_0^\infty Q_{ex}(\lambda,m,d)d^2 N(d)\mathrm{d}d = \frac{2\lambda^2}{\pi}\int_0^\infty \mathrm{Re}[S_1(0)]N(d)\mathrm{d}d \qquad (2\text{-}42)$$

此处，$Q_{ex}(\lambda,m,d)$ 是直径为 d 的颗粒的消光率。第三个等式是从 Mie 理论在 $\theta = 0$ 且当 $S_1(0) = S_2(0)$ 时推导出来的。只要已知在实验波长范围内的 $m(\lambda)$[147,148]，求解 $N(d)$ 可用假设函数形式[149,150]、迭代算法[151,152]或矩阵转换算法[27]等方法进行[153]。如果已知平均颗粒大小（$\bar{D}_{3,2}$），浊度测量也可用于确定样品浓度。

$$\tau(\lambda) = \frac{\frac{\pi}{4}\int_0^\infty Q_{ex}(\lambda,m,d)d^2N(d)\mathrm{d}d \times \int_0^\infty d^2N(d)\mathrm{d}d}{\int_0^\infty d^2N(d)\mathrm{d}d \times \int_0^\infty d^3N(d)\mathrm{d}d} \times \int_0^\infty d^3N(d)\mathrm{d}d \tag{2-43}$$

$$= \frac{\pi}{4}\frac{\overline{Q}_{ex}(\lambda,m)6C}{\overline{D}_{3,2}\rho\pi} = \frac{3\overline{Q}_{ex}(\lambda,m)C}{2\overline{D}_{3,2}\rho}$$

式中，$\overline{Q}_{ex}$、C、ρ 分别是平均消光率、样品浓度（g/mL）和颗粒密度。第二个等式是根据 $\overline{Q}_{ex}$、$\overline{D}_{3,2}$ 和 C 的定义获得的。如果给定波长没有吸收，$\overline{Q}_{ex}$ 等于 $\overline{Q}_{sca}$。独立于颗粒粒度分布形式的 $\overline{Q}_{sca}/\overline{D}_{3,2}$ 是 $\overline{D}_{3,2}$ 的函数[154]。在亚微米范围，$\tau(\lambda)$ 可以敏感地用于检测在众多小颗粒中的微量大颗粒[155]。

在浊度测量中，折射率作为波长的函数是粒度分析中所需要使用的变量。因此，如果测量扩展到近紫外区域（$\lambda < 400$ nm），则必须知道折射率的实部与虚部作为波长的函数，即便是无色材料也是如此。精确测定 $m(\lambda)$ 是一个很大的挑战，至今仍然是使用浊度测量来确定许多材料粒度的障碍。为了进一步扩大浊度测量的范围，除了透射光，还可变化波长与在其他散射角度测量光谱。通过波长变化来改变 K^{-1} [式(2-3)] 可以实现的动态范围比散射角度变化的动态范围要小得多。例如，在从 $\theta = 1°\sim90°$ 的角向测量中，散射矢量 K 将变化 80 倍。而波长 $\lambda = 0.2\sim1$ μm 的变化，K 将仅变化 5 倍。波长和散射角度变化的结合可以进一步扩大浊度测量的动态范围，并有可能在亚微米范围内获得更精确的粒度结果[156]。

浊度法也可结合其他测量方法共同表征同一体系[29,157]。胶体体系的稳定性观察也可通过分别测量透射光与散射光的强度在不同时间与样品的不同位置来进行。当均匀分散在液体中的颗粒（微细气泡、液滴或固体颗粒）发生不稳定的变化时，颗粒的大小与位置会由于乳化、相分离、聚合、沉淀、絮凝而发生变化（图 2-21）。这些变化即使很微小也能通过透射光与某一角度的散射光的强度测量很灵敏地被探测到[158]。

当用浊度法测量流动的颗粒悬浮体系时，从颗粒运动所造成的透射光谱的信号脉动也可得到颗粒浓度与粒度的信息[159]。根据光束直径与颗粒粒度的相对大小，又可分为光脉动法（光束直径远大于颗粒粒度）[160]与消光起伏频谱法（光束直径等于或小于颗粒粒度）。消光起伏频谱法可同时测量颗粒的粒径分布与浓度，无须作边界修正，可以在高浓度测量[161-163]，也可在多相流中测量[164]。其方法又可细分为空间平均法[165]、时间平均法[166]、时空综合法[167]、频率域法[168,169]和自相关频谱法[170-172]。

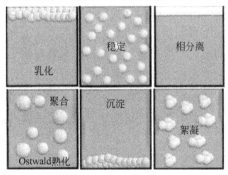

图 2-21 颗粒悬浮液失稳的五种变化

2.3.3　背散射测量

随着对过程控制中在线或在线颗粒表征需求的不断增多，对管道或反应堆中颗粒进行直接测量的需求也在上升。在过程控制中，表征方法的偏差或精确物理含义不是最重要的，测量的鲁棒性、可靠性和精密度往往是主要的考虑点。除了聚焦光束反射和光纤动态光散射探头外，背散射强度测量也是过程测量首选的光学技术之一，因为当悬浮液浓度高时，透射或小角度散射会减少，因此只能使用背散射，并且用于背散射测量的设置在实践中简单易行。

可以使用 CCD 摄像机记录背散射图形，也可以通过安装在平移台上的光电检测器来记录角散射图形，进而分析强度分布[173]。由照明光导纤维和接收光导纤维组成的各种光纤探针可用于在特定角度（或在狭窄的角度范围内）测量散射强度[174]。背散射测量的角度通常大于 165°，单颗粒散射光强度与之前描述的理论相同。但是当直接检测管道或反应釜中未经稀释的样品时，颗粒浓度通常远远高于单颗粒散射理论所满足的条件，多重散射始终是主导现象，颗粒的相互作用也是另一个重要因素。因此直接测量颗粒粒度并不是很容易。任一设置（使用 CCD 摄像机或光纤探头）都只能间接获得颗粒粒度信息，测到的表观粒度需要用在稀悬浮液中测量的真实值进行校准或使之与其相关。

2.3.4　颗粒场图像全息法

图像全息法（DIH）是几十年前开发的一种成像技术[175]，已被用于在实时环境中研究空气和液体中的颗粒体系[176]。在全息实验中，图像分两步形成。第一步使用准直相干光照亮样品，受到照射的所有颗粒的远场衍射重叠构成了以该准直相干光为背景的二维全息图。这些全息图中含有颗粒在三维空间的实时状况，对在线测量颗粒反应、流动很有实际意义。在第二步中，全息图再次被相干光源照射，并复原出所有颗粒在它们原始位置的静止图像。这种三维图像可以通过调节聚焦平面至不同位置而取得新的二维图像来查看或记录那里的颗粒，然后可应用图像分析来表征这些来自三维全息图像的二维颗粒图像。图 2-22 说明了在经典的全息法中，图像是如何被记录和重新显示的。

全息图是使用持续时间很短的脉冲激光记录的，并且是在真实环境中记录的颗粒（悬浮液、气溶胶等），因此该方法可在特定时刻有效地记录样品，更详细的研究可以在以后通过上述的第二步进行。这种方法可以提供实际空间中颗粒大小、形状甚至颗粒方向的信息。通过编程的记录过程和适合的数学模型，该技术甚至可以测量颗粒的运动（速度）[177]。近几十年来，随着微电子与激光技术的发展，全息技术也有了很大发展，譬如数字显微像面全息术将微观物体的离轴像面全息图直接记录在 CCD 上，经过 2 次快速 Fourier（傅里叶）变换和数字频谱滤波，得到了显微物体放大的再现实像[178]。全息术记录悬浮液中颗粒的三维分布随时间变化的时间与空间分辨率日益提高，此技术从实验室逐渐走向工业界的实时测量，譬如在线测量[179]或对燃烧过程的研究[180,181]。普通全息法受颗粒密度和全息图平面相对于样品体积位置的限制。近年来人们通过测量两个其平面沿光轴移位的全息图，用迭代相位再现的算法重建完整光波的全息信息，可以检测三维体积中浓度高达 2000 颗粒/mm^{3}的不透明颗粒，复原三维的颗粒分布，其颗粒中心的定位误差小于一个颗粒的大小[182-184]，也可以基于聚类技术来进行三维空间定位与粒度分析[185]，或者用无透镜的设计来取得全息图[186]。

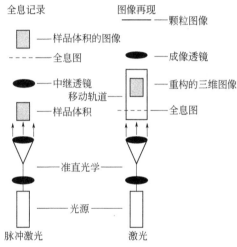

图 2-22 全息成像与再现示意图

2.3.5 穿越时间测量

穿越时间（TOT）使用旋转光束扫描悬浮在空气或液体中浓度较低的颗粒，被光束扫描到的颗粒将光束拦截而使透射光强发生变化（图 2-23）。

与聚焦光束反射法中通过旋转光束的反射检测颗粒不同，在这一技术中，通过大面积光电二极管测量旋转光束透射光的强度变化来检测颗粒。光脉冲宽度表示拦截光束的颗粒的线长。当聚焦光点（通常只有几微米）

图 2-23 TOT 测量示意图

比颗粒小得多，并且光束自转速度比颗粒运动快得多时，人们可以将光束焦点穿过颗粒中心时产生的脉冲从偏离颗粒中心或失焦产生的脉冲中分离出来，这可以通过区分不同来源脉冲的形状和振幅来实现。当剔除这些不通过颗粒中心或失焦的脉冲后，在球形颗粒粒度约从 0.5 μm 到 1 mm 范围的脉冲宽度分布将与真正的颗粒粒度分布密切相关。使用此方法获得的颗粒粒度分布有很高的分辨率，因为没有多颗粒的相互作用。然而，由于脉冲的排除率高，对粒度分布较宽的样品，分析过程相对较慢[187]。

2.3.6　飞行时间测量

在使用飞行时间（TOF）方法进行颗粒粒度分析中，高压空气将预先分散的颗粒通过被鞘流包围的喷嘴喷出，颗粒通过鞘流加速到接近超声速的速度，不同质量的颗粒有不同的加速度。当颗粒先后穿过两束已知分离距离的激光束时，它们的散射光由两个光电检测器分别收集并转换成电信号。当颗粒穿过第一束光时，由第一个检测器接收散射光，而另一个检测器则检测颗粒穿过第二束光时的散射光。使用交叉相关技术，两个检测器检测到的光脉冲之间的时差表示飞行时间，而这与颗粒尺寸有关。取样速率可以高达每秒十万个颗粒。这一单颗粒测量技术可以提供粉体在很宽粒度范围内（0.2～700 μm）的高分辨颗粒粒度分布。但是，对大于 7 μm 的颗粒，只有较低的采样率（<20000 颗粒/s），才能实现高计数效率。对于小颗粒，当采样率高时，非线性响应和低计数效率将产生错误的颗粒计数和粒度分布[188,189]。

2.3.7　聚焦光束反射法

这是一种单颗粒测量技术。如图 2-24 所示，由机械装置旋转一束准直的聚焦激光束。当焦点与颗粒相交时，颗粒的背散射被同一探针所接收后，被传到光检测器而产生脉冲。脉冲的持续时间和频率分别对应于颗粒与光束的相交长度（称为线长）和颗粒数。只要颗粒运动明显慢于光束自转的速度，颗粒就可以被视为是静止的。电路可以设计为拒绝或忽略穿过光束但并不完全穿过焦点的颗粒的信号，仅计入与焦点相交的颗粒。从光束旋转速度和脉冲宽度，可以通过每个脉冲计算出线长。由于光束与颗粒的相交可发生在颗粒的任何部分，因此光束在颗粒表面"划过"可有许多可能的穿越路径。在大多数情况下，线长与颗粒粒度不同。假设光束旋转圆比颗粒大得多，则对于球体，只有当光束穿过颗粒中心时，线长才等于直径，所有其他路径将导致线长小于直径。该技术获得的线长分布与粒度分布有一定的相关性，但受许多其他因素的影响。即使对球形颗粒，线长分布也不一定代表真正的粒度分布。该技术主要用于在线测量，用于质量控制目的，其中线长分布仅用于监控变化，以便与控制材料进行比较[190,191]。

图 2-24　聚焦光束反射测量示意图

2.3.8　频率域光子迁移

频率域光子迁移（FDPM）又称为光子密度波谱（PDW）。在这一技术中，正弦波调制光作为单点源发射到散射介质中，并在距离光源一定距离的另一点检测倍增调制和散射的光。由于样品的散射和吸收，通过散射介质的入射光产生强度衰减和相位移。根据描述无规介质中在不同波长有不同调制的光扩散近似，各向同性散射系数 μ_s' 可以从相位移 $\Delta\theta$ 拟合公式 ［式（2-44）］ 得到[69,192]：

$$\Delta\theta(\lambda) = -\frac{|l|}{\sqrt{c}}\sqrt{3[\mu_s'(\lambda)+\mu_a(\lambda)]\{[\mu_a(\lambda)c]^2+\omega^2\}^{1/2}}\sin\left\{\frac{1}{2}\tan^{-1}\left[\frac{\omega}{\mu_a(\lambda)c}\right]\right\} \quad (2\text{-}44)$$

式中，l、$\mu_a(\lambda)$、c、ω 分别是光源和检测器之间的距离、吸收系数、光速和调制频率。颗粒粒度 $q(d)$ 与体积分数 ϕ 可以用下式确定：

$$\mu_s'(\lambda) = \int_0^\infty \frac{3Q_{sca}(n,d,\lambda)}{2d}[1-g(n,d,\lambda)]\phi q(d)\mathrm{d}d \quad (2\text{-}45)$$

此处 Q_{sca} 与 g 是球体的散射效率和散射角度的平均余弦。虽然该技术仍处于开发阶段，但通过使用多个模型系统证明，它是在线监测或控制浓悬浮液中颗粒粒度分布的一个可行替代方案。

2.3.9　相位 Doppler 法

相位 Doppler 技术测量或相位 Doppler 分析（PDA）是基于当时成熟的流量测量技术——激光 Doppler 速度测量，在 40 多年前提出的[193]。PDA 广泛用于测量球形和均质颗粒，如液体喷雾、气溶胶、液体中的气泡或其他球形颗粒。当颗粒穿过至少两个聚焦激光束的交叉点时，它们从每个光束中散射的光有不同的 Doppler 频率位移。多个检测器被放置在选定的位置。检测器上 Doppler 频率位移的叠加产生 Doppler 脉冲群，其频率与颗粒速度成线性正比关系。对于球体来说，不同检测器的 Doppler 信号之间的相位延迟可用来直接测量颗粒直径。该技术可同时测量单个移动颗粒的直径和流速以及质量通量和浓度而无须校准。PDA 测量不基于散射光强度，因此不会在密集的颗粒和燃烧环境中由于光束交替或偏转而产生误差。粒度测量范围可以根据光学配置进行调整。对于选定的配置，可以实现 50∶1 的动态范围，粒度测量精度为 1%左右。商用仪器的整体粒度测量范围可达四个以上的数量级，通常从 0.5 μm 到 10000 μm。

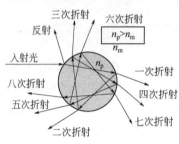

图 2-25　球体的散射模式

在 PDA 测量已知折射率的平滑球体时，不同检测器收集的信号的相位差与颗粒粒度之间的关系通常可用几何光学导出。如图 2-25 所示，当入射光遇到一个具有与介质不同折射率的球体时，部分反射，部分折射。反射和折射（统称为散射模式）可能会多次发生。由 Fresnel 系数给出的多重反射和折射之间的强度比取决于入射光角度、偏振和相对折射率，大部分光强在前三个散射模式中。光的反射和折射角度遵循 Snell 定律，它们的相对相位与光学路径有关，后者与球体直径有关。由于有许多散射模式，为了在测量的相位差和颗粒粒径之间建立线性关系，检测器必须处于只有一个散射模式占主导地位的位置，否则可能同时测到具有相似强度的不同散射模式而失去清晰的相位-粒径关系。

目前 PDA 主要应用于测量直径远大于光波长的平滑球体。在文献中有将 PDA 应用于球体、粗糙表面粒子和亚微米球体的探索[194,195]。除了传统 PDA 中的离轴检测器外，还有在散射平面上放置一对检测器[196]，或用 CCD 线扫描传感器取代传统光检测器以提高时间和空间分辨率，以及电路设计中包括突发信号检测、多数位采样、频带变窄和相位信号验证[197,198]。

2.3.10　荧光相关光谱

荧光相关光谱（FCS）是研究荧光小分子、大分子或纳米颗粒在各种环境中的动态特性的有力工具。该方法通过检测扩散体产生的荧光强度波动得到它们的扩散系数、荧光亮度、浓度等信息。荧光相关光谱于 20 世纪 70 年代初推出[78-80]，并在 90 年代开始与共聚焦显微镜结合，实现了单分子检测灵敏度，逐渐有了广泛的应用，可从实验中得到平动和转动扩散系数、动能速率常数、平衡结合常数、细胞内粒子浓度等，并发展出了扫描荧光相关光谱[199]与反转荧光相关光谱[200]。虽然大多数荧光相关光谱研究都集中在分子和细胞生物学领域，但也已成为胶体和界面科学中的有力工具。

荧光相关光谱的典型设置与经典共聚焦显微镜非常相似。它的观察体积很小（< 1 μm³），通过单光子计数雪崩光电二极管（APD）检测荧光的波动。通过观测荧光体在观察体积中的扩散引起的荧光强度的时间波动，记录与分析与动态光散射类似的自相关函数，从而确定荧光体在稀释悬浮液/溶液中的运动半径。荧光相关光谱是描述胶体粒度、多分散性、浓度和聚合的合适工具。应用荧光相关光谱的条件是胶体应该是发荧光的，可以是物体的内在荧光，如半导体纳米晶体（量子点）或纳米钻石，也可以是标记胶体用的荧光染料。由于测量体积（直径为 d_o）很小，衰变常数 Γ 与扩散系数 D_T 以及流体动力学直径 d_h 的关系使用下列公式[201]：

$$\Gamma = (d_o^2 + d_h^2)/(16D_T) \tag{2-46}$$

对统一标记的单分散胶体，上式的有效范围可到 $d_h/d_o \leqslant 1$，因此荧光相关光谱不适合粒径超过 500 nm 的颗粒。该方法对中度多散射样品可以得到可靠的流体动力学直径的平均值。对于多峰样品，如果峰值差异至少大于两倍而峰不超过 3 个时，荧光相关光谱也可以得到很好的结果。很多用于动态光散射自相关函数的分析方法，如直方图或最大熵方法，被用来分析荧光相关光谱[202]。

参考文献

[1] Wyatt, C.L.; *Radiometric System Design.* MacMillan Publishing Co, New York, 1987.

[2] Tyndall, J.; On the Blue Colour of the Sky, the Polarization of the Skylight and on the Polarization of Light by Cloudy Matter Generally. *Phil Mag*, 1869, 37, 384-394.

[3] Strutt, J.W. (Baron Rayleigh); On the Light from the Sky, its Polarization and Color. *Phil Mag*, 1871, 41, 107-120.

[4] Lorenz, L.V.; *Oeuvres Scientifiques de L. Lorenz. Revues et Annotees par H. Valentiner.* Lehmann & Stage, Copenhagen, 1898.

[5] Mie, G.; Contributions to the Optics of Turbid Media, Especially Colloidal Metal Suspensions. *Ann Physik*, 1908, 25, 377-455.

[6] Debye, P.; Das Verhalten von Lichtwellen in der Nahe eines Brennpunktes oder einer Brennlinie. *Ann Physik*, 1909, 30, 755.

[7] Einstein, A.; Theory of the Opalescence of Homogeneous and of Mixed Liquids in the Neighborhood of the Critical Region. *Ann Physik*, 1910, 33, 1275-1298.

[8] Jonasz, M.; Fournier, G.; *Light Scattering by Particles in Water: Theoretical and Experimental Foundations.* Elsevier, New York, 2007.

[9] van de Hurst, H.C.; *Light Scattering by Small Particles.* Dover Publications, New York, 1981.

[10] Kerker, M.; *The Scattering of Light and other electromagnetic radiation*. Academic Press, New York, 1969.

[11] Huglin, M.B.; *Light Scattering from Polymer Solutions*. Academic Press, New York, 1972.

[12] Shuerman, D, W.; *Light Scattering by Irregular Shaped Particles*. Plenum Press, New York, 1980.

[13] Bohren, C.; Huffman, D.; *Absorption and Scattering of Light by Small Particles*. John Wiley & Sons. 2nd ed. 1998.

[14] Kratochvil, P.; *Classical Light Scattering from Polymer Solution*. Elsevier, Amsterdam, 1987.

[15] Levoguer, C.; Using Laser Diffraction to Measure Particle Size and Distribution. *Metal Powder Report*, 2013, 68(3), 15-18.

[16] Liu, B.Y.H.; *Single Particle Optical Counter: Principle and Application, Aerosol Generation, Measurement, Sampling, and Analysis*. Academic Press, New York, 1976.

[17] Vasilatou1, K.; Dirscherl, K.; Iida, K.; Sakurai, H.; Horender, S.; Auderset, K.; Calibration of Optical Particle Counters: First Comprehensive Inter-comparison for Particle Sizes up to 5 μm and Number Concentrations up to 2 cm^{-3}. *Metrologia*, 2020, 57(2), 5005.

[18] Monnier, O.; Klein, J.P.; Hoff, C.; Ratsimba, B.; Particle Size Determination by Laser Reflection, Methodology and Problems. *Part Part Syst Charact*, 1996, 13, 10-17.

[19] Kumar, V.; Taylor, M.K.; Mehrotra, A.; Stagneret, W.C.; Real-Time Particle Size Analysis Using Focused Beam Reflectance Measurement as a Process Analytical Technology Tool for a Continuous Granulation-Drying-Milling Process. *AAPS Pharm Sci Tech*, 2013, 14, 523-530.

[20] Weiner, B.B.; Tscharnuter, W.W.; Karasikov, N.; Improvements in Accuracy and Speed Using the Time-of-Transition Method and Dynamic Image Analysis for Particle Sizing.//Provder, T,; *ACS Symp. Series 693 Particle Size Distribution* III. ACS, Washington D C, 1998, Chpt 8, 88-102.

[21] Molinaroli, E.; de Falco, G.; Matteucci, G.; Guerzoni, S.; Sedimentation and Time-of-transition Techniques for Measuring Grain-size Distributions in Lagoonal Flats: Comparability of Results. *Sedimentology*, 2011, 58, 1407-1413.

[22] Niven, R.W.; Aerodynamic Particle Size Testing Using a Time-of-Flight Aerosol Beam Spectrometer. *Pharm Tech*, 1993, 17, 71-78.

[23] Ding, L.; Zhang, J.; Zheng, H.; Wang, Y.; Fang, L.; A Method of Simultaneously Measuring Particle Shape Parameter and Aerodynamic Size. *Atmospheric Environment*, 2016, 139, 87-97.

[23] 许人良, 朱鹏年. 瞬变电场双折射及其在大分子与胶体溶液中的应用. 化学通报, 1988, 11, 14-19.

[25] Arenas-Guerrero, P.; Delgado, Á.V.; Donovan, K.J.; Scott, K.; Bellini, T.; Mantegazza, F.; Jiménez, M.L.; Determination of the Size Distribution of Non-spherical Nanoparticles by Electric Birefringence-based Methods. *Sci Rep*, 2018, 8, 9502.

[26] Xu, R.; Light Scattering and Transient Electric Birefringence of Polydiacetylene (P4BCMU) in Dilute Solution. SUNY: Stony Brook, 1988.

[27] Brandolin, A.; Garcia-Rubio, L.H.; Provder, T.; Kohler, M.; Kuo, C.; Latex Size Distribution from Turbidimetry Using Inversion Techniques: Experimental Validation.//Provder, T,; *ACS Symp. Series 472 Particle Size Distribution* Ⅱ. ACS, Washington D C, 1991, Chpt 2, 15-30.

[28] Shard, A.G.; Schofield, R.C.; Minell, C.; Ultraviolet-visible Spectrophotometry. //Hodoroaba, V.; Unger, W.E.S.; Shard, A.G.; *Characterization of Nanoparticles, Measurement Processes for Nanoparticles.* Elsevier, Amsterdam, 2020, 185-196.

[29] 赵蓉, 潘科玮, 杨斌, 平力, 蔡小舒. 跨微米尺度混合颗粒粒径的同步测量方法. 光学学报, 2020, 7, 108-114.

[30] Jennings, B.R.; Electric Field Light Scattering.//O'Konski, C.T.; *Molecular Electro-Optics.* Dekker, New York, 1976, Chpt 8, 275-319.

[31] Baloch, K.M.; van de Ven, T.G.M.; Transient Light Scattering of Suspensions of Charged Non-spherical Particles Subjected to an Electrical Field. *J Colloid Interf Sci*, 1989, 129, 90-104.

[32] Klemeshev, S.A.; Petrov, M.P.; Trusov, A.A.; Vojtylov, V.V.; Electric Field Light Scattering in Aqueous Suspensions of Diamond and Graphite. *Colloid Surface A*, 2012, 414, 339-344.

[33] Pohl, D.W.; Schwaz, S.E.; Irniger, V.; Forced Rayleigh Scattering. *Phys Rev Lett*, 1973, 31, 32-35.

[34] Rossmanith, P.; Köhler, W.; Polymer Polydispersity Analysis by Thermal Diffusion Forced Rayleigh Scattering. *Macromolecules*, 1996, 29, 3203-3211.

[35] Eichler, H.J.; Günter, P.; Pohl, D.W.; *Laser-induced Dynamic Gratings.* Springer, New York, 2013.

[36] Pasternack, R.F.; Collings, P.; Resonance Light Scattering: a New Technique for Studying Chromophore Aggregation. *Science*, 1995, 269, 935-939.

[37] Wang, C.; Wang, C.; Wang, Q.; Chen, D.; Resonance Light Scattering Method for Detecting Kanamycin in Milk with Enhanced Sensitivity. *Anal Bioanal Chem*, 2017, 409, 2839-2846.

[38] van Dilla, M.A.; Dean, P.N.; Laerum, O.D.; Melamed, M.R.; *Flow Cytometry: Instrumentation and Data Analysis.* Academic Press, New York, 1985.

[39] Salzman, G.C.; Singham, S.B.; Johnston, R.G.; Bohren, C.F.; Light Scattering and Cytometry. Melamed, M.R. Lindmo, T.; Mendelsohn, M.L.; *Flow Cytometry and Sorting.* Wiley-Liss, New York, 1990, Chpt 5, 651-668.

[40] Shapiro H.M.; Flow Cytometry: The Glass Is Half Full. Hawley T.; Hawley R.; *Flow Cytometry Protocols. Methods in Molecular Biology.* Humana Press, New York, 2018, 1678, 1-10.

[41] Hess, C. F.; Characteristics of a Miniaturized Probe Employing the Pulse Displacement Technique. *Part Part Syst Charact*, 1997, 14, 129-137.

[42] Schäfer, W.; Tropea, C.; Time-shift Technique for Simultaneous Measurement of Size, Velocity, and Relative Refractive Index of Transparent Droplets or Particles in a Flow. *Appl Opt*, 2014, 53, 588-597.

[43] Roth, N.; Anders, K.; Frohn, A.; Simultaneous Measurement of Temperature and Size of Droplets in the Micrometer Range. *J Laser Appl*, 1990, 2, 37-42.

[44] 孙辉, 于海涛, 沈建琪. 基于一阶彩虹区域高斯光散射的液滴测量. 光子学报, 2018, 47(1), 0129003.

[45] Cao, Y.; Wang, Y.; Yu, H.; Shen, J.; Tropea, C.; Characterization of Refractive Index and Size of a Spherical Drop by Using Gaussian Beam Scattering in the Secondary Rainbow Region. *J Quant Spectrosc Ra*, 2020, 242, 106785.

[46] Berne, B.J.; Pecora, R.; *Dynamic Light Scattering*. John Wiley & Sons, New York, 1976.

[47] Cummins, H.Z.; Pike, E.R.; *Photon Correlation and Light Beating Spectroscopy*. Plenum Press, New York, 1974.

[48] Pecora, R.; *Dynamic Light Scattering: Applications of Photon Correlation Spectroscopy*. Plenum Press, New York, 1985.

[49] Cummins, H.Z.; Pike, E.R.; *Photon Correlation Spectroscopy and Velocimetry*. Plenum Press, New York, 1977.

[50] Chen, S.H.; Chu, B.; Nossal, R.; *Scattering Techniques Applied to Supramolecular Systems*. Plenum Press, New York, 1981.

[51] Dahneke, B.; *Measurement of Suspended Particles by Quasi-elastic Light Scattering*. Wiley Interscience, New York, 1983.

[52] Schmitz, K.; *An Introduction to Dynamic Light Scattering by Macromolecules*. Academic Press, New York, 1990.

[53] Chu, B.; *Quasielastic Light Scattering by Macromolecular, Supramolecular, and Fluid Systems*. SPIE Optical Engineering Press, Washington D C, 1990.

[54] Chu, B.; *Laser Light Scattering: Basic Principles and Practice*. 2nd ed. Academic Press, New York, 1991.

[55] Brown, W.; *Dynamic Light Scattering: the Method and Some Applications*. Oxford Science Publications, London, 1993.

[56] Pike, R.; Abbiss, J.B.; *Light Scattering and Photon Correlation Spectroscopy*. NATO ASI, Kluwer Academic Publishers, 1997.

[57] Babick, F.; Dynamic Light Scattering (DLS).//Hodoroaba, V.; Unger, W.E.S.; Shard, A.G.; *Characterization of Nanoparticles, Measurement Processes for Nanoparticles*, Eds. Elsevier, Amsterdam, 2020, Chpt.3.2.1, pp137-172.

[58] Ware, B.R.; Haas, D.D.; Electrophoretic Light Scattering.//Sha'afi, R.I.; Fernandez, S.M.; *Fast Methods in Physical Biochemistry and Cell Biology*. Elsevier, New York, 1983, 173-220.

[59] Plantz, P.E.; Ultrafine Particle Size Measurement in the Range 0.003 to 6.5 micrometers Using the Controlled Reference Method.//Provder, T.; *ACS Symp Series 693 Particle Size Distribution Ⅲ*. ACS, Washington D C, 1998, 103-129.

[60] Dukhin, A.; Xu, R.; Zeta Potential Measurement.//Hodoroaba, V.; Unger, W.E.S.; Shard, A.G.; *Characterization of Nanoparticles, Measurement Processes for Nanoparticles*. Elsevier, Amsterdam, 2020, 213-224.

[61] Durst, F.; Zaré, M.; Laser Doppler Measurements in Two-phase Flows.//*Proc LDA Symp*. Copenhagen, 1975, 403-429.

[62] Bachalo, W.D.; The Phase Method: Analysis and Application.//Gouesbet, G.; Gréhan, G.; *Optical Sizing*. Plenum Press, New York, 1988, 283-299.

[63] Hirleman, E.D.; History of Development of the Phase-Doppler Particle-sizing Velocimeter. *Part Part Syst Charact*, 1996, 13, 59-67.

[64] Albrecht, H.E.; Damaschke, N.; Borys, M.; Tropea, C.; *Laser Doppler and Phase Doppler Measurement Techniques.* Springer, New York, 2003.

[65] Lichti, M.; Bart, H.; Particle Measurement Techniques in Fluid Process Engineering. *Chem Bio Eng Reviews*, 2018, 5(2), 79-89.

[66] Miller, J.F.; Schätzel, K.; Vincent, B.; The Determination of Very Small Electrophoretic Mobilities in Polar and Nonpolar Colloidal Dispersions Using Phase Analysis Light Scattering. *J Colloid Interf Sci*, 1991, 143, 532-554.

[67] Eppmann, P.; Pruger, B.; Gimsa, T.; Particle Characterization by AC Electrokinetic Phenomena.2. Dielectrophoresis of Latex Particles Measured by Dielectrophoretic Phase Analysis Light Scattering (DPPALS). *Colloids Surf. A.;* 1999, 149, 443-449.

[68] Corbett, J.C.W.; McNeil-Watson, F.; Jack, R.O.; Howarth, M.; Measuring Surface Zeta Potential Using Phase Analysis Light Scattering in a Simple Dip Cell Arrangement. *Colloid Surface A*, 2012, 396, 169-176,

[69] Richter, S.M.; Shinde, R.R.; Balgi, G.V.; Sevick-Muraca, E.M.; Particle Sizing Using Frequency Domain Photon Migration. *Part Part Syst Charact*, 1998, 15, 9-15.

[70] Bressel, L.; Hass, R.; Reich, O.; Particle Sizing in Highly Turbid Dispersions by Photon Density Wave Spectroscopy. *J Quant Spectrosc Ra*, 2013, 126, 122-129.

[71] Ho, K.; Ooi, S.; Nishi, N.; Kimura, Y.; Hayakawa, R.; New Measurement Method of the Autocorrelation Function in the Quasi-elastic Light Scattering with the Sinusoidal Elastic Field. *J Chem Phys*, 1994, 100, 6098-6100.

[72] Dahneke, B.E, Huchins, D.K.; Characterization of Particles by Modulated Dynamic Light Scattering. Ⅰ. Theory. *J Chem Phys*, 1994, 100, 7890-7902.

[73] Huchins, D.K.; Dahneke, B.E.; Characterization of Particles by Modulated Dynamic Light Scattering. Ⅱ. Experiment. *J Chem Phys*, 1994, 100, 7903-7915.

[74] Hutchins, D.K.; Chouinard, A.P.; Characterization of Standard Reference Material 1690 by Modulated Dynamic Light Scattering. *Aerosol Sci Tec*, 1998, 29(2), 73-80.

[75] Lan, K.H.; Ostrowsky, N.; Sornette, D.; Brownian Dynamics Close to a Wall Studied by Photon Correlation Spectroscopy from an Evanescent Wave. *Phys Rev Lett*, 1986, 57, 17-20.

[76] Michailidou, V.N.; Swan, J.W.; Brady, J.F.; Petekidis, G.; Anisotropic Diffusion of Concentrated Hard-sphere Colloids Near a Hard Wall Studied by Evanescent Wave Dynamic Light Scattering. *J Chem Phys*, 2013, 139, 164905.

[77] Savchenko, E.A.; Skvortsov, A.N.; Velichko, E.N.; Madzhhinov, A.R.; Nezhinskikh, S.S.; Analysis of Intensity/time Series Obtained in Homodyne Evanescent Wave DLS Electrophoretic Experiments. *J Phys Conf Ser*, 2019, 1236, 012042.

[78] Magde, D.; Webb, W.W.; Elson, E.; Thermodynamic Fluctuations in a Reacting System-Measurement by Fluorescence Correlation Spectroscopy. *Phys Rev Lett*, 1972, 29(11), 705-708.

[79] Koynov, K.; Butt, H.; Fluorescence Correlation Spectroscopy in Colloid and Interface Science. *Cur Opin Colloid In*, 2012, 17(6), 377-387.

[80] Gómez-Varela, A.I.; Gaspar, R.; Miranda, A.; Assis, J.L.; Valverde, R.H.F.; Einicker-Lamas, M.; Silva1, B.F.B.; de Beule, P.A.A.; Fluorescence Cross-correlation Spectroscopy as a

Valuable Tool to Characterize Cationic Liposome-DNA Nanoparticle Assembly. *J Biophotonics*, 2021, 14, e202000200.

[81] Schrof, W.; Klingler, J.F.; Rozouvan, S.; Horn, D.; Raman Correlation Spectroscopy: a Method for Studying Chemical Composition and Dynamics of Disperse Systems. *Phys Rev E*, 1998, 57(3-A), R2523-2526.

[82] Kołodziej, A.; Wesełucha-Birczyńska, A.; Świętek, M.; Horák, D.; Błażewicz, M.; A 2D-Raman Correlation Spectroscopy Analysis of the Polymeric Nanocomposites with Magnetic Nanoparticles. *J Mol Struct*, 2020, 1215, 128294.

[83] Xu, R.; Light Scattering: A Review of Particle Characterization Applications. *Particuology*, 2015, 18, 11-21.

[84] Gouesbet, G.; Generalized Lorenz-Mie Theory and Application. *Part Part Syst Charact*, 1994, 11, 22-34.

[85] Gouesbet, G.; Mees, L.; Gréhan, G.; Ren, K.F.; The Structure of Generalized Lorenz-Mie Theory for Elliptical Infinite Cylinders. *Part Part Syst Charact*, 1999, 16, 3-10.

[86] Valdivia, N.L.; Votto, L.F.M.; Gouesbet, G.; Wang, J.; Ambrosio, L.A.; Bessel-Gauss Beams in the Generalized Lorenz-Mie Theory Using Three Remodeling Techniques. *J Quant Spectrosc Ra*, 2020, 256, 107292.

[87] Ambrosio, L.A.; Gouesbet, G.; On Longitudinal Radiation Pressure Cross-sections in the Generalized Lorenz——Mie Theory and Their Numerical Relationship with the Dipole Theory of Forces. *J Opt Soc Am B*, 2021, 38, 825-833.

[88] Jia, X.; Shen, J.; Yu, H.; Calculation of Generalized Lorenz-Mie Theory Based on the Localized Beam Models. *J Quant Spectrosc Ra*, 2017, 195, 44-54.

[89] Perrin, F.; Polarization of Light Scattered by Isotropic Opalescent Media. *J Chem Phys*, 1942, 10, 415-427.

[90] Asano, S.; Light Scattering Properties of Spheroidal Particle. *Appl Opt*, 1979, 18, 712-722.

[91] Shen, J.; Jia, X.; Diffraction of a Plane Wave by an Infinitely Long Circular Cylinder or a Sphere: Solution from Mie Theory. *Appl Opt*, 2013, 52(23), 5707-5712.

[92] Shen, J.; Wang, H.; Calculation of Debye Series Expansion of Light Scattering. *Appl Opt*, 2010, 49(13), 2422-2428.

[93] Xu, F.; Lock, J. A.; Gouesbet, G.; Debye Series for Light Scattering by a Nonspherical Particle. *Phys Rev A*, 2010, 81(4), 043824.

[94] Lock, J.A.; Laven, P.; The Debye Series and Its Use in Time-Domain Scattering. //Kokhanovsky, A.; *Light Scattering Reviews*. Springer, Berlin, 2016.

[95] García-Cámara, B.; Moreno, F.; González, F.; Martin, O.J.F.; Light Scattering by an Array of Electric and Magnetic Nanoparticles. *Opt Express*, 2010, 18(10), 10001-10015.

[96] Hergert, W.; Wriedt, T.; *The Mie Theory- Basics and Applications*. Springer, Berlin, 2012.

[97] Pan, L.; Zhang, F.; Meng, R.; Xu, J.; Zuo, C.; Ge, B.; Anomalous Change of Airy Disk with Changing Size of Spherical Particles. *J Quant Spectrosc Ra*, 2016, 170, 83-89.

[98] Laven, P.; Simulation of Rainbows, Coronas, and Glories by use of Mie Theory. *Appl Opt*, 2003, 42(3), 436-444.

[99] Grainger, R. G.; Lucas, J.; Thomas, G. E.; Ewan, G.; The Calculation of Mie Derivatives. *Appl Opt*, 2004, 43 (28), 5386-5393.

[100] 沈建琪, 邱俊程. 微球内部电磁场的 Mie 理论数值计算. 上海理工大学学报, 2017, 39(2), 159-164.

[101] Gouesbet, G.; Lock, J.A.; List of Problems for Future Research in Generalized Lorenz——Mie Theories and Related Topics, Review and Prospectus. *App Opt*, 2013, 52(5), 897-916.

[102] Kerker, M.; Wang, D.S.; Giles, C.L.; Electromagnetic Scattering by Magnetic Spheres. *J Opt Soc Am*, 1983, 73, 765-767.

[103] Bohren, C.F.; Light Scattering by an Optically Active Sphere. *Chem Phys Lett*, 1974, 29, 458-462.

[104] Liu, L.; Wang, H.; Yu, B.; Xu, Y.; Shen, J.; Improved Algorithm of Light Scattering by a Coated Sphere. *China Particuology*, 2007, 5(3), 230-236.

[105] Pena, O.; Pal, U.; Scattering of EM Radiation by a Multilayer Sphere. *Computer Physics Communications*, 2009, 180, 2348-2354.

[106] Guo, L.; Shen, J.; Internal and External-fields of a Multilayered Sphere Illuminated by the Shaped Beam: Rescaled Quantities for Numerical Calculation. *J Quant Spectrosc Ra*, 2020, 250, 107004.

[107] Kaiser, T.; Schweiger, G.; Stable Algorithm for the Computation of Mie Coefficients for Scattered and Transmitted Fields of a Coated Sphere. *Comput Phys*, 1993, 7, 682-686.

[108] Li, K.; Massoli, P.; Scattering of Electromagnetic Plane Waves by Radially Inhomogeneous Spheres: a Finely-Stratified Sphere Model. *Appl Opt*, 1994, 33, 501-511.

[109] Fan, X.; Shen, Z.; Luk'yanchuk, B.; Huge Light Scattering from Active Anisotropic Spherical Particles. *Optics Express*, 2010, 18(24), 24868-24880.

[110] Ross, D.J.; Sigel, R.; Mie Scattering by Soft Core-shell Particles and Its Applications to Ellipsometric Light Scattering. *Phy Rev E*, 2012, 85(5), 056710(13).

[111] Sun, W.; Loeb, N. G.; Fu, Q.; Light Scattering by Coated Spheres Immersed in Absorbing Medium: a Comparison Between the FDTD and Analytic Solutions. *J Quant Spectros Ra*, 2004, 83, 483-492.

[112] https://github.com/disordered-photonics/celes.

[113] Pedersen, J.S.; Analysis of Small-angle Scattering Data from Colloids and Polymer Solutions: Modeling and Least-squares Fitting. *Adv Colloid Interfac*, 1997, 70, 171-210.

[114] Watson, R.M.J.; Jennings, B.R.; Large Particle Scattering Factor for Flat Particles. *J Colloid Interf Sci*, 1991, 142, 244-250.

[115] Watson, R.M.J.; Jennings, B.R.; Electric Field Light Scattering: Scattering Factors for Orientated Tabular Particles. *J Colloid Interf Sci*, 1993, 157, 361-368.

[116] Wyatt, P.J.; Measurement of Special Nanoparticle Structures by Light Scattering. *Anal Chem*, 2014, 86(15), 7171-7183.

[117] Fraunhofer, J.; Bestimmung des Brechungs und Farbzerstreuungsvermögens verschiedener Glasarten. *Gilberts Annalen der Physik*, 1817, 56, 193-226.

[118] Komrska, J.; Fraunhofer Diffraction at Apertures in the Form of Regular Polygons. *Optica Acta*, 1972, 19, 807-816.

[119] Komrska, J.; Fraunhofer Diffraction at Apertures in the Form of Regular Polygons Ⅱ, *Optica Acta*, 1973, 20, 549-563.

[120] Al-Chalabi, S.A.M.; Jones, A.R.; Development of a Mathematical Model for Light Scattering by Statistically Irregular Particles. *Part Part Syst Charact*, 1994, 11, 200-206.

[121] 赵剑琦. 不规则形状粒子Fraunhofer衍射计算. 中国科学院研究生院学报, 2011, 28(4), 462-465.

[122] Yuan, Y.; Ren, K.; Rozé, C.; Fraunhofer Diffraction of Irregular Apertures by Heisenberg Uncertainty Monte Carlo Model. *Particuology*, 2016, 24, 151-158.

[123] Brown, D.J.; Alexander, K.; Cao, J.; Anomalous Diffraction Effects in the Sizing of Solid Particles in Liquids. *Part Part Syst Charact*, 1991, 8, 175-178.

[124] Sharma, S.K.; On the Validity of the Anomalous Diffraction Approximation. *J Mod Opt*, 1992, 39, 2355-2361.

[125] Kusters, K.A.; Wijers, J.G.; Thoenes, D.; Particle Sizing by Laser Diffraction Spectroscopy in the Anomalous Regime. *Appl Opt*, 1991, 30, 4839-4847.

[126] Wriedt, T.; A Review of Elastic Light Scattering Theories. *Part Part Syst Charact*, 1998, 15, 67-74.

[127] Wriedt, T.; Light Scattering Theory and Programs: Discussion of Latest Advances and Open Problems. *J Quant Spectrosc Ra*, 2012, 113, 2465-2469.

[128] Barber, P.; Hill, S.C.; *Light Scattering by Particles: Computational Methods*. World Scientific, Singapore, 1990.

[129] Mishchenko, M.I.; Travis, L.D.; Mackowski, D.W.; T-matrix Method and Its Applications to Electromagnetic Scattering. *J Quant Spectrosc Ra*, 2010, 111, 1700-1703.

[130] Rafiee, M.; Chandra, S.; Ahmed, H.; McCormack, S.J.; Optimized 3D Finite-Difference-Time-Domain Algorithm to Model the Plasmonic Properties of Metal Nanoparticles with Near-Unity Accuracy. *Chemosensors*, 2021, 9(5), 114.

[131] Grand, J.; Le Ru, E.C.; Practical Implementation of Accurate Finite-Element Calculations for Electromagnetic Scattering by Nanoparticles. *Plasmonics*, 2020, 15, 109-121.

[132] Shabaninezhad, M.; Awan, M.G.; Ramakrishna, G.; MATLAB Package for Discrete Dipole Approximation by Graphics Processing Unit: Fast Fourier Transform and Biconjugate Gradient. *J Quant Spectrosc Ra*, 2021, 262, 107501.

[133] Thomas, M.E.; Improved-anomalous Diffraction Approximation for Accurate Extinction, Scatter, and Absorption Efficiency Calculations. *Proc SPIE 10750, Reflection, Scattering, and Diffraction from Surfaces VI*, 2018, 1075006.

[134] Hirleman, E.D.; General Solution to the Inverse Near-forward-scattering Particle-sizing Problem in Multiple-scattering Environment: Theory. *Appl Opt*, 1991, 30, 4832-4838.

[135] Harvill, T.L.; Hoog, J.H.; Holve, D.J.; In-process Particle Size Distribution Measurements and Control. *Part Part Syst Charact*, 1995, 12, 309-313.

[136] Khintchine, A.; Korrelationstheorie der Stationären Stochastischen Prozesse. *Math Ann*, 1934, 109, 604-615.

[137] Schulz-DuBois, E.O.; High Resolution Intensity Interferometry by Photon Correlation.//Schultz-DuBois, E.O.; *Photon Correlation Techniques in Fluid Mechanics*. Springer-Verlag, Berlin, 1983, 6-27.

[138] Saleh, B.; *Photoelectron Statistics*. Springer-Verlag, New York, 1978.

[139] Wyatt, P.J.; Light Scattering and the Absolute Characterization of Macromolecules. *Anal Chim Acta*, 1993, 272(1), 1-40.

[140] Shaheen, M.E.; Ghazy, A.R.; Kenawy, E.; El-Mekawy, F.; Application of Laser Light Scattering to the Determination of Molecular Weight, Second Virial Coefficient, and Radius of Gyration of Chitosan. *Polymer*, 2018, 158, 18-24.

[141] Russo, P.S.; Streletzky, K.A.; Huberty, W.; Zhang, X.; Edwin, N.; Characterization of Polymers by Static Light Scattering.//Malik, M.I.; Mays, J.; Shah, M.R.; *Molecular Characterization of Polymers*. Elsevier, 2021, 499-532.

[142] Schärtl, W.; *Light Scattering from Polymer Solutions and Nanoparticle Dispersions*, Springer, Berlin, 2007.

[143] Berry, G.C.; Properties of an Optically Anisotropic Heterocyclic Ladder Polymer (BBL) in Dilute Solution. *J Polym Sci Polym Symp*, 1978, 65, 143-172.

[144] Zimm, B.H.; Apparatus and Methods for Measurement and Interpretation of the Angular Variation of Light Scattering; Preliminary Results on Polystyrene Solutions. *J Chem Phys*, 1948, 16, 1099-1116.

[145] Stolyarevskaya, R.I.; Review of the Features of Using Mini-Spectroradiometers with CCD-Arrays in Applied Photometry. *Light & Engineering*, 2021, 29(1), 21-29.

[146] Song, H.; Zhang, W.; Li, H.; Liu, X.; Hao, X.; Review of Compact Computational Spectral Information Acquisition Systems. *Front Inform Technol Electron Eng*, 2020, 21, 1119-1133.

[147] Wang, N.; Wei, J.; Hong, C.; Zhang, H.; Influence of Refractive Index on Particle Size Analysis Using the Turbidimetric Spectrum Method. *Part Part Syst Charact*, 1996, 13, 238-244.

[148] Cai, X.; Gang, Z.; Wang, N.; A New Dependent Model for Particle Sizing with Light Extinction. *J Aerosol Sci*, 1995, 26, 685-704.

[149] Dellago, C.; Horvath, H.; On the Accuracy of the Size Distribution Information Obtained from Light Extinction and Scattering Measurements— I . Basic Considerations and Models. *J Aerosol Sci*, 1993, 24(2), 129-141.

[150] Dellago, C.; Horvath, H.; On the Accuracy of the Size Distribution Information Obtained from Light Extinction and Scattering Measurements— II . Case Studies. *J Aerosol Sci*, 1993, 24(2), 143-154.

[151] Gulari, Es.; Bazzi, G.; Gulari, Er.; Annapragada, A.; Latex Particle Size Distribution from Multiwavelength Turbidity Spectra. *Part Charact*, 1987, 4, 96-100.

[152] Ferri, F.; Bassini, A.; Paganini, E.; Commercial Spectrophotometer for Particle Sizing. *Appl Opt*, 1997, 36, 885-891.

[153] 段天雄, 沈建琪, 胡彬, 于海涛. 消光光谱法颗粒测量技术中的病态性问题研究. 激光与光电子学进展, 2015, 52, 091202.

[154] Dobbins, R.A.; Jizmagian, G.S.; Optical Scattering Cross Sections for Polydispersions of Dielectric Spheres. *J Opt Soc Am*, 1966, 56, 1345-1350.

[155] Cerni, T.A.; Waisanen, S.; Method and Apparatus for Measurement of Particle Size Distribution in Substantially Opaque Slurries: US 6246474, 2001.

[156] Bacon, C.; Garcio-Rubio, L.; Simultaneous Joint Particle Property Characterization Using the Multiangle-Multiwavelength (MAMW) Detection System.//*Proc Part Technol Forum*. American Institute of Chemical Engineers, Washington D C, 1998, 717-723.

[157] Vega, J.R.; Gugliotta, G.L.; Gugliotta, L.M.; Elicabe, G.E.; Particle Size Distribution by Combined Elastic Light Scattering and Turbidity Measurements. *Part Part Syst Charact*, 2003, 20, 361-369.

[158] Bru, P.; Brunel, L.; Buron, H.; Cayré, I.; Ducarre, X.; Fraux, A.; Mengual, O.; Meunier, G.; de Sainte Marie, A.; Snabre, P.; Particle Size and Rapid Stability Analyses of Concentrated Dispersions: Use of Multiple Light Scattering Technique.//Provder, T.; Texter, J.; *ACS Symposium Series 881 Particle Sizing and Characterization*. ACS, Washington D C, 2004, 45-60.

[159] 蔡小舒，苏明旭，沈建琪等．颗粒粒度测量技术及应用．北京：化学工业出版社，2010.

[160] Gregory, J.; Turbidity and Beyond. *Filtra Separat*, 1998, 35(1), 63-67.

[161] Shen, J.; Riebel, U.; Transmission Fluctuation Spectrometry in Concentrated Suspensions. Part 1: Effects of the Monolayer Structure. *Part Part Syst Charact*, 2004, 21, 429-439.

[162] Riebel, U.; Shen, J.; Transmission Fluctuation Spectrometry in Concentrated Suspensions. Part 2: Effects of Particle Overlapping. *Part Part Syst Charact*, 2004, 21, 440-454.

[163] Shen, J.; Riebel, U.; Transmission Fluctuation Spectrometry in Concentrated Suspensions. Part 3: Measurements. *Part Part Syst Charact*, 2005, 22, 14-23.

[164] Shen, J.; Yu, B.; Xu, Y.; Guo, X.; Particle Analysis by Transmission Fluctuation Spectrometry with Temporal Correlation in Multiphase Flow. *Flow Meas Instrum*, 2007, 18, 166-174.

[165] Shen, J.; Riebel, U.; Breitenstein, M.; Kräuter, U.; Fundamentals of Transmission Fluctuation Spectrometry with Variable Spatial Averaging. *China Particuology*, 2003, 1, 242-246.

[166] Breitenstein, M.; Kräuter, U.; Riebel, U.; The Fundamentals of Particle Size Analysis by Transmission Fluctuation Spectrometry. Part 1: A Theory on Temporal Transmission Fluctuations in Dilute Suspensions. *Part Part Syst Charact*, 1999, 16, 249-256.

[167] Breitenstein, M.; Riebel, U.; Shen, J.; The Fundamentals of Particle Size Analysis by Transmission Fluctuation Spectrometry. Part 2: A Theory on Transmission Fluctuations with Combined Spatial and Temporal Averaging. *Part Part Syst Charact*, 2001, 18, 134-141.

[168] Shen, J.; Riebel, U.; The Fundamentals of Particle Size Analysis by Transmission Fluctuation Spectrometry. Part 3: A Theory on Transmission Fluctuations in a Gaussian Beam and with Signal Filtering. *Part Part Syst Charact*, 2003, 20, 94-103.

[169] Shen, J.; Riebel, U.; Particle Size Analysis by Transmission Fluctuation Spectrometry: Experimental Results Obtained with a Gaussian Beam and Analog Signal Processing. *Part Part Syst Charact*, 2003, 20, 250-258.

[170] Shen, J.; Riebel, U.; Guo, X.; Transmission Fluctuation Spectrometry with Spatial Correlation. *Part Part Syst Charact*, 2005, 22, 24-37.

[171] 沈建琪, 蔡小舒, 于彬. 消光起伏自相关频谱法颗粒测量技术. 工程热物理学报, 2006, 5, 795-798.

[172] Shen, J.; Yu, B.; Xu, Y.; Liu, L.; Riebel, U.; Guo, X.; Fundamentals of Particle Size Analysis by Fluctuating Transmission Autocorrelation with an Extremely Narrow Beam. *Measurement*, 2008, 41, 55-64.

[173] Dogariu, A.; Uozumi, J.; Asakura, T.; Particle Size Effect on Optical Transport through Strongly Scattering Media. *Part Part Syst Charact*, 1994, 11, 250-257.

[174] Ettmüller, J.; Eustachi, W.; Hagenow, A.; Polke, R.; Schäfer, M.; Rädle, M.; Photometrische Messeinrichtung: EP0472899B1, 1991.

[175] Trolinger, J.D.; Particle Field Holography. *Opt Eng*, 1975, 14(5), 145383.

[176] Vokram, C.S.; *Particle Field Holography*. Cambridge University Press, London, 1992.

[177] Menzel, R.; Shofner, F.M.; An Investigation of Fraunhofer Holography for Velocity Applications. *Appl Opt*, 1970, 9, 2073-2079.

[178] 吕且妮, 葛宝臻, 张以谟. 数字显微像面全息技术研究. 光电子·激光, 2006, 17(4), 475-478.

[179] Ge, B.; Lu, Q.; Zhang, Y.; Particle Digital In-line Holography with Spherical Wave Recording. *Chin Opt Lett*, 2003, 1(9), 517-519.

[180] 姚龙超, 吴学成, 林小丹, 吴迎春, 陈玲红, 高翔, 岑可法. 基于高速数字全息的燃烧生物质颗粒测试. 激光与光电子学进展, 2019, 10, 60-66.

[181] 金秉宁, 刘佩进, 王志新. 数字全息在固体推进剂铝燃烧三维测量中的应用研究. 推进技术, 2018, 39(9), 2102-2109.

[182] Shao, S.; Mallery, K.; Kumar, S.S.; Hong, J.; Machine Learning Holography for 3D Particle Field Imaging. *Opt Express*, 2020, 28(3), 2987-2999.

[183] Ling, H.; Three-dimensional Measurement of a Particle Field Using Phase Retrieval Digital Holography. *Appl Opt*, 2020, 59(12), 3551-3559.

[184] 李滢滢, 秦琬, 高志, 彭翔. 基于两步相移的非相干数字全息显微技术. 激光与光电子学进展, 2017, 4, 126-132.

[185] Huang, J.; Li, S.; Zi, Y.; Qian, Y.; Cai, W.; Aldén, M.; Li, Z.; Clustering-based Particle Detection Method for Digital Holography to Detect the Three-dimensional Location and In-plane Size of Particles. *Meas Sci Technol*, 2021, 32, 055205.

[186] Wu, Y.; Ozcan, A.; Lensless Digital Holographic Microscopy and Its Applications in Biomedicine and Environmental Monitoring, *Methods*, 2018, 136, 4-16.

[187] Zhang H, Baeyens J, Kang S.; Measuring Suspended Particle Size with High Accuracy. *Int J Petrochem Sci Eng*, 2017, 2(6), 00058.

[188] Thornburg, J.; Cooper, S. J.; Leith, D.; Counting Efficiency of the API Aerosizer. *J Aerosol Sci*, 1999, 30, 479-488.

[189] Miyamoto K, Taga H, Akita T, Yamashita C.; Simple Method to Measure the Aerodynamic Size Distribution of Porous Particles Generated on Lyophilizate for Dry Powder Inhalation. *Pharmaceutics*, 2020, 12(10), 976.

[190] Tadayyon, A.; Rohani, S.; Determination of Particle Size Distribution by Par-Tec®100: Modeling and Experimental Results. *Part Part Syst Charact*, 1998, 15, 127-135.

[191] Monnier, O.; Klein, J.; Hoff, C.; Ratsimba, B.; Particle Size Determination by Laser Reflection: Methodology and Problems. *Part Part Syst Charact*, 1996, 13, 10-17.

[192] Dali, S.S.; Sevick-Muraca, E.M.; Frequency Domain Photon Migration Measurements of Dense Monodisperse Charged Lattices and Analysis Using Solutions of Ornstein Zernike Equations. *J Colloid Interf Sci*, 2012, 386(1), 114-120.

[193] Adrian, R. J.; *Laser Doppler Velocimetry*. SPIE Optical Engineering Press, Bellingham, 1993.

[194] Buchhave, P.; von Benzon, H.; Exploring PDA Configurations. *Part Part Syst Charact*, 1996, 13, 68-78.

[195] Doicu, A.; Wriedt, T.; Bauckhage, K.; Light Scattering by Homogeneous Axisymmetric Particles for PDA Calculations to Measure Both Axes of Spheroidal Particles. *Part Part Syst Charact*, 1997, 14, 3-11.

[196] Tropea, C.; Xu, T.; Onofri, F.; Gréhan, G.; Haugen, P.; Stieglmeier, M.; Dual-mode Phase-Doppler Anemometer. *Part Part Syst Charact*, 1996, 13, 165-170.

[197] Barbarin,Y.; Le Blanc, G.; d'Almeida, T.; Hamrouni, M.; Roudot, M.; Luc, J.; Multi-wavelength Crosstalk-free Photonic Doppler Velocimetry. *Rev Scient Instr*, 2020, 91(12), 123105.

[198] Tu, C.; Yin, Z.; Lin, J.; Bao, F.; A Review of Experimental Techniques for Measuring Micro- to Nano-Particle-Laden Gas Flows. *Appl Sci-Basel*, 2017, 7(2), 120.

[199] Waithe, D.; Schneider, F.; Chojnacki, J.; Clausen, M.P.; Shrestha, D.; de la Serna, J.B.; Eggeling, C.; Optimized Processing and Analysis of Conventional Confocal Microscopy Generated Scanning FCS Data. *Methods*, 2018, 140-141, 62-73.

[200] Jiang, Y.; Pryse, K.M.; Melnykov, A.; Genin, G.M.; Elson, E.L.; Investigation of Nanoscopic Phase Separations in Lipid Membranes Using Inverse FCS. *Biophys J*, 2017, 112, 2367-2376.

[201] Starchev, K.; Zhang, J.W.; Buffle, J.; Applications of Fluorescence Correlation Spectroscopy- Particle Size Effect. *J Colloid Interf Sci*, 1998, 203(1), 189-96.

[202] Sengupta, P.; Garai, K.; Balaji, J.; Periasamy, N.; Maiti, S.; Measuring Size Distribution in Highly Heterogeneous Systems with Fluorescence Correlation Spectroscopy. *Biophys J*, 2003, 84(3), 1977-1984.

第 **3** 章

光学计数法

3.1 **引言**

光学颗粒计数器（OPC）是环境监测和许多行业控制颗粒物的主要技术之一。光学颗粒计数器具有原位测量能力，因此广泛应用于污染分析（如水、洁净室、液压油）和大气的颗粒检测。良好环境大气中小于 2.5 μm 的颗粒物含量（$PM_{2.5}$）通常不超过 12 μg/m³；ISO Class 5 的洁净室中大于 0.1 μm 的颗粒物通常不超过 10^5/m³（表 3-1）；最纯净的液压油中不能有大于 100 μm 的颗粒（表 3-2）；半导体工业用的去离子水中颗粒物也需要随时监测（表 3-3）。

在许多情况下，这些颗粒都是"不需要"的物质。在这里颗粒大小分布不如大于某个阈值的累积颗粒数浓度重要。在许多需要严格控制特定粒径范围内颗粒物的行业中，光学颗粒计数器在产品质量的检验和控

表 3-1 国际标准化组织 ISO 14644-1:2015 规定的洁净室颗粒数

类别	1m³最多颗粒数						等效美国标准 FED STD 209E
	≥0.1 μm	≥0.2 μm	≥0.3 μm	≥0.5 μm	≥1 μm	≥5 μm	
ISO Class 1	10						
ISO Class 2	100	24	10				
ISO Class 3	1000	237	102	35			Class 1
ISO Class 4	10000	2370	1020	352	83		Class 10
ISO Class 5	100000	23700	10200	3520	832		Class 100
ISO Class 6	1000000	237000	102000	35200	8320	293	Class 1000

表 3-2　美国国家航空及宇航液压油工业标准（NAS 1638）

等级代号	100 mL 油样中的颗粒计数				
	5~15 μm	15~25 μm	25~50 μm	50~100 μm	>100 μm
00	125	22	4	1	0
0	250	44	8	20	0
1	500	89	16	3	1
2	1000	178	32	6	1
3	2000	356	63	11	2
4	4000	712	126	22	4
5	8000	1425	253	45	8
6	16000	1850	506	90	16
7	32000	5700	1012	180	32
8	64000	11600	2025	360	64
9	128000	22800	4050	720	128
10	256000	45600	8100	1440	256
11	512000	91200	16200	2880	512
12	1024000	182400	32400	5760	1024

表 3-3　美国 ASTM D5127-13（2018）规定的超纯水质量指标

粒径	Type E-1.1（2007）/（颗粒数/L）	Type E-1.2（2007）/（颗粒数/L）
0.05~0.1 μm	1000	200
0.1~0.2 μm	350	100
0.2~0.5 μm	100	10
0.5~1.0 μm	50	5
>1.0 μm	20	1

制中是不可或缺的，也许是唯一可用于获取被测量材料中所有颗粒是否都在尺寸限制之内信息的在线技术。同时计数、粒径测量以及样品中单个颗粒的原位识别，是光学颗粒计数器的最大优势[1,2]。

光学颗粒计数器的发展始于 90 多年前[3]。第一个现代光散射光学颗粒计数器出现在 20 世纪 40 年代末，用于探测空气中的化学战剂[4]；60 年代开始研发消光光学颗粒计数器。当今的光学颗粒计数器技术分为利用单颗粒散射光计数和测量小颗粒粒径（可以小至 20 nm）的光散射光学颗粒计数器，以及当颗粒通过光束时由于一部分光被颗粒遮挡而引起的消光来计数和测量大颗粒粒径（大至 1 mm）的消光（遮光）光学颗粒计数器。所测的颗粒可以是气溶胶、干粉或在液体悬浮液中的颗粒。光散射类仪器多用在要求检测 1 μm 以下颗粒的领域，如电子、医药、空气净化等行业，测量的介质多为空气和水；消光（遮光）类仪器是测量与计数液体内大颗粒应用最广的仪器，但要求测量液体是透明和均质的。不同于激光衍射法通过测量颗粒群体的角散射强度模式来得到颗粒的粒径分布，光学颗粒计数器是一种非群体测量技术，所有颗粒均通过压力、真空、鞘流或自然流动一个一个地进入探测区，通过单个颗粒生成的信号对颗粒进行计数和粒径测量。这些颗粒悬浮在足够稀释的液体或气体中，单个颗粒通过激光或白炽灯照明的探测区时产生可探测的光脉冲，其振幅取决于颗粒的大小和光学特性，以及用于检测的物理原理（光散射或消光）。光信号通过光电探测器产生的电脉冲进行排序和记录后，根据通过标样测量获得的校准曲线即可得到颗粒计数和粒径分布。由于散射来自单个颗粒，因此第 2 章中描述的理论可以直接应用，而不必考虑多次散射的复杂性和极复杂的激光衍射数据反演。经过校准后，脉冲振幅和颗粒粒径之间存在一一对应的关系。与许多群体测量方法相比，光学颗粒计数器是一种高分辨率技术，但动态范围相对较窄，统计精度较低。近年来的发展主要是提高信噪比从而可以测量更小的颗粒与提高计数效率以更准确地测量低浓度样品。基于光学计数器的微型火星环境尘埃系统分析仪（MicroMED）甚至已被欧洲航天局选为在 2022 年送往火星，通过对大小分布和浓度的原位测量来研究火星上空气中的尘埃，此测量将对了解火星气候和风沙过程产生重大影响[5]。

尽管光学颗粒计数器通过各种全反射或多重反射光路设计最大限度地提高散射光收集，并可以测量小至 20 nm 的颗粒，正如一篇文章所总结的那样，总体进展仍远未令人满意："尽管在改善光学颗粒计数器的使用方面已经取得一些工程进展，但对获得所测量颗粒等效光学粒径以外更全面的信息尚未有真正的进展。由于与光散射相关的物理效应，即使颗粒粒径测量也仍存在局限性。"[6]

3.2 仪器构造

如第 2 章所述，单颗粒的散射光强是入射光波长和强度、入射和探测光学的设置、颗粒和介质的物理特性以及颗粒定向的函数。对于同一类型的颗粒，散射光强与粒径的幂成比例，从小颗粒的六次方到大颗粒的平方。因此，虽然光学颗粒计数器技术的整体粒径测量范围可能从 20 nm 到 1 mm，如表 3-4 所示，但由于电子数据处理系统的线性限制，每个光学配置通常涵盖 4∶1 到 100∶1 的粒径范围。表 3-4 中的粒径范围是通过探测区的颗粒，不一定是原始颗粒。凝结核装置可以将几纳米的原始颗粒通过蒸气凝结成粒径在光学颗粒计数器测量范围之内的颗粒[7]。光学颗粒计数器从 1954 年重达 200 kg 的设备发展到如今不到 1 kg 的电池操作和手持式计数器[8]。当代光学颗粒计数器主要分为结构复杂、功能全、测量准确度高、对工作环境要求高的台式光学颗粒计数器，功能较少、结构紧凑、便于携带、测量准确度较差、对工作环境要求较低的便携式光学颗粒计数器，以及在线式光学颗粒计数器三种。其中在线式仪器通常为直接安装在生产系统上的监视器，不是真正意义上的单颗粒计数器，无法对颗粒进行单个计数，仅能根据检测结果进行估测或补偿修正，测量准确度差，大多无法直接显示颗粒尺寸分布数据。

表 3-4　光学颗粒计数器的粒径测量与流体流速范围

介质	液体			气体
探测方法	原位法		体积法	体积法
	光谱仪	监视器		
光散射法测量范围	0.02～5 μm			0.05～20 μm
消光法测量范围	1～1000 μm			> 25 μm
样品流速范围	0.002～8 mL/s			0.1～500 mL/s

　　有许多应用于特定颗粒大小或浓度范围的光学颗粒计数器设计，本章并未涵盖所有可能的光学颗粒计数器设计。所有光学设计包括光源、一组调节入射光并定义探测区（也称为观察体积）的光学元件、收集光学和光电探测器。根据颗粒大小范围，可以使用光散射光学颗粒计数器或消光光学颗粒计数器。前者更适合小颗粒，后者更适合较大的颗粒。消光光学颗粒计数器很少用于环境或工业环境中颗粒体积较小的气溶胶，偶尔用于干粉，常用于测量悬浮液中的颗粒。

　　在被称为体积设计的气体（和大多数液体）光学颗粒计数器测量中，颗粒流的尺寸小于入射光束尺寸，因此通过探测区的颗粒得到均匀照明，并被完全采样；样品中所有粒径略高于仪器粒径测量阈值的颗粒都将被计入和测径。另一类用于液体测量的仪器中只有一小部分液体流（通常为百分之几）被照亮。此类设备在液体无法以高速高效泵送并聚焦为小于光束的液流的应用中非常有用。此类仪器称为"原位"设备，即测量过程不是将完整样品输入仪器，而是用于原位探测颗粒。原位光学颗粒计数器适用于非常干净的介质，其中需要大流量来测量足够多的颗粒，并且存在偶发事件（短期、不合格波动）。由于气溶胶总是可以被聚焦成控制良好的颗粒流，这些颗粒流在受约束的路径中穿过光束，气溶胶测量一般不使用原位光学颗粒计数器。液体原位光学颗粒计数器有两种光学设计。一种是光谱仪设计，只有通过明确定义的、具有均匀入射光强传感区的颗粒被计入与测量，由此获得的颗粒大小分布非常接近于体积光学颗粒计数器的测量。另一种广泛用于液体污染监测（称为监视器）的设计不提供均匀的样品体积照明，分辨率低，但灵敏度高、样品流速高、设备成本低[9]。

3.2.1 光源

光学颗粒计数器有三种类型的光源：白炽灯（$\lambda = 200 \sim 3000\,nm$）、气体激光器（He-Ne 或 Ar$^+$）和二极管激光器。激光器的优点是功率高、强度稳定、光束特征明确，具有较好的测量可重复性。高强度光可以降低测量下限（$< 0.1\,\mu m$），因此大多数设计都使用激光作为光源。尽管白炽灯与激光相比存在种种缺点，但白炽灯源的多波长特性在小角度测量特定粒径范围内的颗粒时具有独特的优势：在特定粒径范围内，某一波长下的散射光强是颗粒粒径的函数。在许多情况下，颗粒散射光强随波长的"平滑"散射曲线具有颗粒粒径的特征响应。

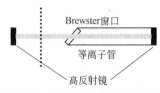

图 3-1 利用激光空腔的光学颗粒计数器示意图

有些特殊设计的计数器将颗粒注入激光的开放腔辐射场中来测量非常小的气溶胶颗粒（$< 0.1\,\mu m$）。通常为了达到高激光效率，只有 1% 的共振能量被发射出空腔，即 1 mW 激光腔内的共振力可高达 1 W。因此将颗粒注入激光空腔内能获得非常高的能量密度却无需使用高成本和笨重的高功率激光。这一过程是通过使用 Brewster（布鲁斯特）窗口来密封激光器的一端实现的，传感区域设置在 Brewster 窗口和激光反射镜之间（图 3-1）。通过用另一个激光空腔（也用 Brewster 窗口）替换图 3-1 中左面的反射镜，颗粒还可以从两个方向被照亮，增加可收集的散射光，进一步增强光功率。这种仪器可以测量 $0.05 \sim 5\,\mu m$ 的颗粒[10-13]。一种红光二极管激光器泵浦的掺铬氟化锂锶铝晶体结合高效反射镜被用作腔内装置，用于测量和计数气溶胶小颗粒[14]。

3.2.2 体积测量仪的光学

（1）光散射光学颗粒计数器

根据颗粒的大小，光学颗粒计数器或在非常大的散射角或在非常小的散射角测量散射光强。所有设计都测量在一个固体角度范围内的散射，这与激光粒度仪不同，后者在离散的角度上测量散射光强。图 3-2 显示了两种这样的设计。在直角光散射光学系统中，Mangin 反射镜（凹面球形镜）通常用于收集 90°+45° 或 60°+45° 的固体角度范围内的散射光。该设计可用于计算和测量小至 50 nm 的颗粒。以小角度收集散射强度，固体角度范围从大约 4° 到 15° 不等，因而仪器能够测量大颗粒（$0.5 \sim 20\,\mu m$）。在共轴光学中，散射光由一透镜收集 [图 3-2（b）] 或由不同设计的抛物面反射镜收集（图 3-3）。在前一种情况下，收集系统就像一个暗场显微镜，未散射的光被引导到光束阱中，散射光通过透镜收集并聚焦在探测器上。描述探测区域光的相互作用有四个角度：照明锥的半角γ（通常范围为5°～15°）、光束阱半角α、测量光圈半角β（通常范围为10°～45°），以及Ψ（照明轴和收集圆锥轴之间的倾斜角度）。散射测量角度范围由这四个角度决定。例如对于图3-2（a）中的直角光学系统，角散射范围从$\gamma+\beta+\Psi$到$\Psi-\beta-\gamma$；而对于共轴光学系统［图3-2（b）］，角散射范围为$\gamma+\beta$到$\alpha-\gamma$。

图3-2 光散射光学颗粒计数器的大角离轴测量（a）与小角共轴测量（b）

对于空气中的颗粒，它们的散射必须强于相同体积的氮和氧分子的散射。可以将光束设计成在样品池中呈现片状形式，则在抽真空条件下可以减少空气分子的干扰，检测和计数非常小的颗粒[15]。

也可利用旋转对称椭腔镜接收系统，扩大光接收的空间角，减小颗粒形状及折射率的影响，产生良好的光能量与粒径的单调关系，提高测量精度及灵敏度。利用非球面透镜与柱面透镜组合可进一步提高激光的光强均匀性，减小颗粒在光敏区位置不同带来的影响[16]。

（2）消光光学颗粒计数器

消光法（也称遮光法或遮蔽法）主要用于计数和测量在悬浮液中大于几微米的颗粒，尽管偶尔也会用于干粉颗粒。如图3-4所示，不管何种光源，光束必须是完全平行和均匀的，能照亮携带颗粒的液流。探测区由液流边界和光束大小决定。如果没有颗粒，则面向光束的光电探测器检测到的光强是恒定的。当有颗粒穿过光束时，由于光被颗粒散射或吸收，入射光会减弱。光电探测器检测到的光通量降低，

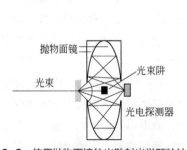

图3-3 使用抛物面镜的光散射光学颗粒计数器

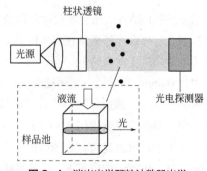

图3-4 消光光学颗粒计数器光学

产生负信号脉冲。脉冲的振幅与颗粒大小直接相关，脉冲数即为通过的颗粒数。计数器有若干个通道，每一个通道对大于本通道阈值电压的脉冲进行计数，这些阈值电压已根据校准曲线设置成相应的颗粒粒径，探测器的输出信号传输到这些通道中就成为各种粒径范围的累积颗粒数。

（3）组合光学颗粒计数器

由于光散射法能够探测小颗粒而消光法更适合于探测大颗粒，因此这两种技术的组合可以增加单个仪器的动态范围。小颗粒可以使用光散射探测器进行计数和大小测量，大颗粒可以使用透射光探测器进行测量。如图 3-5 所示，该仪器自动结合两个探测器的信号，经校准后光散射探测器覆盖 0.5～1.63 μm 的粒径范围，消光探测器覆盖 1.53～350 μm 的粒径范围[17]。

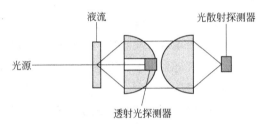

图 3-5　组合光散射与消光测量的光学颗粒计数器

（4）偏振光学颗粒计数器

如果在测量颗粒散射光强的同时，也测量散射两个偏振分量，则有可能分辨出散射体的不同类型。这类计数器称为偏振光学颗粒计数器（POPC），特别适用于测量气溶胶的分类。通常有三个探测器，一个与普通的光学颗粒计数器一样，用来测量通过光束颗粒的计数与粒径，另外两个在其他角度通过偏振片测量相互正交的两个偏振分量。此类仪器可在气溶胶中分辨出多种颗粒类型，譬如通过 POPC 测量每个气溶胶类型的质量浓度，并结合经验鉴别矿物粉尘、空气污染和海盐颗粒三种不同类型的颗粒[18]。也可使用偏振颗粒计数器测量单个粒子的向前散射和背散射的两个偏振分量，并结合偏振敏感的双波长激光雷达来研究大气灰尘与污染[19]。

（5）荧光光学颗粒计数器

如果颗粒是带荧光的，譬如含有核黄素、烟酰胺腺嘌呤二核苷酸等物质的微生物颗粒，则可在普通的光学颗粒计数器上添加适当的滤色片，直角测量通过探测区的荧光颗粒来计数[20]。

3.2.3　原位光谱仪的光学

在原位光学颗粒计数器中，激光束通过大量液体。探测光学元件通常定位在90°，以避免受到入口窗和出口窗光照界面的杂散光影响，使其探测灵敏度可以接近介质散射所产生的噪声。由于颗粒与光束的交会不受到任何机械方式的限制，光束直径可以非常小，因而最大限度地提高了灵敏度。为了实现粒径测量的准确度和分辨率，只有通过均匀光强位置的颗粒被计入与测量，而略去所有来自穿过边缘或仅部分进入光束的颗粒的信号[21]。虽然液体不是被迫机械地进入均匀照明区域，但这种设计依然可与体积光学颗粒计数器相媲美，因为只有均匀照明区域中的颗粒被计入。有很多方案可以达到上述目的，这里仅用一个使用双探测器的方案作为原位光学颗粒计数器的光学解析范例[9]。

在图 3-6 中，使用无像散聚光器件将激光聚焦成在探测区呈椭球状的光束，高灵敏度的广角探测光学元件具有单调校准曲线。同一颗粒的散射信号被两个不同的探测器所接收，光电二极管线性阵列用于决定是否计入信号，条形光电二极管用于测量信号。两个探测器都"看着"同一个由光束轮廓和成像系统的物面定义的探测区，脉冲比较电路用于同时比较两个探测器产生的振幅。如果颗粒在区域之外，则由于图像位置的改变和与景深位置相关的图像大小的增加，阵列探测器接收到的能量将大大降低。当阵列探测器中所有元素的总信号振幅等于或大于条形探测器时，颗粒被判断为处于均匀强度的首选区域，此脉冲将被条形探测器计入。当阵列探测器产生的振幅小于条形探测器的振幅时，脉冲被拒绝。阵列探测器上每个元素的信号通过平行处理与一个共同阈值进行比较以确定脉冲的有效性。这种双检测方案可以轻松地拒绝无规噪声，实现高分辨率的原位测量[22]。如样品的流速为 100 mL/min（300 mL/min），其中探测区体积流速为 0.1 mL/min（1 mL/min），此原位仪器可以检测粒径为 50～200 nm（100 ~ 1000 nm）的颗粒，粒径测量误差小于 10 nm[9]。

使用大面积的凹镜收集一个角度范围的散射光，然后将此光反射（折射）至 CCD 或 CMOS 芯片上，就可以形成二维的通过颗粒的"图像"（图 3-7）。尽管由于光学设计以及比波长小的颗粒粒径，此图像并不是颗粒的影像，但可以作为颗粒的二维识别图。如果建立了已知的颗粒图像数据库，则此计数器可以用来辨别颗粒，这在微生物研究领域或环境研究中特别有用[23]。

3.2.4　光学响应

对于单方向线性偏振光，遵守 Mie 散射理论的颗粒在一个固体角度范围内的散射光（脉冲振幅）通常可以下式表示：

$$R(m,d) = c \int_{\lambda_{\min}}^{\lambda_{\max}} \frac{\lambda^2}{4\pi^2} I_o(\lambda) \iint_\Omega [|S_1|^2 G_1(\theta,\varphi) + |S_2|^2 G_2(\theta,\varphi)] \mathrm{d}\theta \mathrm{d}\varphi \mathrm{d}\lambda \qquad (3\text{-}1)$$

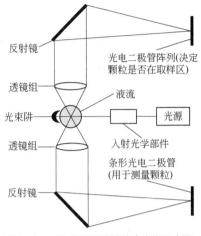

图 3-6　原位光学颗粒计数器光学示意图

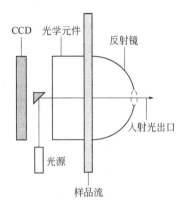

图 3-7　用 CCD 的计数器示意图

式中，c 是与仪器相关的比例常数；$I_o(\lambda)$是入射光的照明强度函数；$G_1(\theta,\varphi)$和 $G_2(\theta,\varphi)$是与光学设计有关的几何项，积分在整个探测固体角范围内进行。在小固体角度的散射通常作为给定相对折射率的颗粒粒径函数的多谐响应。相对折射率的任何变化都会显著改变散射角向图形。图 3-8 显示了两个不同固体角度范围内不同粒径颗粒的相对散射强度。对于小于 0.7 μm 的颗粒，散射强度随粒径的单调变化使得可以通过强度测量精确测定粒径。然而对于单色光，大于几个微米的颗粒散射强度对粒径的多谐响应限制了对这些颗粒粒径的精确测定[24]。例如在图 3-9（a）中，所选多谐区域的最小通道宽度（分辨率）为 w_1 和 w_2。

数值模拟表明当使用粒径分布模型模拟颗粒计数器的输入时，上述散射曲线中的多谐响应（振荡）会导致带有振荡、不切实际的粒径分布。这使人们对一些已发表的使用光学颗粒计数器得出的粒径分布结果以及讨论产生了疑问[25]。上述这种散射曲线的振荡可以在以下一种或多种条件下平滑化或消失：①对入射光有高度吸收的颗粒（图 3-8、图 3-10 中的带圈实线）；②使用较宽的探测固体角范围［比较图 3-8 中（a）和（b），比较图 3-10 中（a）和（b）］；③使用连续波长的光源如白炽灯［图 3-9（b）］。宽探测角度也可以使用两个固体角范围（例如 10°～30° 和 150°～170°）的组合来实现[26,27]，其中两个角度范围光通量的加权叠加可导致随着粒径变大的单调增加响应特性。

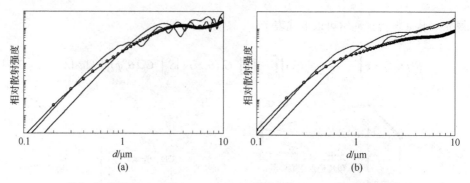

图 3-8 颗粒在 $\lambda_o = 650\,\text{nm}$，$n_o = 1.0$，固体角 $5° \sim 10°$（a）与固体角 $5° \sim 38°$（b）的相对散射强度

下实线 $m = 1.2\text{-}0\text{i}$，上实线 $m = 1.5\text{-}0\text{i}$，带圈实线 $m = 1.5\text{-}0.5\text{i}$

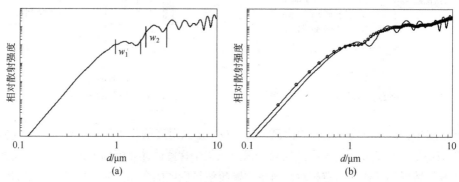

图 3-9 粒径测量分辨率受多谐响应的限制（a）和 $m = 1.5\text{-}0\text{i}$ 的颗粒在 $n_o = 1.0$，固体角 $5° \sim 10°$ 的相对散射强度（b）

实线 $\lambda_o = 650\,\text{nm}$，带圈实线 $\lambda_o = 450 \sim 750\,\text{nm}$

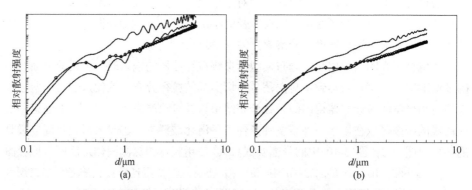

图 3-10 颗粒在 $\lambda_o = 650\,\text{nm}$，$n_o = 1.0$，固体角 $85° \sim 95°$（a）与固体角 $45° \sim 135°$（b）的相对散射强度

下实线 $m = 1.2\text{-}0\text{i}$，上实线 $m = 1.5\text{-}0\text{i}$，带圈实线 $m = 1.5\text{-}0.5\text{i}$

虽然探测区的照明强度被设计成尽可能地均匀，但强度分布始终存在。在无法使用聚焦液流或鞘流的情况下，例如原位测量或高真空测量，并非所有通过探测区的颗粒都遵循相同的轨迹。必须使用数字反演来显示通过测量体积时颗粒轨迹上散射信号的变化，以纠正由于轨迹变化引起的粒径测量偏差[28]。在此方法中，所有颗粒都被认为具有通过探测区任何方位的相同概率，并且具有相同的平均速度 u。脉冲振幅数据 $C(A_i)$，测量体积内垂直于液流方向、对粒径 d_j 的颗粒产生归一化信号振幅 A_i 的横截面 ΔS_{ij}，与数量分布函数 $N(d)$ 之间的关系可以矩阵形式书写成：

$$\begin{pmatrix} C(A_1) \\ \vdots \\ C(A_i) \\ \vdots \\ C(A_m) \end{pmatrix} = u \begin{pmatrix} \Delta S_{11} & \vdots & \Delta S_{1i} & \vdots & \Delta S_{1m} \\ \vdots & \vdots & \vdots & \vdots & \vdots \\ \Delta S_{i1} & \vdots & \Delta S_{ii} & \vdots & \Delta S_{im} \\ \vdots & \vdots & \vdots & \vdots & \vdots \\ \Delta S_{m1} & \vdots & \Delta S_{mi} & \vdots & \Delta S_{mm} \end{pmatrix} \begin{pmatrix} N(d_1) \\ \vdots \\ N(d_i) \\ \vdots \\ N(d_m) \end{pmatrix} \tag{3-2}$$

矩阵 ΔS 可以通过已知直径和浓度的几个单分散样品获得：样品以已知的平均速度通过测量体积后可以使用任何矩阵反演方法求解式（3-2）获得 $N(d)$，如 Phillips-Twomey 正则化法[29]或非负最小二乘法[30]。也可以采用改进的矩阵反演和逐次减去法进行反卷积得到颗粒的粒径分布[31]。解决 ΔS 的另一种方法是假设 ΔS 的特征曲线，通过该曲线可以使用已知颗粒粒径分布的样品对仪器进行校准。其中一个特征曲线是对数正态分布：

$$\Delta S(A, d) = \frac{1}{Abd\sqrt{2\pi}} \exp\left[-\frac{\left(\ln \frac{A}{A_{50}} \right)^2}{2b^2 d^2} \right] \tag{3-3}$$

这个公式中有两个变量，A_{50} 和 b。如果校准样品平均粒径的响应以 A_{50} 为准，则只有一个参数（b）需要通过校准来确定。使用光学颗粒计数器测量已知颗粒粒径分布的样品并记录其信号振幅分布后，通过将测量数据与使用不同 b 值计算的理论数据进行比较，求得偏差最小的 b 值。此过程应重复几次以获得具有代表性的结果。图 3-11 是一个 500 nm 颗粒样品经过与未经过非均匀照明校正的光学颗粒计数器结果[32]。

另一个类似于非均匀照明造成的误差是边界区域误差。当颗粒穿过探测区边缘产生的光脉冲小于穿过中心时产生的光脉冲时，就会产生此误差。使用第二个光检测器

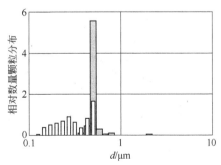

图 3-11 从光学颗粒计数器得到的粒径分布
空心条：未经过校正；实心条：经过校正

检测与第一个区域重叠的第二个区域[33]，或将探测区设计成特殊形状（T 形）[34]，可以纠正边界区域误差。

光束中颗粒造成的消光是由于颗粒的散射和吸收。如果颗粒没有吸收，则消光就完全源于散射。对于单个颗粒，根据 Mie 理论，由于颗粒的存在而损失的入射光强度的分数被称为消光系数 γ，

$$\gamma = \frac{\lambda^2}{2} \sum_{k=1}^{\infty} (2K+1)\{\mathrm{Re}(a_k + b_k)\} = \frac{\pi d^2}{4} Q_{\mathrm{ext}} \tag{3-4}$$

在式（3-4）中，a_k 和 b_k 的功能与式（2-7）中的相同。Q_{ext} 称为消光效率，即经颗粒相交区域归一化的消光。γ 独立于入射光的偏振态。图 3-12 是颗粒在 $\lambda_o = 650\ \mathrm{nm}$，$n_o = 1.0$ 时的消光效率，是颗粒粒径和相对折射率的函数：图 3-12（a）中下实线 $m = 1.2{-}0\mathrm{i}$，中实线 $m = 1.5{-}0\mathrm{i}$，上实线 $m = 2.0{-}0\mathrm{i}$；图 3-12（b）中实线 $m = 1.2{-}3.0\mathrm{i}$，带圈实线 $m = 1.5{-}3.0\mathrm{i}$，带十字实线 $m = 2.0{-}3.0\mathrm{i}$。图 3-13 是颗粒在 $\lambda_o = 650\ \mathrm{nm}$，$n_o = 1.33$ 时的消光效率，从下至上的实线 $m = 1.19{-}0\mathrm{i}$，$m = 1.19{-}0.1\mathrm{i}$，$m = 1.19{-}0.38\mathrm{i}$，$m = 1.19{-}0.8\mathrm{i}$。

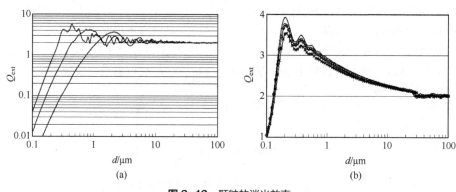

图 3-12 颗粒的消光效率

如这些图所示，大颗粒或高吸收颗粒的消光效率接近 2。这是 Fraunhofer 法则，

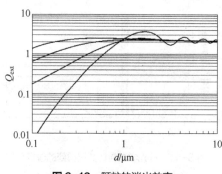

图 3-13 颗粒的消光效率

完全消光源自球体边缘的衍射、表面的镜面反射以及球体的任何折射所导致的入射光再分配。在吸收材料中，折射光会在球体内衰减和丢失。在 $d > 10\ \mu\mathrm{m}$ 时，消光效率几乎与相对折射率无关。对于高度吸收性材料，即使在较小的尺寸（$d > 1\ \mu\mathrm{m}$），不同折射率颗粒的消光效率随颗粒粒径变化也很相似（图 3-13）。对于小颗粒或非吸收粒子，消光效率会随着颗粒大小变化

而振荡，并且随颗粒的折射率而有很大变化。正是这些振荡使得无法使用消光光学颗粒计数器对小颗粒进行精确的粒径测定，除非计数器已用与样品相同折射率的颗粒校准过。由于这些原因，使用不同设计的设备测量会得到不同的结果。

3.2.5 样品部分

（1）采样

在环境取样中确保测量到的颗粒在统计上有代表性尤为重要。从静态流体中取样时，必须确保液体中的颗粒均匀地分散，这可以通过在不引入气泡的情况下仔细搅拌或混合来实现。对于液体样品，建议使用具有圆底的样品容器。在静态空气中采样时，可使用带朝上开口的移动垂直薄壁取样探头，此探头的入口直径需大于颗粒之间的间距，并且朝上移动速度需大于颗粒的沉降速度[35]。当从流动液体中取样时，等速采样（流速与进入取样探头入口的采样流速相同）往往是正确采样的关键。在等速采样中，探头入口应面向液体流，并且应与其平行。否则流体的突然速度变化或样品流道曲率过高产生的离心力将重新分配液流中的颗粒，改变颗粒轨迹，导致高达 5%的取样误差，特别是对大颗粒。取样管应短，无突然尺寸变化，没有弯曲，尽可能少的静电电荷，其材料对液体与颗粒惰性。对于气体样品，如果存在速度变化，则很难评估取样颗粒的气体体积。

从环境中取样后，样品必须通过中转管路传输到仪器中。根据流体（液体或气体）的性质以及颗粒的大小和密度，如果处理不当，颗粒可能会丢失。保持取样线垂直，最大限度地缩短中转管路的所持时间，避免中转管路大小和配置的突然变化，对于减少样品转移过程中的颗粒损失非常重要。

悬浮在气态介质中的小颗粒会形成相对静止的"粉体云"，大颗粒往往是通过振动倾斜槽式给料器输送的匀速粉末流。干粉也可以悬浮在液体介质中形成悬浮液。使用光学颗粒计数器测量干粉时，通常不需要浓度信息，也无法获得。

所有液体应保持在设定的温度和压力范围内。否则就会产生液体冷凝（温度过低）、气泡形成（压力过低）和不安全操作（气体压力过高）的潜在问题。

（2）体积测量的加样

在光学颗粒计数中，通常需要确定单位体积流体内颗粒的绝对浓度或计数。因此体积计量或流体控制是光学颗粒计数器的重要组成部分。颗粒由已知体积的流体通过真空抽吸或压力（从环境压力到约 500 kPa）被引入、通过仪器的探测区，或通过真空抽吸或压力（从环境压力到约 1 kPa）由给定时间段内的流体流动带进探测区。图 3-14 显示了一个使用抽吸的液体样品引入装置，其中使用两个可调弯月面探测器

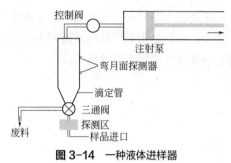

图 3-14　一种液体进样器

控制阀
注射泵
弯月面探测器
滴定管
三通阀
废料
探测区
样品进口

来测量通过探测体积的液体体积[36]。如果样品要从大型容器中取出，并且难以转移液体，则抽吸可能是唯一可用的样品采集方法。含有气体的液体会在减压下改变黏度、沸腾或蒸发，这些都会在抽吸过程中发生。这时就应避免使用抽吸方法，因为它会产生气体或蒸气气泡，从而产生错误的计数和大小结果。对于浓的悬浮液，可以在探测区上游的某个点安装自动稀释装置，以便仪器能够进行自动和离线测量[37]。对于液体样品，在探测体积下游的流量计或体积样品容器和定时器可用于体积测量。

如果样品含有高密度颗粒，则可能需要搅拌才能使颗粒保持悬浮，否则颗粒会在容器中分层。搅拌速度应该低于漩涡可以形成的速度，被吸到漩涡中的空气会形成气泡而被错误地计入。

液体颗粒样品传送装置与空气为载体的颗粒样品传送装置的主要区别在于，前者需要容纳液体的管路与容器，而且需要在测量点为液体流提供光进出的窗口。有两种方法可以进一步定义测量区。一种方法是使用与光束相交的容器体积作为测量区，对穿过光束的所有颗粒进行采样。然而在这类设计中，由于样品池壁和液体间的折射率差异，样品池内部任何表面的瑕疵或污染都会由于反射和折射产生杂散光，杂散光产生的噪声使得测量下限只能到 0.1 μm。另一种测量小颗粒的方法是通过水力聚焦将液体流引导到光束中去，将噪声降到最低而达到更高的灵敏度[38]。

图 3-15 显示了流体动力聚焦的一种方法。在此设计中，颗粒悬浮液流通过开口直径为 0.2 mm 的毛细管进入快速流动的内层水流，产生第一次聚焦（悬浮液流直径减少约 90%）。当此液流进入锥形喷嘴进一步收敛后（直径减少约 85%）悬浮液流变得非常狭窄（直径为 3 μm），颗粒完全集中在光束中心。探测区内的液流宽度约为 6 μm，比光束宽度小得多，确保了颗粒处在光束的均匀区域。液流穿过探测区后进入

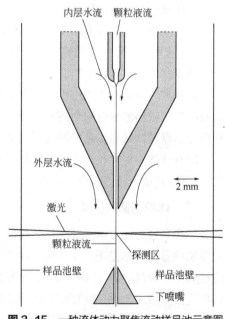

内层水流　颗粒液流
外层水流
2 mm
激光
颗粒液流　探测区
样品池壁　样品池壁
下喷嘴

图 3-15　一种流体动力聚焦流动样品池示意图

颗粒表征的
光学技术及应用

下喷嘴，最后离开样品池。外层水流有助于防止样品池窗（图中未标出）的污染，而且这些窗离探测区足够远，可以避免玻璃杂散光对检测信号的干扰[39]。

对于低流量的气体样品，气流通常由一个内部泵建立，该泵以超过 10 倍的样品流量吸入气流。多余的流量被过滤和再循环，以在样品周围提供一个干净的气体鞘流，用以保持均匀的气流。鞘流将颗粒流聚焦到强度均匀的探测区，提高了信噪比，减少了通过探测区边缘的颗粒产生的计数错误，并防止颗粒重新循环到探测区。图 3-16 是使用鞘流的气流控制系统的例子[11]。

在探测区处的样品流截面直径越小越不容易出现颗粒重叠的现象，使用鞘流技术也是实现高浓度气相颗粒物光学检测的关键技术之一。类似图 3-16 的鞘流器用于气相样品可以大幅度地压缩样品气流，有效地降低颗粒的重叠率，数倍地提升颗粒计数器的浓度检测上限，并且可提高检测不同亚微米粒径颗粒的分辨率[40]。

对于流量高的气体样品，可能需要使用外部泵送系统。从喷嘴出来的样品流通过传感区，并通过与泵连接的排气喷嘴被排出。另一条提供清除气流的气路通常用于消除喷嘴上的沉积颗粒。图 3-17 显示了一个非鞘流气流系统。

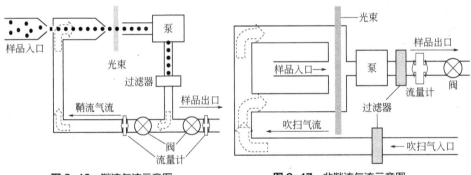

图 3-16　鞘流气流示意图　　　　图 3-17　非鞘流气流示意图

由于流速的变化将改变脉冲持续时间和振幅，因此采样流速必须与仪器校准时的流速相同。这可以通过将样品入口的一端朝向气流通道并使用等速取样控制入口的速度来实现。如果计数器不直接位于采样气流中，探头可位于样品传输管的末端，在管内的时间尽可能短，以避免颗粒丢失。在大多数气体流量控制系统中，体积气体流速是在环境压力和温度下定义的。如果流量由质量流量计测量和控制，则需要对报告的样品体积进行环境修正。

（3）凝核计数器的样品

在测量微小气溶胶颗粒时（约 1～15 nm），由于单个颗粒产生的光散射太弱，光学颗粒计数器无法直接测量，需要通过凝核装置，在颗粒表面凝结液体形成大于

50 nm 或更大的颗粒，才能通过光学部分进行计数。如果需要测量粒径，则还需要使用差分迁移率分析仪（DMA）将气溶胶按照与粒径成正比的电泳迁移率排列后通过凝核装置后再进入光学颗粒计数器的光学部分。此过程需要用标准的带电单分散离子簇进行校准，常用的校准物质为氯化钠、银、各种金属氧化物等[41,42]。

凝核装置由充满饱和蒸气的高温饱和器与后续的低温冷凝器组成，其中蒸气的饱和度尚不至于生成均相液滴，但是可以在微小的带电颗粒上凝聚成较大的颗粒。常用的产生蒸气的液体为水、丁醇、二甘醇、丙醇、邻苯二甲酸二丁酯。

有三种产生流体过饱和的技术：绝热膨胀、两种流体的绝热和湍流混合、连续层流扩散。绝热膨胀技术是一种半连续的方法，通过精确控制均匀的温度和膨胀比来实现对过饱和度的精确控制，是一种很有价值的实验室研究非均相成核物理过程的方法[43]。加热的饱和流与另一个含有样品颗粒的较冷流的湍流混合，允许连续测量，可以用流量控制系统快速改变过饱和度，并具有气溶胶不需要通过加热饱和器的优点；但在此方法中由于湍流发生在很小的尺度上，并且很难确定潜在的蒸气损失，因此很难准确地确定过饱和度[44,45]。连续层流扩散法基于工作流体和热量之间扩散速率的相对差异，由于其技术简单，是最常见的凝核方法[46,47]。

由于纳米尺度的气溶胶在凝核之前需要通过不同的管道途径进入凝核区，在整个过程中会有很多被丢失，样品中的水分会影响非水饱和蒸气的凝核，如果需要对颗粒充电则效率也远不是理想的，所以最终能测量到的颗粒占总颗粒的分数，即活化效率，都低于1，颗粒越小效率越低。通常 3 nm 以下颗粒的活化效率都低于 0.5。

以氯化钠微颗粒物为颗粒源，研究正丁醇凝核颗粒计数器切割粒径各种影响因素的结果表明：冷凝器温度变化对切割粒径的影响明显高于饱和器温度变化对切割粒径的影响，采样器流速和冷凝器内流速对切割粒径的作用不明显；采样器流速与冷凝器流速对切割粒径的交互影响显著，且采样器流速与冷凝器流速之间存在流速差而使计数效率最优[48]。

近年来有很多提高凝核计数计量 1～3 nm 气溶胶的活化效率、测量精度、样品类型范围、校准精度的努力，也有一系列的标准出台，但是离理想的测量结果尚有距离[49]。

（4）样品的浓度对测量的影响

颗粒浓度过高会通过两方面极大地影响计数和测径精度。一方面是由于任何时间探测区存在多个颗粒而产生的颗粒重合，即多个颗粒报告为单个颗粒，其粒径相当于同时存在于探测区内各个颗粒的等效总和，导致颗粒数量报告不足和粒径不正确。报告的颗粒浓度将低于实际值，而粒径分布将偏大。另一方面是电路饱和，即电路无法辨别排序时间间隔太近的单个脉冲。当颗粒浓度增加时，物理重合首先发生，然后是电路饱和。当脉冲开始相互重叠时，在颗粒穿过探测区时，它们会持续更长的时间。连续的电路饱和抑制电子元件重置和检测单独的脉冲。最终仪器将报告零计数，因为探测区不断被占用，散射强度永远降低不到可以计算单个"脉冲"的程度。对于粒径比探测区小得多的小颗粒，如果数量浓度（单位体积的颗粒数）和探测区体积的乘积小于 0.1，则测量分布偏离真实分布的偏差将相对较小，与其他不可避免的误差源相比，往往可以忽略不计。如果此乘积小于 0.3，则可以使用各种方案进行重合校正[50]。

通常当探测区同时出现多个颗粒时，尚能使计数误差小于 5%时的最高浓度称为光学颗粒计数器的重合误差极限。其值越高，则仪器的性能越好。决定此值的一个重要因素是探测区的物理尺寸和所测试样的粒度分布。探测区的物理尺寸越小，则重合误差极限越高。受到流速和动态范围的限制，探测区不可能过小，因此重合误差极限有一定的范围。

重合误差极限决定了液体自动颗粒计数器所能检测颗粒的最高浓度，因此，在日常测试过程中，若发现颗粒浓度超出了传感器的重合误差极限，则应对所检测的液样进行稀释，以降低颗粒浓度。单位体积内报告计数（N_r）和真实计数（N_t）的比例与真实计数和探测区体积（V）的乘积相关[51]：

$$\frac{N_r}{N_t} = e^{-N_t V} \qquad (3\text{-}5)$$

检查重合影响的一种方法是在更稀的浓度下进行第二次测量。如果两次测量的颗粒浓度比与两个样品的已知稀释比不同，则在第一次测量中可能有一些重合的影响，应丢弃结果，进行新的稀释测试。此渐进式稀释测量需要进行到连续两个样品之间的报告浓度比与已知的稀释比一致，此浓度即为用此仪器测量此材料时的最高浓度。这一浓度上限随颗粒粒径分布、仪器设计和流速而变。可能的最大浓度在每毫升几个到几千个颗粒不等。

3.2.6 电子系统

电子系统的主要功能是将光强度脉冲转换为电子脉冲，计算单个脉冲，并根据其振幅将其分到预先定义的通道中去。这些脉冲被放入每个已设定上边界值和下边界值的通道中，这些值通过仪器的指标和校准与颗粒的粒径有一一对应关系。这个过程由多通道分析仪（MCA）结合脉冲展宽器、比较器或其他脉冲处理装置来进行。电荷耦合装置（CCD）与互补金属氧化物半导体（CMOS）也用于亚微米颗粒检测，包含阈值检测和模拟-数字转换电路的平行处理器可处理多个串联输出[52]。电子元件应具有最小的噪声和足够的带宽，以便能够计算在规定流速中的最小颗粒。阈值噪声的大小决定了光学颗粒计数器所能检测的最小颗粒尺寸，也就是仪器的灵敏度。从理论上来讲，对于特定结构的仪器，若工作环境不变，其阈值噪声水平应是稳定的。根据经验式，来自电子设备的均方根背景噪声幅度不应超过来自待测最小颗粒的信号水平。电子噪声的量可以通过使用无颗粒流体所能检测到的脉冲数在 2~3h 内的重复测量来判断，这些无颗粒流体需事先使用孔径不超过最小可测量颗粒粒径一半的过滤器进行过滤。脉冲计数系统应该能够以比最大平均浓度颗粒预期的流动速率高十倍的速度计数，因为颗粒可能不会在液流内均匀地悬浮，某些时候可能会有浓度高得多的颗粒群通过探测区。以预期计数速率的 10% 的速度产生的最大噪声，其脉冲的振幅应小于要测量的最小颗粒平均脉冲振幅的一半。

3.3 测量结果与数据分析

3.3.1 校准

所有光学颗粒计数器都需要校准光散射（或消光）脉冲振幅与对应所测颗粒粒径的关系，以及分辨率与粒径设定误差。除此之外，仪器阈值的噪声水平、取样与测量体积的误差与重现性、高浓度时颗粒重合的误差极限、流量极限等参数，也都需要通过定期测量来确定。由于电子元器件的漂移、老化和光学元件的位移及磨损等，至少每年一次的定期校准与指标的测量是得到正确结果的基础。由于光学颗粒计数器的种类较多，各种类型的测量设定不尽相同，选择与设定参数对获得正确的结果很重要[53,54]。

（1）校准颗粒

光学颗粒计数器中使用的校准参考颗粒有两种类型：一种是已知折射率和粒径的单分散球体，如聚苯乙烯乳胶（PSL）和邻苯二甲酸二辛酯（DOP）。这些由信誉良好的制造商生产的样品粒径分布狭窄且定值良好，偏差也很小。适当浓度的聚苯乙烯乳胶球悬浮液可以直接用于液相测量。在气溶胶测量中，它们需要经喷雾与干燥，然后用无颗粒气体稀释以达到适当的浓度。使用振动孔气溶胶发生器可以生成不同大小的各种材料的单分散亚微米气溶胶颗粒，此类发生器可以生成精度约为1%且变化系数仅为 1%的预定粒径的气溶胶[55]。使用气溶胶发生器也可以生成不同材料的微米大小的气溶胶[56]。在气溶胶发生器中，一串单分散液滴产生后通过充电中和器，以减少颗粒的静电电荷。使用静电分类器也可以产生高达几微米的单分散气溶胶。通过压缩空气雾化器喷射含气溶胶物质的溶液，雾化液滴干燥后通过电荷中和器，然后通过差分迁移分析仪而被分类为单分散气溶胶。近半个世纪前的静电分类器就已能生成粒径精度约 2% 的气溶胶，相对标准偏差为 4%[57]，最新的仪器能生成更精准的气溶胶。

校准过程记录的校准颗粒的大小以及标准偏差用于生成脉冲振幅作为颗粒粒径函数的校准图。应避免使用在多谐响应范围内（振荡区）的参考物质进行仪器校准，光学颗粒计数器测量颗粒的粒径分布中值不应与校准参考颗粒值相差 5% 以上。由光学颗粒计数器测定的粒径分布与其他方法可以有很好的一致性，图 3-18 显示了使用 Coulter 计数器和 HIAC 光学颗粒计数器获得的同一样品粒径分布的比较[58]。

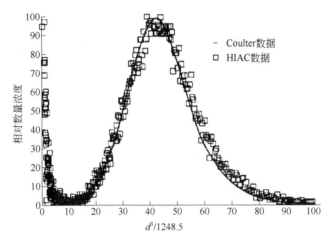

图 3-18 两类计数器测量同一样品的结果

第二种校准参考颗粒是已知粒径分布和经过仔细确定浓度的多分散颗粒。对于这些多分散参考物质，任何选定大小的累积浓度不应与指定值相差超过 10%，除了某些只有极少量颗粒的子群。这种类型的校准可以通过结合来自其他颗粒表征技术的数据来进行，譬如通过比较光学颗粒计数器的脉冲高度分布与使用空气动力学颗粒测定仪获得的粒径分布，可以获得球形和非球形颗粒的校准曲线[59]。

（2）液体光学颗粒计数器的校准

液体光学颗粒计数器的脉冲振幅与粒径对应关系的校准，一般通过微米级的单分散标准聚苯乙烯乳胶颗粒样品或多分散的样品进行[60,61]。

使用移动窗口半计数法的单分散标准样品校准方法是严格意义上的尺寸校准方法，校准结果精确，量值溯源性好，目前主要应用在测量水介质的医药、电子等行业中。它的原理如图 3-19 所示，采用三个颗粒计数通道的差分计数，第二通道阈值

v_s 设置在所用乳胶球的平均粒径 d_s 处，第一通道阈值 v_1 设置为平均粒径的 80%处，即第二通道相应电压的 0.64 处，对应的颗粒尺寸为 d_1，第三通道阈值 v_u 设置为平均粒径的 120%处，即第二通道相应电压的 1.44 处，对应的颗粒尺寸为 d_u。校准过程中，若 v_s 设置正确，如图 3-19（b）所示，第一通道的颗粒数量等于第三通道（偏差在±3%以内）；若 v_s 设置过低，如图 3-19（a）所示，第一通道的颗粒数量低于第三通道；若 v_s 设置过高，如图 3-19（c）所示，第一通道的颗粒数量高于第三通道。这种方法仅对乳胶球粒度分布范围内的颗粒计数，排除了过低或过高信号的干扰。整个仪器的校准至少用涵盖不同粒度的三个单分散的样品（例如 10 μm、15 μm、25 μm）。

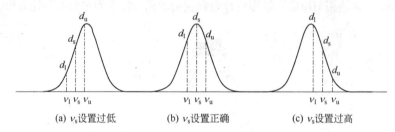

图 3-19　移动窗口半计数法校准原理

　　美国亚利桑那州特定区域内的路尘具有不规则的形状和硅的自然特性，类似于液压油中具有代表性的污染物，因此被国际标准化组织选作多分散宽分布的用于液体光学颗粒计数器校准的标准材料。此标样（ISO MTD）采用电阻法（见第 10 章）精确控制单批次的颗粒粒度分布以及批次之间的变化，粒径分布量值溯源准确，已有分散在液压油中的标准样品（NIST SRM 2806[62]）。此方法采用标准颗粒悬浮液的颗粒尺寸分布作为标准，调整液体光学颗粒计数器的阈值，以使其测量结果同校准悬浮液的粒径分布在一定的误差范围内，从而达到校准的目的。这种校准方法虽然称为"尺寸校准"，但是在严格意义上仅是一种"计数校准"。因为校准时的颗粒尺寸仅仅是一种统计量，它是以校准悬浮液的颗粒数量作为标准，调整的也是仪器测量的颗粒数量，仅间接地达到对颗粒尺寸的校准。

　　近年来发展了一种综合单分散标准颗粒校准方法和 ISO MTD 校准方法优点的 ISO 11171 粒径校准方法[63]。该方法在 30 μm 以下的粒径段采用上述多分散样品的 "计数校准" 方法，反复修正校准结果，校准中不调整仪器的阈值，而是结合实际测量结果、标准颗粒的粒径分布和仪器设定的阈值推算得出校准曲线。对 30 μm 以上的粒径段使用上述单分散标准颗粒 "尺寸校准" 方法，然后采用半计数法，以乳胶球的中值尺寸作为标准进行校准。两段的校准都使用分散在液压油中的标准颗粒，最终的校准曲线至少有 18 个点。此方法改善了大颗粒校准结果的准确度和一致性，是目前液压污染控制行业最科学的校准方法。

在线液体光学颗粒计数器一般都有减压装置、取样流量控制部分与较长的内部管路，因此无法用瓶装颗粒标准物质进行校准。一般通过模拟在线液体颗粒计数器的实际工作状态，用与标准光学颗粒计数器比对的方法，调整被校仪器的阈值，使其测量结果与标准仪器相一致，在一定的误差范围内，完成对在线液体光学颗粒计数器的校准。

（3）气相光学颗粒计数器的校准

国际标准规定需要用一系列已知平均粒径与标准偏差的有证参考颗粒，通过脉冲高度分析器读出探测器的响应电压，来测定与校准光学颗粒计数器的粒径设定误差（SSE）与粒径分辨率（SR）[64]。此标准校准方法经过使用 300 nm～5 μm，浓度高达 2 颗粒/cm³ 的多种气溶胶样品的多国比对实验，证实重现性在 7%[65]。在用恒输出雾化器产生气溶胶后，通过空气动力气溶胶分级机将粒径分级后的气溶胶同时送往气相光学颗粒计数器与凝核颗粒计数器，即可以对达 5 μm 颗粒粒径测量与计数的同时校准，此方法可以用于任何可以被雾化的气溶胶物质[66]。还有很多种校准方法，譬如使用多角度散射来更准确地校准粒径[67]，利用校准并同时测定粒径与折射率[68]，或者使用与国际标准 ISO 21501-4:2018 同样的流程与参考颗粒但是直接采用仪器的输出来进行校准[69]。

3.3.2　光学颗粒计数器参数测量

光学颗粒计数器有很多指标与参数需要经常测量，以保证仪器的正常工作。各类仪器的参数测量方法不完全相同，但总的流程都很相似。这里主要以液体消光法光学颗粒计数器一些基本参数的标准测试为例[54,70]。

（1）阈值噪声水平

调整第一通道的阈值，直到测量 1 min 内洁净无颗粒介质在第一通道内计数值满足（60±10），则第一通道设置的阈值，即为仪器的阈值噪声水平。

（2）粒径范围

采用单分散的标准乳胶球颗粒悬浮液，浓度约为仪器浓度极限的 25%左右，最小粒径为能产生 1.5 倍阈值噪声信号的标准乳胶球粒径，而最大粒径为能产生最大输出信号的标准乳胶球粒径。

（3）取样体积误差

对不同类型的仪器，可以采用量筒直接测量、天平称重或滴定的方法实际测量取样体积。取样体积误差应在±5%以内。

（4）体积测量变动系数

使用浓度为仪器浓度极限 25%左右的标准样品，利用第一通道，在 1.5 倍阈值噪声水平下连续测量 5 次后，计算测量结果的相对标准偏差。体积测量变动系数应≤3%。

（5）重合误差极限

按照仪器生产厂家给出的颗粒浓度极限的 10%、20%、30%、…、150%配制一系列的标准样品悬浮液，然后在 1.5 倍的阈值噪声水平下，检测上述颗粒悬浮液。以 10%～40%样品的计数结果按最小二乘法进行线性回归，作为理论值，然后与其他浓度的计数结果进行对比，重合误差小于 10%的浓度即为此样品的最高测量浓度。

（6）流速极限

可采用浓度为浓度极限 25%左右的标准样品，采用第一通道，在 1.5 倍的阈值噪声水平下，忽略其他通道的数据，在工作流速的 20%～160%（每次递增 20%）的流速下依次检测。与工作流速下测得的颗粒数量相差±5%时的上下限流速，即为仪器的流速极限。通常流速范围为工作流速的 60%～140%左右。

（7）分辨率

采用单分散的标准乳胶球颗粒悬浮液，用实测的标准偏差，结合标准颗粒的中值与标准偏差，按照式（3.6）计算即可得到仪器的分辨率。通常仪器对 10 μm 乳胶球颗粒的分辨率应≤15%。

（8）计数效率

使用具有两种粒径的校准颗粒：一种接近最小可检测颗粒，另一种为最小可检测颗粒粒径的 1.5～3 倍。以显微镜法或其他已校准的计数器测量结果作为参考测量两种颗粒的数量浓度。计数效率是所测试的浓度与参考仪器测得的浓度之比。

3.3.3 粒径测量下限

通过光学颗粒计数器探测小颗粒的能力，取决于颗粒与杂散光及介质分子散射光之间的差异。杂散光是光学元件（如透镜、光束阱）和光路上其他界面产生的。在设计良好的光学系统中，与介质分子的散射相比，杂散光应可以忽略不计。介质分子，无论是液体分子还是气体分子，都会产生背景散射。它们的散射强度是它们的数量密度、平均入射光强、单个分子的散射横截面和探测区体积的乘积。为了减少背景散射，人们可以通过聚焦光束来降低探测区体积，或者在空气中通过降低气压来降低气体分子的数量密度，或者将介质改为具有较小散射横截面的分子，譬如在气溶胶测量中将空气换成氦气，或在液态悬浮液测量中将水换成溶剂。

通过使用短焦距镜头，可以减小探测区体积。实用探测区体积的下限约为 1 μm^3。在标准温度和压力的理想情况下，探测区内 1 μm^3 的空气分子产生如同一颗 7 nm 乳胶珠一样的散射。考虑到散射探测效率和检测时间，如果要可靠地检测和分类颗粒的散射脉冲，气溶胶测量的粒径下限约为 30 nm。使用功率密度超过 5000 W/cm^2 的激光共振腔可以有效地用于测量小至 50 nm 的气溶胶颗粒。对于较大的探测体积，粒径测量下限会向上移动。例如 10^7 μm^3 的探测体积的粒径测量下限约为 65 nm[11]。由于液体分子的散射比空气分子强得多，它们的横截面散射较大，介质的折射率还会因任何类型的波动而变化，颗粒对介质的相对折射率较小，因此在液相中检测小颗粒更加困难，需要更高功率的激光和更小的探测体积。大功率激光二极管和先进的光学设计可以探测液体中小到 20 nm 的乳胶球颗粒与小到 9 nm 的金颗粒。

3.3.4　粒径测量的准确性

使用校准颗粒获得的校准曲线仅对校准颗粒的光学特性有效。大小相同但具有不同光学特性的校准颗粒将产生不同的校准曲线。许多样品如自然气溶胶，颗粒可能具有不同的折射率，而且折射率可能会发生变化，譬如当样品的含水量变化时。真正的样品很少有与校准颗粒相同的光学特性。对于悬浮液中的颗粒，如果液体的折射率有变化，相对折射率也会发生变化。例如在半导体制造过程中，液体的折射率从 1.29（氢氟酸）到 1.5（二甲苯）不等，具体取决于颗粒采样的位置和时间。由于液体折射率的变化，同一颗粒可能有不同的响应。一项研究表明当介质从三氯甲烷变为水时，使用同样的校准曲线测量的乳胶颗粒的表观粒径会缩小 37%[71]。因此使用具有某些光学特性的校准颗粒的校准曲线获得的颗粒粒径分布，仅是相对于校准颗粒的光学等效直径分布，即使校准颗粒和样品颗粒都是球体。根据所使用的校准颗粒类型，这类粒径可称为"等效乳胶球直径"或"等效玻璃珠直径"。这种光学等效粒径可能与颗粒的真实几何尺寸非常不同。为了避免这类偏差，应使用具有与样品颗粒相同或相似光学特性的校准颗粒。样品和校准颗粒的光学特性越近，报告的粒径与真正的颗粒维度越近。由于图 3-8～图 3-10 所示的散射模式的"多谐"行为，取决于计数器的固体角度探测范围和光波长，相同的校准材料在不同的光学颗粒计数器设计中将产生不同的"等效"粒径分布。如果校准材料的光学特性与样品材料不同，不同仪器的测量结果可能会显著不同。

由于不同大小颗粒的采样效率不同，即使这种"等效"粒径分布也可能有偏差。

假设用五个单分散乳胶球样品获得了校准曲线。在测量多分散乳胶颗粒的真实样本时，即使每个脉冲的振幅都对应于正确的粒径，但由于不相等的采样效率，最后的分布也是被扭曲的。例如某一计数器对 5 μm 颗粒的采样效率为 0.9，可是对 30 μm 颗粒的采样效率就只有 0.45[51]。

当理论预测和实验校准使用球形颗粒能取得一致结果时，有几种方法可以协调球体颗粒的实际直径和"等效"直径之间的差异[72]。一种方法是在实验中确定给定折射率的校准曲线后，将校准颗粒的结果与实际样本进行匹配。根据"单色"范围内仪器的实验比例因子从校准颗粒折射率的响应曲线绘制对应于样品折射率的理论响应曲线，这条理论响应曲线即可用作为样品的校准曲线。校正校准颗粒和样品颗粒折射率差异所造成的影响的另一种方法是使用一个比例因子，即样品的颗粒大小与从计数器产生相同输出电压的某些校准颗粒的比例，以确定如何改变报告的颗粒粒径分布[73]。

对于非球形颗粒，一项使用六种不同类型的计数器进行的研究表明，当颗粒小于光波长时，报告的非球形颗粒直径很接近其体积等效直径；对于大于光波长的不规则形状颗粒，任何比产生"投影面积"响应更好的结果都无法实现[74]。

3.3.5　粒径测量分辨率

在粒径分析中所使用的术语"分辨率"是仪器能够区分类似颗粒群大小的程度。一个可接受的标准是光学颗粒计数器应该能够检测出 5%以上的粒径中位数变化。这种能力取决于探测区光强度的均匀性、光电指示器灵敏度的均匀性以及电子和光学噪声。分辨率通常由测量平均粒径大于仪器测量下限两倍的单分散参考物质所得到粒径分布的标准偏差或变异系数的增加来判断。

$$粒径分辨率 = \frac{\sqrt{\sigma^2 - \sigma_c^2}}{d_c} \tag{3-6}$$

式中，σ为测量的标准偏差；σ_c 为参考物质的标准偏差；d_c 为参考物质的平均粒径。对气相光学颗粒计数器，公认的标准分辨率是单分散标准颗粒测量的标准偏差增加不超过证书值的 15%[64]。分辨率的增加可以通过增加与液流方向平行的探测区尺寸，使颗粒在探测区的停留时间变长，脉冲宽度增加，从而更精确地测量颗粒大小来实现。必须采取措施确保位于探测区域不同部分的同一颗粒产生相同的信号。粒径分辨率与计数和测径的准确度密切相关。如果粒径分辨率为 0.1 μm，则大小为 0.3 μm 和 0.35 μm 的颗粒会被报告为同样大小，达不到准确的计数分布和粒径分布。

根据仪器的动态范围，早期的典型仪器有15～64个大小的通道。对于使用1024通道的多通道分析器的仪器，表观分辨率通常远高于仪器内在分辨率，尽管这种超额分辨率（在显微镜行业被称为"空"分辨率）可能提供一些计算统计数据[9]。对于用于测量极稀样品的仪器，例如在洁净室空气或清洁水分析中，由于颗粒的通过是"罕见事件"，需要大量的样品与高流量才能提供足够的统计置信。大的探测区域增加了光束的不均匀性从而降低了分辨率，此类仪器通常具有较少的通道（4～8）和很低的分辨率。

在非球形颗粒的消光测量中，报告的粒径受颗粒形状的影响，因为所测量颗粒的投影面积取决于其在探测区的定向。由于颗粒的无规定向，重复测量同一颗粒将产生一系列不同的投影面积。其结果是颗粒粒径分布扩大，即使是单分散颗粒也是如此。如果可以通过校准过程获得已知粒径的特定材料信号振幅谱的转换矩阵，则可以克服此限制。通过分析测量数据中的定向效应［类似于式（3-2）］，可以确定颗粒形状和结构的影响所造成的分辨率损失，并在实验确定的粒径分布中将此影响消除[75]。同时在不同方向测量颗粒的投影区域（例如使用三对光源和光电探测器在三个相互正交的方向测量）并平均三个子光学系统的测量报告，可以消除一些形状效应。使用普通光学计数器和具有可同时在三个互相正交方向测量的仪器，对有两个狭窄和紧密间隔分布峰的石灰岩颗粒进行测量的结果表明，由于后者部分消除了颗粒形状的影响，每个峰变窄，分辨率增加[76,77]。

3.3.6　计数的效率与准确性

当光学颗粒计数器正常工作时，所有落在粒径通道上下边界之间的颗粒都会被计入该通道的计数。理想情况下的仪器应该能够准确计算整个可测量粒径范围内的颗粒。仪器之间浓度测量的可重复性应优于20%。计数效率和准确性可能受到以下一个或多个因素的影响：

a. 零计数率很高。零计数率是在指定时间内使用无颗粒流体进行测量时光学和电子元件造成的背景计数。为了确保仪器能够正确测量设定的最小颗粒，零计数不应超过样品中最小颗粒预期计数的5%。

b. 光学系统没对齐，校准曲线被扭曲。

c. 样品流部分在入口处丢失，或者绕过传感区而导致许多颗粒没被计入。入口管应短且无弯曲，以减少可能的样品损失，特别是测量大于 5 μm 的气溶胶颗粒。

d. 存在流动涡流，通过探测区时对样品进行再循环而产生更高的计数。

e. 在液体测量中，气泡没被超声波或真空去除而被算作颗粒。

f. 流经探测区的流体计量不正确而产生错误的浓度测量。特别是气相颗粒体系中颗粒浓度是按测量环境压力和温度下的单位气体体积报告，而不是气压与温度的标准条件。因此在海平面上进行的测量将不同于在山区进行的测量。正确的校准和恒定的流速是得到正确浓度的关键。否则即使颗粒计数正确，浓度也可能是错误的。

g. 颗粒浓度或颗粒数过低会降低报告计数和粒径结果的统计有效性。如果获得正确计数的统计概率符合 Poisson 分布，则相对标准偏差与总计数的平方根成反比，100个颗粒的计数将有 10%的相对标准偏差，10000 个颗粒的计数将有 1%的相对标准偏差。应确定浓度测量下限，以确保在不超过 15 min 的测量期间内计数了足够多的颗粒。

h. 样品的流速不正确也会影响正确的计数与粒径测量。受光电检测器以及电路频率响应的限制，若样品流速过高，响应的光电脉冲幅值尚未达到最大值时颗粒已离开传感区，因而测出的颗粒将小于其实际尺寸；若流速过低，同一个颗粒在传感区停留的时间过长，有可能会造成重复计数，因而测出的颗粒数将会多于实际的颗粒数。流速变化时与在正确流速下测得的颗粒数相差±5%时即为仪器的上下限流速极限。该范围越宽，则仪器的性能越好。

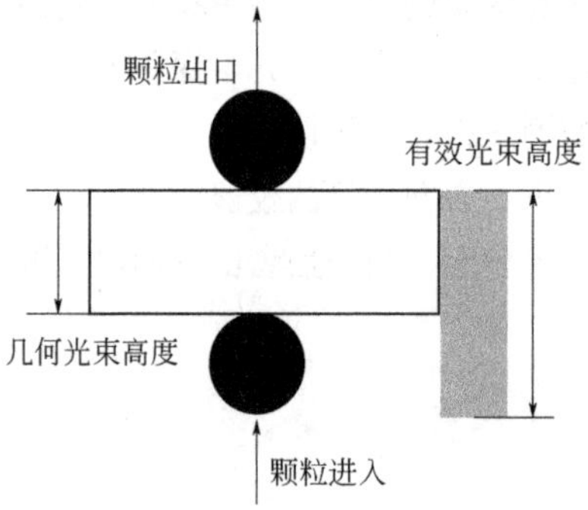

图 3-20 大颗粒对有效探测体积的影响

错误颗粒计数的另一个来源是高浓度的小颗粒，这些小颗粒在仪器指定的粒径测量范围之外。虽然单个这样的小颗粒不会产生任何可探测到的高于背景噪声的散射脉冲，但当这类小颗粒无规地集体进入探测区，它们散射强度的总和将被计为颗粒而导致错误的结果。

由于在前一个颗粒发出的信号降低到系统重置水平之前电子计数电路无法响应下一个进入探测区的颗粒，大小接近于探测区体积的大颗粒将导致有效探测体积的增加[78]，如图 3-20 所示。有效光束尺寸增加使此类大颗粒的浓度上限要小于小颗粒重合概率所预期的浓度上限。

虽然有不同粒径的计数校准参考物质，但目前尚没有具有较小不确定性、准确的国家或国际计数有证标准参考物质。判断测量气体或液体颗粒光学颗粒计数器计数效率的最佳方法，是将单分散样品的计数结果与已通过几种直接或间接方法验证其计数效率接近 100%的"标准"仪器进行比较。在测试仪器和"标准"仪器上分析时，从同一样品得到的计数比称为该测试仪器的计数效率。光学颗粒计数器的可接受计数效率根据测量原理与样品略有不同。光散射法测量液相中颗粒时在最小粒径检测阈值处计数效率为 50%±30%，在大于等于此阈值 1.5 倍处的计数效率为100%±30%[79]。仪器的计数效率，特别是小颗粒的计数效率，不仅在不同仪器类型之间，甚至在同类型仪器之间，也各不相同。虽然仪器之间累积数量分布的测量结果差异往往在可接受的范围内，但仪器之间的差分数量分布结果的差异往往要大得多。这就是为什么通常选择 50%的计数效率作为阈值的原因,因为大多数正态分布模式标准样品对应的峰值在 50%处。譬如使用 90%的计数效率,则不同分辨率的仪器之间将产生极不同的仪器校准曲线。如图 3-21 所示,选择 50%的计数效率会导致不同粒径分辨率的计数器有相同的阈值设置,但选择 90%计数效率时阈值会有很大不同。计数效率也受流速、样品入口和管道形状的影响。通常计数效率随着颗粒大小的减小而降低,随着流速降低而增加。因此每个仪器必须单独量化其计数效率,定期进行这种量化,以确保没有发生任何变化[80,81]。

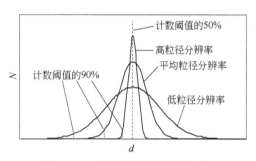

图 3-21 分辨率对阈值设定的影响

3.3.7 液体监视器的数据分析

在许多应用中,例如在分析清洁水时,颗粒检测的主要任务不是获得颗粒粒径分布,而是检测存在多少大于一定阈值的不需要的颗粒。高分辨率和昂贵的体积或原位计数器往往远超过这一要求,只需要一个简单的颗粒监视器就可以胜任这项工作。"监视器"是一个原位计数器,对粒子穿过光束的位置没有限制。光束中的任何颗粒,无论颗粒的轨迹是完全还是只部分通过探测区,只要产生的信号超过某个阈值,都会被计入和测径。在这种简单监视器中,由于光束强度不均匀,通过光束不同部分的同一个颗粒将产生许多不同的散射振幅,范围从光束中心的最大值到光束边缘的最小值不等。光束强度的这种不均匀性造成了两种后果。首先是明显的粒径分辨率降低,每个粒径将扩展到与光束轮廓相对应的分布。表观粒径分布是光束轮廓和真实粒径分布的卷积。第二是探测区体积会因颗粒粒径而变,这可以通过以下简单示例来描述:假设光束轮廓为正态分布,最大散射强度 I,测量阈值为 $10^{-5}I$。对于测量粒径上限的大颗粒,在光束的任何地方,只要散射强度高于 $10^{-5}I$(对应于光束直径 $d = 9.6\sigma$,σ 是分布的标准偏差),就会检测到信号并计入。探测区将是与检测锥体相交,直径为 9.6σ 的圆柱体。对于一颗散射强度仅为大颗粒的 10^{-3} 的小颗粒,所能被检测到的只能是散射强度至少为 $10^{-5}I$ 的位置,该位置的光束直径仅为 $d=$

6.1σ。因此这一小颗粒的探测区体积大约比大颗粒小 2.5 倍，造成较大的颗粒被过度采样，而较小的颗粒被少采样。

由于这些限制，监视器类型的计数器本质上具有非常差的粒径分辨率，在覆盖的粒径范围内只有几个粒径通道。然而尽管分辨率较低，但其灵敏度和计数效率却都很高，并且具有出色的可靠性和仪器之间的可重复性，它们产生的累积分布与使用高分辨率计数器获得的累积分布非常吻合。

参考
文献

[1] Artaxo, P.; The Microanalysis of Individual Atmospheric Aerosol Particles by Electron, Proton and Laser Microprobe. Proc 2nd World Congress Part Technol, Kyoto, 1990, 421-426.

[2] Belosi, F.; Santachiara, G.; Prodi, F.; Performance Evaluation of Four Commercial Optical Particle Counters. *Atmospheric and Climate Sciences*, 2013, 3(1), 41-46.

[3] Whytlaw-Gray, R.; Patterson, H.S.; The Scattering of Light by Individual Particles in Smoke. *Proc Roy Soc London Ser A,*. 1926, 113, 302-322.

[4] Gucker, F.T.Jr.; O'Konski, C.T.; Pickard, H.B.; Pitts, J.N.Jr.; A Photoelectronic Counter for Colloidal Particles. *J Am Chem Soc*, 1947, 69, 2422-2431.

[5] Scaccabarozzi, D.; Saggin, B.; Somaschini, R.; Magni, M.; Valnegri, P.; Esposito, F.; Molfese, C.; Cozzolino, F.; Mongelluzzo, G.; "MicroMED" Optical Particle Counter: From Design to Flight Model. *Sensors*, 2020, 20(3), 611.

[6] Szymanski, W.W.; Nagy, A.; Czitrovszky, A.; Optical Particle Spectrometry—Problems and Prospects. *J Quant Spectrosc Ra*, 2009, 110, 918-929.

[7] Koropchak, J.A.; Sadain, S.; Yang, X.; Magnusson, L.; Heybroek, M.; Anisimov, M.; Kaufman, S.L.; Nanoparticle Detection Technology for Chemical Analysis. *Anal Chem*, 1999, 71, 386A-393A.

[8] Fisher, M.A.; Katz, S.; Lieberman, A.; Alexander, N.E.; The Aerosoloscope: an Instrument for the Automatic Counting and Sizing of Aerosol Particles. Proc 3rd National Air Pollution Symp, Pasadena, 1955.

[9] Knollenberg, R.G.; Veal, D.L.; Optical Particle Monitors, Counters and Spectrometers: Performance Characterization, Comparison and Use. Proc Inst Environ Sci Technol, San Diego, 1991, 751-771.

[10] Schuster, B.G.; Knollenberg, R.; Detecting and Sizing of Small Particles in an Open Cavity Gas Laser. *Appl Opt*, 1972, 11, 1515-1520.

[11] Knollenberg, R.G.; The Measurement of Particle Sizes Below 0.1 Micrometers. *J Environ Sci,* 1985, 28, 32-47.

[12] Schwarz, J.P.; Spackman, J.R.; Gao, R.S.; Perring, A.E.; Cross, E.; Onasch, T.B.; Ahern, A.; Wrobel, W.; Davidovits, P.; Olfert, J.; Dubey, M.K.; Mazzoleni, C.; Fahey, D.W.; The Detection Efficiency of the Single Particle Soot Photometer. *Aerosol Sci Tech*, 2010, 44(8), 612-628.

[13] Bernhardi, E.H.; van der Werf, K.O.; Hollink, A.J.F.; Wörhoff, K.; de Ridder, R.M.; Subramaniam, V.; Pollnau, M.; Intra-laser-cavity Microparticle Sensing with a Dual-wavelength Distributed-feedback Laser. *Laser Photonics Rev*, 2013, 7, 589-598.

[14] DeFreez, R.; Girvin, K.L.; A Solid-state Laser Single-particle Sensor for Gas Borne and Vacuum Counting and Sizing Applications. Proc 5th Int Congress Opt Part Sizing, University of Minnesota, Minneapolis, 1998, 57-59.

[15] Arakawa, A.; Mori, T.; Inoue, T.; Particle Counter. US 8294894, 2012.

[16] 石鑫, 韩月, 丁思红, 戴兵. 粒子计数器的一种新型光学传感器设计. 传感技术学报, 2018, 31(1), 30-35.

[17] Sommer, H.T.; Harrison, C.F.; Montague, C.E.; Particle Size Distribution from Light Scattering// Stanley-Wood, N.G.; Lines, R.W.; *Particle Size Analysis*. The Royal Society of Chemistry, Cambridge, 1992.

[18] Kobayashi, H.; Hayashi, M.; Shiraishi, K.; Nakura, Y.; Enomoto, T.; Miura, K.; Takahashi, H.; Igarashi,Y.; Naoe, H.; Kaneyasu, N.; Nishizawa, T.; Sugimoto, N.; Development of a Polarization Optical Particle Counter Capable of Aerosol Type Classification. *Atmos Environ*, 2014, 97, 486-492.

[19] Sugimoto, N.; Nishizawa, T.; Shimizu, A.; Matsui, I.; Kobayashi, H.; Detection of Internally Mixed Asian Dust with Air Pollution Aerosols Using a Polarization Optical Particle Counter and a Polarization-sensitive Two-wavelength Lidar. *J Quant Spectrosc Ra*, 2015, 150, 107-113.

[20] 张志强, 宋凤民, 张秦, 党磊, 徐溢, 李顺波, 陈李. 气溶胶微生物粒子计数仪光学系统设计. 中国激光, 2021, 48(7), 0707002.

[21] Knollenberg, S.C.; Knollenberg, R.G.; Nonintrusive Modular Particle Detecting Device: US 5459569, 1995.

[22] Knollenberg, R.G.; "In Situ" Optical Particle Size Measurements in Liquid Media.//*Proc Pure Water Conf*, Palo Alto, 1983.

[23] Adams, J.A.; Bloom, S.H.; Chan, V.J.; Crousore, K.M.; Gottlieb, J.S.; Hemberg, O.; Lyon, J.J.; Spivey, B.A.; Systems and Methods for a Multiple Angle Light Scattering (MALS) Instrument Having Two-dimensional Detector Array: US 8085399, 2011.

[24] Szymanski, W.W.; Liu, B.Y.H.; On the Sizing Accuracy of Laser Optical Particle Counter. *Part Charact*, 1986, 3, 1-7.

[25] Jaenicke, R.; Hanusch, T.; Simulation of the Optical Particle Counter Forward Scattering Spectrometer Probe 100 (FSSP-100). *Aero Sci Tech*, 1993, 18, 309-322.

[26] Szymanski, W.W.; New Frontiers of Elastic Light Scattering in Aerosols.//*Proc SPIE*, 3573. 5th Congress on Modern Optics, 1998, 184-191.

[27] Szymanski, W.W.; Ciach, T.; Podgorski, A.; Gradon, L.; Optimized Response Characteristics of an Optical Particle Spectrometer for Size Measurement of Aerosols. *J Quant Spectrosc Ra*, 2000, 64(1), 75-86.

[28] Holve, D.; Self, S.A.; An Optical Particle-sizing Counter for In-situ Measurement. *Technical Report for Project SQUID*, 1977.

[29] Twomey, S.; *Introduction to the Mathematics of Inversion in Remote Sensing and Indirect Measurements*. Elsevier, Amsterdam, 1977.

[30] Lawson, C.L.; Hanson, R.J.; *Solving Least Squares Problems*. Prentice-Hall, Englewood Cliffs, 1974.

[31] Nicoli, D.F.; Toumbas, P.; Sensors and Methods for High-sensitivity Optical Particle Counting and Sizing: US 7127356, 2006.

[32] Mühlenweg, H.; Weichert, R.; Optical Particle Sizer: A New Development with Mathematical Correction of Spread Measurement Data. *Part Part Syst Charact*, 1997, 14, 205-210.

[33] Umhauer, H.; Particle Size Distribution Analysis by Scattered Light Measurements Using an Optically Defined Measuring Volume. *J Aerosol Sci*, 1983, 14, 765-770.

[34] Lindenthal, G.; Mölter, L.; New White-Light Single Particle Counter-Border Zone Error Nearly Eliminated.//*Preprints of Partec* 98, 7th European Symp Part Charact, Nürnberg, 1998, 581-590.

[35] Agarwal, J.K.; Liu, B.Y.H.; A Criterion for Accurate Aerosol Sampling in Calm Air. *Amer Ind Hyg Assoc J*, 1980, 41, 191-197.

[36] Lieberman, A.; Parameters Controlling Counting Efficiency for Optical Liquid-borne Particle Counters. Gupta, D.C.; *ASTM STP 990 Semiconductor Fabrication: Technology and Metrology*. ASTM, West Conshohocken, 1989.

[37] Nicoli, D.F.; Elings, U.B.; Automatic Dilution System: US 4794806, 1989.

[38] Ovod, V.I.; Hydrodynamic Focusing of Particle Trajectories in Light-Scattering Counters and Phase-Doppler Analysis. *Part Part Syst Charact*, 1995, 12, 207-211.

[39] Pelssers, E.G.M.; Cohen Stuart, M.A.; Fleer, G.J.; Single Particle Optical Sizing (SPOS). *J Colloid Interf Sci*, 1990, 137, 350-361.

[40] 鲁晨阳, 张佩, 王光辉, 朱菁, 黄惠杰. 鞘流技术在气溶胶颗粒物光学传感器上的应用研究. 中国激光, 2019, 46(1), 0104006.

[41] Kupc, A.; Bischof, O.; Tritscher, T.; Beeston, M.; Krinke, T.; Wagner, P.E.; Laboratory Characterization of a New Nano-water-based CPC 3788 and Performance Comparison to an Ultrafine Butanol-based CPC 3776. *Aerosol Sci Technol*, 2013, 47(2), 183-191.

[42] Enroth, J.; Kangasluoma, J.; Korhonen, F.; Hering, S.; Picard, D.; Lewis, G.; Attoui, M.; Petaja, T.; On the Time Response Determination of Condensation Particle Counters. *Aerosol Sci Technol*, 2018, 52(7), 778-787.

[43] Pinterich, T.; Vrtala, A.; Kaltak, M.; Kangasluoma, J.; Lehtipalo, K.; Petaja, T.; Winkler, P.M.; Kulmala, M.; Wagner, P.E.; The Versatile Size Analyzing Nuclei Counter (vSANC). *Aerosol Sci Technol*, 2016, 50(9), 947-958.

[44] Seto, T.; Okuyama, K.; de Juan, L.; Fernandez de la Mora, J.; Condensation of Supersaturated Vapors on Monovalent and Divalent ions of Varying Size. *J Phys Chem*, 1997, 107(5), 1576-1585.

[45] Kwon, H.B.; Yoo, S.H.; Hong, U.S.; Kim, K.; Han, J.; Kim, M.K.; Kang, D.H.; Hwang, J.; Kim, Y.J.; MemsBased Condensation Particle Growth Chip for Optically Measuring the Airborne Nanoparticle Concentration. *Lab Chip*, 2019, 19(8), 1471.

[46] Stolzenburg, M.R.; McMurry. P.H.; An Ultrafine Aerosol Condensation Nucleus Counter. *Aerosol Sci Technol*, 1991, 14(1), 48-65.

[47] Hering, S.V.; Lewis, G.S.; Spielman, S.R.; Eiguren-Fernandez, A.; A Magic Concept for Self-Sustained Water Based, Ultrafine Particle Counting. *Aerosol Sci Technol*, 2018, 53(1), 1-32.

[48] 陈龙飞, 马越岗, 张鑫, 张萃琦. 影响凝聚核粒子计数器切割粒径的因素敏感性分析与经验公式构建. 应用科技, 2017, 44(5), 22-29.

[49] Kangasluoma, J.; Attoui, M.; Review of Sub-3 nm Condensation Particle Counters, Calibrations, and Cluster Generation Methods. *Aerosol Sci Technol*, 2019, 53(11), 1277-1310.

[50] Raasch, J.; Umhauer, H.; Errors in the Determination of Particle Size Distributions Caused by Coincidences in Optical Particle Counters. *Part Charact*, 1984, 1, 53-58.

[51] Willeke, K.; Liu, B.Y.H.; Single Particle Optical Counter: Principle and Application.//Liu, B.Y.H.;*Aerosol Generation, Measurement, Sampling, and Analysis*. Academic Press, New York, 1976, 697-729.

[52] Knollenberg, R.G.; Submicron Diameter Particle Detection Utilizing High Density Array: US 5282151, 1994.

[53] 高志红, 刘俊杰, 李晓梅. 液体粒子计数器测量原理及校准方法. 洁净与空调技术, 2001, 4, 29-31.

[54] 郝新友. 液体自动颗粒计数器的性能参数与测量. 液压与气动, 2011, 8, 38-42.

[55] Berglund, R.N.; Liu, B.Y.H.; Generation of Monodisperse Aerosol Standard. *Environ Sci Technol*, 1973, 7, 147-153.

[56] Chein, H.; Chou, C.C.K.; A Modified High-output, Size-selective Aerosol Generator. *Part Part Syst Charact*, 1997, 14, 290-294.

[57] Liu, B.Y.H.; Pui, D.Y.H.; A Submicron Aerosol Standard and the Primary Absolute Calibration of the Condensation Nuclei Counter. *J Colloid Interf Sci*, 1974, 47, 155-171.

[58] Akers, R.J.; Rushton, A.G.; Sinclair, I.; Stenhouse, J.I.T.; The Particle Size Analysis of Flocs Using the Light Obscuration Principle. Stanley-Wood, N.G.; Lines, R.W.; *Particle Size Analysis*. The Royal Society of Chemistry, Cambridge, 1992, 246-255.

[59] Heidenreich, S.; Büttner, H.; Ebert, F.; Investigations on the Behavior of an Aerodynamic Particle Sizer and Its Applicability to Calibrate an Optical Particle Counter. *Part Part Syst Charact*, 1995, 12, 304-308.

[60] 郝新友. 液体自动颗粒计数器的校准技术与发展. 液压与气动, 2011, 6, 1-6.

[61] ISO 11943:2021. *Hydraulic Fluid Power-Online Automatic Particle-Counting Systems for Liquids-Methods of Calibration and Validation*. International Organization for Standardization, Genève, 2021.

[62] Fletcher, R.; Verkouteren, J.; Windsor, E.; Bright, D.; Steel, E.; Small, J.; Liggett, W.; SRM 2806 (ISO Medium Test Dust in Hydraulic Oil): A Particle-Contamination Standard Reference Material for the Fluid Power Industry. *Fluid/Particle Separation Journal*,1999, 12(2).

[63] ISO 11171:2020. *Hydraulic Fluid Power-Calibration of Automatic Particle Counter for Liquids*. International Organization for Standardization, Genève, 2020.

[64] ISO 21501-4:2018. *Determination of Particle size Distribution-Single Particle Light Interaction Methods-Part 4: Light Scattering Airborne Particle Counter for Clean Spaces*. International Organization for Standardization, Genève, 2018.

[65] Vasilatou1, K.; Dirscherl, K.; Iida, K.; Sakurai, H.; Horender, S.; Auderset, K.; Calibration of Optical Particle Counters: First Comprehensive Inter-comparison for Particle Sizes up to 5 μm and Number Concentrations up to 2 cm^{-3}. *Metrologia*, 2020, 57(2), 025005.

[66] Sang-Nourpour, N.; Olfert, J.S.; Calibration of Optical Particle Counters with an Aerodynamic Aerosol Classifier. *J Aerosol Sci*, 2019, 138, 105452.

[67] Dick, W.D.; McMurry, P.H.; Bottiger, J.R.; Size- and Composition-Dependent Response of the DAWN-A Multiangle Single-Particle Optical Detector. *Aerosol Sci Technol*, 1994, 20(4), 345-362.

[68] Nagy, A.; Szymanski, W.W.; Gál, P.; Golczewski, A.; Czitrovszky, A.; Numerical and Experimental Study of the Performance of the Dual Wavelength Optical Particle Spectrometer (DWOPS). *J Aerosol Sci*, 2007, 38(4), 467-478.

[69] Geisler, M.; Dirscherl, K.; Direct Approach to Determine the Size Setting Error and Size Resolution of an Optical Particle Counter. *Rev Sci Instrum*, 2020, 91, 045105.

[70] USP<1788>. *Methods for the Determination of Particulate Matter in injections and Ophthalmic Solutions.* the United States Pharmacopeial Convention, 2012.

[71] Knollenberg, R.G.; The Importance of Media Refractive Index in Estimating Liquid and Surface Microcontamination Measurements. *J Environ Sci*, 1987, 30, 50-58.

[72] Lee, H.S.; Chae, S.K.; Liu, B.Y.H.; Size Characterization of Liquid-borne Particles by Light Scattering Counters. *Part Part Syst Charact*, 1989, 6, 93-99.

[73] Whitby, K.T.; Vomela, R.A.; Response of Single Particle Optical Counters to Non-ideal Particles. *Environ Sci Technol*, 1967, 1, 801-814.

[74] Gebhart, J.; Response of Single-Particle Optical Counters to Particles of Irregular Shape. *Part Part Syst Charact*, 1991, 8, 40-47.

[75] Bottlinger, M.; Umhauer, H.; Single Particle Light Scattering Size Analysis: Quantification and Elimination of the Effect of Particle Shape and Structure. *Part Part Syst Charact*, 1989, 6, 100-109.

[76] Umhauer, H.; Bottlinger, M.; Effect of Particle Shape and Structure on the Results of Single Particle Light Scattering Size Analysis. *App Opt*, 1991, 30, 4980-4986.

[77] Umhauer, H.; A New Device for Particle Characterization by Single Particle Light Extinction Measurements.//Stanley-Wood, N.G.; Lines, R.W.; *Particle Size Analysis*. The Royal Society of Chemistry, Cambridge, 1992.

[78] Knapp, J. Z.; Abramson, L. R.; Validation of Counting Accuracy in Single-Particle Counters: Application of a New Coincidence Model.//Knapp, J.Z.; Barber, T.A.; Lieberman, A.; *Liquid and Surface-Borne Particle Measurement Handbook*. Marcel Dekker, New York, 1996, 451-568.

[79] ISO 21501-2. *Determination of Particle Size Distribution — Single Particle Light Interaction Methods — Part 2: Light Scattering Liquid-borne Particle Counter.* International Organization for Standardization, Genève, 2007.

[80] Wen, H.Y.; Kasper, G.; Counting Efficiencies of Six Commercial Particle Counters. *J Aerosol Sci*, 1986, 17, 947-961.

[81] Peters, C.; Gebhart, J.; Roth, C.; Sehrt, S.; Test of High Sensitive Laser Particle Counters with PSL-Aerosols and a CNC Reference. *J Aerosol Soi*, 1991, 22, 5363-5366.

第 **4** 章

激光粒度法

4.1 引言

激光粒度技术首次以测量悬浮物的群体散射而不是单个颗粒的散射图形以确定颗粒粒径，是在半个世纪之前[1]。从那时起，激光散射技术逐步从起步阶段发展到成熟期，现在全球已拥有十几家仪器制造商和每年数千台的商业市场。

在激光粒度测量中，通过测量颗粒群体散射强度的角向分布，应用适当散射模型的演算，获得有关颗粒粒径分布的信息。一旦实验配置或仪器设置正确，不需要进行校准或应用比例常数。在过去几十年内，激光粒度法已经成为表征工业颗粒的流行和重要的物理手段，在很大程度上取代了很多传统的粒度测量方法，如在测量小于几毫米颗粒中取代了筛分和沉降法，在测量大于几十纳米的颗粒中取代了光学和电子显微镜[2]。这主要得益于该技术的优势：使用方便、操作快、重复性高、极宽的测量范围（跨越从纳米到毫米近五个数量级）。

由于技术的不成熟和计算能力有限，最初的激光粒度测量仅限于在前向角度并仅使用 Fraunhofer 衍射理论来计算粒径。因此这项技术在历史上、甚至迄今仍被业界广泛称为激光衍射法。可是激光衍射一词不再反映现时此技术的状态。首先，由于计算能力在过去几十年的跳跃式进步，数据分析不再局限于用简单的衍射理论，而是采用基于 Mie 理论和在宽散射角范围内测量散射强度的更一般方法，粒径的测量范围也早已扩展到亚微米区域。其次，一些连续波长（白光）也常用来作为光源，以根据波长和散射强度的偏振依赖性获取有关亚微米颗粒的一些特征信息。通过使用此技术进行形状表征时，衍射本身可能不再限于球形情况。

角向激光散射或简称激光粒度法可能是这项技术更合适的术语。然而"激光衍射"这一词的优势在于它可区别于所有其他散射技术（见表2-1），所以在颗粒表征界仍被广泛使用。图4-1显示了激光粒度仪器的通用设置和每个部分的主要功能。

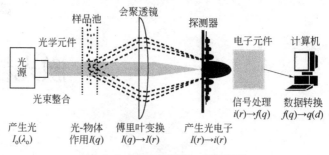

图4-1 激光粒度仪的一般示意图

激光粒度法的整个测量过程从产生单色光束的光源开始。在通过多个光学组件后，原始光束被准直成平行光，具有光滑的 Gaussian 径向强度分布，作为入射光照射测量体积中的颗粒。颗粒以独特的角向图形散射光。这些散射光 $I(q)$ 经透镜 Fourier 转换为空间强度图形 $I(r)$ 后，由光电探测器阵列转换成电信号 $i(r)$。这些电信号即作为角向散射光强数据经计算机软件通过适当的散射理论计算后得到颗粒的粒径分布。

如第 2 章所述，由探测器在固定距离内探测到的颗粒散射光强是以下变量的函数：测量体积、颗粒大小和形状、颗粒与介质之间的折射率比、光的波长和偏振以及散射角度。除了上述变量外，颗粒样品的散射强度也受颗粒浓度和颗粒间相互作用的影响。上述变量中有些是实验设置中的常数，如检测距离、探测器区域、测量体积、光波长和偏振，有些变量（如折射率）对于特定的颗粒体系是常数。在测量时可以优化样品浓度，使颗粒的散射强度有足够的信噪比，同时又不会使检测系统饱和。优化样品浓度还能使颗粒间的相互作用最小化和多重散射最低化，使测量始终处于单颗粒散射范围内。激光粒度法假设样品中颗粒的折射率和密度是均一的，这个假设在大多数情况下都能满足。这样散射光强度就只是散射角度、颗粒大小和形状的函数。如果了解散射强度、散射角度与颗粒大小和形状之间的关系，通过对各个角度散射光强的测量，从理论上至少可以获得颗粒的大小和形状。但是目前尚没有简单的、可实际运用的理论公式来处理不规则形状的颗粒。即使对于规则形状的颗粒，也仅有几个有限的分析公式，其中使用最广的是第 2 章所述的球体 Mie 理论公式。

大多数工业颗粒由于测量过程中样品循环时颗粒的翻滚和旋转运动，颗粒的棱角和边缘的散射效应被平滑后与球体相似。因此可以将只含一个变量（球的直径）的 Mie 理论或 Fraunhofer 球形理论应用于数据分析而得到粒径分布。然而这种方法只产生表观值，从大多数颗粒表征技术（激光粒度也不例外）获得的"粒度"与实际维度是不同的。迄今为止球形建模方法是设计用于各种样品的商业仪器的唯一可行选择，无论颗粒真正的形状是什么。

4.1.1　粒径测量上限

如图 2-5 和图 2-13 所示，当颗粒增大时，第一散射强度最小值的角度总的趋势是越来越小：即较大的颗粒具有更尖锐的中央散射强度峰值。正是这个中心瓣的快速强度变化，以及角向图案的精细结构，构成了激光粒度法通过角向强度变化测量确定颗粒大小的基础。当颗粒变小时，散射图案中的精细结构逐渐减少，角度的散射强度变化变得非常缓慢。可以利用矩阵论中的奇异值分解方法，分析测量上限存在的物理机理，也可推导出测量上限与仪器物理参数之间的解析表达式。当使用单波长光时，在设定光学系统后，实际的测量上限取决于仪器可以探测的最小散射角度[3]。目前国际标准将此上限定为 3 mm[4]，但有仪器可测到 8 mm，涵盖了大米、去皮大麦、玻璃珠、沙粒、水泥甚至豌豆等传统筛分分析样品的很大一部分。图 4-2 是 200 μm～8 mm 颗粒混合物的激光粒度测量结果[5]。在这个粒径范围内，颗粒大小已接近于光束直径（< 4 cm），测量的是来自少数颗粒的散射。

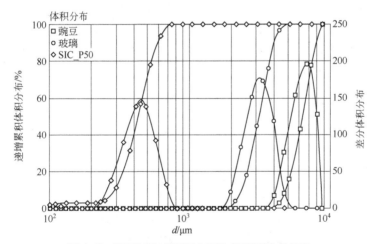

图 4-2　激光粒度法测量极大颗粒（豌豆等）的结果

应用式（2-20），Fraunhofer 理论中直径为 8 mm 的球体第一个最低值位于 $\theta =$ 0.005°。因此为了检测和适应中心瓣内的尖锐变化，可探测的最小散射角度应至少与该值一样小。所需的粒度测量上限越高，检测角度就越小。使用传统光学设计，需要一个很长的光学台，以便在不干扰入射光的情况下以非常小的角度进行检测。上限也部分由实际需要决定。对于大于几毫米的颗粒，其他分析方法（如筛分）可能更合适。在结合或比较来自两种不同技术（如筛分和激光粒度）的分析结果时，应注意每种技术对样品成分的权重和敏感性都不同。

4.1.2　粒径测量下限

　　用于各个领域激光散射技术的一个共同需求是测量更小的颗粒。在传统的垂直偏振光的测量中，随着颗粒尺寸变小，颗粒维度与光波长（d/λ）的比例降低，散射模式变得更平滑，散射光强的粒径角度依赖性降低，由散射光强的角度依赖性来确定正确的粒径越来越困难，此依赖性对典型相对折射率的颗粒，例如 $m = 1.2$，在 <60 nm 的粒径范围内几乎完全消失。为了提高获得小颗粒粒径信息的能力，可以采取下列三种方法来扩展粒径测量的理论和实践下限。

　　第一种方法是在垂直偏振光测量时增加检测角度范围。对于大颗粒，散射特征主要位于小角度，从小角度的精细结构得出粒径分布。对于较小的颗粒，中央亮斑变得更平坦、更宽，散射角向图形的特征随着粒径的变小而削弱直至最后消失。如果使用散射图形中第一最小值的角度作为获得球形颗粒的标准，为了表征直径小于 0.6 μm 的球体，最大检测角度必须远大于传统的前向散射（<40°）（见图 4-3）。将散射光强的角向图形进行数学变换，乘以对应角度的一个函数，则可改变图形的形状而增强其特征性。一种方法是将每个角度的光强乘以对应角度的平方，从而 200～500 nm 的颗粒在很宽角度内会有一个峰出现，峰值在 40° 左右，并且随着粒径的变小移向大角度。在矩阵反演中使用此种方法扩展测量角度，有可能求得小至 150 nm 左右的颗粒粒径[6,7]。

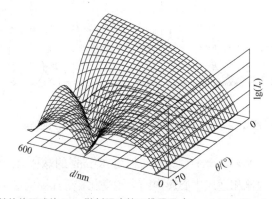

图 4-3　单位体积球体 Mie 散射强度的三维显示（$m = 1.50 + 0i$，$\lambda_0 = 750$ nm）

第二种方法可根据散射图形是光波长和颗粒大小的函数，因此其变化与颗粒维度和波长（d/λ）之间的比例有关，后者可用作使用角向散射测量颗粒大小有效性的指标。当 d/λ 小于 0.5 时，其有效性会大大降低。显然如果光的波长较短，比例将更大，可有效地扩展粒度测量下限。即使用较短波长，在相同的角度范围内也将显示更多的信息。最短的实际可用波长约为 350 nm，因为大多数材料在波长小于 300 nm 时有很强的吸收，当波长小于 180 nm 时，实验必须在真空中进行。当使用低于 λ_o = 350 nm 的光时（例如 He-Cd 气体激光的波长为 325 nm）在硅探测器前需要加荧光膜以增强探测器的接收灵敏度[8]。在 λ_o = 375 nm 的入射光中测量的粒径下限远小于使用 λ_o = 750 nm 的入射光。例如与较长波长（λ_o = 780 nm）的光相比，使用 λ_o = 488 nm 的光测量水中 d = 0.5 μm 的聚苯乙烯乳胶球时，散射角向图形有更多的精细结构（图 2-7）。

增加粒径测量范围的上述两种方法可以用动量转移向量 $\boldsymbol{K}$ 的幅度进行定量描述。对于大颗粒，由于散射强度随散射角度迅速变化，探测器覆盖的 $\boldsymbol{K}$ 的总体范围应较小，以便检测细节，从而实现高分辨率。对于小颗粒，情况正好相反，探测器应尽可能覆盖更宽的 $\boldsymbol{K}$ 范围。例如使用 λ_o = 750 nm 的激光测量在 θ = 35° 的散射，K_{max} = 0.005 nm^{-1}，而使用 λ_o = 450 nm 的激光测量在 θ = 150° 的散射，K_{max} 将增加至 5 倍以上，达到 0.027 nm^{-1}。

然而即使同时使用这两种方法，下限仍然不够低，无法满足测量更小颗粒的要求。对于更小的颗粒，由于角度变化越来越平滑，散射角度的任何进一步增加都不会产生任何显著的改善。图 4-3 是图 2-5 的放大显示，说明小颗粒的角向散射变化非常缓慢。

一旦颗粒小到约 400 nm，不仅强度最小值消失，而且整个角度范围内的最大强度对比度变得非常小，已无法从散射强度的角向变化获取粒径信息。图 4-4 显示了在 θ = 0.5°~150° 范围内的最大散射反差。图 4-4 (a)：各种折射率的 d = 100 nm 颗

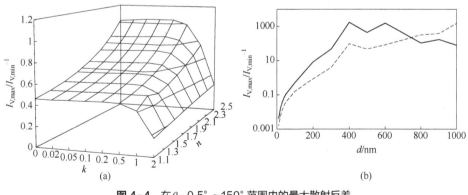

图 4-4 在 θ = 0.5°~150° 范围内的最大散射反差

粒（$\lambda = 450\,\mathrm{nm}$）；图 4-4（b）：$m = 1.5-0.02\mathrm{i}$ 的颗粒在$\lambda = 450\,\mathrm{nm}$（实线）与$\lambda = 750\,\mathrm{nm}$（点线）两个波长中的最大散射强度对比。直径为 $2000\,\mathrm{\mu m}$ 的颗粒，此对比度可以高达 10^7。

如图 4-4 所示，小于 200 nm 的颗粒的全角度量程内的散射强度对比太小，无法有效地从中得到正确的颗粒大小。这表明对于小于 200 nm 的颗粒，即使利用上述两种方法（较大角度范围和较短的波长），仍然难以获得准确的粒径。实际界限根据颗粒和介质的相对折射率而不同。

小颗粒垂直偏振散射光与水平偏振光有不同的散射图形和精细结构。I_h 对于小颗粒的主要特征是最低值在 90°左右。对于较大的颗粒，此最小值会移到较大角度。因此虽然 I_v 和 I_h 各自对小颗粒只有很小的全角度量程对比度，但它们之间的差异有很突出的精细结构，从中可以得到小颗粒的粒径信息。将偏振效应、宽角度范围与短波长三种效应相结合，测量下限可延至几十纳米，几乎达到理论极限。这种组合方法称为偏振强度差散射技术（PIDS）[9-11]。

偏振效应的起源可以这样来理解：当一个比光波长小得多的颗粒位于光束中时，光的振荡电场在颗粒中诱发一个振荡的偶极子，即组成颗粒的原子中的电子来回地移动。诱导的电子运动朝着电场振荡的方向，因此垂直于光束的传播方向。如图 4-5 所示，由于光的横向性质，振荡的偶极子向除了振荡方向以外的各个方向辐射光，面朝振荡方向的探测器收不到任何从单个偶极子发出的散射。当光束在垂直方向（v）或水平方向（h）偏振时，给定角度的散射强度 I_v 和 I_h 将有所不同。I_v 和 I_h 之间的差（$I_\mathrm{v}-I_\mathrm{h}$）称为 PIDS 信号。随着颗粒粒径的增加，颗粒内部的干涉使颗粒的散射偏离简单的偶极子散射，散射图形将变得更加复杂。对于小颗粒，PIDS 信号大约是一个以 90°为中心的二次曲线。对于较大的颗粒，此曲线会转向较小的角度，并且由于散射因子而出现次要峰。由于 PIDS 信号依赖于光波长与颗粒的相对大小，可以通过测量几个波长下的 PIDS 信号来获得有关粒径分布的信息。为了直观地了解散射强度的偏振效应，图 4-6 显示了 I_v 与 I_h 在$\lambda_0 = 450\,\mathrm{nm}$，相对折射率 $n_\mathrm{r} = 1.20$（聚苯乙烯乳胶颗粒的水相悬浮液）作为粒径和散射角度的函数。

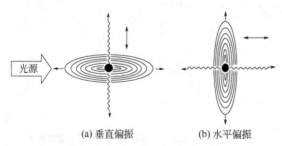

(a) 垂直偏振　　　　　　(b) 水平偏振

图 4-5 不同偏振方向的散射示意

图 4-6 中（a）与（b）的主要区别在于 I_h 散射中对小于 200 nm 的颗粒有最低点。如果使用 I_v 与 I_h 的差（I_v-I_h），而不是仅使用 I_v，则小颗粒散射强度的角向变异可以增强（图 4-7）。图 4-7（b）以 2D 方式显示图 4-7（a）中的几行，清晰地显示出不同直径颗粒峰值的变化。此外，由于 PIDS 信号在不同波长下变化（在较长的光波长下会变平），在多个波长下测量 PIDS 信号将提供额外的散射信息，可用于进一步优化粒径的测量过程。

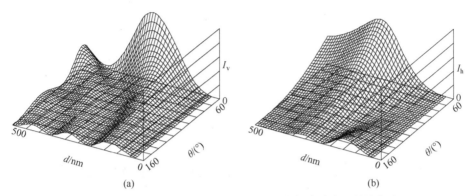

图 4-6　单位体积聚苯乙烯乳胶球悬浮液的 I_v 散射（a）与 I_h 散射（b）

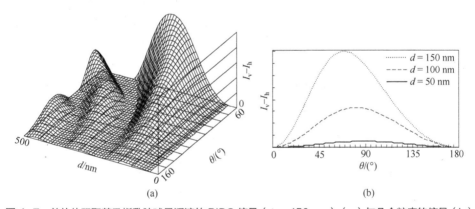

图 4-7　单位体积聚苯乙烯乳胶球悬浮液的 PIDS 信号（$\lambda_0 = 450\,\text{nm}$）（a）与几个粒度的信号（b）

图 4-8 显示了全散射角度范围内的最大 PIDS 信号反差。将此图与图 4-4（b）进行比较，可以发现小于 200 nm 颗粒的信号有显著地改进。图 4-7（b）中，除了对称轴的移位外，100 nm 甚至 50 nm 颗粒的角向图形也是可识别的。理论模拟和实际实验验证，如果不使用散射光的偏振效应，仅通过散射强度的角向变化来准确地求得小于 200 nm 的颗粒粒径是困难的，至少对聚苯乙烯乳胶球悬浮液是不现实的。这三种方法（更宽的散射角范围、不同入射光波长和偏振效应）的结合，提高了使

用光散射对亚微米粒子的表征准确性。利用偏振散射的另一个特点是由于该技术由同一个探测器阵列测量两个时间平均强度之差，相减后能减少固定实验噪声，但会增加随机实验噪声。从图 4-8 中得出的另一个结论是，对于 >500 nm 的颗粒，光散射在大角度范围内的偏振差将几乎完全消失。

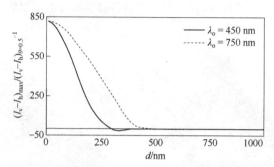

图 4-8　$m = 1.5–0.02i$ 的球体在 0.5°～150° 范围内最大的偏振信号差

从模拟的三峰分布进行信号分析时发现如果不利用偏振效应，仅使用较短的波长和较大的散射角度，最小的峰将会被错过。先来分析一个正态分布的聚苯乙烯乳胶球水相悬浮液（样品 A）。此分布的平均直径为 460 nm，方差为 0.01。使用 Mie 理论可计算出 I_v 散射角图案 [图 4-9 (a) 中的虚线，$\lambda_o = 750$ nm]。然后将平均直径为 240 nm 且方差为 0.01 的同类型颗粒与样本 A 按比例 1：1 混合在一起，形成样品 B。相应的 I_v 散射为 [图 4-9 (a) 中的实线]。最后以 3：2 的比例将第三个同类型颗粒样品（平均直径为 64 nm，方差为 0.01）添加到样品 B 中形成样品 C，结果没有看到散射图形有任何明显变化 [图 4-9 (a) 中的点线，与实线基本重合]。

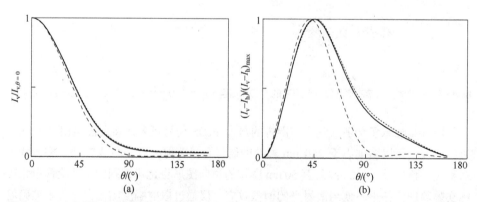

图 4-9　三个各具有正态粒径分布的聚苯乙烯乳胶球悬浮液混合物的模拟归一化 I_v 信号（a）和该三个样品的模拟归一化 PIDS 信号（b）（同样符号）

激光粒度法求解粒径分布是通过散射的矩阵反演。理论上应该能够通过使用精密仪器进行仔细测量，将 240 nm 的峰值与 460 nm 的峰值分离开来。由于样品 B 与样品 C 的 I_v 图形变化太小，无论信噪比有多高或反演算法有多精确，都无法在实验误差范围内测量出添加的小颗粒。

当使用上述三个样品的偏振差信号进行相同的模拟和比较时，不仅样品 A 和样品 B 的 PIDS 图形与 I_v 图形相比差异更大，而且样品 C 的 PIDS 图形也很容易与样品 B 区分开来［图 4-9（b）］，此差异为使用 PIDS 技术在激光粒度测量中解决样品 C 中的 64 nm 峰值提供了基础，实际三峰样品的测量结果也验证了这一点。

图 4-10 是激光粒度测量使用 PIDS 技术在多个波长（λ_0 = 450 nm、600 nm、750 nm 和 900 nm）和较宽的散射角度范围内得到的三峰分布，图中的垂直虚线为样品证书中的名义直径值。从图 4-10（a）中可以看到，如果不使用偏振效应，即使使用宽角度和短波长，也会错过小颗粒。

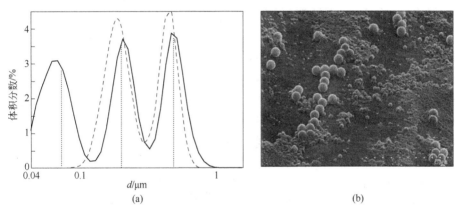

图 4-10 三峰混合物的 PIDS 测量结果（a）和样品的电镜照片（b）
样品为粒径分别为 83 nm、204 nm、503 nm 三个聚苯乙烯乳胶球悬浮液样品 1：1：1 混合物
--- 未使用偏振数据；— 使用了偏振数据

4.2 仪器

根据所拟定的规格或应用，各种激光粒度仪使用的电子、光学、机械和计算机软件等方面的设计各有差异[12]，在学术研究中为特定项目进行的独特设计尤其如此。

在实际运用中，根据激光粒度仪与样品源的相对位置，测量又可分为离线（off-line）、临线（或邻线，at-line）、旁线（on-line）、线内（in-line）四类，后两类也可统称为在线测量。离线测量即为普通的实验室测量；临线测量时仪器放置在生产线旁，样品通过自动取样从产品流动线或反应釜中取出后加进仪器中，与生产线或运输管路不形成闭环，无回料管路甚至进料管路也非闭合管道，不连续的样品测量过程与离线测量相似，但仪器较易受生产环境（温度、湿度、噪声等）的影响；旁线测量通常通过安装在产品流动线或反应釜的旁路装置自动将样品引出后，或经过额外的样品处理装置，进入特别为此生产环境设计的激光粒度测量装置，与生产线或运输管路形成闭环，有完整闭合的进料回料管路，测量可以是实时连续的；线内测量时光束直接照射产品流通管道中的颗粒，所测样品不离开生产线或运输管路，散射光也是直接从管路中测量，测量可以是实时连续的。

本文仅描述一些离线实验室仪器的典型设计，以及有关其相对优势和局限性的评论。

4.2.1 光源

激光粒度仪中使用的光源有三种类型，激光（包括气体激光、离子激光与激光二极管）、LED、连续波长光源。LED 是用于激光粒度仪的新型光源，具有价格低、波长选择多的特点；连续波长光源具有非偏振和宽光谱范围的特长，波长通常在250~3000 nm 之间，在需要多波长测量时可使用，但需要在光路上放置滤波片与偏振片，可以测量对选定波长和不同偏振的散射；激光具有许多优点，稳定性高、寿命长、单色照明、空间和时间相干性长，光束呈圆形、径向对称、仅有很小发散（< 2 mrad）的 He-Ne 激光产生稳定的单色光，预期寿命可能超过 2 万小时，以前基本是激光粒度仪的标配光源（$\lambda_0 = 632.8$ nm）。表 4-1 列出了常用激光源的主要特征。

表 4-1　常用激光源的主要特征

激光源	功率/mW	波长/nm	特点
Ar^+	30~2000	488, 514.5	圆形准直光，大功率的需要水冷却
He-Ne	1~50	543.5, 594.1, 612.0, 632.8	圆形准直光
激光二极管	0.1~200	405, 450, 635, 650, 670, 685, 750, 780	小型，成本低，可以与光导纤维连接，本体输出椭圆形的发散光

与 He-Ne 激光不同，激光二极管的光既不均匀也不径向对称，具有严重的散光，输出光在两个正交方向有不同的发散，需要一组梯度指数微透镜和光纤猪尾等光学元件对光束进行各种校正，才能获得准直的圆形光束。由于越来越低的成本、更长的寿命（>5 万小时）、工作电压低和紧凑度（例如 500 mm³ 体积内可封装 200 mW 的单模激光器）、整形光学元件已集成在二极管激光器中等原因，激光二极管近年来在激光粒度仪器中越来越多地取代了气体和离子激光器。

即使气体激光或整形后的二极管激光器发出的光既准直又只有很小的发散，各个光学表面的不完美和灰尘颗粒引起的散射仍会使光束变得"不干净"，会影响小角度的散射测量，因而需要使用空间滤波器来进一步处理入射光源。空间滤波器可以抑制光束背景杂散光，保持非常光滑的、一般呈圆形的高斯分布。传统的空间滤波器由透镜和光圈等光学元件组成。由于所有背景杂散光都以与主光束不同的方向传播，因此在透镜的焦平面上与主光束在空间上是可分离的。通过将一个针孔放置在主光束的焦点，大部分背景光将被阻挡，形成具有非常平滑辐照分布的光锥，此光锥可通过另一透镜形成几乎同样平滑的准直光束。图 4-11（a）是使用传统光学元件进行空间滤光的示意图。这种类型的空间滤波器较易受仪器、桌面机械振动的影响，体积大、成本高。使用微光学（如梯度指数透镜）元件的新型和更坚固的空间滤光器，采用一段单模光导纤维与激光二极管相结合 [图 4-11（b）]。单模光导纤维的直径通常只有数微米，只允许基模光沿着光轴传播，在传播中有效地过滤掉所有杂散光，在出口处产生近似点光源，然后通过透镜系统扩展至直径约为 10～20 mm 的圆形光束，用作样品池的入射光[13]。在这两种配置中，圆形光束的直径可以通过调整光圈和透镜之间的距离 [图 4-11（a）] 或光纤端口和透镜之间的距离 [图 4-11（b）] 进行调整。

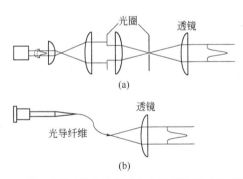

图 4-11 使用传统光学元件（a）与光导纤维（b）的空间滤波

4.2.2 样品处理模块

样品处理模块的主要功能是让颗粒不分大小地受到入射光的均匀照射，同时不引入任何能干扰测量的因素，例如气泡、热湍流、颗粒粉碎或聚集。典型的样品处理模块由样品池与分散和循环系统组成。分散系统可分为用于干粉、液体和气溶胶喷雾三类。根据仪器的具体要求，可用于实验室测量或在线测试，有些样品处理模块还有些特定功能。对于气溶胶喷雾，适配器通常放置在光束旁边，从而可以在与喷嘴的不同距离测量干粉或液体喷雾。调速控制器可用于控制喷射冲程长度以及喷射速度和加速度。喷嘴的对面通常有个收集气溶胶、带过滤器的真空抽取管。

（1）液体样品处理模块

液体介质（水或有机介质）中的颗粒在加入样品处理模块之前可以预先分散，或者在加入一些用于帮助分散的助剂后直接加到液体中。液体悬浮液在样品处理模块中持续循环，使每个颗粒可以多次进入散射体积，每次在光束中有一定的定向。对球形或长宽比不大的非规则颗粒，定向是无规的；对长宽比较大的如盘状或棒状颗粒，取决于样品池的设计、流体流速与黏度，可能会有某种优先定向。样品处理模块的分散和循环部分包括某些机械装置，如循环泵、加热线圈、超声波探头和搅拌棒，用以帮助分散和循环颗粒。图 4-12 显示了两个典型的液体颗粒样品循环系统。

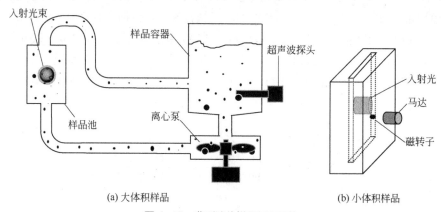

图 4-12　典型液体样品循环系统

两种类型的循环泵（离心泵或蠕动泵）常用于激光粒度仪的样品循环。循环体系应提供均匀的样品、有效的流通和最小程度的颗粒破碎。循环系统的有效性有时会对测量结果产生重大影响。包括样品容器、管路和样品池总体积的样品处理模块的容量，由样品的平均颗粒大小和分布宽度所决定。测量具有代表性颗粒样品所需的最小量与颗粒大小和多分散性成正比。颗粒越大，分布越宽，所需的样品量就越大（详细请参阅本书第 1.2.4 节）。对几十微米以下、符合激光粒度测量浓度要求的悬浮液，通常需要 100～1000 mL 的液体容量。对于珍贵的样品或非常小的颗粒，有时只需少量（例如 0.01 g）的固体颗粒样品即可，样品池也只需要很小的容量 [< 50 mL，例如图 4-12（b）所示]。有时测量分布非常宽的样品，封闭式再循环系统 1000 mL 左右的容量是不够的，必须采用开放系统（即所有颗粒悬浮液不循环地通过散射体积）。例如测量由亚微米到毫米大小的颗粒组成的河床沉积物，需要几十克的样品才能有对总样足够的代表性与统计意义，这时往往就需要测量超过

75000 mL 满足激光粒度测量所需要浓度的悬浮液。

（2）粉体样品处理模块

干粉的分散介质通常是空气。粉体处理模块中的颗粒通过高压空气和/或真空产生的驱动力流过样品池。对非流动性颗粒或小颗粒，如果没有适当的外加分散力，颗粒的完全分散是很难实现的，颗粒可能以单颗粒、聚集物、聚合物的形式出现。由于颗粒间的静电或其他形式的凝聚力，如果没有额外的分散力，小于几微米的颗粒很少能以单颗粒的状态进入样品池。可以使用粉体分散剂（如纳米二氧化硅、纳米磷酸三钙或石墨烯）帮助分散干粉。这些纳米级的分散剂通过在颗粒表面涂层后的滚珠效应来分散颗粒且不会明显改变颗粒大小。也可以通过搅拌或振动以及在漏斗中增振或送料器的旋转运动等机械手段来分散干粉。对于大于几百微米的干粉如沙子和玻璃珠，静态空气中的落差引力通常就已足够，不需要额外的分散方法。使用高压和/或真空方式的粉体流动通道是干粉处理模块有效分散样品的关键点[14,15]。图 4-13（a）显示了传统的使用真空和可调高压喷气的粉体流动通道示意图。送料器由料斗、振动溜槽以及一些分散颗粒的机械装置组成。这一设计可以分散小至 0.5 μm 的颗粒，略加改造后，也可用于干粉的在线测量。

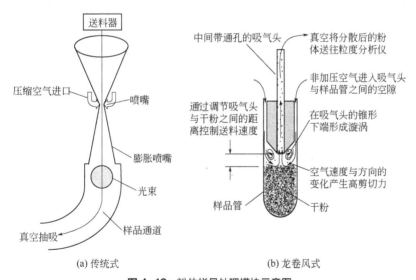

(a) 传统式　　　　　(b) 龙卷风式

图 4-13　粉体样品处理模块示意图

上述方法提供恒定流量、良好分散的均匀粉体的能力取决于送料器与高压空气，粉体分散仅通过短暂的高压气吹送与真空抽吸下的空间膨胀，对粉体的分散效果很难控制与量化。

另外一种更有效的粉体分散装置是在激光粒度测量时进行伺服量化地控制粉体

输送速率。龙卷风粉体分散器利用了与龙卷风同样的原理，不需要高压空气，而且可以调节分散力的强度[16]。

该装置包括样品管、吸气头、抽真空装置和调节分散强度与粉体输送速率的定位方法。如图 4-13（b）所示，位于样品管内干粉上方的吸气头中间有个吸孔，吸气头连接到真空，用于在内部吸孔中提供真空。吸气头与样品管具有类似形状的横截面，但略小于样品管。吸气头外壁和样品管内壁之间的空隙非常小，吸孔的横截面区域与吸气头外壁和样品管内壁之间的横截面区域之间的比例在 0.9～1.5 之间。当使用真空通过吸孔抽吸时，非加压环境空气进入吸气头外壁与样品管内壁之间的空隙，沿样品管的纵向内壁形成高速向下气流。此向下气流在锥形吸气头孔口变化方向产生空气涡流，并在干粉样品表面上方产生高剪切力。涡流带起样品表面的粉体，导致颗粒与管壁，以及颗粒之间的碰撞。高切变力分散粉体后，真空将分散的干粉吸入中间的吸孔，送往激光粒度仪的探测区。

颗粒在此空气涡流中的停留时间、旋转速度以及被吸进吸孔的速率，可以通过控制吸气头孔端与粉体样品表面的距离来控制。控制距离的装置包括由提升台支撑的样品管底座、纵向移动升降台的螺杆、用于支撑吸气头的悬架和控制系统。

（3）样品池

传统矩形样品池通常有入口、出口和2～4 个窗口。如果只测量前向散射，只需要前窗和后窗。通常需要一侧的第三个窗口才能进行大角度测量，第四个窗口可用于查看目的。如果只是为了测量亚微米颗粒，不需要极小角度的测量，也可使用环形玻璃为样品池壁，实现 0°～135°散射光的连续接收，扩展测量下限[6]。窗口不应吸收或扭曲入射光束，对使用反向傅里叶光学的设计，为了最大限度地减少多散射或光学误差，样品池的厚度（前窗和后窗之间的距离）应较薄。对于干粉测量，颗粒应从入口流过样品池中间，而不接触窗口，以尽量减少可能产生的硬颗粒对窗口材料的摩擦。对于液体样品，在设计不同流速的液体流时，应最大限度地减少任何死体积，即流体滞留不动的空间，并且沿着样品循环的通道不存在颗粒大小的不均匀分布。在所有情况下，特别是在开放式冲洗系统中，样品池中的颗粒流动时不按粒径分流非常重要。如图 4-14 所示，并非所有进入样品池的颗粒都会受到光的照射，这其实是个取样过程。如果颗粒在液流中存在依粒径的不均匀分布，例如小颗粒都通过样品池的边缘流通

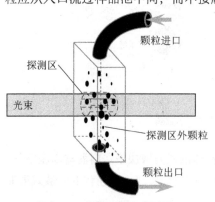

颗粒进口

探测区

光束

探测区外颗粒

颗粒出口

图 4-14 样品池中的"取样"

而大颗粒都流过样品池的中心，或存在颗粒的流速不均匀，例如小颗粒的流速大于大颗粒，则不同粒径的颗粒不是等概率地通过光束，导致探测器对不同粒径的颗粒有不同的"偏见"而产生测量误差。

很多激光粒度仪配有自动进样器，以满足自动化和质量控制的需求。典型的自动进样器由一个网格或旋转台组成，含 20～40 个样品管，每个样品管还可配有唯一标识每个样品的条形码。自动进样器还可含有提供分散剂的分散处理器或提供超声处理，最后向样品处理模块按设定的顺序提供分散好的液体样品或粉体样品。

激光散射技术基于单颗粒散射模型，因此悬浮液的浓度必须保持在较低水平，以避免多重散射。然而在许多情况下，稀释是不可行的，样品必须保持在浓悬浮液中。例如乳液被稀释后可能不稳定；在线测量要求对样品不加变动地进行分析。这时如果仍然使用激光粒度方法，则样品池必须非常薄，以保持光束中只有一"层"或几"层"颗粒而将多重散射控制在最低限度或甚至完全避免。对于不同粒径的颗粒，这类样品池的前窗和后窗之间的距离可以从几微米调节到几毫米。对牛奶、涂料等的测量证明，只要入射光透射率高于 30%，就可以使用薄样品池从浓悬浮液中获得正确的粒径结果[17]。

4.2.3　收集光学

样品池中的颗粒在入射光的照射下散射光。从样品池出来的散射光可以通过傅里叶光学、反向傅里叶光学或发散光束光学引导到探测器平面。图 4-15 显示了这三种光学配置的典型示意图。

（1）傅里叶光学

在傅里叶光学 [图 4-15（a）] 中，在透镜前某个固定距离的颗粒在扩展准直的激光束照射下散射光，其散射光的焦点平面位于光电探测器阵列上。傅里叶透镜可以是单片透镜或多片透镜的复合透镜组，可以是圆形或矩形的，尺寸通常在 50 mm左右。焦距或多透镜组的有效焦距、探测器阵列和激光波长共同决定了可分析的颗粒粒径范围。图 4-15（a）中的傅里叶透镜有两个功能：聚焦入射光束以免干扰散射光的测量，将散射光的角向关系转换为探测阵列上的几何位置，从而记录角向散射图形。入射光通过透镜聚焦到探测平面上后，或由反射镜反射至光束监测器 [图 4-15 中 A]，或穿过探测器中心的小孔传到光束监测器 [图 4-15 中 B]。傅里叶光学最重要的特征是无论颗粒在光束中的什么位置，一定角度的散射光都会被透镜折射到特定的探测器上。颗粒可能流过或穿过光束的任何部分，但其散射图形保持不变，强度与产生散射的颗粒总数成正比。在多分散样品中，随着颗粒进入和离开光束，散射体积中颗粒分布会随时间而变，角向散射图形也会随时间而变，通常测量一定时间的平均值。

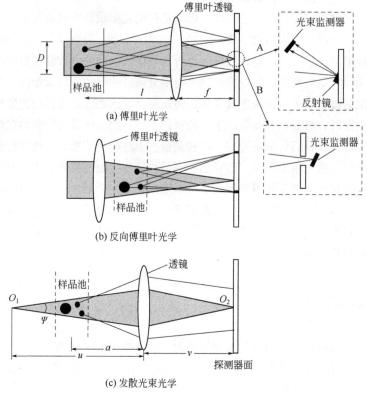

(a) 傅里叶光学

(b) 反向傅里叶光学

(c) 发散光束光学

图 4-15 激光粒度仪中三种光学配置示意图

在粒径测量范围设定后，光学设计以探测器几何形状和特定探测器阵列尺寸为导向。对于大颗粒，由于散射光在中心瓣的强烈角向强度波动，第一个探测器的位置角度必须非常小，角分辨率需要很高。要检测范围更宽的粒度，必须在同一探测器阵列中使用宽角范围（通常导致低分辨率）。如果只使用一组透镜和探测器阵列配置，这两个相互冲突的要求必须同时兼顾。样品池和透镜之间的距离 [l，图 4-15（a）]、透镜大小（d_L）和光束直径（D）决定了光束中某些干粉颗粒所能测到的最大散射角度 [θ_{max}，式（4-1）中取正号] 以及所有干粉颗粒都能测到的最大散射角度 [式（4-1）中取负号]：

$$\theta_{max} = \tan^{-1}\left(\frac{d_L \pm D}{2l}\right) \tag{4-1}$$

对于探测器阵列的任何给定结构和尺寸，所覆盖的角度范围与透镜的焦距成反比。对于短焦距透镜（例如 $f = 20$ mm），l 将很小；同一个探测器阵列将覆盖很宽的散射角度范围。然而这样会导致非常小角度的精细结构丢失，因为第一个探测器对应的角度太大；如果使用很长焦距的透镜（例如 $f = 5000$ mm），整个角度覆盖范围变得很小，第一个探测器将对应于小得多的角度，因此角度分辨率将远高于短焦距设置，然而这将导致一个很长的光学台与仪器。

具有宽粒径范围的一种设计是使用不同焦距的透镜来覆盖不同粒径范围的颗粒。每个透镜覆盖一个狭窄的粒径范围，测量不同粒径的颗粒时换用不同的透镜。据式（4-1），为了改变检测角度范围，可以更改 D 或 l，更改 d_L 的空间很小。可以使用短焦距透镜来增加检测角度范围，使用长焦距透镜来减少检测角度范围。例如当探测器阵列已定时，焦距 $f = 50$ mm、光束直径为 2.2 mm 的光学设计能涵盖的粒径范围为 0.18～87.5 μm；当此透镜替换为 $f = 5000$ mm，光束直径增加到 39 mm 时，粒径范围将变为 45～8750 μm [5]。

随着焦距增加而增加光束直径有两个目的。首先，在测量大颗粒时，D 必须至少大于最大颗粒，以避免统计不准确和照明不完整，并且当 f 增加时，更大的 D 才成为可能。其次，焦平面的焦点大小与焦距和光束直径的比例（f/D）成正比。如果 f 增加但 D 不变，则焦点过大，小角度检测将变得不可能。

然而更换透镜会对仪器的坚固性和完整性产生不良影响，每次更换或移动透镜时，都需要重新校准，这会影响结果的可重复性，并给操作带来不便。避免变化或移动透镜，又能兼顾分辨率变化的另一种方法，是使用第二个透镜和第二个放置在大角度的探测器阵列。如图 4-16 所示，这种设计也避免了使用过大尺寸的透镜。大透镜除了成本高昂外，随着透镜直径的增加，透镜研磨质量和可能影响大角度信号的相关像差会变得更加严重。

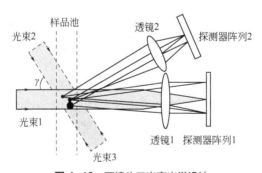

图 4-16 双镜头三光束光学设计

增加第二个透镜和第二个探测器阵列，可以将测量干粉时的检测角度扩展到 35°以上（液相中的散射角度小一些），有效地将测量下限推至微米以下[18]。为了检测在更宽角度范围内的散射强度，另一种选择是使用定位在不同方向的多个激光器，以便相同的探测器阵列接收来自同一颗粒的散射，但由不同的激光照射，从而产生不同角度的散射[19]。例如在图 4-16 中，如果两个探测器使用光束 1 覆盖从 0°到 30°的角度范围，则切换到光束 2 时，角度将变为 γ 到 30°+γ。当使用光束 3 时，散射角度范围将从 150°-γ 到 180°-γ。在三光束和双探测器阵列的最佳排列中，可以测量的角度从 0.02°到 165°。这些角度都根据样品池内外介质的折射率相同时（测量干粉时）计算得出，如果样品池内为折射率与空气不同的液体，则这些角度要根据光在样品池内外的折射另外计算。然而多个激光器位置的同时对齐很复杂，且可能不稳定。因为角向散射强度图形是通过三个独立测量创建的，激光器的光强度与偏振的不同步波动和任何漂移都会影响测量散射强度的均匀性，导致额外的测量误差。由于角散射图形的性质，探测器的尺寸和间距在小角度与大角度探测散射光时应有所不同。但在三激光排列中，大小角度的测量只能用相同的探测器，很难实现散射探测的最优化。

另一种扩展探测角度范围的方法是被称为共轴双探测面的双傅里叶光学配置。光束通过经典傅里叶光学透镜焦平面上第一块探测器中央的小孔 [图 4-15 中 B] 后被第二块傅里叶透镜聚焦在第一与第二透镜组合焦平面上的第二块探测器阵列。这样就能同时测量更宽的角度范围，粒径测量范围 5~3500 μm，而且测量时器件间的相对位置保持不变，容易实现较高的仪器重现性[20-22]。

（2）反向傅里叶光学

收集光学的另一个配置，如图 4-15（b）所示，被称为反向傅里叶光学，其中样品池和傅里叶透镜的相对位置交换。在反向傅里叶光学中，颗粒不被准直光束照射，而是位于一个收敛光束中，光束的会聚由透镜的焦距决定。颗粒的散射光不再由另一个透镜收集，而由探测器直接接收。因此对透镜尺寸的限制被移除。在此配置中，可使用焦距较长的透镜而无需增加光学台的长度，即能达到更高的粒径测量上限。如果探测器尺寸增加，也无需第二个透镜即可探测大角度散射。但在此光学中，取决于颗粒在光束中的位置，来自同一角度的散射光不会到达探测平面的同一位置。根据收敛光束中颗粒的位置，同一探测器接收的散射光来自不同的散射角度。

图 4-17 显示了当样品池内外介质相同时，颗粒位置与探测平面同一点散射角度之间的几何分析。

基于几何光学，可以从光束中颗粒的不同位置得出探测平面上每个点的散射角度范围：

$$\frac{\theta_2 - \theta_3}{\theta_2} = \frac{1}{\theta_2} \cot^{-1} \left(\frac{l_o}{l_2 \sin^2 \theta_2} + \frac{1}{\tan^3 \theta_2} \right) \tag{4-2}$$

$$\frac{\theta_2 - \theta_1}{\theta_2} = \frac{1}{\theta_2} \cot^{-1}\left[\frac{2l_1}{(l_2 - l_1)\sin(2\theta_2)} + \tan\theta_2\right] \qquad (4\text{-}3)$$

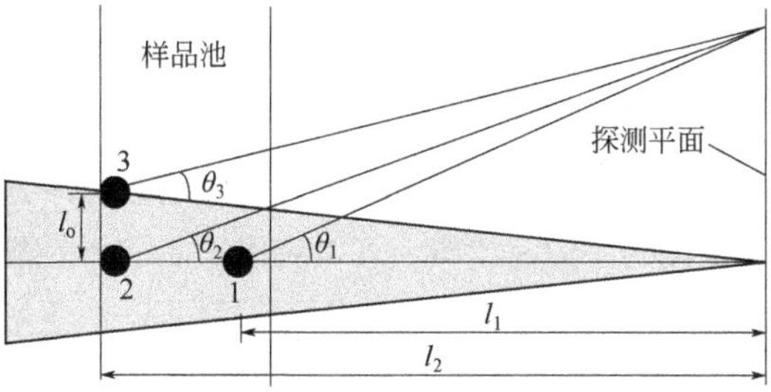

图 4-17 反向傅里叶光学的几何分析

根据式（4-2），如果 l_0 比 l_2 小得多，则与探测平面有相同距离但位于不同垂直位置的颗粒（图 4-17 中的颗粒 2 和 3）所引入的角度误差可以忽略不计。因为 $\Delta\theta$ 很小，所以它对得出颗粒粒径的影响不大。距探测平面不同距离的颗粒（图 4-17 中的颗粒 1 和 2）在同一探测器上对应的散射角度差 $\Delta\theta$ 与颗粒的相对距离有关。较大的相对距离将引入明显的粒径误差。在实践中如果从探测平面到样品池的距离为 20 cm，样品池厚度为 5 mm，则最大的角度不确定性为 2.5%。因此当使用反向傅里叶光学时，样品池应较薄，以降低可能的误差。

另一种扩展探测角度范围的方法是被称为样品后置型双焦面探测的双反向傅里叶光学配置。光束通过反向傅里叶光学透镜焦平面上第一块探测器中央的小孔 [图 4-15 中 B] 后被第二块傅里叶透镜聚焦在第一与第二透镜组合焦平面上的第二块探测器阵列。这样就能同时测量更宽的角度范围，容易获得无探测盲区的信号，测量时器件间的相对位置保持不变，可实现很高的仪器重现性[23,24]。

上述两种类型的设计（傅里叶光学和反向傅里叶光学）也可以混合使用，以充分利用两种设计的长处。一种称为正反傅里叶结合光学的样品池倾斜式放置设计如图 4-18 所示，用反向傅里叶光学接收前向和侧向散射光，用近似傅里叶光学产生并接收后向散射光，形成"复合型"光学系统。前向和侧向散射光的探测角度范围为 0° 至 $(47° + \beta)$，后向散射光的探测角度范围为 $(133° - \beta)$ 至近 180°。这种光学配置的探测角度也很宽，有效地拓展了测试下限和提高了测量精度[25]。

（3）发散光束光学

在反向傅里叶光学中，如果仅测量前向散射，可以通过将测量区移往探测器来扩展粒径测量下限，但这种布置将导致散射体积太小以及散射光多重反射的干扰。另一种称为发散光束的光学系统可以克服这一缺点 [图 4-15 (c)]。在发散光束光学系统中，从光源发出的光经扩散后被一透镜聚焦在 O_1 处后进一步发散。此发散光束用作入射光，照射样品池中的颗粒，入射光被图中透镜聚焦在探测器平面，散射光被透镜转换到探测器上的不同位置。此光学系统的有效焦距由样品池与颗粒的位置决定。通过沿光轴方向移动样品池，可以获得不同的有效焦距，从而确定粒径测量范围。与反向傅里叶光学相比，这种配置可以在没有多次反射噪声的情况下测量小颗粒。这个光学配置基于衍射理论和/或 Mie 理论的解析表达式仅在傍轴近似下，即光束发散度小、探测面尺寸小的情况下存在。更精确的允许使用发散度大的入射光束和覆盖宽散射角范围的环形探测器、可以应用于非常小的颗粒测量数据分析，尚只能由数值计算进行[26]。

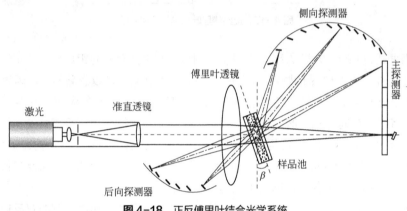

图 4-18　正反傅里叶结合光学系统

（4）宽角度探测光学

因为小颗粒的散射分布在较宽的角度范围，除了使用上述光学配置之一对前向散射强度进行测量外，测量小颗粒还往往需要使用侧面探测器测量更大的散射角度。侧面探测器的安置往往受样品池结构和其他硬件设计的限制，往往只能另置光源，形成前向散射和侧面散射的信号不是来自相同的颗粒在同一照明下产生的[27]。一种如图 4-19 所示可以同时测量前向散射和背部散射的双镜头设计克服了这一限制，此

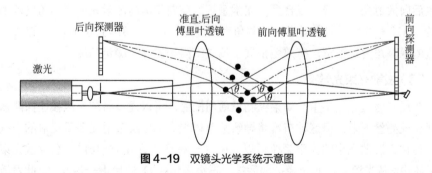

图 4-19　双镜头光学系统示意图

颗粒表征的
光学技术及应用

设计将原来扩充光束的准直透镜与傅里叶透镜组成一组夹在样品池前后的双镜头光学系统，同时在此透镜组的前后放置探测器阵列，原来的准直透镜又兼作后向散射光的傅里叶透镜，能在大角度测量很宽的角度范围，从而拓展了测试下限和测试精度[28]。

另一种设计使用斜入射光照射样品池，样品池的入射窗口和出射窗口相互平行，入射窗口和出射窗口的法线与发出偏振方向垂直于散射面的线偏振光光源的主光轴之间有一个倾斜角，避免从样品池窗口的全反射，并可以使用单一光源产生从近0°到近180°的全角度散射。如图4-20所示，来自18的入射光分别通过相互平行的样品池窗口2和4进出。主光束由探测器23通过小角度探测器阵列22中的孔接收。探测器24～29探测前向散射，在介质中的角度范围高达90°；探测器19～21探测后部散射，介质中的覆盖范围从90°到近180°[29]。此设计的进一步改进使样品池的进口窗与出口窗依旧相对于光源倾斜放置，但出口窗的一部分设计成斜置梯形。前向小角探测器阵列与光源同轴，可测量水中样品的散射角度0.016°～8.5°；大角探测器阵列设置于样品池右方，接收出口窗右侧非梯形部分的散射光，可测量水中样品的散射角度9.0°～35.7°；外围设置有围板的数个用隔板隔开的超大角探测器设置于出口窗左侧梯形部分，接收出口窗左侧梯形部分的散射光，可测量水中样品的散射角度39.2°～73.2°。此结构既能解决全反射限制，探测到超大角散射光，又能有效地防止平行面与斜面出射的散射光之间的相互串扰，同时能够有效阻挡杂散光的干扰[30]。图4-21中的反射光兜用于接收入射光在样品池前后窗各个

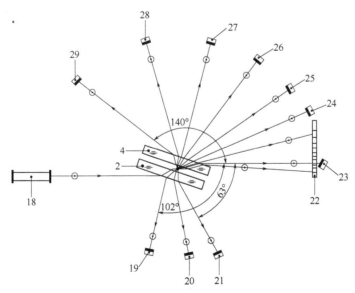

图4-20 一种全角度散射光学配置

界面的反射光, 消除杂散光。在图 4-21 进口窗的左侧还可添加数个后向散射探测器, 测量更大角度（129°～164°）的散射光。

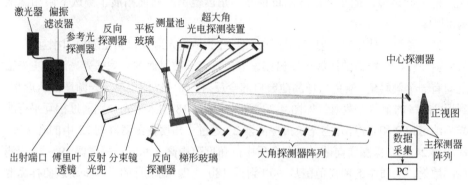

图 4-21 带斜置梯形窗口的光学配置

（5）偏振强度差光学（PIDS）

在传统 PIDS 光学系统中（图 4-22），来自连续光源的入射光（例如钨卤素灯）轮流通过多个波长的滤波器和两个偏振片照亮样品池。每个波长与特定偏振方向的入射光强由光束监测器记录，对应的散射光由位于 90°正负几十度的宽角度范围内的探测器记录。这个系统的缺点是测量时需要通过机械地转动过滤片转盘来测量不同波长与不同偏振的散射光，需时较长，而且两个偏振方向的散射光是在不同时间先后测量的，难免由于样品循环或环境变化等原因导致可能的额外误差。

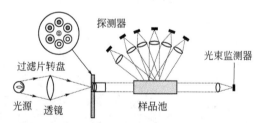

图 4-22 传统 PIDS 光学系统示意图

其中测量大颗粒的激光散射部分未在图中显示

新型的 EPIDS 测量系统利用反射镜快速变换入射光波长，并同时测量两个偏振方向的散射光，从而在很短时间内能完成多波长偏振散射光强度差的测量。在该系统中，从单色非偏振光源（如 LED）出来的光照射颗粒后，散射光被偏振棱镜分成正交的两个偏振分量，分别被两个探测器接收，从而可以瞬时得出偏振光强差。图 4-23 中示意性地画出三个光源与三组棱镜/探测器，实践中可以根据空间可行性配置其他数量的光源与棱镜/探测器组合[31]。

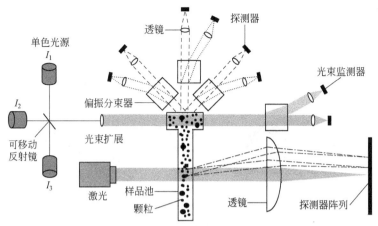

图4-23　在普通激光粒度仪上扩展的测量小颗粒的 EPIDS 系统

4.2.4　探测系统

（1）硅材料探测器

探测器阵列也许是激光粒度仪中最复杂的元素。硅探测器通常用作激光粒度分析仪中的探测元件，因为它们具有极广的动态范围（超过 7 个数量级的线性响应）、高灵敏度（<0.5 A/W 响应性）和长使用寿命。因为高分辨率和二维图像测量方面的特点，充电耦合装置（CCD）探测器也逐渐被用在激光粒度分析仪中，可是 CCD 探测器的窄动态范围、低灵敏度和慢响应时间使得它不可能完全取代硅探测器。对于在 Fraunhofer 衍射区域的大颗粒，散射图形是颗粒投影形状的傅里叶变换。如果由 CCD 获得颗粒图像，则傅里叶变换后的数据即可用普通激光粒度数据分析方法得出粒径分布。这样测量大颗粒时就可以避免使用很长的光学台，并且测量入射光束在 CCD 上的确切位置的能力也部分弱化了仪器精确对齐的需要[32,33]。

探测器阵列的几何形状取决于所需的角度范围、灵敏度、角度分辨率和其他考虑因素。由于中心峰（$\theta = 0°$）的最大强度比后续峰值高很多（见表 2-3），因此来自中心峰的任何反射都可能显著影响较大角度的测量，理想的探测器表面的反射率应为零。如图 2-5 和图 2-13 所示，对于大颗粒，散射图形在对数坐标中的一个重要特征是散射图形的形状不变，仅在对数坐标的角向轴上移动。不同粒径散射图形的前几个最大和最小的位置在对数坐标中随角度呈线性变化，因此探测器中的元素也应该在对数坐标中按线性排列，每个探测器的总面积随着角度的增加而增加，每个探测器都比前一个探测器大一个恒定倍数。小角度探测器之间的间距比大角度探测器之间的间距小得多，以便在整个粒径范围内保持类似的分辨率。例如在图 4-24（a）

中显示的半环形探测器中，第 20 环的面积是第 1 环（最内环）面积的 150 倍，第 30 环的总面积是第 1 环的 1500 倍[34]。在前向散射范围内，目前使用的有很多种探测器几何形状，如：简单的线形图案、同心半环图形 [图 4-24 (a)]、飞翼图形 [图 4-24 (b)]、X 图形（图 4-25）。

图 4-24　半环形探测器阵列（a）与翼形探测器阵列（b）示意图（都仅画出部分）

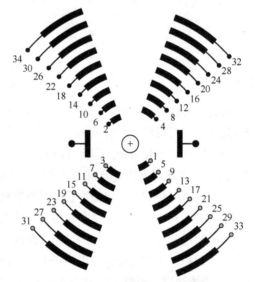

图 4-25　X 形探测器阵列示意图
中心为反射镜，两旁为用于仪器校准的探测器

　　这些设计中探测器元件的间距和位置必须严格控制，即使定位出现极小的错误，也会导致颗粒粒径分布的大幅度失真。图 4-24 (a) 和图 4-25 中两种探测器图形的主要区别在于半环图形中的元素具有较大的探测区域，当散射较弱时，可具有高灵敏度，而且对非球状颗粒定向的敏感度较低。X 图形允许探测器元素之间有更小的间距，小角度范围内更小的间距可增强仪器的角向分辨率，从而在测量粒径的上限范围有更高的分辨率。X 图形还为仪器的自动对齐和颗粒形状测量提供了可能。

　　如前所述，在探测器阵列的中心有一个镜子或一个孔，引导未散射的入射光到光束监测器（图 4-15）。光束监测器具有下列用途：①避免杂散光"噪声"到达探测器。②测量所需的最佳样品浓度可以通过光束监测器测量的入射光强度（I/I_0）的衰减确定。误差最小、最适当的入射光衰减范围取决于仪器的硬件和软件设计，在商业仪器中往往由制造商确定。③在 Fraunhofer 衍射理论中样品浓度与透射光强度成反比，与中位直径（d_{50}）的平方成反比，由此可以通过光束监测器的测量来估计样品浓度[35]。

散射强度的角度变化有很多细节，特别是对大颗粒，这些细节的测量很重要。获得高分辨率的这些细节和正确粒径分布的一个决定因素是探测器阵列中的探测器数量。即使使用最好的数据分析算法，如果没有足够的探测器数量，高分辨率结果也无法实现。在不提供其他信息的情况下，粒径分布中的数据点数应接近探测器的数量，即探测器的数量决定粒径分布的分辨率。由于散射图形的振荡性质，如果探测器数量过少，每个探测器覆盖一个较大的角度范围，散射图形中的精细结构将被平均而丢失，计算中的不确定性将增加，导致不正确的粒径分布结果。但如果在一定角度范围内的探测器数量过多，每个探测器只覆盖一个非常小的区域，信噪比可能会显著降低，使检测更容易受到颗粒定向和实验噪声的影响，粒径求解可能会变得不稳定，导致重复性差。

图 4-26 演示了当仅使用散射第一最小值来确定粒径时，探测器数量对结果分辨率和准确性的影响。在此示例中，在具有较多探测器的阵列中，第一最小值位于 $0.090°\sim0.100°$ 之间，使用式（2-20），$\lambda_0 = 750$ nm，相应的粒径不确定性是 58 μm（从 582 μm 到 524 μm）。对于具有较少探测器的阵列，也可以进行相同的计算。第一最小值位于 $0.085°\sim0.105°$ 之间，粒径的不确定性是 118 μm（从 617 μm 到 499 μm），分辨率要低得多。在图 4-27 中，使用两个不同的探测器阵列记录了 500 μm 玻璃珠在水中的散射曲线：一个带有 126 个探测器，另一个在同样角度范围内仅有 42 个探测器。显然当使用仅 42 个探测器时，很多散射信号的精细结构都丢失了。

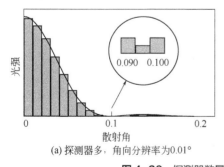

(a) 探测器多，角向分辨率为0.01°

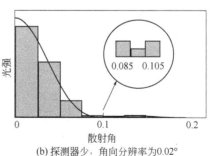

(b) 探测器少，角向分辨率为0.02°

图 4-26　探测器数量对粒径分辨率的影响

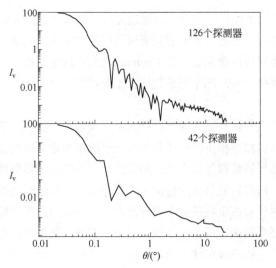

图 4-27 不同探测器数量测量到的信号

（2）CCD 探测器

高灵敏度、高分辨率 CCD 和 CMOS 设备已广泛应用于成像，并也被用作激光粒度仪的探测器。由于 CCD 中的所有像素在功能上都等效，因此可以从光强度分布自动确定散射中心，从而避免任何对齐需求。此外由于 CCD 通常具有数百万像素，每个像素或一组像素都可以用作探测器，强度分辨率将比传统硅探测器高几个数量级[32,36]。这在小角度上尤其重要，该区域的角分辨率直接决定了颗粒粒径分布的分辨率。但由于 CCD 探测器的动态范围较窄，在测量散射强度变化的大颗粒时，必须采用不同入射光强（或用滤光片）对 CCD 多次曝光，然后经适当的缩放后组合在一起形成整个散射角度图形，这不可避免地会带来额外的测量误差。图 4-28 显示了使用 CCD 作为探测器的激光粒度仪测量的 10 个聚苯乙烯乳胶样品混合物的颗粒粒径分布（标样证书粒径值分别为 1 μm、1.5 μm、2 μm、3 μm、4 μm、5 μm、6 μm、7 μm、8 μm、10 μm）。

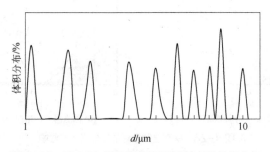

图 4-28 用 CCD 测量的球状颗粒混合物的粒径分布

CCD 也可与激光粒度仪有机结合起来，在测量激光散射的同时进行动态显微图像分析，分析（或查看）颗粒形貌，并保证激光粒度对大颗粒测量的准确性和测量样品的 D_{100}[37]。

4.2.5 仪器校准与验证

普通粒径测量仪器的校准过程，涉及测量一些其大小已由其他参考技术仔细确定和验证过的参考物质，然后调整仪器校准常数或比例常数以符合参考物质的指定值。但是由于激光散射是一种绝对测量技术，不需要使用参考物质来校准仪器，通常仅使用这些参考物质来验证仪器的有效性和操作状态。对于激光粒度仪，校准主要与光学（即激光和探测器）的对齐有关。由于大多数仪器的探测器被蚀刻在电路板上，不是单独的移动组件，所以要对齐的是激光、对焦透镜和探测器阵列。

为了获得正确的结果，特别是对于大颗粒，探测器阵列的精确校准至关重要。以式（2-20）出发（$\lambda = 0.75\ \mu m$），可以计算出由于散射角度错误而引入的相对粒径误差在 Fraunhofer 区域与球直径成正比：

$$\left|\frac{\Delta d}{d\Delta\theta}\right|\% = \frac{\pi}{180}\sqrt{\left(\frac{d}{1.22\lambda}\right)^2 - 1} \times 100\% \approx \frac{d\pi}{180 \times 1.22\lambda} \times 100\% \approx 1.9d\% \tag{4-4}$$

散射角度的 $0.01°$ 误差会产生 500 μm 颗粒 9.5%的粒径误差，但对于 5 μm 的颗粒，则只产生 0.095%的误差（可以忽略不计）。使用半环形探测器对仪器中的光学错位进行详细分析后发现，为了使粒径测量误差保持在 0.5%以下，位置的校准（偏心度）必须优于 0.1 mm，角度校准（倾斜度）必须优于 $2.5°$[38,39]。

图 4-29（a）是使用步进电机对齐对焦透镜，以便将光束定位在探测器阵列中

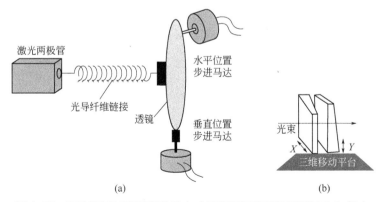

图 4-29 调节激光粒度仪透镜位置（a）和利用楔形棱镜调整光束方向（b）

心的示意图。图 4-29（b）是使用放置在样品池前光束中的两块楔形棱镜与一个三维移动平台来调整光束的位置，此平台可以在所标的 X 方向调整左面的棱镜，在所标的 Y 方向调整右边的棱镜，从而达到调整光束至探测器阵列中心的目的[40]。

　　仪器校准中有三种常用技术。一种是使用单分散的球形参考物质或标准样品（几百微米）。如果仪器对齐，散射图形将与理论预测的模式相匹配。此方案依赖于标准样品，必须考虑所有操作因素，如样品浓度、分散、循环等，并且必须更换样品池中的样品才能进行对齐操作。此方案通常仅用于验证，而不是用于常规校准。

　　第二种技术是使用入射光束作为校准标准，使用三个三角形探测器作为对齐目标（图 4-30）。对于入射光束聚焦的圆形点，只有在所有三个探测器检测到相同强度时，才会接近完美的对齐。此方法假设焦点处的光强具有中心对称分布，并且完全呈圆形。然而由于透镜和光源中的缺陷，焦点的不对称性是不可避免的。因为每个仪器中的光学元件都不相同，该不对称是独特的。尽管每个仪器在补偿任何不对称后都可能达到一定程度的可重复性和精度，但使用不同仪器测量的样品可能会产生不同的结果。

　　也可将对中探测器分为四象限来进行。根据光束是否处于四象限探测器的感光范围，将自动对中过程分为粗对中和精对中两部分。当光束不在四象限探测器的感光范围内时,可根据探测器的特定结构进行粗对中;当光束处于四象限探测器感光范围内时,根据四象限探测器产生的光电流强弱判断探测器的运动方向进行精对中。此方法的最终对中分辨率高于 5 μm[41]。

　　第三种方法是使用暗场网格。暗场网格是金属片上直径为几百微米的圆形孔或一组孔，或为透明纸上的一组黑色圆点。透明孔或黑点产生的衍射光斑与大小相同的球形颗粒相同。将暗场网格插入光束后，可以使用孔或点的散射图形来进行对齐。如果光束偏离中心，则在三个探测器（图 4-30）或 X 形探测器的每个象限（图 4-25）中检测到的光强将以不同的方式扭曲。由于探测器序列的独特性，X 形探测器的排列错位将产生锯齿形散射强度图形。当光束完全对齐时,散射强度图形将是如图 4-31（b）中显示的平滑曲线。采用内置的暗场网格和 X 形探测器，对齐简单、快速，

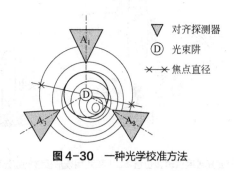

图4-30　一种光学校准方法

可以在计算机控制下完全自动化，无需烦琐地手动加载和定位，可达到约为±1%的重复性。

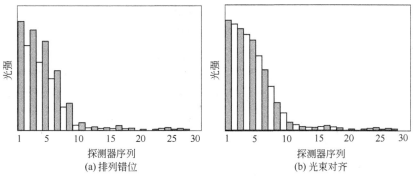

图 4-31　X 形探测器阵列的校准图形

4.3　数据采集与分析

仪器应安置于清洁、平整、刚性的平面，没有过度的电气噪声、机械振动和温度波动，以及阳光直射和气流，以避免频繁调整光学系统。仪器需要定期测量参考物质，以保证良好的工作状态。

4.3.1　数据采集

当样品被引入样品池后，颗粒散射光，当散射光在光电探测器上产生足够的信号，但又不导致多次散射时，就可以开始测量了。在每次"扫描"中，散射光强通过探测器转换为电流，每个探测器发出的信号或者由专用放大电路处理，或者连接到多路复用器，然后由单个放大电路按顺序处理所有探测器的信号，信号被数字化后传输到计算机。每次测量包括许多次扫描，每次扫描的数据都会累积并写入数据文件，在测量完成后保存或输出。这些信号中通常包括颗粒和介质的散射以及任何测量过程中的杂散光，以及来自电子设备的噪声。通常需要两个"校准"测量：第一个被称为暗流测量，在所有照明都关闭下记录纯粹来自电子设备的信号；接下来的是背景测量，打开光源但没有样品，这时收到的信号是电子噪声的总和外加介质的散射和任何杂散光。每个探测器的暗流和背景都必须在样品测量过程中从每个探测器的信号中减去。由于各个探测器表面的灵敏度和放大电路存在不均一性，每个探测器的信号必须按探测器预先确定并归一化的某个整体转换因子进行缩放。最后获得一组可以用来进行粒径分析的散射通量 $f(\theta,\varphi)$。

（1）仪器校准和验证

打开电源后，应给仪器足够的时间让光源进行预热（通常为 0.5～2 h），以提供稳定的光强度。此期间还允许仪器在室温和光学台的内部温度之间达到平衡状态。如果没有这一平衡，温度变化会造成光学部件的各种变化，使得仪器需要频繁地校准。在样品分析之前，仪器应处于干净整洁的状态，通过参考或控制材料对齐并进行验证。如果在所需的测量范围内需要更换透镜或透镜位置，则需要更加仔细地对齐，以确保所有光学部件的正确定位，并达到指定的精度和准确性。

（2）样品准备与引入

在使用商业仪器进行测量时，如果不计应用不正确的折射率和颗粒形状偏离圆形可能产生的理论偏差，系统误差的主要原因通常是样品准备不当。样品准备不当的来源包括：①不正确的取样，在这种情况下，样品将缺乏对整批物料的统计代表性；②颗粒的不完全分散；③颗粒粉碎、溶解或蒸发。使用适当的样品准备程序，可以减少或避免这些可能的误差来源，提供分散良好、稳定的样品用于进行测量（见第 1 章）。用于分散样品的液体应当满足：在所使用的光源波长上是透明的；与仪器中使用的材料如 O 形环、管道材料等兼容；不溶解或改变颗粒物的大小；不含气泡或其他颗粒；能保持颗粒的稳定分散；折射率与颗粒显著不同；具有适当的黏度，以便进行分散和再循环；对健康无害，符合安全要求。

应注意放入样品池内的样品数量（浓度），通常通过遮光率或透射率进行监测。大多数商业仪器都有能产生最佳结果的指定遮光率范围。对于干粉，由于颗粒只通过散射体积一次，需要保持稳定的颗粒流量与流速。对于液体样品，避免或去除气泡是获得良好结果最常被忽视的步骤之一。

（3）液体样品中的气泡

测量液体颗粒最容易忽视的实验误差之一是样品中的气泡。由于气泡在水相悬浮液中有较大的相对折射率，它们像固体颗粒一样散射光，因此它们的存在会扭曲真正的颗粒分布。如果未去除的气泡在整个测量过程中保持稳定，在大多数情况下它们不会影响结果，因为它们的影响可以通过添加样品之前测量的背景来补偿。当颗粒大小与气泡不在同一粒径区域时，只需在结果中丢弃气泡峰即可。但是如果在背景测量中存在气泡，但在样品测量中由于其在循环过程中的逃逸或其他原因而消失，则会出现负的光散射通量数据。

取决于样品的性质以及水源，溶解气泡的粒径在微米至毫米之间。气泡在水中的大小范围为 40～500 μm，但在高黏稠的介质中为 8～1000 μm。在某些情况下可能会观察到过量的气泡，特别是如果供水线的水压很高，在减压到大气压后，其中的溶解气体会变成气泡大量释放出来。可以用手电筒检查样品池、样品入口端或液体表面，以观察是否有气泡。大气泡通常可以通过在样品模块中变速循环液体几分钟来消除。表4-2总结了最常见的（空气）气泡来源和避免气泡的方法。

表4-2 液体样品中的气泡

气泡来源	避免气泡的方法
溶解气体（温度升高和/或压力降低导致脱气）	尽可能使用过滤的瓶装水。自来水和去离子水都含有气泡。如果没有过滤瓶装水，可将水放置一段时间后才使用
过多的分散剂或残留清洁剂	尽可能减少表面活性剂的用量
介质的高黏度	处理黏性介质时要格外小心（沿容器壁倾倒，缓慢地移液等）；将仪器停止循环1~2h（或过夜），使气泡上升到表面或消散后再测量
软管或配件中的孔或缝隙	检查样品循坏管路是否有孔、折痕、撕裂，以及紧绌、生锈或颗粒堆积

4.3.2 数据分析

对于单分散颗粒，散射强度与散射角度之间存在一对一的关系。对于多分散样品，每个颗粒将以不同方式为散射角向图形贡献其独特的散射信号。在特定散射角度检测到的强度是所有颗粒散射的总和。每个探测器都有一个有限的面积，覆盖一个角度范围$\Delta\theta_i\Delta\varphi_i$。$\Delta\theta_i$和$\Delta\varphi_i$的值取决于探测器的径向位置。对于小角度探测器，$\Delta\theta_i$和$\Delta\varphi_i$通常非常小，在0.001°左右。对于大角度探测器，这个角度覆盖范围可以高达大约十分之几度。对探测器区域进行积分计算可得到每个探测器接收到的总光强：

$$a(\theta,\varphi,d) = \int_{\theta_l}^{\theta_u}\int_{\varphi_l}^{\varphi_u} I(\theta,\varphi,d)\mathrm{d}\theta\mathrm{d}\varphi \bigg/ \int_{\theta_l}^{\theta_u}\int_{\varphi_l}^{\varphi_u}\mathrm{d}\theta\mathrm{d}\varphi \tag{4-5}$$

式中，θ_u，θ_l，φ_u和φ_l分别为此探测器覆盖的θ和φ角度的上角和下角边缘；$a(\theta, \varphi, d)$是单位探测器区域在角度θ_u和θ_l的平均值θ处以及φ_u和φ_l的平均值φ处接收到的直径d颗粒的单位体积散射强度。每个单位探测器区域在平均散射角度检测到的所有颗粒的总散射强度是：

$$f(\theta,\varphi) = \int_{d_{\min}}^{d_{\max}} a(\theta,\varphi,d)q(d)\mathrm{d}d \tag{4-6}$$

这是第一类 Fredholm 积分，$a(\theta, \varphi, d)$ 为核函数。求解这个方程是个病态应用数学问题[42]。实践中为了解决粒径分布问题，这种连续积分通常被离散矩阵形式所取代：

$$\begin{bmatrix} f(\theta_1) \\ \vdots \\ f(\theta_m) \end{bmatrix} = \begin{bmatrix} a(\theta_1,d_1) & \cdots & a(\theta_1,d_n) \\ \vdots & \vdots & \vdots \\ a(\theta_m,d_1) & \cdots & a(\theta_m,d_n) \end{bmatrix} \begin{bmatrix} q(d_1) \\ \vdots \\ q(d_n) \end{bmatrix} \tag{4-7}$$

或 $$\boldsymbol{f} = \boldsymbol{a} \cdot \boldsymbol{q} \tag{4-8}$$

如果使用 Mie 理论或圆盘状 Fraunhofer 理论，由于散射模式的对称性，矩阵独立于 φ。因此在式 (4-7) 中，已删除变量 φ。矩阵的左侧表示在散射角 θ_i 检测到的强度，i 为从 1 到 m 个探测器。检测到的散射光来自所有直径为 d_j 的颗粒，这些颗粒单位体积散射出 $a(\theta_i,d_j)$ 的光量，j 为从 1 到 n 个颗粒。颗粒的数量不计其数，分布可能是连续的，但为了方便起见，可将颗粒分级。在离散矩阵形式中假设有 n 个预先设定上下限的粒级。所有处于某一粒级粒径上下限之间的颗粒，将会被归入此粒级。矩阵 $\boldsymbol{a}$ 称为散射核，可以根据第 2 章中描述的理论进行计算。使用矩阵反演技术，颗粒粒径分布 $q(d_i)$ 可以从测量的 $f(\theta_i)$ 和计算的 $a(\theta_i,d_j)$ 求出来。每个仪器都有独特的探测器阵列，每个探测器具有固定的角度位置和面积，相应地覆盖不同的粒径测量范围。每个仪器也将整个粒径范围分为不同数量的粒级，每级有固定的位置和宽度。这样对于特定的样品与介质折射率，可为此仪器构建并计算矩阵 $\boldsymbol{a}$，此矩阵通常称为光学模型。

有许多方法可以从 $f(\theta)$ 得到颗粒分布。最简单的是假设分布符合某个分布函数，其解析式包含几个可调参数（通常两个参数，某些常见的分布函数见表 1-7）。此分布函数与光学模型相结合，使用猜测或估计的可调参数进行计算，然后用最小二乘法迭代，将计算出的散射通量与测量的数据进行比较，不断地对参数进行调整，以使计算值与测量值更好地吻合，一直到获得最佳吻合为止。与其他复杂算法相比，此方案所需的计算能力低，但是它假设的分布形式可能与实际分布完全无关。

在积分变换法中，$q(d)$ 由式 (4-6) 中的变换函数解析而来。在 Fraunhofer 理论的适用范围内，该变换函数提供了 Fraunhofer 衍射图案的精确解析解，而且得到的结果没有关于分布的任何先验假设或建模。由此导出的解是非常稳定的，不涉及迭代线性代数[43-45]。即使不求解式 (4-7)，也可以使用积分转换技术获得 $q(d)$ 的矩[46]。如果已知数量浓度 C_n，则可从前三个矩 M_1、M_2 和 M_3 中获取悬浮液单位体积中颗粒的平均大小 $\overline{d}$、总表面积 S 和总体积 V。

$$M_1 = \frac{2}{k_o^3 \lambda} \lim_{\theta \to \infty} \theta^3 \frac{I(\theta)}{I_o} = \frac{\pi}{\lambda} C_n \overline{d} \tag{4-9a}$$

$$M_2 = \frac{2}{k_o^3} \int_0^\infty \theta \frac{I(\theta)}{I_o} \mathrm{d}\theta = \frac{S}{\pi} \tag{4-9b}$$

$$M_3 = \frac{3\lambda}{4k_o^3} \int_0^\infty \frac{I(\theta)}{I_o} \mathrm{d}\theta = \frac{6V}{\pi} \tag{4-9c}$$

现在通用的方法是使用矩阵反演，如用式（4-7）中的矩阵反演来获取 $q(d)$。有许多矩阵反演和数据拟合技术可用，例如截断奇异值法、奇异值修正法、Tikhonov 正则化算法及 Chahine 迭代算法[47-53]。商业仪器中使用的算法几乎总是专有并且对具体运作过程保密。由于 Bessel 函数（这是 Mie 公式和 Fraunhofer 公式的数学基础）的振荡性质，以及核函数牵涉大量的矩阵元（例如在含有 100 个探测器的探测器阵列中，如果粒径分为 100 级，则有 1 万个矩阵元和 100 个方程），即使使用非负最小二乘法，直接反演往往还是会产生振荡和无物理意义的结果。使用 Chahine 方案可以克服这一点：该方案使用对粒径分布的迭代矫正，直到残差接近最小值[54]。另一种常用的调整与抑制反演过程振荡行为的方法是 Phillips-Twomey 方法[55,56]，在反演过程中添加一个平滑矩阵或协方差矩阵 H。在此方法中，式（4-8）的解决方案成为：

$$q_{\text{smoothed}} = (a^T a + \gamma H)^{-1} (a^T f + \gamma p) \tag{4-10}$$

式中，上标 T 表示转置；γ 是确定平滑程度的正则化参数；H 包含通过 q 元素的二阶差分或其他过滤实验误差和近似误差的约束（单独或同时）有效地连接 q 元素的平滑指令；p 是尝试性的解。对于任何归一化的 a，γ 通常在 0.001～1 之间。γ 的最佳选择可以通过反复尝试或使用通用交叉验证技术进行估计来确定[57]。Phillips-Twomey 方法的主要优点是其计算速度和稳定处理众多矩阵元的能力；其缺点是结果平滑，丧失了分辨率。在文献中可以找到 Phillips-Twomey 方法的描述，以及如何在求解激光散射实验中颗粒粒径分布时应用该理论的例子[58]。测量过程中扫描之间的强度波动也可以包含在矩阵反演过程中，以改进反卷积过程，提高探测少量大颗粒的灵敏度[59,60]。为了在反演中减少实验噪声的影响，在共轭梯度算法中可通过引入迭代步长调整参数对算法进行修正[61,62]。

如果对样品材料已有一些了解，例如粒径分布是单峰的还是多峰的，分布是狭窄的还是宽的，将这些内容纳入矩阵反演程序可能有助于获得更好的结果，拟合过程可以使用某些预调条件，或者使用平滑技术得到更真实的分布。这种"预先选择"的缺点是在大多数情况下，预先设定分布形式会使最终结果偏向所设定的形式，不同的设定可能导致不同的结果，偶尔会不利于获得正确的结果。图 4-32 显示了一个具有极广粒径范围（0.1 μm～1 mm）样品的散射角向图形和使用矩阵反演后得到的粒径分布。

在另一种约束正则化方法中，最可能的分布是通过最小二乘算法使以下表达式最小化，其约束条件是分布仅以非负数表示，并且在所选粒径范围之外具有归零的平稳函数：

$$(f - a \cdot q)^T w(f - a \cdot q) + \alpha(D \cdot q)^T (D \cdot q) \tag{4-11}$$

在上述表达式中，w 是一个 $m \times m$ 的对角矩阵，其矩阵元与数据点的方差成反比。约束条件通过由正则化参数α调节的矩阵算子 $\boldsymbol{D}$ 加载。上述两种方法已经多峰与多分散的聚苯乙烯亚微米乳胶样品验证，结果可与电镜结果相媲美，明显优于光子相关光谱的结果[63]。

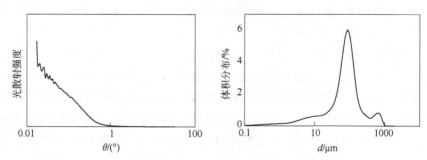

图 4-32 典型宽分布样品的散射角向图形与矩阵反演后得到的粒径分布

由于 Airy 斑反常变化，即对某些粒径范围内的非吸收颗粒，颗粒增大并不导致散射图形第一最小值的减小（见第 2 章），导致同一散射图形第一最小值可能对应于两个粒径。在这些粒径范围内（往往在 1～10 μm 范围内），这种反常特征将导致数据分析得出的颗粒粒径及其分布的不确定性。利用奇异值分解方法，可以对这种不确定性的发生机理进行解释，并可通过反演仿真验证[64]。这一 Airy 斑反常变化，会在运用 Mie 理论求解非吸收颗粒粒径分布时应用正确的折射率后得出假峰以及峰值位移。由于此现象对折射率虚部不为零（有吸收）的颗粒不显著，一种牵强的方法是给颗粒的折射率虚部人为地设置一个非零值，以消除假峰，可是却不能保证得到的反演结果符合样品的真实分布。如何在数据分析中将 Airy 斑反常变化结合进通用算法的流程中去，是颗粒表征界的一个努力方向[65]。

矩阵反演也已被用于求解核壳双层结构的球体。在假设核壳直径比为恒定且大小分布为三次 B 样条曲线的线性组合，通过对模拟实例和实验实例的角向散射强度数值的线性正则化技术反演，同时得到了核壳粒径分布和核粒径分布，以及粒径和核粒径轴向平面上的三维分布投影[66]。如果将广义二阶 Tikhonov 正则化方法与采用最优搜索策略（颗粒群算法）的极速下降优化算法相结合来求解此矩阵病态反演问题，则不需要假设分布形状，可以实现计算自动化，并且不需要人为地干预正则化参数的选择[67]。

将小角度散射与大角度偏振散射光强差（PIDS）测量相结合的散射实验数据分析过程与上述描述相似。因为前向散射和 PIDS 信号都是基于同一理论，并且都是用样品池中同一样品测量的，矩阵形式可以扩展成包括前向散射和 PIDS 两个部分。在式（4-12）中，$p(\theta_i,\lambda_j)$ 是在 θ_i（$i = m+1\sim k$）和波长 λ_j（$j = 1\sim h$）测量的 PIDS 信号。但是由于用于前向散射和 PIDS 测量的光源和探测器不同，它们的信号必须以不同的方式加权，然后才能组合成单个矩阵 [式（4-12）]。使用各种光度测量方法可以很容易地获得加权和标度常数。

激光散射实验中常见的一个误差来源是在数据分析中使用了不适当的光学模型，导致不正确的粒径分布：①多个假峰；②峰过多地增宽；③错误的平均值。

$$
\begin{bmatrix} f(\theta_1) \\ \vdots \\ f(\theta_m) \\ p(\theta_{m+1}, \lambda_1) \\ \vdots \\ p(\theta_k, \lambda_h) \end{bmatrix} = \begin{bmatrix} a(\theta_1, d_1) & \vdots & a(\theta_1, d_n) \\ \vdots & \vdots & \vdots \\ a(\theta_m, d_1) & \vdots & a(\theta_m, d_n) \\ a(\theta_{m+1}, \lambda_1, d_1) & \vdots & a(\theta_{m+1}, \lambda_1, d_n) \\ \vdots & \vdots & \vdots \\ a(\theta_k, \lambda_h, d_1) & \vdots & a(\theta_k, \lambda_h, d_n) \end{bmatrix} \begin{bmatrix} q(d_1) \\ \vdots \\ q(d_n) \end{bmatrix} \tag{4-12}
$$

正如前面所讨论的，对球形颗粒，Fraunhofer 理论是更全面的 Mie 理论的一个特例。对于直径比光波长大得多的球形不透明颗粒，Mie 理论可以简化成只涉及颗粒边缘光衍射的 Fraunhofer 近似。对于大于 100 μm 且不透明的颗粒，这两个理论几乎完全相同。在 10～100 μm 范围内的颗粒，Fraunhofer 理论可以是 Mie 理论的合理近似。对于小于 10 μm 的颗粒，Fraunhofer 理论会给出过分强调或低估分布的某些部分的扭曲结果[68]。但是当无法知道或猜测颗粒的折射率时，使用 Fraunhofer 近似是使用错误折射率 Mie 理论的另一无可奈何的选择。Fraunhofer 理论的优点是不需要知道样品的光学常数、颗粒形状只有微弱的影响。在使用 Mie 理论时，即使已知光学常数，也必须为每个材料生成一个独特的光学模型，颗粒的非球状可能对解产生很大影响。由于这些原因，即使现时使用 Mie 理论产生 100 × 100 矩阵或执行矩阵反演几乎可在瞬间完成，Fraunhofer 理论仍然在激光粒度法中占有一席之地。

图 4-33 是一系列激光散射测量悬浮在水中的各种直径的单分散聚苯乙烯乳胶球使用 Fraunhofer 理论和三个不同折射率 Mie 理论分析的结果。图中的相对偏差是与用正确折射率（$m = 1.20$）Mie 理论分析结果的差别。与由电镜测定的样品标称直

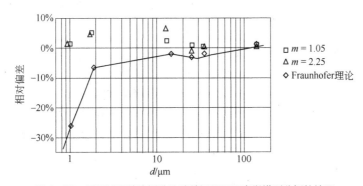

图 4-33 测量的聚苯乙烯乳胶球数据用不同光学模型分析的结果

径相比，Fraunhofer 理论在 $d > 30$ μm 时能提供与 Mie 理论一致的结果。对于较小的颗粒，即使 Mie 理论中使用的折射率不正确，得到的粒径仍然比使用 Fraunhofer 理论获得的粒径更接近于标称粒径。但是将这一结论推广至其他材料时，必须谨慎。

对于喷雾，液滴大小因喷嘴的设计和测量的空间位置而异。上述时间平均测量和数据分析程序无法提供有关液滴粒径在空间分布的信息。已开发出多种技术，将普通激光散射测量方法转变为沿喷雾径向方向的局部测量。然后使用结合消光和散射系数的去卷积方法[69]或断层扫描转换法[70,71]处理不同径向测量的数据，从而产生三维喷雾空间的液滴大小分布和浓度分布以及有实际意义的平均直径。

4.3.3 折射率效应

在激光粒度测量粒径的 0.1～100 μm 的范围内，折射率是测量与数据处理中最重要的参数。两个直径相同的颗粒产生不同散射图形的一个因素是颗粒的折射率。折射率又称为折射指数，是折射的一个度量，是波长、温度和压力的函数。如果材料在任何波长下都是不吸收和非磁性的，则折射率的平方等于该波长下的介电常数。对于有吸收的材料，复数折射率 $m = n–ki$ 的实数部分与折射相关，虚数部分与吸收相关。

由于角散射图形取决于介质和颗粒之间的折射率比，因此了解两者的折射率对于在必须使用 Mie 理论的粒径范围内表征颗粒至关重要[72-74]。Fraunhofer 理论独立于折射率，但无论颗粒多大，都不能用于相对折射率接近于 1（即透明材料）的颗粒，会发生异常衍射。

悬浮介质（如空气、水和有机溶剂）的折射率可在各种手册中找到[75]。这些值通常使用钠光（$\lambda_0 = 589.3$ nm）在某一个温度下确定。可见光波长范围内常用介质的折射率对温度或波长的依赖性很小。它们大多是不吸收的，折射率仅由实数部分组成。附录 3 列出了一些常见液体的折射率、黏度和介电常数。

颗粒的折射率取决于其材料的电子结构。图 4-34 以线性-对数坐标归纳了普通材料复数折射率的大致范围，实数部分 n 以线性 y 轴为坐标，虚数部分 k 以对数 x 轴为坐标。不同材料的折射率在各个领域的专业工具书或文献中可以找到：综合性折射率参考文献[76,77]；玻璃与光学材料折射率参考文献[78,79]；地质与矿物材料折射率参考文献[80-82]；高分子与涂料折射率参考文献[83-85]。

很多材料的折射率严重依赖波长，特别是色素或碳粉等彩色材料，通常需要从已公布的值通过外推、插值或估计来得到激光散射实验中使用的波长处的值。

颗粒物折射率的测定可以使用下列两种方法。

① 折射率匹配方法。此方法可以使用已知折射率（$n = 1.300～2.310$）的商品

液体[86]，也可以用不同比例的异丙醇（$n = 1.38$）与甲基萘（$n = 1.62$）混合物（$n = 1.38 \sim 1.62$）。将颗粒浸入这些液体中，并使用光线照亮这些液体。颗粒在具有相同折射率的液体中是看不见的，因此其折射率可以通过放大镜或光学显微镜仔细检查浸在这些液体中颗粒的可见度来确定[87,88]。图 4-35 是一个用异丙醇与甲基萘混合物测量无定形硅的例子。

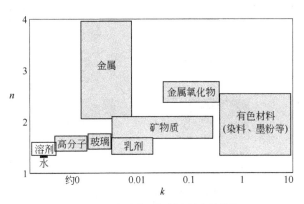

图 4-34 各类物质折射率的大致范围

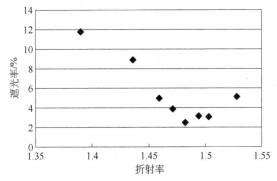

图 4-35 用折射率匹配法测量无定形硅的折射率

② Becke 线方法。Becke 线测试是光学矿物学中的一种技术，用于确定两种材料的相对折射率。Becke 线被定义为图像中在不同光学路径长度介质之间的边界上形成的宽、暗或亮线（由于折射和/或衍射）。当物镜和物体之间的距离增加时，它们会朝着较长的光学路径方向移动。Becke 线消失在完全聚焦的物体区域。Becke 线的形成可用图 4-36 说明。在图 4-36（a）中，颗粒折射率高于周围介质，当目标高于焦点时，颗粒内会出现一条明亮的 Becke 线，但当目标移到焦点以下时，Becke 线似乎会放大并包围颗粒。如果颗粒的折射率低于介质 [图 4-36（b）]，则情况相反。光将始终移向较高折射率的材料，折射率通过直接比较两种颗粒，或将颗粒浸

入不同折射率的液体中，并使用光学显微镜观察 Becke 线，Becke 线几乎消失的液体具有与颗粒相同的折射率[89-92]。

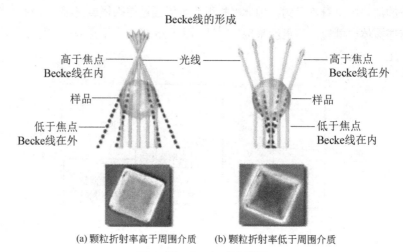

(a) 颗粒折射率高于周围介质　　(b) 颗粒折射率低于周围介质

图 4-36 Becke 线示意图

　　如果颗粒为几微米或更小，颗粒的折射率也可以通过其角散射强度图形[93]或相干条纹图像[94]来确定。如果颗粒接近于球状，则利用激光粒度仪测量的光散射图形与光束监测器测量的遮光率，通过迭代法求出代入各种折射率求得的颗粒体积分布所产生的理论散射图形与遮光率和实验相比之差的最小值，也可估计出颗粒的折射率[95]。对于球状亚微米颗粒，利用其垂直与水平偏振光散射的差异，从偏振光的角向散射测量，假设粒径分布与折射率，使用迭代的最小二乘法，可同时计算出折射率与分布[96-98]。这些利用实际激光粒度仪测量数据计算折射率都基于理想化的数据，即仪器（光学系统与探测器）不存在误差、测量数据不含任何形式的噪声、颗粒为光滑圆球状、颗粒材料为光学各向同性。

　　这些折射率的测定与确定通常只能用于折射率的实部。折射率的虚部与光的吸收有关，这些被吸收的能量会转变成热量或者以荧光/磷光的形式重新辐射。此外，在不规则的颗粒边界上，由于内部反射，一些光很可能丢失，这些通常也反映在折射率虚部，一般为 (0.01～0.03) i。在可见光范围，虚部通常与材料的颜色有关，即除与材料颜色相同的光波外，其余波长的光都将被吸收。例如红色材料将吸收除红色以外的所有光，白色材料不会吸收任何光，黑色材料将吸收所有光。

　　各种材料的折射率虚部很难在文献中查到。测定折射率虚部的方法也极其有限。有一种方法是基于薄膜的椭圆光度法，但测得的值也只能作为一个初始指南，因为可能不适合颗粒物[99,100]。折射率的虚部通常可以从材料的外观来估计。采用经验法，对于透明光滑的材料为零,乳液或其他液滴为 0.001;对于表面为白色但粗糙的材料为 0.01;对于涵盖最常见物质的灰色材料为 0.1;对彩色物体(颜料),可以根据材料的颜色来估计,例如蓝色颜料在除蓝色外的大多数波长处有高吸收性。因此在估计虚部的值时,波长为 450 nm 的良好近似值应接近于零,波长为 600~900 nm 的近似值应为 1~10。上述对折射率虚部的估计是以对数尺度进行的,说明它对球形颗粒散射图形的影响不如折射率实部那么敏感。

在激光散射测量中,只有相对折射率才是重要的。例如当同样的玻璃珠分散在空气中时,它们会产生与在水中不同的散射图形。在选择折射率时,还必须考虑分析该化合物的形式。例如《化学和物理手册》中列出了五种形式的氧化铝,每个都有独特的分子几何和颜色,以及不同的折射率实部与虚部,这五种化合物折射率的实部从 1.577 到 1.768 不等。

对于混合物,如果每个组分有不同的折射率,则没有理想的程序来确定应使用哪个折射率,因为测量是对所有颗粒进行的。可以用体积分数的加和来决定混合物折射率的实部,下式是对所有组分 i 加和。

$$混合物折射率 = \sum 折射率_i \times 体积分数_i \qquad (4\text{-}13)$$

当双组分混合物中两个组分的粒径相差很大时,仍可以使用激光散射来获得正确的粒径分布:如果组分 A 比组分 B 小很多,则可以使用组分 B 的折射率来计算小角度的散射核函数,使用组分 A 的折射率计算大角度的散射核函数。由于大颗粒在大角度上的散射较少,因此它们的信息主要从小角度的散射强度中得出,而小颗粒在小角度对整体强度的贡献较小;小颗粒的情况则相反,主要信息是在大角度获取。

当 Mie 理论用于矩阵反演时,使用正确的折射率对于得出准确的粒径分布非常重要。当相对折射率接近 1 时尤其重要,这时即使相对折射率的选择有略微不同,也可能导致结果发生显著变化[101]。图 4-37 显示了折射率在使用激光散射获得粒径分布时的影响。只有在矩阵反演中使用正确的折射率时,才能获得正确的结果,否则有可能得到错误或低分辨率的结果。在图 4-37(a)中,对 d = 0.48 μm 的聚苯乙

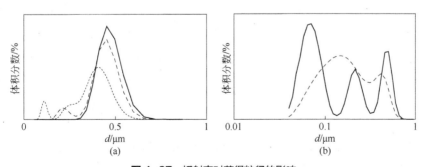

图 4-37 折射率对获得粒径的影响

烯乳胶球悬浮液，使用正确的颗粒折射率（$n = 1.60$）获得 0.48 μm 的正确粒径（图中实线）。当使用其他折射率时，分布的形状和平均值都不对。图中短划线的结果是用了 $n = 1.4$，产生了一个假峰，平均值移到了 0.42 μm；虚线是用了 $n = 2.0$，产生了一个假峰和左侧的肩膀，平均值成了 0.30 μm。另一个例子是图 4-37（b）中的聚苯乙烯三峰乳胶球混合物，当使用错误的折射率（$n = 1.4$ 而不是 $n = 1.6$）时，分辨率显著降低（虚线）。

4.3.4　浓度影响

测量区域的颗粒浓度应足够高，以产生足够的信号，达到可接受的信噪比，但同时还应确保多重散射对粒径测量的结果影响不大。颗粒之间的距离缩小至粒径的 3 倍之内就会开始出现多重散射[102]。在同样体积浓度下，颗粒数量与粒径的立方成反比，最小颗粒的单位体积数量最高。因此任何样品中最小颗粒的粒径决定了多重散射的起点。

多重散射的结果通常是增加散射的角度，如果不进行适当的校正，计算得到的小颗粒量将超过实际值。无法给出确切的适当浓度范围，因为它是测量区内分散颗粒的粒径、粒径分布宽度、激光束宽度和路径长度的函数。1 μm 颗粒典型的合适体积浓度约为 0.002%（假设样品池厚度为 2 mm），而 100 μm 颗粒的合适浓度约为 0.2%。上述浓度对应的入射光透射率分别为 95% 与 75%。通常小颗粒在分布中的比例在决定浓度上限中占主导地位，如果所有颗粒都大于 100 μm，则透射率低于 70% 可能也不会导致多重散射。浓度上限与下限因颗粒大小和仪器设计而异，一些商业仪器将合适的浓度范围设在当入射光透射率在 95%～85% 之间。对一般样品，多重散射在透射率低于 85% 时如果不经过校正会引入粒径测量误差。如果在数据处理时不校正多重散射的影响，在透射率低于 60%～70% 时将会导致严重的粒径测量误差[17]。

多重散射可以下列方式进行纠正[103,104]。将 $I_n(\theta)$ 定义为 n 个散射事件，检测到的散射 $I(\theta)$ 将有以下形式：

$$I(\theta) = P_1 I_1(\theta) + P_2 I_2(\theta) + \cdots + P_\infty I_\infty(\theta) \tag{4-14}$$

式中，P_i 是与悬浮液浓度和平均颗粒大小相关的 i 重多散射事件的概率，此概率可在 Rayleigh 散射范围内计算出来。$P_n = (\bar{Q}_{sca} \tau l)^n e^{-\tau l}/n!$，$\bar{Q}_{sca}$、$\tau$、$l$ 分别为平均散射效率、浊度和光路长度。定义 H 为散射事件的再分配矩阵，在该事件中，本应在角度 θ_i 收集的散射光被重新分到了角度 θ_j。因为第 n 个事件的散射源于再分配矩阵调制的第（n-1）个事件的散射：

$$I_n(\theta) = H \cdot I_{n-1}(\theta) \tag{4-15}$$

将式（4-15）代入式（4-14），

$$I(\theta) = (P_1 + P_2 H + P_3 H^2 + \cdots + P_\infty H^{\infty-1}) I_1(\theta) \tag{4-16}$$

单散射事件 $I_1(\theta)$ 可以根据测量信号 $I(\theta)$ 和给定仪器几何形状计算的 H 解出。但是 H 也是 I_1 的函数，所以求解式（4-15）并不容易，需要使用迭代过程。使用此方法，粒径分布为 0.3～100 μm 的水泥样品的激光粒度仪测量浓度从入射光透射率 80%～30% 都获得了同样的粒径分布[105]。虽然此校正算法已用于从入射光透射率低至百分之几的测量中获得了粒径分布[106,107]，但其一般有效性仍需要进一步测试和验证。

4.4　测量精确度与准确性

4.4.1　分辨率与精确度

分辨率描述了测量设备能够有意义地区分相邻的颗粒尺寸。高分辨率允许不同粒径的颗粒之间更容易进行区分，并且可以正确地确定分布的宽度。灵敏度描述了测量设备在给定粒径中有意义地区分颗粒数量微小变化的能力。高灵敏度使混合比具有更好的可比性，以及可以区别分布两端的少量大颗粒或小颗粒。由于不同大小颗粒的散射特性、探测器数量和角度的限制，以及数据处理阶段的限制，灵敏度在整个粒径范围内很不均匀，特别是对少量的大颗粒。为了避免灵敏度较低的分布两端的测量不确定性，应考虑测试样品的最小质量（见第 1.2.4 节）。

结合多元素探测器阵列、高效的样品处理模块和有效的数据分析程序，激光粒度法的峰分辨能力在整个粒径测量的中段应优于 2，即可以分辨出多分散样品中的两个峰，只要这两个峰的峰值比大于 2（甚至 2 以下）（见第 1.3.5 节）。在粒径测量的大粒径端，由于探测器在接近零散射角度处的数量与最小角度的限制，分辨能力会较低。在粒径测量的小粒径端，由于散射角向图形的平滑化，分辨能力也会较低。

仪器分辨率受探测器设计（数量、位置、几何形状、面积）、颗粒分布粒径箱的数量、粒径箱的宽度、整体信噪比、实际颗粒粒度分布范围、光学模型的构造以及去卷积过程中使用的算法的影响。探测器几何结构和粒径箱位置都是预先设定的，由于数据求解过程的复杂性以及使用的算法，最终得到的是平滑的粒径分布，因此对于窄分布样品，将会得到比原始分布更宽的分布结果。标称直径为 115 μm、220 μm、430 μm 的单分散玻璃珠混合物的测量结果 [图 4-38 (a)] 与图 4-38 (b) 中的电镜照片[108]相比，尽管单分散亚毫米球状颗粒粒径相当均匀，但由于设定的粒径箱的位置和间距，激光散射对混合物测量的粒径分布结果显著宽于真实分布。由于单分散样品的标准偏差或变异系数不可避免地与技术的固有分辨率有关，因此在对单分散样品用激光散射测量时，必须谨慎地处理测量报告的标准偏差或变异系数。然而对于大多数实际样品，其分布的峰宽比几个粒径箱更宽，这个问题并不显著。

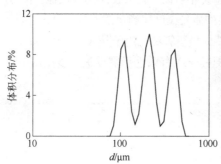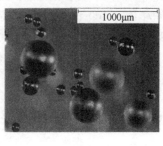

图 4-38　单分散玻璃珠混合物的测量结果

　　激光散射技术的进步带动了商业仪器的显著改进，提高了精确度，使用更加方便，样品处理更加通用，并且具有在线测量能力。在这项技术的发展过程中，有一些国家和国际合作研究项目，重点将其与其他颗粒表征方法比较，探索该技术的表征能力。对于球形颗粒，不同型号激光粒度仪测量得到的平均粒径和累积分布彼此接近，与其他方法获得的值相近，并有出色的可重复性。20 世纪 80 年代初的第一代商业仪器就已通过三年期间进行的大约 18000 次测量结果证明了这些优势[109]。使用激光粒度仪 10 次重复测量颗粒范围为 1～100 μm 的天然乳胶样品，平均粒径（8.59 μm）的标准偏差仅为 0.03 μm。对从同一批量样品中分离出 10 个子样品进行一次测量，平均粒径的标准偏差仅为 0.09 μm。这两个测试的其他统计值偏差也都很小[110]。

　　对于非球形颗粒，同一仪器对相同样品的重复测量和同一样品的不同制备之间的结果的标准偏差也很小。但不同仪器的非球形颗粒的粒径结果往往不一致，偏差也都参差不齐，这与样品的多分散性和颗粒形状有关。1994 年进行了一项国际合作研究，涉及 24 个实验室，使用 6 家不同制造商制造的 21 种激光衍射仪器，使用沉降法和电阻法（ESZ）作为比较结果的参考方法。研究使用了两种形状不规则的多分散石英参考颗粒材料（从欧洲共同体委员会共同体参考局获得的，经 Andreasen 移液管沉降法认证的 BCR 67 和 BCR 69 参考物质）。在这项调查中，每个参与者报告的三种方法的标准偏差都差不多。然而所有使用激光散射得到的平均粒径均大于使用电阻法或沉降法得到的结果。表 4-3 列出了从研究中提取的一些数据[111]。

表 4-3　电阻法、沉降法与激光粒度法的比对实验　　　　　　单位：μm

材料	d_{50}（证书值）	沉降法		电阻法		激光粒度法	
		SD	范围	SD	范围	SD	范围
BCR67	10.4	2	1	0.3	1	0.5	约 8
BCR69	37.9	0.3	10	1.5	10	3	约 17

在表 4-3 中，SD 是每个参与者测得的 d_{50} 的标准偏差的平均值，范围是所有参与者的 d_{50} 平均值的最大范围。所有数字的单位都是μm。d_{50}（证书值）源自 BCR 证书。激光粒度法不同仪器之间测量结果可重现性差可能是由于：①使用不同设计的样品处理模块来循环颗粒时，散射体积中颗粒定向可能有所不同；②由于仪器光学设计的不同，对不同粒径的颗粒可能有不同的测量灵敏度；③各类仪器探测器的设计不同，接收到的信号受颗粒定向的影响不同；④各个制造商在粒径求解过程中使用的算法和用于获取非球形颗粒表观值（等效球直径）的近似方法不同。

现行国际标准规定对于在仪器中不断循环的、已经良好分散、浓度也已满足仪器测量要求的液相样品，在短时间内 6 次测量的重现性应满足：每次测量的体积累积 10%、50%、90%处的值应与 6 次测量的体积累积 10%、50%、90%处的平均值相差分别小于±2%、±1.5%、±3%[4]。

4.4.2　测量准确性

实践中有两种方案来验证和确认激光粒度仪及其测量结果的准确性，最常用的是使用各类参考物质（见第 9 章）。可使用各种机构提供的单分散球形参考物质，或供应商提供的二级参考物质。多分散参考物质可用于测试仪器在整个粒径测量范围内的线性响应和灵敏度[112]。特定产品类别中具有典型成分和已知粒径分布的产品控制样品也可用于仪器验证，前提是此控制样品已证明能保持长期稳定。这类控制样品用于仪器验证时，其测量精度和偏差结果应符合先前确定的数据。在测量单分散参考物质时，至少 3 次（或 5 次）独立测量的平均值与参考物质认证值之间最大可容忍的不确定性应在根据下述公式计算的范围之内：

$$U_{\text{lim}} = \pm \text{CF} \times (u_{\text{crm}}^2 + u_{\text{p}}^2)^{1/2} \tag{4-17}$$

式中，U_{lim}、CF、u_{crm}、u_{p} 分别为可接受不确定性极限、覆盖系数、有证参考物质的不确定性、最大可接受仪器不确定性。覆盖系数一般取 2～3，d_{10}、d_{50}、d_{90} 的 u_{p} 值分别为 2%、1.5%、2.5%[4]。

第二种方案是不太流行、现已基本不用的方法，即使用参考网格。参考网格是使用半导体掩模制作技术，将精确的微小圆盘图像用超薄铬镀在抛光的光学平面上。参考网格中含一组圆盘，这些圆盘的直径符合某些确定的分布和已知的统计行为，通常使用对数正态分布中的离散形分布。大小不同的圆盘的数量取决于所选的分布函数和所需的浓度，可以使用可追溯到国家标准的校准量板测量这些圆盘。表 4-4 列出了 MSX62 参考网格中的圆盘数分布[113]。在此参考网格中，有 7135 个圆盘均匀但随机分布在直径为 20 mm 的圆上，有效面积覆盖率为 2.5%，预测遮光率为 5%。这些数值来自离散的对数正态体积分布，平均直径为 40 μm，分布宽度为 1.2。

表 4-4 MSX62 参考网格中的颗粒分布

直径/μm	圆盘数	直径/μm	圆盘数
20.74	13	38.06	1304
22.64	49	41.5	1023
24.68	149	45.26	640
26.9	360	49.36	320
29.34	697	53.82	127
32	1076	58.68	41
34.9	1326	64	10

将参考网格垂直地插入样品池的位置，这些圆盘如颗粒那样在入射光的照射下产生散射图形，并进一步被探测器接收后通过数据分析得出粒径分布，从而验证仪器的工作状态。然而其内在缺陷使得它无法用作通用验证工具。参考网格的主要缺陷来自所有网格中的圆盘都是静态的，而不是像样品池中的实际颗粒在不停地移动。它们的散射将产生独特的干涉图形，不同于通常由真正无规定向的动态颗粒产生的图形，也不完全符合 Fraunhofer 或 Mie 理论。同时，这种参考网格只适合有特定光束大小的仪器。如果光束的直径小于 20 mm，则只测到分布的一部分；即使光束直径大于 20 mm，光束强度分布的均匀性也会影响结果。这些内在缺陷除了影响圆盘直径测量的准确性外，还影响整个网格的测量精度，而且与仪器的光学结构有关。1988 年在 13 个实验室用 9 种不同型号的 21 台仪器进行的跨国比对实验中，同实验室的 95% 置信度的粒径测量 d_{10}、d_{50}、d_{90} 的重复性极限分别为 3.1%，1.1%，2.4%，可是不同实验室的 95% 置信度的粒径测量 d_{10}、d_{50}、d_{90} 的重复性极限分别高达 16.3%、9.9%、23.7%[114]。MSX62 的 d_{10} 和 d_{90} 的测量准确度约为 ±5%，远远低于使用真实球形颗粒样品测量时可达到的准确度[115]。为了克服圆盘为静态的缺陷，在理论模拟的基础上提出了两种改进方法：将圆盘在参考网格上的分布重新配置，并在后续数据计算中定义和添加散射光的相位功能，则可以得到失真很小的圆盘直径分布；另一种方法是完全随机、不加任何限制地在网格上分布圆盘，允许圆盘相互重叠，除了在

大直径端有个小的假峰，得到的直径分布与网格上的圆盘分布几乎完全一致[116]。

4.4.3 颗粒形状效应

自然界中的大多数颗粒，如大气粉尘、土壤、沙子和矿物粉末，普遍偏离激光粒度法中广泛应用的球状颗粒假设。它们可能有不规则形状、表面不光滑、颗粒内部光学各向异性，或者甚至在激光粒度仪的光源照射下会产生荧光或磷光。对于单个不规则形状的颗粒，只要知道颗粒的不规则性和大小，就有可能使用第2章提到的方法计算角向散射图形。然而要反过来从散射图形中揭示群体颗粒的大小和"简要"地描述其不规则形状几乎是完全不可能的。对于任意形状的颗粒群体，每个颗粒"大小"的定义和所需的散射模型会有所不同。因此从散射强度测量中获取"实际大小分布"通常不但是不可能的，而且毫无意义。

长宽比约为1的粒子可假设在测量过程中随机定向。对于长宽比大于5的颗粒，测量区域中的流动条件决定了颗粒采取所有可能横截面的可能性。研究表明，这种液体中颗粒通常在测量区域有优选的定向，特别是对于纤维和薄片，导致所测到的是来自优选横截面的散射。又由于这些非球形颗粒或非圆形横截面的散射图形没有轴对称性，不同仪器探测器的几何形状和方向影响了测定到的散射光强，导致不同仪器测量的结果不同。

对随机定向颗粒的测量，实践中有三个方案可用于处理散射实验结果。

第一个是使用球形近似，无论其真实形状如何，每个颗粒都被视为球体，这是所有商业仪器采用的分析策略。此方法只产生一个变量（直径）的分布，很容易与其他技术获得的结果相比较。这种方法其实很适用于许多不规则形状并在运动中的颗粒，因为每个探测器区域集成并平滑化了任何表面粗糙度引起的强度波动，此外颗粒的转动平滑化了边角效应，使得散射图形与球体产生的大致相近[117]。一项理论研究表明，散射图形的中央峰对颗粒形状不敏感，但颗粒的不规则形状可能导致过大的粒径结果。虽然第二个最大值以及散射图形的其余部分对颗粒的形状很敏感，但这些最大值在数据拟合过程中的影响较小[118]。然而对于许多颗粒来说，由于它们偏离了完美球体，所获得的（等效球）粒径分布只是表观或名义上的，而且还会有偏离。在某些极端情况下，对非球形颗粒使用球形模型的结果与事实大相径庭。例如当使用激光粒度仪测量单分散或多分散（但单峰）正方形片或立方体颗粒时，使用球形模型会产生多个峰，每个峰的平均值会远离真实尺寸[119]，对椭球状颗粒也观察到类似的现象。在比较激光散射结果和其他方法结果时，经常会出现这种系统偏差[120]。

对于非固体颗粒（例如多孔颗粒），使用不同方法进行颗粒大小分析的系统偏差要大得多。在一项利用 7 台不同型号的激光粒度仪和 8 台电阻法（ESZ）计数仪对几个具有不同孔隙度的二氧化硅进行的多国研究中，激光粒度仪之间的可重复性比不同的电阻法仪之间的可重复性差得很多。激光粒度仪报告的平均粒径与电阻法获得的平均粒径随着粒径的增加差别越来越大[121]。这主要是由于对于多孔材料，激光粒度测量的是颗粒的轮廓尺寸，而电阻法测量的是实际的固体体积，所以测出的结果永远比激光粒度仪小。图 4-39 显示了一个极端的例子，使用电阻法和激光粒度仪测量海绵板状材料颗粒的粒径时，这两种方法的平均粒径值相差高达 6.7 倍[122]。

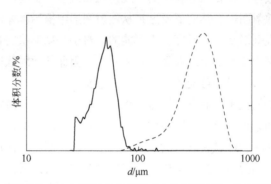

图4-39 用激光粒度法（虚线）与电阻法（实线）测量同一玻璃酸样品的结果

有许多激光粒度仪获得的平均粒径和分布与其他方法获得的结果的比对实验。在一项此类研究中，使用来自 8 个制造商的激光粒度仪、4 个制造商的光度沉降仪、3 个制造商的电阻法仪器和 X 射线沉降仪，测量了若干陶瓷粉末。对于所有粉末，激光粒度仪的可重复性接近光度沉降仪，但比 X 射线沉降仪和电阻法仪器差得很多。使用不同技术获得的平均值的偏差各不相同，此研究的部分测试结果见表4-5[123,124]。

表4-5 不同颗粒表征技术的粒径范围比对测试结果

材料	光度沉降法 $(d_{10} \sim d_{90})$/μm	激光粒度法 d_{50}/μm	光度沉降法 d_{50}/μm	X 射线沉降法 d_{50}/μm	电阻法 d_{50}/μm
氧化铝	0.9～4.1	2.1±0.3	1.7±0.2	1.9±0.1	2.2±0.2
钛酸钡	0.9～2.5	1.7±0.2	1.5±0.2	1.7±0.1	1.6±0.1
氧化锆	0.2～11	5.8±2.6	1.2±0.8	0.33±0.04	
碳化硅	0.16～1.5	0.61±0.10	0.45±0.18	0.46±0.10	
氮化硅	0.3～2.9	1.0±0.1	0.63±0.11	0.56±0.04	
氮化硼	2.1～15	8.8±1.3	4.9±1.2		6.7±0.8

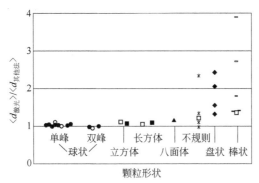

图4-40 激光粒度法测量非球状颗粒与其他方法的比较

在过去几十年间，除了上述多国、多技术、多仪器的比对测试以外，还有很多小规模的比较激光粒度法与其他颗粒表征技术的报道[125-127]。这些报告测试的样品不一，结论也各异，但是有一共同点，即对同一样品，激光粒度法几乎总是得出比其他方法更大的平均粒径。对 26 种粒径 2～1000 μm 不同形状颗粒样品的实际测量与文献结果的系统比较，证实了颗粒形状越偏离球状，激光粒度法与电阻法或动态图像测量的等效球粒径结果偏离越大（图 4-40 中的空心符号表示 d 激光/d 动态图像法，实心符号表示 d 激光/d 电阻法）[128]。对于非球状颗粒的混合物，这种偏离更甚，不同型号的激光粒度仪中会有不同的偏离[129]。每种技术用于非球形颗粒的球形近似都不同，即球形等效粒径与实际颗粒尺寸的差别因具体技术而异，激光粒度法与沉降法测量的粒径差异将不同于电阻法测量的粒径差异。实践中在比较激光散射和另一种技术时，通常用一些大小和/或密度分布的比例或权重因子人为地移动或重新衡量仪器的结果。在某些情况下可能需要进行相关性研究来找出各种因素及其随粒径变化的规律。

另一种途径是在 Rayleigh-Debye-Gans 区域或 Fraunhofer 区域对定向或随机定向的非球形但规则形状的颗粒使用有两个参数的公式。通常一个参数是固定的，而且两个参数的比例是固定的。例如对于随机定向的椭球 [具有半轴 (a, a, b) 的长椭球或具有半轴 (a, b, b) 的扁椭球]，如果另一个轴长度是固定的，可以在平均散射光强度的平方根与由平均横截面积确定的等效直径成正比的近似下，使用以下公式将形状系数 β 与一个轴长度的分布通过激光散射测量的直径分布 (d_{ld}) 联系起来[126]。对扁椭球：

$$\frac{d_{ld}}{c} = \beta_{oblate} = \sqrt{1 + \frac{\ln\left(\sqrt{\xi^2 - 1} + \xi\right)}{\xi\sqrt{\xi^2 - 1}}} \tag{4-18}$$

其中 $\xi = a/b$，当 $\xi = 1$ 时，$\beta = \sqrt{2}$；当 $\xi \to \infty$ 时，$\beta = 1$。对长椭球：

$$\frac{d_{\mathrm{ld}}}{c} = \beta_{\mathrm{prolate}} = \frac{1}{\zeta}\sqrt{1+\frac{\zeta^2\sin^{-1}\left(\dfrac{\sqrt{\zeta^2-1}}{\zeta}\right)}{\sqrt{\zeta^2-1}}} \tag{4-19}$$

其中 $\zeta = a/b$，当 $\zeta = 1$ 时，$\beta = \sqrt{2}$；当 $\zeta \to \infty$ 时，$\beta = 0$。在式（4-18）（扁椭球）和式（4-19）（长椭球）中，c 是一个比例常数。如果可以有另一个独立测量，则可以生成三维尺寸分布图。这些理论的应用仍局限于个别案例的学术性研究。

最后一条途径是尝试直接解决形状不规则且不对称颗粒的散射问题。不规则形状颗粒会有强烈的偏振效应，表面的边缘和气孔会对散射图形有平滑效应。一般的球形近似完全忽略非球形颗粒产生的偏振效应，从而低估了散射的横截面。有两种考虑这些效应的途径。一种是先计算单个颗粒的统计平均散射行为，然后加和所有颗粒的这些散射图形。另一种是直接计算整个颗粒群的平均散射强度。已有很多半经验方法可用于这两种途径[130,131]，其中一些可以成功地预测与实验结果吻合的角向散射图形。例如将 Mie 理论与 Fraunhofer 理论相结合，使用缩放等效球体、Fresnel 系数平均的偏振光反射，以及透射光强度经验对数公式的全局分析技术来生成散射图形。用该方法得到的立方体、片状、八面体颗粒和凹凸颗粒等多分散样品的角散射图形与实验数据吻合得很好[132]。然而在实践中仅通过计算散射图形来吻合已知颗粒的实验数据是不够的，如果要从随机定向颗粒的测量中揭示不规则形状颗粒的大小信息，还需要进一步研究发展。

激光散射在非规则形状颗粒测量中的另一个用途是小颗粒聚集形成的不规则团聚物的分形维度测定，尽管这种团聚物往往缺乏自相似性而且通常是多分散的。当散射向量值 K 大于 $1/R_{\mathrm{g}}$ 但远小于 $1/d_0$ 时（其中 R_{g} 和 d_0 分别是团聚体的回转半径和原始颗粒粒径），分形维度 d_{f} 和散射角向图形之间存在一个简单的关系：

$$I(K) \propto K^{-d_{\mathrm{f}}} \tag{4-20}$$

使用激光粒度仪可很容易地在小散射角度测量团聚物的分形维度[133]。

对有限数量（例如 $1\sim100$ 颗）的规则形状颗粒有另一种形状测定方法。对于任何非球形粒子，散射强度随方位角（图 2-1 中的 φ）的变化存在不均匀性。图 2-10 显示了矩形颗粒的不均匀性。对于圆柱体，在与其轴线正交的平面上散射会很强。因此通过测量少量颗粒散射随方位角的分布可以获得形状信息。可以使用定制的光电二极管探测器阵列 [图 4-41（a）] 与神经网络图形识别系统结合使用，以监测颗粒形状的变化[134]，方位角的散射图形也被用来分辨大气中的矿物纤维与非纤维状颗粒[135]。

在另一个设计中，在 55° 散射角使用 8 个在不同方位角上的探测器检测来自球形测量室内穿过光束的稳定流动颗粒流发出的信号，非球形颗粒在这 8 个探测器上检测到的信号会有所不同。根据每个颗粒 8 个信号的标准偏差计算得出一个"球形指数"，该指数随着颗粒偏离球体程度的增加而增加[136]。

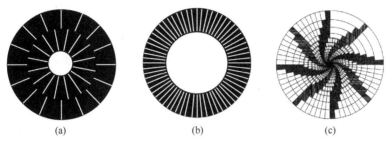

(a)　　　　　　　　(b)　　　　　　　　(c)

图 4-41　定制的光电二极管用于颗粒的形状辨别

另一种方式是使用圆环形光电探测器阵列［图 4-41（b）］从散射体积中的有限颗粒数量中检测方位角强度分布。通过每个方位角强度之间的相关性计算出方位角相关系数，从而表征颗粒形状。对于球体，由于所有方位角上的强度分布都是均一的，因此相关系数是一个常数。对于其他规则形状的颗粒，每个形状从 0°到 180°有独特的相关图。例如正方形颗粒的相关图在 0°、90°和 180°处有最大值，在 45°和 135°处有最小值；椭圆的相关图在 0°和 180°处有最大值，在 90°处有最小值。已用玻璃珠、头发纤维、沙子和晶体等各种形状进行了实验验证，也可通过此技术监测颗粒形状的变化[137]。这种用于区分规则形状颗粒特征或监控形状变化的测量只限于有限数量的颗粒，且颗粒方向不能完全随机，否则相关系数将降低，形状特征将消失。在这一设计中，检测环的大小必须根据颗粒大小和有效的透镜焦距进行调整。使用图 4-41（c）这一更复杂的探测器阵列，可以进一步增强对形状测量的灵敏性[138]。

参考文献

[1] Cornillault, J.; Particle Size Analyzer. *Appl Opt*, 1972, 11, 262-268.

[2] Campbell, J.R.; Limitations in the Laser Particle Sizing of Soils.//Roach.I.C.; *Advances in Regolith*. CRC LEME, 2003, 38-42.

[3] 胡华, 张福根, 吕且妮, 潘林超. 激光粒度仪的测量上限. 光学学报, 2018, 38(4), 0429001.

[4] ISO 13320:2020. *Particle Size Analysis-Laser Diffraction Methods*. International Organization for Standardization, Genève, 2020.

[5] Witt, W.; Röthele, S.; Laser Diffraction-Unlimited? *Part Part Syst Charact*, 1996, 13, 280-286.

[6] 潘林超, 葛宝臻, 张福根. 基于环形样品池的激光粒度测量方法. 光学学报, 2017, 37(10), 1029001.

[7] 张福根. 私人通讯.

[8] Totoki, S.; Particle Size Analyser: US 7248363, 2007.

[9] Bott, S.E.; Hart, W.H.; Extremely Wide Dynamic Range, High-Resolution Particle Sizing by Light Scattering.//Provder, T.; *Particle Size Distribution II*. ACS Symp Series 472, American Chemical Society, Washington D C, 1991, 106-122.

[10] Bott, S.E.; Hart, W.H.; Particle Size Analysis Utilizing Polarization Intensity Differential Scattering: US 4953978, 1990.

[11] Bott, S.E.; Hart, W.H.; Particle Size Analysis Utilizing Polarization Intensity Differential Scattering: US 5104221, 1992.

[12] Nagura, M.; Ishii, Y.; Ikeda, H.; Kurozumi, T.; Togawa, Y.; Particle Size Distribution Analyzer: US 7499809, 2009.

[13] Schmitz, B.; Bott, S.E.; Hart, W.H.; Laser Diffraction Particle Sizing Method Using a Monomode Optical Fiber: US 5610712, 1997.

[14] Baker, J.P.; Mott, S.C.; Wright, C.A.; Method and Apparatus for Dry Particle Analysis: US 5359907, 1994.

[15] Leschonski, K.; Röthele, S.; Menzel, U.; A Special Feeder for Diffraction Pattern Analysis of Dry Powders. *Part Charact*, 1984, 1, 161-166.

[16] Breen, T.; Schmitz, B.; Non-pressurized Dry Powder Dispensing Apparatus: US 6454141, 2002.

[17] Lehner, D.; Kellner, G.; Schnablegger, H.; Glatter, O.; Static Light Scattering on Dense Colloidal Systems: New Instrumentation and Experimental Results. *J Colloid Interf Sci*, 1998, 201, 34-47.

[18] Bott, S.E.; Hart, W.H.; Method and Apparatus for Particle Size Analysis: US 5056918, 1991.

[19] Trainer, M.N.; Methods and Apparatus for Determining Small Particle Size Distribution Utilizing Multiple Light Beams: US 5416580, 1995.

[20] 魏永杰, 魏耀林, 葛宝臻. 两探测面结构激光粒度仪的接收光路设计. 中国粉体技术, 2009, 15(1), 8-10.

[21] 葛宝臻, 魏永杰, 魏耀林. 共轴双探测面的激光粒度仪: 2006100139679, 2009.

[22] Wei, Y.; Li, W.; Ge, B.; Wei, Y.; Study on Broadening the Size Range in Laser Particle Size Measurement by Combined Spectrum Technology. 2008 International Conference on Optical Instruments and Technology: Optoelectronic Measurement Technology and Applications, 71601E.

[23] 葛宝臻, 魏永杰, 魏耀林. 样品后置型双焦面探测的激光粒度仪: 2007200997237, 2008.

[24] 葛宝臻, 魏永杰, 吕且妮. 共轴两焦面探测信号的激光粒度测试. 光电工程, 2007, 34(7), 35-38.

[25] 范继来, 刘伟, 朱奕龙, 李闯, 陈权威. 一种正、反傅里叶光路结合的激光粒度仪: 2016111164979, 2018.

[26] Chen, J.; Wang, H.; Shen, J.; Light Scattering of Particles Illuminated by a Divergent Beam. *Opt Laser Eng*, 2012, 50, 1410-1415.

[27] Igushi, T.; Togawa, Y.; Apparatus for Simultaneously Measuring Large and Small Particle Size Distribution: US 5185641, 1993.

[28] 董青云, 范继来. 一种单光束双镜头激光粒度仪: 200820218506X, 2009.

[29] 张福根. 一种激光粒度仪: 2010201636064, 2011.

[30] 张福根, 邱荣强. 一种带斜置梯形窗口的激光粒度仪: 2017201957847, 2017.

[31] Xu, R.; Extracted Polarization Intensity Differential Scattering for Particle Characterization: US 6859276, 2005.

[32] Conklin, W.B.; Olivier, J.P.; Strickland, M.L.; Capturing Static Light Scattering Data Using a High Resolution Charge-Coupled Device Detector.//Provder, T.; *Particle Size Distribution Ⅲ*. ACS Symp Series 693, American Chemical Society, Washington D C, 1998, 14-22.

[33] Szychter, H.; Cilas Particle Size Analyzer 1180: How to Measure Coarse and Fine Particles at the Same Time with a Video Camera and a Short Bench. *Powder Handling and Processing,* 1998, 10, 412-413.

[34] de Boer, G.B.J.; de Weerd, C.; Thoenes, D.; Goossens, H.W.J. Laser Diffraction Spectrometry: Fraunhofer Diffraction Versus Mie Scattering. *Part Charact,* 1987, 4, 14-19.

[35] Inaba, K.; Matsumoto, K.; The Measurement of Particle Concentration using a Laser Diffraction Particle Size Analyzer. *J Soc Powder Technol Japan,* 1997, 34, 490-498.

[36] Strickland, M.L.; Olivier, J.P.; Conklin, W.B.; Hendrix, W.P.; Apparatus and Method for Determining the Size Distribution of Particles by Light Scattering: US 5576827, 2000.

[37] 范继来, 李闯, 陈权威. 一种结合图像法测量的激光粒度仪及其测量方法: 2015106412353, 2016.

[38] Wang, N.; Shen, J.; A Study of the Influence of Misalignment on Measuring Results for Laser Particle Analyzers. *Part Part Syst Charact,* 1998, 3, 122-126.

[39] 沈建琪, 王乃宁. 小角前向散射激光测粒仪光电探测元件的对中问题. 上海理工大学学报, 1998, 20, 30-34.

[40] Kurozumi, T.; Togawa, Y.; Light Scattering Particle Size Distribution Measuring Apparatus and Method of Use: US 6833918, 2004.

[41] 葛宝臻, 李文超, 马云峰, 魏耀林. 基于四象限探测的激光粒度仪自动对中技术. 光学精密工程, 2010, 18(11), 2384-2388.

[42] Tikhonov, A.N.; Arsenin, V.Y.; *Solution of Ill-posed Problems.* Winston, Washington D C, 1977.

[43] Chin, J.H.; Spliepcevich, C.M.; Tribus, M.; Particle Size Distribution from Angular Variation of Intensity of Forward-scattering Light. *J Phys Chem,* 1955, 59, 841-844.

[44] Kouzelis, D.; Candel, S.M.; Esposito, E.; Zikikout, S.; Particle Sizing by Laser Light Diffraction: Improvements in Optics and Algorithms.//Gouesbet, G.; Gréhanpp, G.; *Optical Particle Sizing: Theory and Practice.* Springer, Boston, 1988, 335-349.

[45] Bayvel, L.P.; Knight, J.; Roberston, G.; Alternative Model-Independent Inversion Programme for Malvern Particle Sizer. *Part Charact,* 1987, 4, 49-53.

[46] Mroczka, J.; Method of Moments in Light Scattering Data Inversion in the Particle Size Distribution Function. *Optics Comm,* 1993, 99, 147-151.

[47] Agrawal, Y.C.; Pottsmith, H.C.; Optimizing the Kernel for Laser Diffraction Particle Sizing. *App Opt,* 1993, 32, 4285-4286.

[48] 王天恩, 沈建琪, 林承军. 前向散射颗粒粒径分析中向量相似度反演算法. 光学学报, 2016, 36(6), 0629002.

[49] 林承军, 沈建琪, 王天恩. 用于前向光散射颗粒粒度测量的基函数 Tikhonov 正则化算法. 光学技术, 2016, 42(5), 424-430.

[50] 林承军, 沈建琪, 王天恩. 前向散射颗粒粒径测量中的多参数正则化算法. 中国激光, 2016, 43(11), 1104004.

[51] Wang, T.; Shen, J.; Lin, C.; Iterative Algorithm Based on a Combination of Vector Similarity Measure and B-spline Functions for Particle Analysis in Forward Scattering. *Opt Laser Technol*, 2017, 91, 13-21.

[52] 王晨, 张彪, 曹丽霞, 姚鸿熙, 许传龙. 颗粒粒径分布测量反演算法的改进. 光学学报, 2019, 39(2), 0212009.

[53] 戴珺, 沈建琪. 前向光散射颗粒测量技术中遗传算法的应用. 光子学报, 2021, 50(5), 0512002.

[54] Bassini, A.; Musazzi, S.; Paganini, E.; Perini, U.U.; Ferri, F.; Giglio, M.; Optical Particle Sizer Based on the Chahine Inversion Scheme. *Opt Eng*, 1992, 31, 1112-1117.

[55] Phillips, B.L.; A Technique for the Numerical Solution of Certain Integral Equations of the First Kind. *J Assoc Comput Mach*, 1962, 9, 84-97.

[56] Twomey, S.; On the Numerical Solution of Fredholm Integral Equations of the First Kind by the Inversion of Linear System Produced by Quadrature. *J Assoc Comput Mach*, 1963, 10, 97-101.

[57] Tarantola, A.; *Inverse Problem Theory*. Elsevier, Amsterdam, 1987.

[58] Heuer, M.; Leschonski, K.; Results Obtained with a New Instrument for the Measurement of Particle Size Distributions from Diffraction Patterns. *Part Charact*, 1985, 2, 7-13.

[59] Boxman, A.; Merkus, H.G.; Verheijen, J.T.; Scarlett, B.; Deconvolution of Light-Scattering Pattern by Observing Intensity Fluctuations. *App Opt*, 1991, 30, 4818-4823.

[60] Ma, Z.; Merkus, H.G.; de Smet, J. G.A.E.; Verheijen, P.J.T.; Scarlett, B.; Improving the Sensitivity of Forward Light Scattering Technique to Large Particles. *Part Part Syst Charact*, 1999, 16, 71-76.

[61] Ge, B.; Wei, Y.; Lü, Q.; Inversion of Particle Size Distribution with Improved Conjugate Gradient Algorithm. *Opti Eng*, 2007, 46(5), 054302-1-5.

[62] Wei, Y.; Ge, B.; Wei, Y.; Noise Effect in an Improved Conjugate Gradient Algorithm to Invert Particle Size Distribution and the Algorithm Amendment. *Appl Opt*, 2009, 48, 1779-1783.

[63] Finsy, R.; Deriemaeker, L.; Geladé, E.; Joosten, J.; Inversion of Static Light Scattering Measurements for Particle Size Distribution. *J Colloid Interf Sci*, 1992, 153, 337-354.

[64] Pan, L.; Ge, B.; Zhang, F.; Indetermination of Particle Sizing by Laser Diffraction in the Anomalous Size Ranges. *J Quant Spectrosc Ra*, 2017, 199, 20-25.

[65] 葛宝臻, 潘林超, 张福根, 魏耀林. 颗粒散射光能分布的反常移动及其对粒度分析的影响. 光学学报, 2013, 33(6), 1-14.

[66] Lagasse, R.R.; Richards, D.W.; Determining the Size Distribution of Core-shell Spheres and Other Complex Particles by Laser Diffraction. *J Colloid Interf Sci*, 2003, 267(1), 65-73.

[67] Clementi, L.A.; Vega, J.R.; Gugliotta, L.M.; Quirantes, A.; Characterization of Spherical Core-shell Particles by Static Light Scattering. Estimation of the Core and Particle-size Distributions, *J Quant Spectrosc Ra*, 2012, 113, 2255-2264.

[68] Tüzün, U.; Farhadpour, F.A.; Dynamic Particle Size Analysis with Light Scattering Technique. *Part Charact*, 1986, 3, 151-157.

[69] Hammond, D.C.; Deconvolution Technique for Line-of-Sight Optical Scattering Measurements in Axisymmetric Sprays. *Appl Opt*, 1981, 20, 493-499.

[70] Yule, A.J.; Ahseng, C.; Felton, P.G.; Ungut, A.; Chigier, N.A.; A Laser Tomographic Investigation of Liquid Fuel Sprays. Proc 18th Symp Combustion, 1981, 1501-1510.

[71] Li, X.; Renksizbulut, M.; Further Development and Application of a Tomographical Data Processing Method for Laser Diffraction Measurements in Sprays. *Part Part Syst Charact*, 1999, 16, 212-219.

[72] 沈建琪, 王乃宁. 小角前向散射激光测粒仪中折射率对测量结果的影响. 中国激光, 1999, 26, 312-316.

[73] 郭露芳, 沈建琪. 相对折射率对前向散射粒度测试的影响. 中国激光, 2016, 43(3), 0308004.

[74] Guo, L.; Shen, J.; Dependence of the Forward Light Scattering on the Refractive Index of Particles. *Opt Laser Technol*, 2018, 101, 232-241.

[75] Rumble, J. R.; *Handbook of Chemistry and Physics*. 102th ed. CRC Press, Boca Raton, 2021.

[76] Palik, E. D.; *Handbook of Optical Constants of Solids*. Academic Press, New York, 1997.

[77] Bass, M.; *Handbook of Optics*. McGraw-Hill, New York, 2010.

[78] Bansal, N.P.; Doremus, R.H.; *Handbook of Glass Properties*. Academic Press, New York, 1986.

[79] Kreidl, N.J.; *Optical Properties of Glass*. Amer Ceramic Society, 1991.

[80] Dana, J.D.; Dana, E.D.; *The System of Minerology*. Longman, 1981.

[81] Shelley, D.; *Optical Mineralogy*. Dept Energy, US, 1985.

[82] Deer, W.A.; Howie, R.A.; Zussman, J.; *An Introduction to the Rock Forming Minerals*. Longman, 1983.

[83] Lewis, P. A.; *Pigment Handbook*. John Wiley & Sons, New York, 1988.

[84] Brandrup, J.; Immergut, E. H.; Grulke, E. A.; *Polymer Handbook*. 4th ed. Wiley-Interscience, New York, 1999.

[85] Tilley, R.; *Colour and the Properties of Materials*. John Wiley, New York, 2000.

[86] Cargille Laboratories. *Specialty Optical Liquids*. Cedar Grove, 2019.

[87] Katritzky, A.R.; Sild, S.; Karelson, M.; General Quantitative Structure-Property Relationship Treatment of the Refractive Index of Organic Compounds. *J Chem Inf Comput Sci*, 1998, 38(5), 840-848.

[88] ASTM E1967-19. *Standard Test Method for the Automated Determination of Refractive Index of Glass Samples Using the Oil Immersion Method and a Phase Contrast Microscope*. ASTM International, West Conshohocken, 2019.

[89] Hilten, D.; Refractive Indices of Minerals through the Microscope: a Simpler Method by Oblique Observation. *Am Mineral*, 1981, 66, 1069-1091.

[90] Allaby, A.; Allaby, M.; *A Dictionary of Earth Sciences*. Oxford University Press, 1999.

[91] Mermuys, H.D.; Thas, O.; van der Meeren, P.; Determination of the Refractive Index of WaterDispersible Granules for Use in Laser Diffraction Experiments. *Part Part Syst Charac*, 2002, 19(6), 426-432.

[92] Cao, X.; Hancock, B.C.; Leyva, N.; Becker, J.; Yu, W.; Masterson, V.M.; Estimating the Refractive Index of Pharmaceutical Solids Using Predictive Methods. *Int J Pharm*, 2009, 368, 16-23.

[93] Schnablegger, H.; Glatter, O.; Simultaneous Determination of Size Distribution and Refractive Index of Colloidal Particle from Static Light Scattering Experiments. *J Colloid Interf Sci*, 1993, 158, 228-242.

[94] Yao, K.; Shen, J.; Measurement of Particle Size and Refractive Index Based on Interferometric Particle Imaging. *Opt Laser Technol*, 2021, 141, 107110.

[95] 范继来, 李闯. 一种激光粒度仪中颗粒折射率测量方法: 2015105516001, 2015.

[96] 潘林超. 激光衍射法粒度测量的准确性研究. 天津: 天津大学, 2018.

[97] 张晨雨. 基于散射光偏振特性的颗粒折射率测量方法研究. 天津: 天津大学, 2020.

[98] 张福根. 一种利用散射光的偏振差异测量颗粒折射率的方法及系统: 019110717916, 2020.

[99] Wahaia, F.; *Ellipsometry: Principles and Techniques for Materials Characterization*. Books on Demand, 2017.

[100] Dement, D.B.; Puri, M.; Ferry, V.E.; Determining the Complex Refractive Index of Neat CdSe/CdS Quantum Dot Films. *J Phys Chem C*, 2018, 122(37), 21557-21568.

[101] Hitchen, C.J.; The Effect of Suspension Medium Refractive Index on the Particle Size Analysis of Quartz by Laser Diffraction. *Part Part Syst Charact*, 1992, 9, 171-175.

[102] van de Hulst, H.C.; *Light Scttering by Small Particles*. Dover, New York, 1981, 470.

[103] Hirleman, E.D.; Modeling of Multiple Scattering Effects in Fraunhofer Diffraction Particle Size Analysis.//Gouesbet, G.; Gréhan, G.; *Optical Particle Sizing*. Springer, Boston, 1988, 159-175.

[104] Hirleman, E.D.; General Solution to the Inverse Near-forward-scattering Particle-sizing Problem in Multiple-scattering Environment: Theory. *Appl Opt*, 1991, 30, 4832-4838.

[105] Wedd, M.; Holve, D.J.; On-line Control of Powder Milling Using Laser Diffraction.//Proc World Congress Part Technol. 3, Brighton, 1998.

[106] Kokhanovsky, A.A.; Weichert, R.; Heuer, M.; Witt, W.; Angular Spectrum of Light Transmitted through Turbid Media: Theory and Experiment. *Appl Opt*, 2001, 40(16), 2595-2600.

[107] Dumouchel, C.; Yongyingsakthavorn, P.; Cousin, J.; Light Multiple Scattering Correction of Laser-Diffraction Spray Drop-Size Distribution Measurements. *Int J Multiphas Flow*, 2009, 35(3), 277-287.

[108] Toyoda, M.; Laser Diffraction Particle Size Distribution Measurement Instrument: Coulter LS and Its Application to Pigment Particles. *The Industrial Coating (Japan)*, 1998, 151, 30-34.

[109] Bürkholz, A.; Polke, R.; Laser Diffraction Spectrometers/Experience in Particle Size Analysis. *Part Charact*, 1984, 1, 153-160.

[110] Loizeau, J.L.; Arbouille, D.; Santiago, S.; Vernet, J.P.; Evaluation of a Wide Range Laser Diffraction Grain Size Analyzer for Use with Sediments. *Sedimentology*, 1994, 41, 353-361.

[111] Merkus, H.G.; Bischof, O.; Drescher, S.; Scarlett, B.; Precision and Accuracy in Particle Sizing, Round-robin Results from Sedimentation, Laser Diffraction and Electrical Sensing Zone Using BCR 67 and BCR 69. Prep 6th European Symp Part Charact, Nürberg, 1995, 427-436.

[112] Xu, R.; Reference Materials in Particle Measurement.//Knapp, J.Z.; Barber, T.A.; Lieberman, A.; *Liquid and Surface-Borne Particle Measurement Handbook.* Marcel Dekker, New York, 1996, 709-720.

[113] *Product Specification, Diffraction Reference Reticle.* Malvern Instrument, Malvern, 1993.

[114] ASTM E1458-12. *Standard Test Method for Calibration Verification of Laser Diffraction Particle Sizing Instruments Using Photomask Reticles.* ASTM International, West Conshohocken, 2016.

[115] Cao, J.; Watson, D.; Diffraction Patterns of Static Particles on a 2-D Surface. *Part Part Syst Charact*, 1994, 11, 235-240.

[116] Mühlenweg, H.; Hirleman, E.D.; Reticles as Standards in Laser Diffraction Spectroscopy. *Part Part Syst Charact,* 1999, 16, 47-53.

[117] Mühlenweg, H.; Hirleman, E.D.; Laser Diffraction Spectroscopy: Influence of Particle Shape and a Shape Adaptation Technique. *Part Part Syst Charact*, 1998, 15, 163-169.

[118] Jones, A.R.; Fraunhofer Diffraction by Random Irregular Particles. *Part Part Syst Charact*, 1987, 4, 123-127.

[119] Heffels, C.M.G.; Verheijen, P.J.T.; Heitzmann, D.; Scarlett, B.; Correction of the Effect of Particle Shape on the Size Distribution Measured with a Laser Diffraction Instrument. *Part Part Syst Charact,* 1996, 13, 271-279.

[120] Barreiros, F.M.; Ferreira, P.J.; Figueiredo, M.M. Calculating Shape Factors from Particle Sizing Data. *Part Part Syst Charact*, 1996, 13, 368-373.

[121] Michoel, A.; de Jaeger, N.; Sneyers, R.; de Wispelaere, W.; Geladé, E.; Kern, J.; van Amsterdam, P.; Den Tandt, Y.; Houtmeyers, E.; van Cotthem, L.; Influence of Porosity on the Electrical Sensing Zone and Laser Diffraction Sizing of Silicas. A Collaborative Study. *Part Part Syst Charact*, 1994, 11, 391-397.

[122] Palmer, A.T.; Logiudice, P.J.; Cowley, J.; Comparison of Sizing Results Obtained with Electrolyte Volume Displacement and Laser Light Scattering Instrumentation. *Am Lab*, 1994, November, 15-19.

[123] Hayakawa, O.; Nakahira, K.; Tsubaki, J.; Comparison of Particle Size Analysis and Evaluation of Its Measuring Technique with Fine Ceramics Powders, Part 1. *J Cera Soc Japan*, 1995, 103, 392-397.

[124] Hayakawa, O.; Nakahira, K.; Tsubaki, J.; Comparison of Particle Size Analysis and Evaluation of Its Measuring Technique with Fine Ceramics Powders, Part 2. *J Cera Soc Japan*, 1995, 103, 500-505.

[125] Flank, W.H.; Comparison of ASTM Round-Robin Data on Particle Size Using Three Different Methods. *Ind Eng Chem Res,* 1987, 26, 1750-1753.

[126] Endoh, S.; Kuga, Y.; Ohya, H.; Ikeda, C.; Iwata, H.; Shape Estimation of Anisometric Particles Using Sizing Measurement Techniques. *Part Part Syst Charact*, 1998, 15, 145-149.

[127] Inaba, K.; Matsumoto, K.; Effect of Particle Shape on Particle Size Analysis Using the Electric Sensing Zone Method and Laser Diffraction Method. *J Soc Powder Technol Japan*, 1995, 32, 722-730.

[128] Xu, R.; di Guida, O.A.; Comparison of Sizing Small Particles Using Different Technologies. *Powder Technol*, 2003, 132(2-3), 145-153.

[129] Choi, H.; Lee, W.; Kim, D.; Kumar, S.; Ha, J.; Kim, S.; Lee, J.; A Comparative Study of Particle Size Analysis in Fine Powder: The Effect of a Polycomponent Particulate System. *Korean J Chem Eng*, 2009, 26(1), 300-305.

[130] Schuerman, D. W.; *Light Scattering by Irregularly Shaped Particles*. Plenum Press, New York, 1980.

[131] Al-Chalabi, S.A.M.; Jones, A.R.; Light Scattering by Irregular Particles in the Rayleigh-Gans-Debye Approximation. *J Phys D*, 1995, 28, 1304-1308.

[132] Schuerman, D.W.; *Light Scattering by Irregular Shaped Particles*. Plenum Press, New York, 1980, 113-125.

[133] Bushell, G.C.; Amal, R.; Raper, J.A.; The Effect of Polydispersity in Primary Particle Size on Measurement of the Fractal Dimension of Aggregates. *Part Part Syst Charact*, 1998, 15, 3-8.

[134] Kaye, P.; Hirst, E.; Wang-Thomas, Z.; Neural-network-based Spatial Light-Scattering Instrument for Hazardous Airborne Fiber Detection. *Appl Opt*, 1997, 36, 6149-6156.

[135] Barthel, H.; Sachweh, B.; Ebert, F.; Measurement of Airborne Mineral Fibres Using a New Differential Light Scattering Device. *Meas Sci Technol*, 1998, 9, 206-216.

[136] Dick, W.D.; McMurry, P.H.; Sachweh, B.; Distinguishing Between Spherical and Non-spherical Particles by Measuring the Variability in Azimuthal Light Scattering. *Aerosol Sci Tech*, 1995, 23, 373-391.

[137] Heffels, C.M.G.; Heitzmann, D.; Hirleman, E.D.; Scarlett, B.; The Use of Azimuthal Intensity Variation in Diffraction Patterns for Particle Shape Characterization. *Part Part Syst Charact*, 1994, 11, 194-199.

[138] Heffels, C.M.G.; Polke, R.; Rädle, M.; Sachweh, B.; Schäfer, M.; Scholz, N.; Control of Particulate Processes by Optical Measurement Techniques. *Part Part Syst Charact*, 1998, 15, 211-218.

第**5**章

光学图像分析法

5.1 引言

显微镜分析是颗粒研究中不可缺少的工具。早在 1827 年，英国植物学家 Robert Brown 就使用光学显微镜发现了悬浮在水中的花粉颗粒的无规热运动，现在被称为"Brownian 运动"[1]。简单的光学显微镜可以提供单个颗粒特征和尺寸的视觉观察和检查，小至微米范围。光学显微镜还广泛用于在为其他颗粒表征技术准备样品时检查颗粒是否已被正确地分散。

显微镜法包括图像采集与图像处理和分析。图像采集可以通过光照射（光学显微镜，OM）或电子束轰击（电子显微镜，EM）来完成。根据电子能量和电子收集方式，常用的电子显微镜有透射电子显微镜（TEM）和扫描电子显微镜（SEM）。电子显微镜家族中可用于颗粒表征的还有带有原子序数 Z 对比的扫描透射电子显微镜（STEM）[2]、扫描隧道显微镜（STM）和原子力显微镜（AFM）。TEM 的粒度测量范围约为 $0.001 \sim 5 \ \mu m$，SEM 的粒度测量范围约为 $0.02 \sim 200 \ \mu m$。SEM 的聚焦深度是光学显微镜的数百倍，因此可以获得更多有关颗粒表面纹理的信息[3]。

在光学显微镜中，使用反射或透射光都可采集图像。但对于小颗粒，只有透射显微镜是适合的，特别是那些使用偏振光可以看到轮廓的。使用共焦激光扫描显微镜（CLSM），通过共焦光学将光聚焦到样品的特定体积元素上某个选定深度的点，一次聚焦一个，从而减少可能的离焦结构荧光模糊，可以进一步提高横向和轴向的图像分辨率，还可以用来获取颗粒孔隙度信息[4]。图5-1为CLSM与普通光学和电子显微镜的示意图。其他类型的光学显微镜，如全内反射荧光显微镜（TIRFM）、超分辨荧光显微镜（SRM）、暗场光学显微镜（DFM）、全内反射散射显微镜（TIRSM）、微分干涉对比显微镜（DICM）、近场扫描光学显微镜（NSOM）等，也可用于生物颗粒与工业颗粒的表征[5]。传统光学显微镜可接受分辨率的实际下限约为 3 μm，近十几年来有很多新技术，包括不用透镜的光学显微镜，采用各种尚在发展探索中的技术使分辨率逼近、达到、超过衍射极限，可以获得称为超分辨率的图像，甚至可以达到纳米级单个大分子的尺度[6-9]。光学显微镜没有理论上的粒径测量上限。如果颗粒大于几百微米，则不需要显微镜，一个简单的放大镜就足够了。

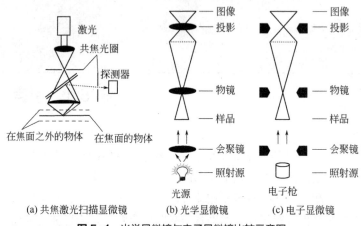

(a) 共焦激光扫描显微镜   (b) 光学显微镜   (c) 电子显微镜

图 5-1　光学显微镜与电子显微镜比较示意图
普通透镜；　电磁铁

　　光学显微镜分析比其他方法具有优势，因为它可以提供颗粒大小、形状、表面纹理和单个颗粒某些详细的特性信息。显微镜分析往往是单分散标准参考物质尺寸的最终判断。几十年前生产标准颗粒厂家的质量控制员是拿着把尺测量印在照相纸上的聚苯乙烯乳胶球颗粒图像的直径，每个圆形图像从各个方位测量几次，每个批次要测若干张照片中的数百颗颗粒，才能给出这一批次参考物质的有证直径与偏差，当然那把尺与照片的放大倍率都是经过认证、甚至可溯源的。现在一切都计算机化，用图像分析软件瞬间可得分析结果。显微镜方法的缺点也很明显。在大多数情况下，它们只能从二维颗粒投影得到信息，样品中颗粒的定向可以显著地改变结果。传统显微镜法只能分析与悬浮液中的颗粒相比可能具有不同大小、形状甚至质量的干燥颗粒，而且视野（测量区域）中可以检测的颗粒数量有限。这对于多分散样品，特别是每个颗粒的粒度、形状、表面都有可能不一样的工业样品，会带来极大的统计误差，见本书第 1.2.4 节中最小颗粒量的计算。

　　近 20 年来，随着微电子技术与光电探测器的发展而迅速发展的数码图像采集与处理技术，使得显微镜技术特别是光学显微镜技术，从传统获取单张图像演变成由图像采集设备、样品展现方法、图像分析构成的可在短时间内在同一视野中获取成千上万张图像的图像法，样品也从干粉扩展为各类悬浮液中的颗粒与喷雾。

已有很多介绍各类光学显微镜的参考资料，本章只在介绍现代图像分析仪时简要提及光学显微镜，而主要介绍图像分析仪的基本结构、样品展现方法（即颗粒是如何进入测量区域而被采集摄取成数码图像的），以及如何分析众多图像而得到颗粒样品的表征结果。由于图像分析越来越多地用于颗粒的形状分析，所以专设一节介绍颗粒形状表征的一些基本知识。

5.2 图像获取

动态图像分析仪（DIA）一般由下列部分组成：照明、颗粒输送（包括颗粒分散与定位装置）、光学系统、图像采集设备、图像分析（包括从图像中提取颗粒大小与形状参数以及这些参数的统计表示）。

5.2.1 入射光部分

光学图像法有两类光学图像采集体系。一类是被称为静态图像法的传统光学显微镜方法 [如图 5-1 (b) 所示]，这些图像采集区域一般为与透镜同样形状的圆平面，仅具有限的景深，每次由单张图像记录视野中静止的有限数量的颗粒，测定更多的颗粒牵涉到换样品与重新对焦等一系列手动操作。此类系统的特点是由于颗粒是静止的，可以调节放大倍数，或用前述各类光学显微镜观察较小颗粒（有的可以超过衍射极限）或颗粒的表面细节，但是很不容易观察大量颗粒。

另一类是被称为动态图像法的光学配置。如图 5-2 所示，图中光源部分含能产生极短脉冲光的光源与产生均匀准直光的一些光学部件；中间部分是将颗粒引入测量区域的部件，图中显示的是其中一种方法（循环液体样品），下一节将列出不同的方法；CCD相机部分含透镜体系，很多设置采用远心光学透镜系统，使测量区域的景深可长达 3 mm，所有颗粒在 3 mm 厚的区域内都有同样的放大倍率。这类系统的特点是在图像采集期间（或至少在采集前后），颗粒在不断地运动，所以通常用极短时间的光脉冲照射颗粒，使颗粒瞬间定格而避免得到模糊的图像。曝光时间是由脉冲

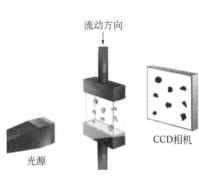

图 5-2 动态图像法光学示意图

光（闪光）的持续时间或图像采集设备的电子器件定义的图像采集设备的累积时间。曝光时间应与颗粒运动相适应，以减少图像的运动模糊。但不管光脉冲如何短，颗粒的清晰度永远逊于静止颗粒，其模糊程度取决于颗粒的运动速度、光脉冲的时间长度、CCD 的响应时间。这一模糊效果往往是决定动态图像分析仪表征颗粒在设定不确定性后的粒径测量下限的主要因素。对于球形颗粒，通过简单的几何分析可以得出：

$$l = vt = d(\varepsilon^2 - 1) \tag{5-1}$$

式中，l、v、t、d、ε 分别为曝光时间内颗粒运动的距离、颗粒运动速度、曝光时间、颗粒直径、所测球体粒径与实际球体粒径之比（相对粒径测量误差）。l 不应超过半个像素。如果希望相对测量误差小于 10%，则在图像采集期间，垂直于光束球体移动的位置不能超过球体粒径的 21%。对于任意形状的颗粒，

$$A_{err} = l d_F \tag{5-2}$$

式中，A_{err} 与 d_F 分别为由于颗粒运动引起的最大投影面积测量误差与垂直于运动方向的投影面积的 Feret 直径（见本书第 1.3.4 节）。

（1）光源

为了达到图像中最小颗粒边缘的模糊程度与颗粒和背景有足够对比之间的平衡，最佳曝光时间是正确成像的关键，光照时间必须短至使运动中的最小颗粒所带来的边缘模糊低于所设定的测量误差，且又长至能产生可从图像内分辨出颗粒的曝光度。有两类方法可以实现短时间曝光：①短时间的脉冲光：各种具有开关时度、光强度、稳定性和耐久性等不同特性的光源如放电闪光灯泡、频闪的发光二极管或激光二极管等脉冲光源；②使用连续光源，由采集设备在光源与样品之间加固定周期的光阻挡机关，以电子方式处理曝光时间，通常使用冷阴极荧光灯、LED 或白炽灯等连续光源。

取决于图像采集设备及结果所需要的图像是单色（黑白）还是彩色的，光源可以是多色或是单色的。多色照明可以得到颗粒的颜色信息，但也会引起额外的误差如色差。此外，颗粒边缘的位置和可能的模糊也与光源的光谱有关。提供多色光的典型光源是经典的闪光灯、日光灯、白炽灯和一些彩色 LED。单色照明可使用单色 LED 或激光，也可在多色光源后使用滤光片获得。显然单色照明得不到任何有关颜色的信息。使用激光照明采集设备时，图像评估应分别处理来自相干光源的斑点和相干效应。成像镜头的数字光圈与照明的波长限制了镜头的理论最大光学分辨率。

（2）光照方向

至少有两种不同的配置：从样品背面照明或从正面照明。从正面照明时，照明

方向和观察方向之间有一个小角度，调整此角度可以调整背景和前景（颗粒）之间的对比度，以及颗粒边缘的清晰度。

背光照明需要在颗粒样品的两面分别设置光源和图像采集设备。背光会在垂直于观测方向产生颗粒的投影，但对透明或半透明颗粒产生投影是个挑战。平行光能最大限度地增加颗粒图像边缘的对比度。背光照明可以提供颗粒的投影区域及其形状的信息，但缺乏颗粒的颜色和三维信息。

正面照明广泛应用于经典摄影，例如安装在相机上的闪光灯。与摄影一样，图像采集设备以及随后的图像分析应处理此配置的典型缺点，如入射光的反射、偏转和折射。通过调节角度可以得到清晰的颗粒表面和边缘的一些信息。

（3）特殊照明

某些特殊类型的照明可能会增强图像精细结构的对比度，例如将照明中的未散射光束排除在图像之外的暗场照明。暗场显微镜的主要局限是最终图像中的低光照水平和图像结构的解释。明场显微镜可以使用临界或 Köhler 照明来增加光学分辨率，但却又会降低透明颗粒的对比度[10]。

在光学相差显微镜技术中使用偏振往往能提高图像的对比度。

5.2.2　静态图像法样品导入

在静态图像法中，干燥颗粒或液滴内的颗粒样品通常放置于洁净的玻璃载片上后，用某种方法固定，然后放置于显微镜的成像平面与视场中。有很多种方法可以将颗粒导入成像视场中，这里仅列出几种。

（1）浆液稀释法

将适量样品与黏稠液体（明胶、蔗糖或甘油的水溶液，火棉胶的乙酸戊酯溶液）在玻璃上用刮刀充分混合，形成稠的浆液，无团聚产生而且分散良好。用刮刀尖端取一点浆液试样于同种黏稠液体中稀释并混匀，将此液体置于显微镜载片上，用一块盖玻片压平，使每一个视场中约有 20 个颗粒。使用盖玻片有助于在高的放大倍率下提高分辨率。此类载片干后不可重复使用[11]。

（2）过滤法

将已知体积的悬浊液通过已知孔隙大小的膜(通常是用于矿物油过滤的 0.8 μm 的硝化纤维素膜)进行真空过滤，比孔隙大的颗粒会留在膜上。只要悬浮液用量与颗粒浓度适合，颗粒可以很好地分散，没有重叠。需要保持膜的适当湿度用于测量，所以膜制成之后必须马上测量。如果不是立即测量，可以使用保持膜透明的胶，将膜插在两片干净的载片中间[12]。

（3）樟脑–萘法

由质量分数分别为 60％的樟脑和 40%的萘组成熔点为 32℃的共熔体系 C-N，在真空条件下极易升华。将适量（如1g）待测粉体和一定比例的 C-N 装入一个塑料袋中，然后用手搓揉塑料袋，利用手心的热量将颗粒完全解团聚，使其在 C-N 中均匀分散。待塑料袋冷至室温后，取出一些固体混合物，将其转移到放置在加热台上的显微镜载片上。当样品熔化时，用盖玻片将其压平，然后在 C-N 在真空系统中完全升华前移开盖玻片。这项技术能在空气中测量颗粒，折射率差异明显，然而不能用于流动颗粒例如玻璃珠，因为易于滑动的流动颗粒不能很好地粘在载片上[13]。

（4）干式沉积法

此法将颗粒沉积到一块粘有双面透明胶的载片上。必须很仔细地将待测的所有颗粒粘到载片上，并防止选择性地粘住某些粒度的颗粒。具体做法为将显微镜载片置于一个真空室的底部，真空室的顶部塞有圆锥形金属塞，待测颗粒放在塞子四周的凹槽内。将塞子拔起，室内真空度下降，颗粒以烟状喷射入真空室中并落在载片上。若在载片上粘上双面胶或涂抹一层油脂将有利于粘住颗粒。该方法的优点是能在空气中进行观测，折射率差异明显。

5.2.3 动态图像法样品导入

在动态图像法中，一般有三类九种方式可将颗粒在运动中导入测量区域：ⅰ.通过动态流体导入（如悬浮液、气溶胶、鞘流、湍流或停流式中的液流），见下面（1）～（6）；ⅱ.通过静态流体导入，如在注射器或自由落体系统中，颗粒受到外力作用（如重力）而定向运动，见下面（7）～（8）；ⅲ.通过移动载体（如传送带）导入，见下面（9）。

颗粒的定向在这些方法中各有不同。根据特定方法以及参数设定，颗粒可能是随机定向、沿颗粒形状某一方向完全定向或据颗粒大小与形状的不完全定向。颗粒的定向会影响到相应采集的颗粒投影的图像。在图 5-3 中，同一颗粒由于定向不同，可以得到完全不同的图像，如果不仔细辨别，则将从传统的粒度分布报告中得到错误

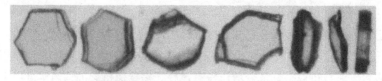

图 5-3 颗粒定向不同所得到的不同图像

的结论。图 5-4 是图像分析法中的颗粒按界矩形模型测量出来的矩形宽度的分布。但这些分布其实是由颗粒的不同定向造成的，并不代表真正的薄盘状颗粒的宽度分布。

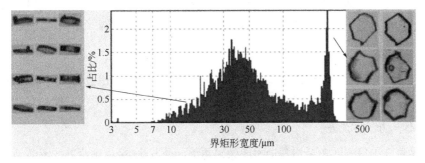

图 5-4　颗粒不同定向造成的颗粒宽度分布

（1）鞘流法

本方法利用鞘流来定位分散于中心液流内的颗粒（图 5-5）。中心液流及颗粒应精确处于图像采集设备的焦平面上。流量的大小和液体流动形状以及光照时间长短可根据待测颗粒的大小和形状调节。在光照期间，颗粒移动距离应小于图像采集设备的分辨率。当采用该方法时，长宽比很大的颗粒如纤维状或盘状颗粒的长轴的定向将趋于与流体运动方向一致。

（2）电阻法

本方法中图像采集的光学系统对焦在浸入电解质液体中小孔管的小孔处。小孔的两边各有一个电极，加电场后可在小孔中及小孔附近形成电感应区。当颗粒在真空抽吸下随着电解质液体通过该区域时，将产生电脉冲（参阅本书第 10.1 节）。

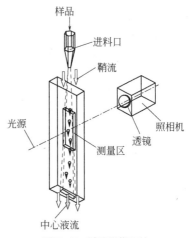

图 5-5　鞘流进样系统

该电脉冲触发频闪光源照射处于焦平面的颗粒，并由图像采集设备获得颗粒图像。利用电感应区系统，每次光照亮时仅采集单个颗粒的图像，而且颗粒常常在处于焦平面视野内的特定位置，如果颗粒浓度不是很高，颗粒间不会彼此重叠或延伸到画面之外。该方法的特点是颗粒取向和流体流动方向平行于图像采集设备的光轴。

（3）液相循环法

如图 5-2 所示，此方法类似于激光粒度仪液相中颗粒的测量，分散在液体中的颗粒随着液体不断循环地通过测量区域，每个颗粒可在无规定向中被测量多次。在测量过程中，可通过控制流速来适应不同大小、密度和形状的颗粒。通过合适的光学器件例如远心光学，可确保测量区域内所有颗粒都有同样的放大倍率。离焦颗粒可以使用图像处理技术舍弃。此方法的特点是可以将循环系统与激光粒度仪连接，同样的样品可以不限次数地先后通过激光粒度仪与图像分析仪，用两种技术测量。

（4）搅动法

分散在样品容器内不断被搅动的液体中的颗粒，在运动中被频闪光照射后而采集形成静止图像（图 5-6）。焦平面与测量区域可以根据容器的形状与搅动方式选取。

（5）动态停流法

这是介于静态图像采集与动态图像采集之间的方法。对小颗粒进行图像采集时，不管光脉冲时间多短，任何运动都将引起图像模糊，导致错误的粒度测量结果。在该方法中，悬浮于液体中的颗粒通过可控的液体流动装置流经图像采集区域，例如由步进马达推动的类似注射器的流动池。在采集图像时，样品暂时被停止推动，在图像采集后恢复流动。为保证相同颗粒不被重复测量，前次图像采集完成后，样品需流动一段预设时间间隔后再采集下一个图像。在图 5-7 中样品池部分，灰色段表示图像采集部分，白色段表示样品流动但不采集图像部分。

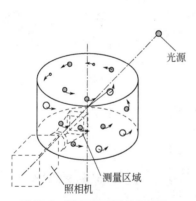

图 5-6　搅动图像采集法示意图

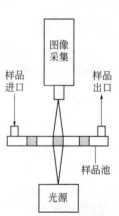

图 5-7　动态停流系统

（6）浸入式原位采集法

此方法主要用于测量液体中的微气泡。由于微气泡的稳定性较差，很短时间内即会灭失，必须在气泡产生后的短时间内进行测量。此浸入式原位法将处于防水保护的光源、光学系统、图像采集设备浸入含有气泡的液体中（图 5-8 中虚线所围部分），通过液流控制装置和测量区域的水稳结构，选择适宜的区域作为测量区域，这一区域应能代表被测体系的整体情况。测量区域中含有气泡的液体流动应当为层流，并根据气泡的密度情况判断测量区域的代表性，在微气泡通过测量区域时由图像采集设备采集微气泡的图像。原则上被测流体中不应含有或含有很少量的固体颗粒等污染物。如果在污水中进行测量，图像分析系统应该能够根据颗粒灰度与形状区别气泡与其他污染物。此方法的特点是由于微气泡大小随时间变化，可以在预定的时间间隔进行测量，以评估微气泡大小的变化情况。

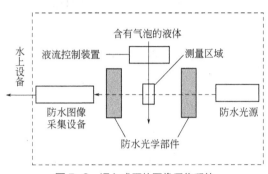

图 5-8 浸入式原位图像采集系统

（7）自由落体法

本方法通过振动加料器控制颗粒传送，加料器通过机械运动对颗粒进行分散并使其在加料器边缘形成自由落体垂直下落。颗粒下落过程中被适于图像采集强度的灯光照射，图像采集设备（快门照相机或线扫描相机）的焦平面与采集区设在下落区。样品下落区的宽度及下落速度通过振动加料器控制在合适值，从而保证颗粒通过图像采集设备的焦平面。由于该方法一般用于亚毫米级以上的干粉，颗粒运动所造成的图像模糊通常不会影响粒径或形状的正确测定。用该方式获得的图像可能有离焦颗粒，可用图像处理技术将其舍弃。

（8）传送带下落点测量法

此方法与自由落体系统相似，不过样品的传输与下落不是通过加料器的振动而是利用传送带。直接在物料流传送带终点下落点，用线光源和线扫描相机进行图像采集（图 5-9 中光源 8 与图像采集设备 8）。

（9）移动基体测量法

利用合适的分散设备将颗粒静止地置于运动中的传送带上，在入射光的最佳照射位置用线扫描相机或 CCD 相机测量在稳定状态下的颗粒（图 5-9 中的光源 9 与图像采集设备 9）。当使用透明的传送带（如玻璃质传送带）时，从传送带背后照射（光源 9′）可得到分辨率更高的二维颗粒图像。

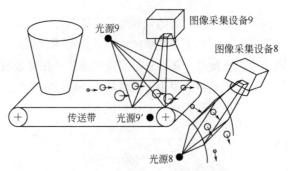

图 5-9 传送带上与下落处的测量

（10）颗粒定位

将样品（颗粒）引入测量区域的另一个要素是颗粒需要在光学测量系统的焦平面景深之内，这样图像中的颗粒才是清晰的，可以从中得出正确的粒径与形态。测量区域的深度与样品池（或样品区）的厚度（深度）有关，可接受的景深是光学系统景深与图像分析软件决定接受或拒绝模糊颗粒图像两个因素的组合。有两种可能的设置：

① 可以控制颗粒的运动，使得所有颗粒都在所测最小颗粒的可接受景深范围内，即所有颗粒都仅处于图 5-10 中虚线所围的体积内。这样所采集的图像中所有颗粒图像都应被接受进行分割。

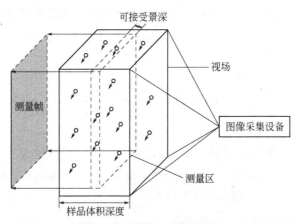

图 5-10 测量区与景深示意图

② 可允许颗粒自由进出可接受的景深体积。在图像处理时，在可接受的景深之外检测到的所有颗粒都应被拒绝，需要对结果中的颗粒数进行修正。如果可以足够快地控制图像采集设备的焦点以获取流体中移动的颗粒的精确图像，即景深区域随

着颗粒的位置而变（例如仅当移动的颗粒通过测量区域时捕获它们的图像），则也可以允许颗粒自由地在整个测量区内进出。在这种情况下，不需要校正颗粒数。

在颗粒通过测量区域时，还有两点需注意：i.颗粒必须能彼此自由移动，并且所有颗粒都必须以相同的速度穿过测量区，不能因大小不一而有不同的速度，也不能因在测量区域内的位置不同而有不同速度，这两种情况都会对结果造成统计偏差；ii.流体速度对颗粒定向的影响可能会影响颗粒在图像中的投影，从而影响对颗粒大小和形状的解释。

5.2.4 图像采集设备

（1）远心透镜

普通相机的成像透镜在距透镜不同距离的物体上显示不同的放大率。使用这些透镜时应该考虑颗粒位置（透镜到颗粒的垂直距离）对其在图像上的尺寸依赖性。远心透镜是一种特殊的光学透镜，提供正交投影，能在一段距离内（通常为数毫米）提供相同的放大率。物像平面之间的关系也适用于远心透镜，对固定的成像装置，远心镜头只能聚焦到物体的一个工作距离。所以在等同放大率扩展的景深范围，物体可能仍然失焦，但是产生的模糊图像仍然与正确聚焦的图像具有相同的放大倍率。在远心透镜中，物体空间中收集的所有主光线都与光轴平行，因此前透镜必须至少与要成像的物体一样大。远心透镜与平行于光轴的背照明结合可以扩大景深和增加透明物体的对比度。有两种远心透镜在可接受的景深范围内保持恒定的放大率：

① 在物侧远心透镜中，物体到透镜距离的微小变化不会改变结果图像的放大率。但是相机位置的微小变化会改变放大率。

② 双侧远心镜头的放大率与物体和相机位置无关。

（2）光学分辨率与失真

根据透镜的焦距与光学配置，可以从普通几何光学得出物体在图像中的表观尺寸与真实尺寸之间的比率。

测量线在图像中的分辨率被称为空间分辨率，光学分辨率描述成像系统分辨被成像物体细节的能力。成像装置的像素分辨率应与系统的光学分辨率相适应。高于光学分辨率的像素分辨率不会提供有关被成像对象的附加信息，但是使用比光学分辨率高 2~3 倍的数字分辨率来评估用于分割的图像清晰度和描述颗粒形状是有益的。如果数字分辨率高于光学分辨率，则不应使用数字分辨率来描述仪器的测量范围。普通光学系统的分辨率都有一个物理上的极限，即衍射极限。衍射极限空间分辨率与光波长以及物镜或物体照明源的数值孔径（以较小者为准）成正比。

图像平面由图像采集设备的平面传感器确定。然而实际透镜聚焦的物面可能不是一个平面，而是一个曲率场。收集光学系统的失真分为像差与畸变。当从物点发出的不同光束不是全部聚焦在一个像点上时，透镜的像差就会发生，像差引入额外的图像模糊。最常见的像差是由于透镜的球面和焦距的色差。畸变是光学系统的几何成像误差，最常见的是枕形畸变与筒形畸变，它们导致成像尺度的局部变化。畸变可以在系统校准过程中量化，并通过软件进行校正。也可以使用张正友标定法进行几何校正[14]。

（3）成像装置

成像装置有两类：①矩阵相机。即数码相机，包含一个将入射光子转换为电子电荷或电流的二维像素传感器阵列（CCD 或 CMOS）。②线扫描相机。线扫描相机有 1～4 行像素传感器，这些传感器在扫描中以一定的频率读出后，将记录的行堆叠起来成为扫描对象（颗粒）的连续图片，图片的长度只限于测量的时间。图像通过移动物体或移动相机的速度来标定。复印机或传真机就是使用线扫描相机的实例。线扫描方式允许在一行中有大量像素，并将测量帧的边缘效果从使用矩阵相机时的四侧减少到图像的两侧。

帧速率是采集设备记录连续图像（帧）的频率。帧速率对结果具有统计相关性。流动颗粒样品的记录需要高帧速率，从而可在短时间内采集足够数量的颗粒，使记录的图像能代表整个样品。当使用高帧速率时，有可能在连续的图像中多次记录同一颗粒，但对在旋转中的颗粒，有可能在多次记录中记录到颗粒各个侧面的投影。

为了保证后续图像分析的准确性，每帧图像中的颗粒应足够多，从而提高采集效率，并在剔除边缘颗粒与失焦颗粒后仍有足够的颗粒数量，但同时要避免颗粒在图像中重叠或相互接触。

矩阵相机用二维图像阵列的两个方向上的像素大小和像素数来确定采集设备的分辨率。这一分辨率应与光学分辨率相匹配，当其显著超过受数值孔径限制的光学分辨率时，图像信息并没有增益。同样通过对光学图像进行过采样而提高的数字分辨率并不能改善通过投影面对颗粒大小的测量。线扫描相机的线扫描率决定了第二维，即运动方向的分辨率。

（4）颗粒探测

在用矩阵相机连续采集图像时，由于帧之间有间隔，取决于颗粒移动的速度与在测量体积中的位置，每个颗粒可能被采集到一次、多次或零次（漏检）。如果样品中的颗粒有代表性地分布在测量帧中，并且可以通过软件对颗粒进行跟踪和处理，即使每个颗粒被观察多次，在最终的颗粒粒径分布中也不会观察到由于帧速率造成的偏差。使用线扫描相机系统不存在这个问题，因为所有颗粒只被相机采集一次。

应当控制颗粒的浓度以尽量减少颗粒图像的相互重叠。没有适当分离重叠的颗粒图像，会引入颗粒计数与粒径测量的误差。重叠颗粒图像引入的误差对长宽比、等效面积直径和长度等参数的影响，要大于对样品中最小颗粒的最长弦等参数的影响。但是单靠分析图像往往不能可靠地检测到颗粒的重叠，需要通过增加或减少每幅图像中颗粒的数量来从实验上核实颗粒接触或重叠对检测结果的影响。

5.3 图像分析

当图像采集设备记录图像后，下一步就是对图像进行分析，根据图像中颗粒在某一定向下的投影得出颗粒的信息。这些二维信息，在某些假设或外加条件下，可转变或推广成三维信息。

由于涉及大量的图像帧，现代化仪器几乎都采用程序化的自动图像分析流程。该流程包括：首先是从采集的图像中将颗粒通过分割过程抓取出来，然后根据拟定的方案将所有颗粒分类，并以一定数量的选定参数表示每个颗粒，最后做出这些参数的统计表示。根据样品的特性，分割过程可分为经典分割方法（图 5-11 左栏）与图像匹配法（图 5-11 右栏）两类。其中图像预处理可包含几何校正、图像滤波去噪与对比度调节；特征提取可包括纹理特征、空间特征、形状特征，以

图 5-11 图像分析流程概要

及彩色图像分析中的颜色特征；图像分割可包括分割方法选取、分割算法优化、边缘检测等。

5.3.1 分割

（1）图像校正

在图像处理前，首先要根据整个图像分析仪各个部件的情况与仪器的标定、校准的结果决定是否要对图像进行校正。

图像几何校正是对图像数据进行数字处理，校正成像比例（失真）的局部变化，使图像的投影与特定的投影形状相匹配。

图像噪声是指图像中亮度信息的随机变化，通常来源于不可避免的电子或光电探测中散粒的噪声。过多的图像噪声会影响分割方法，在分割前应使用数字滤波器

进行校正。

放大率的验证与图像失真的校准通常使用已知大小的球体颗粒、格栅或校准光栅来进行。

现代图像分析仪通常有算法可用于增强分析前的图像质量，例如阴影校正、调整大小、滤波、灰度图像上的形态滤波和图像类型转换、分离接触颗粒，以及从线扫描相机系统计算二维图像时颗粒运动的速度。使用这些增强算法的前提是测量值可以明确地与原始图像中的颗粒相关联，并且可以验证增强不会引入额外的颗粒尺寸误差或可能使最终结果产生偏差。图像的增强也可使用神经网络来进行[15]。对彩色图像，还需要进行色彩的校准与校正。

（2）互触颗粒

图像分析是对孤立颗粒进行测量的方法，采集的图像中应尽量减少相互接触的颗粒数量。没有适当的分离步骤，相互接触的颗粒将被计为一个颗粒而引入误差。在图像增强过程中，形状不规则的颗粒或有尖角的互触颗粒不应分开，因为这会扭曲颗粒的形状，在图像中改变它们的粒径，而且这种方法没有任何溯源性。所有互相接触的不规则形状颗粒都应从测量中剔除，并应注意从每个测量框中剔除的颗粒比例。接触的球形颗粒可以被分离，因为这只会使颗粒的面积产生轻微的变形。在无法避免颗粒接触的情况下，可以使用各种技术（例如分形分析）来识别聚合物或基于模型的分离技术来分离颗粒，但不应用在经过认证的参考材料的测量过程中。

单靠图像分析往往不可能可靠地检测到接触颗粒，需要通过增多或减少每帧图像内的颗粒数来实验研究互触颗粒对结果的影响。如果颗粒数不能改变，可使用尺寸和形状相似的参考材料进行实验测试。

（3）经典分割法

图像分割是将数字图像分割成多个部分的过程。在颗粒的图像分析中，图像的像素被划分为背景像素和属于颗粒的像素集。目前已经发展了几种图像分割算法和技术。但常用的是仅考虑使用完整像素数的方法，并用填充颗粒图像中的孔隙作为附加步骤。

在该方法中，所有灰度值高于某一阈值的像素都被视为前景，而灰度值低于某个阈值的像素被视为背景的一部分。通过逆二值化过程，图像可被转变为二值化的黑白图像。

图像分析中抓取颗粒的关键在颗粒的边缘。可以使用边缘检测算法：即沿确定的灰度值跟踪物体周围的轮廓。但这个方法不一定产生闭合曲线。

（4）模式匹配法

如果样品中所有颗粒都具有相似的特征和边界特征，例如多相系统中的油滴或气泡，则可以使用模式匹配法提取颗粒的典型特征并进行关联，以识别图像中与生成的模式中包含的特征相匹配的物体（颗粒）。基于模式的搜索原理同样适用于各种形状、颜色或具有其他系统性结构的颗粒。当物体与背景形成强烈对比时，自动目标识别是最有效的。

（5）图像内部空白

很多颗粒表面有孔,这些孔在图像中经二值化后会成为图像中的空白,如图5-12所示。根据表征的要求，这些内空可以通过上述同样方式进行测量与表征，也可填满，如果只是为了表征整个颗粒的外形。即使原来表观无孔的颗粒，由于图像分析仪的光学系统与图像处理中的二值化过程，图像中可能会存在孔洞或噪声像素点组成的小区域，特别是具有一定透明度的颗粒在成像过程中将形成亮斑，会导致图像处理后存在孔洞，这些像素点造成的小区域，一般明显小于被测颗粒尺寸，应进行填充。

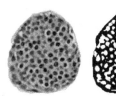

原颗粒图像　　　二值化后的图像　　　填补后的图像

图 5-12　含孔颗粒的图像分析

（6）颗粒分类

任何图像分析的原始结果是以像素表示的每个颗粒的投影面积，然后是每个颗粒中以像素表示的最长和最短 Feret 直径。从投影面积可计算出面积等效直径，从两个 Feret 直径之比可以计算出长宽比。其余形状描述符数值也可以从图像中测量出来。整个样品的统计参数可以从每个颗粒的数值中计算出来（见第 1 章）。

可以根据其形状和大小对颗粒图像进一步分类。根据形状描述符、颗粒特征和直径设置过滤条件，允许分离不同类别的颗粒，例如气泡为中心亮、周围暗的规则圆形，固体颗粒一般形状不规则。然后可以独立计算每个类别的粒径和形状结果。通过颗粒分类可得到每种颗粒类型的统计信息及统计列表，也可修改任何参数以调整要分类的颗粒，以及查看分类的颗粒缩略图。分类后的颗粒可以依据每一类别的参数做出多维统计计算与作图，例如可以根据颗粒的等效球直径、圆度与数量，做出三维分布图，一目了然地看出样品内颗粒按照大小与形状的分布。

5.3.2　边缘及阈值

在图像分析中，从记录下来的颗粒图像中测定的大小取决于阈值的选择。其与真值的偏差与颗粒的大小、形状、是否在景深区，都有关系。如果测量时颗粒悬浮的介质有混合的光学背景，例如在一些生物样品中，则阈值的设定对取得正确粒径结果是个很大的障碍，因为每个颗粒所需设定的阈值可能都不一样。在这种情况下，均一的自动阈值设置更容易造成结果的偏差。

阈值设定中较常用的是半振幅方法，即选择距离典型颗粒边界几个像素的背景小区域建立背景值，选择颗粒存在区中间的像素信号幅度来建立前景值，使用这两个值的平均值设置阈值水平[16]。手动阈值水平可通过直接比较阈值图像与原始图像进行主观检查。这种主观方法不是验证，但很容易检测到不正确的设置。

很多仪器现在都含有"自动阈值"的选项。此类自动阈值程序应根据具有与受试颗粒相似光学特性的认证标准物质或经认证的刻线进行核实，确保应用的阈值与颗粒大小无关。使用与被测材料具有不同光学特性的参考物质来建立阈值水平，可能导致所报告颗粒尺寸的重大偏差。在给定的分辨率下，所有颗粒都会受到这些偏差的影响，其大小随着颗粒粒径的减小而增大。

（1）理想图像阈值选择的影响

不考虑光学成像，将 100 个相同直径（240 像素）的完美圆形图像随机地放置在具有亚像素分辨率的像素网格上。完全位于圆形内的像素为黑色，位于圆形外部的像素为白色；在圆的边缘，像素仅部分被圆覆盖，灰度值与每个像素的颗粒内外面积成比例分配。即使没有任何光学模糊，也会产生灰度不等的边缘像素，这就需要确定阈值来区分背景和颗粒。如果使用 0 表示黑色，255（100%）表示白色，即 8 进位的灰度值，可以将图像二值化后通过计算像素来测量圆的面积。对所有 100 张图像进行平均，最后根据平均面积可计算出面积等效直径。使用理论上正确的阈值 127.5（50%），得到直径为 240 像素的正确结果。阈值偏离会使直径产生相应的线性偏离，当阈值偏离正确值±20%时，直径的偏差约为±1.3%。

（2）景深区内外颗粒阈值选择的影响

在真实图像中，阈值的选择对确定颗粒大小的影响更大。由于有限的光学分辨率和颗粒不一定在最佳焦平面，颗粒的图像往往不是非常清晰。实验证明只要颗粒完全处于焦平面，阈值的选择对测定的面积等效粒径影响不大。对于不在焦平面的颗粒：i.不管边缘如何模糊，在50%的阈值处基本总能获得可接受的结果；ii.由于边缘的模糊所造成的阈值选择对结果的影响随着模糊程度的增加而增大；iii.相对粒径测量的误差随着粒径的减小而增大；iv.对于在可接受景深区内的小颗粒，当远离焦平面一定距离后，二进制图像将消失，即小颗粒的可接受景深区比大颗粒小。

5.3.3 边缘上的颗粒

（1）计入所有在测量框内的颗粒

如果视场内出现的所有颗粒都用于测量，则最终分布的准确度将受到影响，因为一些颗粒将被视场的边缘所切割。为了克服这一点，在视场内定义测量框。可通过以下两种方式使用测量框。

① 所有颗粒都被分配一个像素（如在颗粒中心）作为功能计数点。颗粒只有在其功能计数点位于测量框时才会被接受。测量框可以是任何形状的，前提是两个框的边缘之间有足够的空间，以使视场的边缘不会切割任何可接受的颗粒[图 5-13（a）]。

② 使用矩形测量框架，底部和右边边缘定义为舍弃侧。接受部分或全部位于测量框架内且未接触舍弃侧面的颗粒。在矩形视场框和测量框的左上角之间有足够的空间，保证纳入计算的颗粒不被视场边界切割 [图 5-13（b）]。这涵盖了所有可能性，除了颗粒相交框架的两个对立边缘：这时颗粒或者太大，无法按设定的放大倍率测量，或者是针状的，以至于不适合按面积分类。

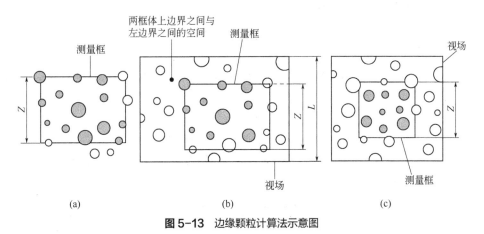

图 5-13 边缘颗粒计算法示意图

通过下列公式可以计算出可测量的最大颗粒。

如果矩形视场的短边长为 L，矩形测量框的短边长为 Z，如图 5-13（b）所示，为保证纳入计算的颗粒不被视场框切割，颗粒粒度应小于或等于 $L-Z$，即

$$d \leqslant L - Z \tag{5-3}$$

假设视场与测量框均为正方形，有效测量框面积与视场面积的比值为 r，则

$$r = \frac{Z^2}{L^2} \tag{5-4}$$

从式（5-3）与式（5-4）可以得到

$$r \leqslant \left(1 - \frac{d}{L}\right)^2 \tag{5-5}$$

当测量框面积为视场面积的 49% 时，即 $r = 0.49$ 时，$\frac{d}{L} = 0.3$，即小于视场短边长 30% 的颗粒可被准确测量。

（2）Miles-Lantuejoul 法

在此方法中，测量框内的所有颗粒均被计入，所有外面的颗粒包括被边缘切割的颗粒均不被计入 [图 5-13（c）]。可能需要大量的帧来最大限度地减少边缘效应影响所产生的错误，尤其是当颗粒与帧大小相比不是很小时。

由于由颗粒直径和测量框大小决定的颗粒落在测量框内的概率 P_i（Miles-Lantuejoul 因子）随颗粒粒径的增大而降低,测量框内的颗粒计数应通过除以 P_i 来加权[17,18]。对于非球形颗粒，在计算 P_i 时，颗粒的最长尺寸作为颗粒直径，同时矩形测量框的短边作为框体长度。如果选择边长为 Z 的正方形测量框，则对于大小为 d 的颗粒，P_i 通过下式得出：

$$P_i = \frac{(Z-d)^2}{Z^2} = \left(1 - \frac{d}{Z}\right)^2 \tag{5-6}$$

用 Miles-Lantuejoul 法时，当 P_i 大于 50%，同时不准备进行修正计算时，应测量小于测量框短边长 30% 的颗粒。无测量框测量时（即视场就是测量框），应使用 P_i 对不同粒径的颗粒数进行校正。

表 5-1 显示了用大小为 100 单位的方形框架采集的一个直径范围为 2～10 个单位不等的颗粒样品图像时，测量框中颗粒的计数和应用 P_i 校正后的计数。

表 5-1　用 P_i 校正计数例子

直径（任意单位）	原始计数	P_i	校正计数	直径（任意单位）	原始计数	P_i	校正计数
2	81	0.96	84	8	36	0.85	42
4	64	0.92	70	10	25	0.81	31
6	49	0.88	56				

（3）测量帧重叠法

测量帧重叠法是另一个将最大数量颗粒纳入总有效颗粒计数中时克服边缘效应的方法。此方法要求采集下一个测量帧的图像采集设备的移动具有足够的精度，以便为每个颗粒分配一个位置索引。这是防止颗粒计数重复的基本要求。

在测量帧的图像处理过程中，与测量帧边缘相互接触的颗粒被辨别出来并被标上位置，用于后续帧的分析。完全在测量框架中的所有其他颗粒都被计入。框架重叠的程度是根据对尺寸分布和所选放大倍数的了解事先决定的。此方法包括视场内与视场边缘不相互接触的所有颗粒[16]。

5.4 颗粒形状表征

颗粒形状的重要性及其对物理和行为特性的影响，包括包装和流体相互作用、内部摩擦角度、粉末流速、表观与振实密度、散装粉末特性、颗粒磨料、粉末压实包装、泥浆流变学、燃烧中的煤颗粒行为等方面的影响已广为人知。越来越多的颗粒表征不但需要一维的粒径信息和二维的表面信息，而且需要三维的形状与形态信息。尽管大部分表征技术的仪器设计与数据处理以球形颗粒为对象，但实际应用中的颗粒除了气泡与液滴，很少是球形的，如图 5-14 所示。而越来越多的颗粒产品设计与质量检验需要除了等效球颗粒直径以外的信息，因为人们认识到在很多情况下使用等效圆球假设与相应的表征报告有可能会影响或误导实际应用。图 5-15 是一个等效圆球直径测量与实际颗粒大小差别的实例。越来越多的表征技术开始将提供颗粒的形状信息作为进一步发展的目标。

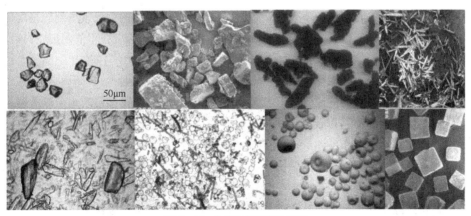

图 5-14 各类不同形状的颗粒

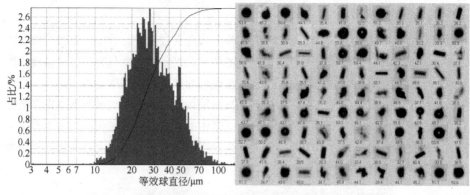

图 5-15　用等效球直径表示的测量结果与实际颗粒的大小与形状

　　现时发展最全面的颗粒形状表征技术是图像分析法，尽管主流图像分析仍停留在二维投影的形状表征。图像分析仪采集与测量图像，从这些图像中定性描述颗粒形状相对容易，可通过与参考样品的颗粒形状或标准颗粒进行目视检查。然而这种表征无法提供太多的信息，还需要定量描述。

　　通过对每个颗粒形状系数的测量与各类形状描述符的计算，可提供颗粒大小和形状信息，并根据形状描述符来选择性地查看与确认每个颗粒的信息[19]。也可以根据样品的 2 个或更多形状描述符的相关性，通过各种相关图的形式，观察样品的不同形状描述符数值之间的关系。通过相关图可以发现通常无法使用等效直径数据看到的独特子群，比较和识别罕见的事件和异常颗粒。

　　形状表征中一个重要部分是各种形状系数与形状描述符的定义。由于形状及其测量的复杂性，各个行业历史上根据业内的需求定义了众多的形状描述符。取决于各行业内颗粒材料的特性与业内的传统、惯例，这些形状描述符的数量、定义、名称、符号、分类等有众多的不一致。有同样名称而不同定义的（经常见到的是同样的名称但定义互为倒数），有同一定义不同名称的。而且同一定义在不同的历史时期、不同的行业有不同的名称。例如具有同样定义的球形度，1932～1970 年之间就有过操作球形度、Corey 形状因子、Williams 形状因子、长扁椭球指数等不同名称。

　　随着形状表征使用的越来越广泛，描述颗粒形状的标准化与普及也愈显重要。尽管现已有国际标准[20]以及相应的国家标准[21]，可是离形状描述符的全面规范化还差得很远。

　　本小节试图根据现有的文献资料给出形状测量系数与具有实用性的二维几何形状描述符的一般名称与定义，略去三维几何形状描述符（例如球形度），也不包含拓扑描述符。除了通过几何形状描述，还有基于颗粒轮廓分析与颗粒区域分析的数学形状描述符（表 5-2）[22]。

表 5-2　常用数学形状描述符

分析基础	数学形状描述符	分析基础	数学形状描述符
基于图像轮廓	Fourier 描述符	基于图像区域	图像动量描述符
	形状识别描述符		Zernike 动量描述符
	曲率尺度空间描述符		网格描述符
基于图像区域	角径向变换描述符		几何动量描述符

5.4.1　形状测量系数

最常见的从图像直接得到的测量数据为与分辨率有关的面积与周长，以及根据下述定义测量或转换得到的各种 Feret 直径、Martin 直径、弦长、等效圆直径等[23]。表 5-3 为图像形状测量系数，图 5-16 显示了几种测量系数的示意图。

表 5-3　图像形状测量系数

名称	符号	定义
面积	S	整个颗粒图像的像素数
周长	P	连续边界像素之间距离的总和
等面积圆直径	d_A	与颗粒等面积圆的直径（$d_A = \sqrt{4S/\pi}$）
凸壳面积	S_C	包含颗粒最小凸形体的面积
凸壳周长	P_C	包含颗粒最小凸形体的周长
等周长直径	d_P	与颗粒等周长圆的直径（$d_P = P/\pi$）
界圆直径	d_B	能包围轮廓的最小圆的直径
最大内切圆直径	$d_{i,max}$	在颗粒内部所取的最大圆的直径
最小外接圆直径	$d_{e,min}$	包含颗粒外廓的最小圆的直径
Feret 直径	d_F	与颗粒图像轮廓两边相切的平行线之间的距离
垂直 Feret 直径	$d_{F,ver}$	最顶部与最底部像素的距离
水平 Feret 直径	$d_{F,hor}$	最左边与最右边像素的距离
最长 Feret 直径	$d_{F,max}$	各个定向中最大的 Feret 直径
最短 Feret 直径	$d_{F,min}$	各个定向中最小的 Feret 直径
平均 Feret 直径	$d_{F,mean}$	所有定向中 Feret 直径的平均值
中位 Feret 直径	$d_{F,median}$	所有定向中 Feret 直径的中值
最小面积界矩形长度	A	①所有定向中找出 $d_F \times d_{F,90}$ 值最大的；②d_F 与 $d_{F,90}$ 中数值大的（d_F 与 $d_{F,90}$ 为正交的两个 Feret 直径）
最小面积界矩形宽度	B	①所有定向中找出 $d_F \times d_{F,90}$ 值最小的；②d_F 与 $d_{F,90}$ 中数值小的
弦长	d_c	与穿过质心的线相交的边界像素之间的距离

名称	符号	定义
水平弦长	$d_{c,hor}$	与穿过质心的水平线相交的边界像素之间的距离
垂直弦长	$d_{c,ver}$	与穿过质心的垂直线相交的边界像素之间的距离
最长弦长	$d_{c,max}$	在所有定向中的最长弦长
最短弦长	$d_{c,min}$	在所有定向中的最短弦长
平均弦长	$d_{c,mean}$	所有定向中弦长的平均值
中位值弦长	$d_{c,median}$	所有定向中弦长的中值
Martin 直径	d_{MD}	最接近平分颗粒面积的弦的长度

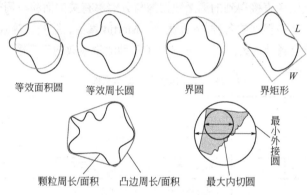

图 5-16 各类图像测量系数示意图

5.4.2 形状描述符

由于历史与行业的原因，形状描述符的名称、分类、数量与定义在文献中各有不同。通常需要几个形状描述符的联用来描述给定的形状。形状描述符一般需要满足以下几个要求，以保证形状分析的结果不受分析参数的影响，并独立于颗粒度。

① 旋转与反射不变性：对于给定形状，描述符的值不随颗粒取向而变；

② 比例不变性：对于给定形状，不论颗粒尺寸如何，描述符的值保持不变；

③ 独立性：描述符的各要素相互独立，抛弃其中的一些要素不需要对其他要素进行重新计算。

图像分析仪得到的二维图像分析所用的形状描述符可分为几何描述符、比例描述符、介观描述符等类别，也可分为宏观描述符、棱角性描述符、介观描述符、表面织构描述符等类别。表 5-4 中的描述符来自各类文献[24-32]。由于分类并不为应用提供更多的信息，故在下列表中没有标明类别。由于图像分析仅提供二维信息，所以一些与三维有关的描述符，如球形度（等效体积直径与等效面积直径比的平方），没收录在表中。

表5-4　形状描述符一览表

名称	算法	注解
形状因子（form factor）	$F = P^2/4\pi S$	比较等周长圆面积与颗粒面积
粗糙度（roundness）	$R_n = 4S/\pi d_{F,max}^2$	比较颗粒面积与直径为 $d_{F,max}$ 的圆面积
紧凑度（compactness）	$C_o = \sqrt{R_n}$	
长宽比（aspect ratio）	$AR = d_{F,min}/d_{F,max}$	也有定义为 $AR = d_{F,max}/d_{F,min}$
凸度（convexity）	$C_I = P_C/P$	P_C 是凸形体的周长
实体率（solidity）	$S_I = S/S_C$	S_C 是凸形体的面积
扩展性（extent）	$EX = S/(d_{F,max} d_{F,min})$	比较颗粒面积与最长最短 Feret 直径的乘积
圆度（circularity）	$C = P/P_{cir}$	P_{cir} 为等面积圆周长。除了圆盘，C 大于 1
分散度（dispersion）	$DP = \log_2(\pi ab)$	a 与 b 为 Legendre 椭圆的轴
延伸率（elongation）	$EL = \log_2(a/b)$	用于 Legendre 椭圆
无规度（irregularity parameter）	$IP = d_{i,max}/d_{e,min}$	d_i 与 d_e 为最大内切圆与最小外接圆的直径
Legendre 惯性椭圆长轴	$d_{L,max} = a$	中心位于颗粒图像质心，与颗粒面积有相同的一阶和二阶几何惯性矩的椭圆长轴
Legendre 惯性椭圆短轴	$d_{L,min} = b$	中心位于颗粒图像质心，与颗粒面积有相同的一阶和二阶几何惯性矩的椭圆短轴
椭圆率（ellipticity）	$ER = b/a$	
纤维长度（测地线长度）	$L_{LG} = \dfrac{P + \sqrt{P^2 - 16S}}{4}$	用于细长等宽的颗粒
纤维宽度（测地线宽度）	$L_E = S/L_{LG}$	用于细长等宽的颗粒
卷曲度（curl）	$Cur = d_{F,max}/L_{LG}$	卷曲度的倒数为平直度
延伸度（elongation）	$EL = L_{LG}/L_E$	用于细长等宽的颗粒
矩形度（rectangularity）	rectangularity = $Max(S/S_{BR})$	是颗粒面积 S 与各个方向的边界矩形面积 S_{BR} 之比中的最大值

表中的 Legendre 惯性椭圆通过下述方法算出：

$$d_{L,max} = 4\sqrt{\alpha + \beta} \tag{5-7}$$

$$d_{L,min} = 4\sqrt{\alpha - \beta} \tag{5-8}$$

式中，α 与 β 分别为测量坐标惯性矩 σ_{xx}、σ_{yy}、σ_{xy} 的函数：

$$\alpha = \frac{1}{2}(\sigma_{xx} + \sigma_{yy}) \tag{5-9}$$

$$\beta = \sqrt{\alpha^2 - \sigma_{xx}\sigma_{yy} + \sigma_{xy}^2} \tag{5-10}$$

$$\sigma_{xx} = \frac{1}{n} \sum (x_i - \overline{x})^2 \tag{5-11}$$

$$\sigma_{yy} = \frac{1}{n} \sum (y_i - \overline{y})^2 \tag{5-12}$$

$$\sigma_{xy} = \frac{1}{n} \sum (y_i - \overline{y})(x_i - \overline{x}) \tag{5-13}$$

$\overline{x}$，$\overline{y}$ 为图像质心的坐标，可由下列公式算出：

$$\overline{x} = \frac{\sum_{i=1}^{N} (x_{i+1}^2 - x_i^2)(y_{i+1} + y_i)}{2\sum_{i=1}^{N} (x_{i+1} - x)(y_{i+1} + y_i)} \tag{5-14}$$

$$\overline{y} = \frac{\sum_{i=1}^{N} (y_{i+1}^2 - y_i^2)(x_{i+1} + x_i)}{2\sum_{i=1}^{N} (y_{i+1} - y_i)(x_{i+1} + x_i)} \tag{5-15}$$

Legendre 惯性椭圆的长轴方向角也可以通过下述公式算出：

$$\theta = 90° - \frac{180°}{\pi} \arctan\left(\frac{\sigma_{xx} - \alpha - \beta}{\sigma_{xy}}\right) \tag{5-16}$$

上述形状描述符对规则形状的值可以通过简单的几何计算得到。例如圆盘、正八边形、正六边形、正方形与正三角形的形状因子 F 分别为 1.0、1.055、1.103、1.273 与 1.654。

5.4.3　颗粒色彩表征

传统图像法基于颗粒的灰度图像进行阈值分割，从二值化的颗粒图像中提取粒度、形状、形态等信息。随着图像采集设备例如 CCD/CMOS 相机的发展，图像传输速度不断提高，像素从单进位的黑白到 24 位的全彩色，所采集到的图像愈来愈接近于物体原来的色彩，相机价格也愈来愈低，图像分析已逐渐从黑白进入到彩色时代。相比于颗粒的灰度图像，彩色图像包含更丰富的颜色和纹理等信息，这些信息有助于颗粒的分割与识别，特别是对于黑白图像难以区分的物体，例如油田岩芯、金相结构与颗粒混合物。

在彩色图像的分割中，原始颗粒图像像素点根据相应特征被分为背景像素和隶属于彩色颗粒的目标像素集。颗粒彩色图像分割可采用与黑白图像同样的分割方法，但在设定分割、分析方法时多了色彩这一主要特征及其参数，也多了由于色彩而显出的空间关系特征和纹理特征及其参数。往往采用相应的量化方法将多种特征信息表达为向量的形式，作为分割的依据。

色彩特征是在彩色图像处理中应用最广泛的视觉特征，也是彩色图像首要考虑的图像特征。色彩特征对图像本身的尺寸、方向和视角的依赖性较小，具有较高的鲁棒性。提取图像的色彩特征时，可以选择合适的颜色空间，以利于颗粒彩色图像的分割。常用的颜色空间有 RGB 颜色空间、CIE LAB 颜色空间、HSI 颜色空间、HSV 颜色空间。其中 RGB 颜色空间是计算机图形学常用的，但是在处理彩色图像时不太有效，而且空间均匀性差。CIE LAB 颜色空间是国际照明委员会提出的基于人眼生理特征并且与设备无关的均匀颜色空间，可以有效地应用于测量微小色差。HSI 颜色空间适合传统的图像处理函数，因为明度（I）对 R、G、B 值的依赖程度是一样。HSV 颜色空间适合于处理色度与饱和度[33]。

5.5 仪器设置、校准与验证

5.5.1 仪器设置

（1）光源

要实现精确的粒度测量，整个视场上的照明必须均匀，并且能产生高对比度的图像，将颗粒与背景清晰地区分开来。足够的对比度对于检测和尺寸测量很重要，图像亮度应允许安全地区分属于颗粒对象的前景像素和背景像素，即对比度或动态范围应最大化。

（2）视野大小

最大颗粒的图像应能容纳在测量帧之内（图 5-10）。因为所有被测量帧边缘切割的颗粒都会被忽略不计，结果中所含颗粒的概率与就会与颗粒的大小成反比。所以粒径分布中的颗粒数应按此概率进行校正［见第 5.3.3 节中（1）和（2）］。为了避免由于此概率造成分布的过度变形，校正概率不应低于 0.5，即在选择放大率时，最大颗粒的最大直径不应超过测量区域矩形图像框较短边的三分之一。如果测量时能确保每个颗粒只采集一次，则无需进行此类校正。

（3）分辨率

使用图像分析按大小对物体分辨的理论极限为 1 个像素，即最大分辨率为 1 个像素。每类颗粒的粒径范围除了像素分辨率，也是颗粒总数、动态范围和最小颗粒所含像素数的函数。所有测量结果都以 1 个像素为最小单位进行计算与储存。

像素分辨率也决定了所能测量的最小颗粒。如果使用图像分析认证参考物质，则每个颗粒影像至少有足够多的像素配以正确的阈值设定，才能产生正确的单个颗粒粒径与样品的粒径分布。对测量普通样品，每个颗粒影像所含的像素数可根据拟定的测量偏差酌情减少。

（4）聚焦和可接受的景深

在所用光学配置下，测量体积应使最小颗粒也能达到与要求精度一致的清晰聚焦。应控制颗粒的移动，使其仅在图像采集设备的测量区域内通过。取样体积深度超过测量区域时，系统应使用多模标准颗粒或经过认证、不同大小的参考物体，通过扫描样品体积深度进行校准，保证测量区域内的颗粒能正确地代表整个样品。

（5）粒径分级

一般分析粒径分布时，粒径按所分类的粒级计算，每一级的粒径上下限取决于采集设备（传感器）分辨率、测量范围（放大率）和与样品粒径分布宽度有关的所需精度。由于粒径结果以像素长度分辨率表示，小于单个像素大小的粒级不能提供有意义的分析。特别是对于低像素分辨率的设备，应避免极窄的粒级。对于窄分布样品，分级可以基于线性级数；对于宽分布样品，分级可以基于对数级数。每级内颗粒的数量应达到所需的最大统计误差要求，如果无法增加测量颗粒的数量，则需要降低粒级的分辨率，即合并粒级成为更宽的粒级，以便将统计误差降低到可接受的水平。

分析软件应确保涵盖所有可能测量的颗粒尺寸，否则造成的信息丢失会给报告的粒径分布带来原本可预防的误差。

（6）仪器性能鉴定

颗粒运动特别是较小颗粒的运动，离焦颗粒的存在和其他光学效应都会在确定颗粒大小的分割过程中引入误差。仪器应当定期用运动中的球形或非球形参考颗粒对整个系统进行鉴定。这些参考颗粒可以是有证标准参考物质，也可以是仪器生产商提供的控制样品。每个样品应测量 3～5 次，其重现性由多次测量结果的分布确定，其结果的准确性与证书值比较后确定。验证的结果应使用经证实的长度转换成的像素数来表示。可以使用所测量的每个颗粒以像素数表示的投影面积、最长线性维度与最短线性维度。

（7）颗粒浓度测量

在前述样品引入方法中的几种方法允许在某些条件下测量颗粒总数，并如果已知测量体积，则还能测量颗粒浓度。颗粒计数不需要担心边缘效应，只要通过前景与背景之反差辨识出颗粒即可。

当使用线扫描相机采集自由落体或移动基体上的颗粒时［本章5.2.3节（7）～（9）］，由于每个颗粒只通过相机一次，只要没有颗粒被污染或丢失，总颗粒数的计数就是可能的。颗粒计数的另一种方法是使用矩阵相机的颗粒跟踪方法，如果帧频足够高，可以一次观察所有颗粒，通过软件处理跟踪不同帧内的颗粒，即使每个颗粒被观察多次，也可计算出总颗粒数。

对于在液体中的测量，如果测量区与可接受景深厚度大于样品池，只要样品池的体积已知，从单个测量中采集的颗粒数，就能得出浓度。每个单次测量都是一次浓度测量，多次测量可以得到更准确的平均浓度。

（8）颗粒形状的三维信息

在测量帧中相对于帧速率缓慢移动的旋转颗粒可以被图像采集设备从不同侧面成像多次。如果对每个颗粒进行多次观察，并通过软件在图像之间识别和跟踪颗粒运动，则可以从这些来自不同侧面采集的多个图像组合成颗粒的三维表示。如果对所有颗粒进行相同的各个侧面的投影图像采集，并用形状描述符进行统计，则可以提高三维尺寸和形貌测量系综平均的精度。

5.5.2 仪器校准与验证

（1）放大倍率校准

校准应包括视野均匀性的验证，通过使用经认证的标准图像标尺，测量值可追溯至标准米。还可以使用圆形物体（如玻璃上的铬点）校准放大系数。由于测量和校准是按面积进行的，因此与线性比例相比牵涉到更多的像素，导致放大率测量的更高分辨率。当不能在测量区域内放置显微刻度时，例如在生产环境中，也可使用直径可追溯至米的球形单分散颗粒。这些程序仅用来校准光学元件，不能校准整个系统，包括分割、颗粒定位和运动速度。

放大倍率的设置应确保为最小颗粒提供与要求精度一致的最小像素数，而且最大颗粒应能整个地通过测量体积。

每个颗粒图像的像素数对评估其尺寸的正确性有很大关联，不同的尺寸和形状参数对使用的最少像素数有不同的要求。对单个颗粒，某一方向上的最小像素数至少为3个，才能得到可接受的粒径分析结果；至少为9个，才能得到可接受的颗粒形状分析结果。

（2）阈值校准

图像中颗粒的边缘应通过适当的阈值级别来定义。应通过比较处理后的二值图像和原始灰度图像来调整阈值水平，以确保它们是原始灰度图像的可靠表示。阈值校准应使用与待测颗粒具有相似光学特性的标准物质（如十字线或标准颗粒）进行。阈值水平的设置不当可能会导致在确定颗粒大小时产生重大偏差。这个偏差取决于颗粒的大小。在给定分辨率下，所有颗粒都会受到影响，但影响的程度与颗粒大小成反比。

如果需要对分割过程进行校准，则应选择光学特性与待测真实颗粒相似的颗粒。它们的大小应该涵盖整个系统的动态范围。建议至少使用两种尺寸的标准颗粒进行校准，即接近粒径中值的颗粒和拟测量的最小尺寸的颗粒。但是最终仪器性能的鉴定只能使用真实颗粒作为参考物质来证明。

（3）仪器验证

图像分析仪可以用球形或非球形的多分散参考物质进行验证，也可以用已知样品进行验证。

准确性的验证可以用适合图像分析技术的球形参考物质，其颗粒范围 d_{90}/d_{10} 至少为 1.5，并有一般的密度和光学特性。操作验证可使用适合图像分析技术的非球形、已知粒径范围的颗粒物质，其 d_{90}/d_{10} 至少为 1.5，长宽比应小于 3。这类物质应具有在一种或多种仪器类型中从图像分析得出有记录的颗粒粒径分布参考值，并已证明具有时间稳定性。如果参考值来自图像分析以外的其他方法，则可能会产生显著的偏差。

这些验证的测量结果应满足以下条件[16]：

① 测量的可接受颗粒数量超过指定置信范围内拟定精度所需的数量；

② 互触颗粒的数量低于指定值，当使用球形参考物质时，可使用形状描述符作为过滤器，降低颗粒互触对结果的影响；

③ 质量或体积递增累积分布 10%～30%之间颗粒的最大直径与最小直径分别不超过该范围内参考物质证书值的最大值与最小值的±3%；

④ 质量或体积递增累积分布 30%～70%之间颗粒的最大直径与最小直径分别不超过该范围内参考物质证书值的最大值与最小值的±2.5%；

⑤ 质量或体积递增累积分布 70%～90%之间颗粒的最大直径与最小直径分别不超过该范围内参考物质证书值的最大值与最小值的±4%。

参考文献

[1] Brown, R.; XXVII. A Brief Account of Microscopical Observations Made in the Months of June, July And August 1827, on the Particles Contained in the Pollen of Plants; And on the General Existence of Active Molecules in Organic and Inorganic Bodies. *Philos Mag*, 1828, Series 2, 4(21), 161-173.

[2] Pennycook, S.J.; Boatner, L.A.; Chemically Sensitive Structure-Imaging with a Scanning Transmission Electron Microscope. *Nature,* 1988, 336, 565-567.

[3] Falsafi, S.R.; Rostamabadi, H.; Assadpour, E.; Jafari, S.M.; Morphology and Microstructural Analysis of Bioactive-loaded Micro/nanocarriers via Microscopy Techniques; CLSM/SEM/TEM/AFM. *Adv Colloid Interf Sci,* 2020, 280, 102166.

[4] Sharif, N.; Khoshnoudi-Nia, S.; Jafari, S.M.; Confocal Laser Scanning Microscopy (CLSM) of Nanoencapsulated Food Ingredients. Jafari, S.M.; *Nanoencapsulation in the Food Industry, Characterization of Nanoencapsulated Food Ingredients.* Academic Press, 2020, Chpt 4, 131-158.

[5] Ma, Y.; Wang, X.; Liu, H.; Wei, L.; Xiao, L.; Recent Advances in Optical Microscopic Methods for Single-Particle Tracking in Biological Samples. *Anal Bioanal Chem,* 2019, 411, 4445-4463.

[6] Jin, D.; Xi, P.; Wang, B.; Zhang, L.; Enderlein, J.; van Oijen, A.M.; Nanoparticles for Super-Resolution Microscopy and Single-Molecule Tracking. *Nat Methods,* 2018, 15, 415-423.

[7] Singh, A.K.; Pedrini, G.; Takeda, M.; Osten, W.; Scatter-plate Microscope for Lensless Microscopy with Diffraction Limited Resolution. *Sci Rep,* 2017, 7, 10687.

[8] Fennell, R.D.; Sher, M.; Asghar, W.; Design, Development, and Performance Comparison of Wide Field Lensless and Lens-Based Optical Systems for Point-Of-Care Biological Applications. *Opt Laser Eng,* 2021, 137, 106326.

[9] Möckl, L.; Moerner, W.E.; Super-resolution Microscopy with Single Molecules in Biology and Beyond-Essentials, Current Trends, and Future Challenges. *J Am Chem Soc,* 2020, 142(42), 17828-17844.

[10] Evennett, P.; Köhler Illumination: a Simple Interpretation. *P Roy Microscop Soc,* 1983, 28(4), 189-192.

[11] NF X11-661. *Test Method for Particle Size Analysis - Determination of Particle Size of Powders-Optical Microscope.* Normalization Francaise (AFNOR), Paris, 1984.

[12] Hunt, T.M.; *Handbook of Wear Debris Analysis and Particle Detection in Liquids.* Kluwer Academic Publishers, Dordrecht, 1993.

[13] Thaulow, N.; White, E.W.; General Method for Dispersing and Disaggregating Particulate Samples for Quantitative SEM and Optical Microscopic Studies. *Powder Technol,* 1972, 5(6), 377-379.

[14] Zhang, Z.; A Flexible New Technique for Camera Calibration. *IEEE T Pattern Anal,* 2000, 22(11), 1330-1334.

[15] Middleton, C.; Machine Learning Improves Image Restoration. *Physics Today,* 2019, 72(2), 17-19.

[16] ISO 13322-1:2014. *Particle Size Analysis — Image Analysis Methods —Part* 1: *Static Image Analysis Methods.* International Organization for Standardization, Genève, 2014.

[17] Miles, R.E.; On the Elimination of Edge Effects in Planar Sampling.//*Stochastic Geometry,* Wiley, Chichester, 1974, 228-247.

[18] Lantuéjoul, C.; On the Estimation of Mean Values in Individual of Particles. *Microsc Acta,* 1980, 5(266), 73.

[19] Zhang, Y.; Liu, J.J.; Zhang, L.; Calderon de Anda, J.; Wang, X.Z.; Particle Shape Characterisation and Classification Using Automated Microscopy and Shape Descriptors in Batch Manufacture of Particulate Solids. *Particuology*, 2016, 24, 61-68.

[20] ISO 9276-6:2008. *Representation of Results of Particle Size Analysis-Part* 6: *Descriptive and Quantitative Representation of Particle Shape And Morphology.* International Organization for Standardization, Genève, 2008.

[21] GB/T 15445.6—2014. 粒度分析结果的表述 第 6 部分 颗粒形状和形态的定性及定量表述. 国家标准化管理委员会, 2015.

[22] D'Silva, P.; Bhuvaneswari, P.; Various Shape Descriptors in Image Processing——A Review. *Inter J Sci Resea* (IJSR), 2015, 4(3), 2338-2342.

[23] Pourghahramani, P.; Forssberg, E.; Review of Applied Particle Shape Descriptors and Produced Particle Shapes in Grinding Environments. Part Ⅰ: Particle Shape Descriptors. *Min Proc Ext Met Rev*, 2005, 26(2), 145-166.

[24] Carnavas, P.C.; Page, N.W.; Particle Shape Factors and Their Relationship to Flow and Packing of Bulk Materials. *Int Mech Eng Cong*, 1994, 2, 241-246.

[25] Frances, C.; Bloay, N.L.; Belaroui, K.B.; Pons, M.N.; Particle Morphology of Ground Gibbsite in Different Grinding Environments. *Int J Mineral Process*, 2001, 61, 41-56.

[26] Greg, M.G.; *Interaction in Dry Powder Formulation for Inhalation.* Taylor & Francis, London, 2001, 220-234.

[27] Heywood, H.; Everett, D.H.; Ottewill, R.H.; *Pro Int Symp Surface Area Determination.* Butterworths, London, 1970.

[28] Mikli,V.; Kaerdi, H.; Kulu, P.; Besterci, M.; Characterization of Powder Particle Morphology. *Proc Estonian Acad Sci Eng*, 2001, 7, 22-34.

[29] Otsuka, A.; Iida, K.; Danjo, K.; Sunada, H.; Measurement of the Adhesive Force Between Particles of Powdered Materials and a Glass Substrate by Means of the Impact Separation Method, Ⅲ: Effect of Particle Shape and Surface Asperity. *Chem Pharm Bull*, 1988, 36, 741-749.

[30] Pons, M. N.; Vivier, H.; Belaroui, K.; Bernard-Michel, B.; Cordier, F.; Oulhana, D.; Dodds, J.A.; Particle Morphology: From Visualization to Measurement. *Powder Technol*, 1999, 103, 44-57.

[31] Vivier, H.; Marcant, B.; Pons, M.N.; Morphological Shape Characterization: Application to Oxalate Crystals. *Part Part Syst Charact*, 1994, 11, 150-155.

[32] Rodriguez, J.; Edeskär, T.; Knutsson, S.; Particle Shape Quantities and Measurement Techniques: a Review. *Electron J Geotechnical Eng*, 2013, 18/A, 169-198.

[33] GB/T 38879—2020. 颗粒 粒度分析 彩色图像分析法. 国家标准化管理委员会, 2020.

第6章

颗粒跟踪分析法

6.1 引言

颗粒表征技术可分为群体法与非群体法。在群体法测量中，某一瞬间采集到的信号同时来自很多颗粒，然后需要使用某些模型以及数学方法处理数据，以得到那些颗粒中某一特性的统计分布信息。典型的群体测量技术是激光粒度法。在激光粒度法测量中接收到的是光束中所有颗粒的散射光信号，然后需要使用数学模型（Mie 理论或其他理论），用矩阵反演或其他方法来求得颗粒度的分布。这类方法由于不是直接测量个别颗粒的某个特性，其结果受数据分析过程的影响很大，往往不能还原或得出颗粒的真正特性。例如用激光粒度法测量非球形颗粒就会由于没有合适的非球形模型，不得不使用只适用于球体的 Mie 理论而得到表观结果；即使测量球形颗粒，如果颗粒的光学特性不均匀，或折射率使用不当，也不能得到正确的结果。在非群体法测量中，颗粒是一颗一颗单独测量的，而且往往是直接测量单个颗粒的某一特性而不依赖于模型。例如在电阻法中，每个颗粒通过电感应区时，都会产生一个只与该颗粒体积成正比的电脉冲，只要通过标准物质得到比例常数，则最终结果不受数学模型或数据处理中人为条件的影响。在纳米颗粒表征技术中，除了显微镜技术，大部分技术都是群体法技术，例如沉降法、激光粒度法、动态光散射法、超声法、各类分馏或分离法。尽管最新的光学计数仪在某些特定条件下可测量几十纳米的颗粒，但主要应用范围还是在纳米技术之外。

基于显微镜技术的单颗粒跟踪法最初起源于生物领域内的细胞跟踪[1,2]。随着图像分析技术发展起来的纳米颗粒跟踪分析法（NTA），或现在更普遍地称为颗粒跟踪分析法（PTA）[3-5]，现已成为纳米科学领域独特的非群体颗粒表征技术。这个技术用图像法跟踪在光照下由于颗粒（包括液滴与气泡）散射生成的亮点，进行颗粒识别及定位测量来跟踪悬浮液中的颗粒运动。跟踪方法可以是全息的[6]、三维的[7-9]或是二维的。现行的商用仪器都是用二维图像法跟踪单个颗粒在悬浮液中的三维运动：通过跟踪小颗粒非定向的扩散运动求得颗粒的流体动力学粒径，通过跟踪大颗粒的沉降（上浮）运动求得颗粒的 Stokes 沉降粒径，通过跟踪颗粒在电场下定向的电泳迁移运动求得电泳迁移率并进一步得到 zeta 电位的信息。跟踪是在一系列视频的图像中对每一个颗粒的位置作为时间的函数进行记录，继而分析这些颗粒的运动轨迹。此技术还能在确定测量体积的条件下得到颗粒在悬浮液中的浓度；在混合样品中，特别是在生物样品中，逐粒测量每个颗粒的荧光强度或散射强度可以区别此样品的各类子群。如果配合应用自动进样器，样品的吞吐量可达到在 24h 内完全分析 96 孔板中的样品。

颗粒跟踪分析法的主要局限性在于适合测量的浓度范围相对狭窄(约 1～3 个数量级)，大多数样品都需要稀释后才能测量；适合测量的粒度范围相对狭窄（根据材料和仪器配置，跟踪扩散运动最小可检测的颗粒直径约为 10～75 nm 之间，最大在大约 400～2000 nm 之间；跟踪沉降运动的最小直径在几微米，最大在几十微米）。对粒度分布较宽的样品，稀释过程中的取样误差会影响测量结果，而且随着多分散性的增加，结果的有效性会越来越受到影响。在操作过程中，该技术通常需要一定程度的主观输入，这将对结果产生一定影响。例如在成像过程中，设定光源亮度/相机灵敏度等参数、设定捕获设置和聚焦系统的组合要求、在分析中区分颗粒和相机噪声的灰度级别等，都会影响最终结果。

通过十几年的技术发展与市场应用，尽管在粒度范围、浓度范围与可测量颗粒类型方面有上述限制，但颗粒跟踪分析法已成为样品用量少、极少样品制备、基于数量、快速表征从纳米与微米粒径范围内颗粒的一种通用技术，成为比动态光散射分辨率更高的一种独特的互补技术。此方法已被应用在例如脂质体及其他药物载体、纳米颗粒、病毒、蛋白体、喷墨墨水、颜料颗粒、化妆品、食品、燃料添加剂及微气泡等的表征中[10-14]。

6.2 仪器与测量参数

6.2.1 仪器组成

图 6-1 为颗粒跟踪分析法仪器的一般光学设置示意图。此类仪器通常使用单波

长的激光，也可使用多个不同波长的激光或者连续波长的光源。这些光源的波长通常在可见光区。如果使用多个光源，则需要可以在测量时选择所需光源的一些光学部件。如果使用连续波长的光源，则在入射光学中还需要适当的滤波片与偏振片。一定形状的光束照射分散在样品池中的颗粒，照明路径中颗粒的散射光通过物镜聚焦到相机上成像（颗粒亮点）。所用光源的光强和波长应能产生适当的颗粒散射光，并适合于数码相机的图像采集。照明方式可以是连续式或者是频闪式，以提高检测多分散样品的能力。聚焦入射光束应尽可能地照射位于焦平面的颗粒，尽量减少由于照射到焦平面外颗粒产生的背景噪声，并避免局部热效应或光泳现象。用于荧光标记颗粒测量的光源，其波长应与荧光基团的激发波长以及用来进行信号采集的荧光滤光片波长相匹配。

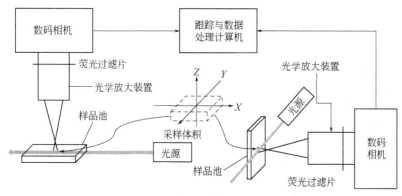

图6-1 颗粒跟踪分析法垂直光学设置（左）与水平光学设置（右）示意图

入射光束与相机视场构成一个三维的测量体积。在理想的情况下，此三维体积内所有不同大小颗粒都能被相机按散射强度不同而产生的不同亮点无遮挡地记录下来。对光学系统放大倍数唯一的要求是有足够的分辨率用以观察被测颗粒散射形成的亮点，而并不是像图像分析法中那样得到颗粒图像。放大倍率在测量过程中必须保持一致并经过验证，因为这将涉及跟踪过程中颗粒运动步长测量的准确性与有效视场体积测量的准确性。视场体积的测量准确性在浓度测定中是至关紧要的。光学设置中的挑战来自既要用高强度光照射颗粒，从而能够检测到单个纳米颗粒极弱的散射光，同时又要将界面（如液体和样品池壁之间）的杂散光降至最低。这些杂散光会产生系统的光学噪声，并限制弱散射颗粒的检测。表 6-1 列出了三种不同的照明方式。收集图像的方法大同小异，都是使用显微镜物镜将散射光收集到摄像机（CCD、CMOS 或 EMCCD）上，并将视频图像传送到计算机进行处理。

表6-1　几种不同的照明方式

方法	照明方式
1	激光以低角度折射进薄样品池中，杂散光被样品池底部的镀铬层所遮盖
2	激光束直接射入样品池内，样品池三面的黑色玻璃吸收杂散光
3	激光束直接射入方形样品池内，用插入件降低杂散光

（1）样品池

样品池应与样品惰性、无反应，并能够将温度控制在设定值的±0.5 K 范围之内，从而使样品保持在稳定的热平衡状态。样品池对颗粒计数或浓度测量有以下要求：样品池应明确说明测量体积参数及其不确定性；样品池应允许通过自动或手动方式将新的样品引入测量体积而进行重新采样，且在新一轮采样之前，流动过程应停止。

视场体积及其几何形状的详细信息对于粒径测量不是太重要，但对于颗粒计数和数量浓度的评估至关重要。测量体积通常是指颗粒能被光学方法所检测和跟踪的体积。测量体积的常见照明使用聚焦光源完成。通常光束被调节成扁而薄的片状，但理想的所谓"顶帽"状光束轮廓在实践中很难生成。在大多数情况下，图 6-2 中 L_w 和 L_h 是最大的截面积尺寸，可以从光学和成像设置中确定并进行校准。但如图 6-2 所示，每个光学系统的光强度在照明区边缘一定略有降低，所以边缘有模糊区。跟踪算法使视频区域的边缘不太可能收集足够长的轨迹以进行粒径测量和计数。照明区边缘效应也导致照明光强度在测量体积深度 L_t 上的不确定性。取决于光学设计，L_t 可能在 1~100 μm 之间。在理想情况下，所有在测量体积中的颗粒都被均匀地照亮，从而可以同一地跟踪测量区域中的所有颗粒；成像质量（例如对焦）不应因采样区域或深度而异。成像质量的参差不齐可能减弱较小颗粒的检测和跟踪能力，这反过来又会导致偏低的颗粒计数。

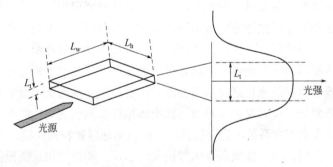

图 6-2　样品池光照强度示意图

但实际上任何仪器的有效测量体积并不是一个完美的矩形。其有效形状和大小受光源波长、所跟踪颗粒的照明轮廓、多分散性和折射率的影响。测量体积 V 的几何形状和大小的不确定性对于测量颗粒总数 N 与数量浓度 c 非常重要，其不确定性可以下式表示：

$$c = \frac{N}{V} \tag{6-1}$$

$$\frac{\Delta c}{c} = \sqrt{\left(\frac{\Delta N}{N}\right)^2 + \left(\frac{\Delta V}{V}\right)^2} \tag{6-2}$$

式中，Δc 是总数量浓度的不确定性。

可以使用已知浓度的颗粒样品来实验性地验证或评估仪器的有效测量体积。有效测量体积是颗粒大小和折射率的函数，因此已知样品应尽可能地在数量浓度、粒径和材料或散射能力方面接近待测样品。要注意的是对数量浓度的独立评估可能带有自身的不确定性和偏见。

（2）照明

光源的强度和波长应避免以任何方式漂白、破坏或改变颗粒，但能产生适当的散射。光波长和强度应适合收集图像的数码相机。聚焦光束应最大限度地提高对焦平面（测量体积）内颗粒的照明，减少因照明失焦颗粒而产生的光噪声。光照应产生最小的局部加热或光泳。对某些实验，如在非荧光散射背景下跟踪荧光标记颗粒，光源应为单色，其波长应与荧光的激发波长和信号采集中使用的光学滤波器相匹配。对颗粒计数和浓度测量特别需要保证整个测量体积的照明均匀。

在入射光部分添加偏振镜是优化照明条件的有效方法。因为检测系统（图 6-1）主要从照明光源中观察 90°（通常为±15°，取决于入射光学系统的数值孔径）的散射光。该观察-照明路径形成一个二维平面，在与该平面正交的方向上散射的光无法被相机检测到。通过从照明源中去除无用成分的偏振光，在给定功率下，可以实现更有效的照明。

（3）图像捕获

通过类似于传统光学显微镜的一系列透镜、滤光片和反射镜，散射（或发射）光被收集并传送到图像捕获设备。值得注意的是这个测量方法不需要很大的放大率来清晰地显示颗粒，唯一的要求是有足够的分辨率，以能够适当地测量颗粒散射光点的运动。摄像机的探测器阵列必须足够灵敏，以便通过照明摄取到具有最低散射横截面的颗粒。相机帧速率（通常为 10~60 帧/s。但在某些情况下可能需要较低或更高的帧速，例如测量细长的颗粒）应能为每个颗粒收集足够的轨迹数据，从而能够准确地跟踪颗粒并测定粒径。在多个光源的情况下，检测系统必须能够捕获每个光源中每个颗粒的散射光图像。

所测样品的散射能力与颗粒大小决定了聚焦于正确区域后的图像捕获参数设定，包括相机的增益和快门，灰度转换和分析时长。应通过将照明光对焦到测量体积上，以及将成像透镜系统对焦，以实现最大颗粒清晰度，优化成像系统的对比度。在尽量降低背景噪声的同时，颗粒形成的亮点应在视频采集系统中清晰可视。图像对比度差可能造成对较小颗粒捕获数量的减少，导致粒径分布中小颗粒数量的减少。对于粒径小、散射弱的颗粒需要设置较长的快门时间和高增益值，以获取足够的信号来进行颗粒跟踪。而对于粒径大、散射强的颗粒则相反，需要降低图像的饱和度。高帧速适用于粒径小、扩散快的颗粒，但也限制了图像的曝光时间。录像时长不但影响测量的重复性，也会影响样品的采样代表性。

（4）图像分析、跟踪与数据处理

相机捕获到颗粒亮点的视频后，颗粒跟踪分析软件对此系列视频进行分析：处理每一个视频图像，对单个颗粒进行识别、定位和计数；通过对视频中不同帧中同一颗粒的识别来完成对不同颗粒的逐帧跟踪；计算每一个颗粒的扩散系数或沉降系数，并对收集得到的数据进行整合和输出。

图像大小校准（nm/像素）是根据光学设置而固定的。但是如果仪器已改装或安装了新的光学元件（例如不同的显微镜镜头），则应重新进行这种校准。

图像分析过程应能够提供以下数据：颗粒中心（即使对于模糊的颗粒图像）；跟踪从帧到帧颗粒的连接位置；测量体积内的颗粒总数与颗粒浓度；颗粒数量的粒径分布。如果样品被稀释，则应报告颗粒浓度中是否已减去了稀释剂中的颗粒数。

6.2.2　颗粒的识别和跟踪

颗粒跟踪分析法用视频连续记录颗粒的运动，然后用图像分析从每一帧视频图像中识别与跟踪每个颗粒位置随时间的变化，并适当处理在该过程中从显微镜焦平面移出与新移进的颗粒。根据每一个颗粒在特定时间与区域内的位置信息，可以跟踪此颗粒的运动轨迹。通过对每个颗粒运动的逐帧跟踪，可计算得到单位时间内颗粒的平均空间位移。该位移与颗粒物的流体动力学直径或 Stokes 沉降直径相关。

6.2.2.1　跟踪扩散运动

在液体中球状颗粒的平动扩散运动是三维方向的自由运动。用 Fourier 变换与 Green 函数来表示，三维空间的扩散运动可视为在三个正交方向上的同时单维扩散运动，任一维度的自由扩散均对颗粒位置均方根产生 $\sqrt{2D_{\mathrm{T}}t}$ 的贡献。在一维、二维、三维空间的位移可由以下 3 个方程之一确定球状颗粒的流体动力学直径：

$$\overline{(x)^2} = \frac{2k_B Tt}{3\pi\eta d}\qquad\qquad(6\text{-}3)$$

$$\overline{(x,y)^2} = \frac{4k_B Tt}{3\pi\eta d}\qquad\qquad(6\text{-}4)$$

$$\overline{(x,y,z)^2} = \frac{2k_B Tt}{\pi\eta d}\qquad\qquad(6\text{-}5)$$

式中，k_B、T、t、η、d 分别为 Boltzmann 常数、热力学温度、两帧的间隔时间、液体黏度与颗粒直径。颗粒跟踪分析仪的测量是对颗粒在 (x,y) 二维方向的位置进行跟踪，因此均方根的值也是二维的。但是样品中颗粒运动是三维的，因此测量是对三维运动在二维中的投影进行跟踪。假设球状颗粒在三维方向具有相同的扩散运动及统计结果，那么通过对 (x,y) 方向上均方根位置的独立评估可实现对垂直分量的重新构建。

大部分实际样品都不是球形的。对非球形颗粒，上述三维扩散方程推导中假设三个方向的扩散是等同可分的并不成立，所以会有偏差存在，所得到结果只能视为表观的。由于 Stokes 力的影响，对纤维状或片状颗粒运动的统计方式与球形颗粒不同。这些颗粒都有多个平动扩散系数与转动扩散系数，用单一平动扩散系数来得出流体动力学直径的偏差会随着非球形度的增加而增加。

6.2.2.2　跟踪沉降运动

除了跟踪扩散运动之外，还可以使用图 6-1 中右边的光学设置来跟踪较大颗粒的重力沉降或上浮运动。跟踪沉降（上浮）运动将颗粒跟踪分析法可测量的粒径与计数范围扩展到几十微米。

对于在重力下运动的颗粒，Stokes 等效球粒径 d_{st} 可由 Stokes 恒速下降的球体近似确定：

$$d_{st} = \sqrt{\frac{18u\eta}{g|\rho_s - \rho_l|}}\qquad\qquad(6\text{-}6)$$

式中，u、η、g、ρ_s、ρ_l 分别为颗粒沉降速度、悬浮液黏度、重力加速度、颗粒密度和液体密度。

沉降（上浮）运动跟踪建立在颗粒与液体有不同密度的基础上，它的灵敏度与精度受限于颗粒与液体的密度差。测量过程对液体黏度和温度的变化也非常敏感。但是这些参数仅会影响粒径的测量，不会直接影响颗粒浓度的测量。与其他传统的群体沉降方法（见第 10 章）相比，颗粒沉降跟踪法是非群体方法，具有高分辨率、窄动态范围与低统计精度的特点。

颗粒沉降跟踪法一般使用"同质模式"，即测量开始时颗粒均匀地分散在液体中。Stokes 等效球粒径是通过跟踪颗粒在给定时间内垂直方向移动的距离获得的。对于小颗粒，扩散运动占主导，沉降运动可以忽略不计或几乎为零。对几微米以上的大颗粒，扩散运动速度与具有终端速度的引力运动相比可以忽略不计。在这两个极端之间的颗粒（粒径与密度的函数），这两种运动都有，导致很大的粒径测定不确定性。

在式（6-3）～式（6-6）的推导中，假设在检测时段（t）内视场内颗粒没有生成或消失，即数量保持恒定。在诸如颗粒聚集、团聚及溶解过程中，由于颗粒形状、粒径会产生变化或颗粒会生成或消失，因此该假设会对此类研究产生局限性。在检测时段（t）内颗粒的状态（粒径或形状）不发生任何改变是非常重要的。

图像法跟踪颗粒在生物研究领域内也是一个分支，有应用不同算法的很多广泛使用的软件。本章不详细讨论这些算法，仅列出一些文献供参考[15-18]。

6.2.3 浓度测量

颗粒跟踪分析法是一种基于显微镜的技术，因此颗粒图像的视场是已知的或可以测量的（详细可参阅第 5 章：光学图像分析法）。从光束的大小以及与视场的交界可以知道采样体积（见图 6-1），此测量体积也可以使用已知浓度样品来进行校准。根据图像中颗粒中心的数量，经过补偿边缘效应，并将其除以体积，即可估算颗粒浓度。

6.2.4 荧光测量

颗粒跟踪分析法可用于收集纳米颗粒在任何波长的散射光，以测量其大小和浓度。如果样品中含有荧光纳米颗粒，即吸收入射光并以更长的波长发射，则可以选择性地分析这些荧光颗粒。如果在成像装置前面插入合适的光学滤波片（见图 6-1），则可以过滤掉与入射光相同波长的颗粒散射光，而只接收荧光。通常使用波长范围在 405～532 nm 之间的半导体激光器或其他光源来激发荧光或带荧光标记的颗粒，通过使用适当的滤波片测量荧光来选择性地识别和测量混合样品中荧光颗粒的大小和浓度。

6.2.5 散射强度测量

对于混合样品，还可以通过颗粒散射的"亮度"来区分样品中有同样扩散行为或沉降行为但不同折射率的颗粒。如果样品池中的光束具有均匀的光强分布，而忽略不计颗粒被成像设备摄取时的略微散射角度不同所造成的散射光强差别，则颗粒的散射强度与颗粒的大小以及其与液体的相对折射率有关，相对折射率越大，散射强度越大，亮点越亮。例如在同样粒度的金纳米颗粒与聚苯乙烯乳胶颗粒的混合物中，如果只跟踪扩散，则在粒度分布中只有一个峰。如果将同样粒度的颗粒按散射强度展开，则在另一维度可以得到两个峰（两个子群），分别对应于高散射强度的金颗粒群和低散射强度的聚苯乙烯乳胶颗粒群。

然而绝对强度的测量具有挑战性，因为很难达到样品池内入射光束均匀，颗粒散射光较弱的情况完全有可能是因为颗粒位于光束强度较低的部分，而不是由于材料散射能力的实际差异。因此强度测量值仅在整体基础上有价值，而且往往只能是定性的。

6.2.6　zeta 电位测量

在样品池两端施加电场，带电颗粒即在样品池内朝着相反极性的电极方向做定向运动，无规的扩散运动依然存在。这时即可使用颗粒跟踪分析设备在测量扩散运动的同时测量电泳，从而导出 zeta 电位。与电泳光散射相比，它有非群体法的优势：基于数量、分辨率高、可以检测个别异样颗粒。

在电场的作用下，液体的电渗和颗粒的电泳同时存在，在任一位置观察到的颗粒运动是这两种运动的叠加。液体的电渗在样品池的剖面上呈抛物线状，其中有两个对称的、距池壁一定的位置，那里的液体是静止的，称为静止层。可以在静止层直接测量颗粒的电泳，也可在整个视场内测量各个位置处的颗粒运动，然后根据计算出的抛物线状电渗流，求出净颗粒电泳。这个过程类似于使用电泳光散射在毛细管样品池内测量颗粒的电泳运动（请参考第 8.3.3 节）。但由于光束和探测器的定向与电泳光散射中不同，所以即使在静止层所测量的颗粒定向运动也带有电渗的影响。利用第 8 章描述的高频电场极性转换与低频电场极性转换相结合的方式，可以更好地消除电渗的影响。

用颗粒跟踪分析法测量 zeta 电位的技术仍在探索发展之中。

6.2.7　仪器验证

（1）粒径测量验证
最合适的系统验证是使用已知颗粒大小数量分布的参考物质。最理想的是这种参考物质的材料、颗粒粒径和浓度与待测样品相似。

由于颗粒粒径测量结果与测量方法有关，因此只有当参考物质的认证值也是由颗粒跟踪法得出的，测量结果与认证值的比较才最准确。如果没有经颗粒跟踪法认证的参考物质，粒径经动态光散射认证过的参考物质也是不错的选择。大多数参考物质是单分散的，而实际的样品通常不是。所以最理想的是使用由相同材料的多分散颗粒组成的参考物质。使用经动态光散射认证过的聚苯乙烯乳胶球体，如 CV = 5%，$d = 100$ nm 或 $d = 150$ nm 的球形单分散颗粒样本，经过 1000 次轨迹的跟踪，是一个很好的选择。对于这种样品，颗粒跟踪法测量的颗粒峰值应在粒径认证值的 ±6% 以内。

对于使用沉降跟踪的仪器，必须使用适用于沉降跟踪（往往在数微米以上）的参考物质来验证。对这类实验，也可使用上述标准：颗粒跟踪法测量的粒径峰值应在粒径认证值的 ±6% 以内。

跟踪颗粒的数量直接影响到测量数据的统计精度，跟踪更多的颗粒可以增加测量的置信度。测量上述参考物质时的数量浓度应尽可能与待测样品相匹配。

（2）浓度测量验证

颗粒跟踪法进行浓度测量有明显的局限性和困难。与粒径测量不同，颗粒浓度测量需要了解颗粒计数和跟踪的测量体积。已确定检测和跟踪不同粒径颗粒时测量体积的深度不同，此不同是颗粒材料与粒径的函数。因此进行仪器浓度测量验证的参考物质必须具有已知浓度和粒径，最理想的是有证参考物质。在没有这类有证参考物质的情况下，验证样品可以通过在已知体积的稀释剂中分散已知质量的单分散颗粒（如聚苯乙烯微球或金颗粒）来获得，此类样品可通过分析给定体积内的总碳量或总金量来标定浓度。样品浓度需要在系列稀释实验中的线性范围内［见第 6.3.2 节中（3）］。

验证测量的颗粒数浓度与所用的参考物质证书上的浓度值之差应该在 ±10% 以内，并需要在不同的浓度下进行验证。

6.3 样品与数据

6.3.1 样品

颗粒跟踪分析法对样品的要求仅为颗粒能散射光并经历扩散运动或沉降运动。

它对样品的基本要求与其他光学方法一样。

（1）悬浮液体

样品应均匀地分散在与测试样品兼容的液体中，形成稳定的颗粒悬浮液，并在测量温度下具有适当的黏度，以便通过扩散运动或重力运动实现可测量的颗粒位移。用于悬浮颗粒的液体应对所用光波长透明，与样品池的材料有化学兼容性。悬浮液本身应不含颗粒。如果需要稀释样品，应使用与原始样品的液体有类似折射率、离子浓度、表面活性剂、pH 值等的稀释剂，以避免颗粒表面化学成分的改变。可以使用过滤等方法减少稀释剂中的颗粒计数。可能需要对稀释剂本身进行空白测试，原因是大多数稀释剂有一些难以去除的颗粒污染物，在样品中加入这种液体会引入可能影响结果的新颗粒，甚至干扰测量信号。由于颗粒跟踪分析法对颗粒的非特异性和对样品高度稀释的要求，这一空白测试往往很重要，在此空白测试中所得到的颗粒计数称为零颗粒计数。零颗粒计数应远低于样品中的颗粒数。

如果空白测试与实际样品测试是用同一个仪器、在同样测试条件（温度、光学设置、帧速等）下、用同样的数据处理方法（同样粒径段宽、最小颗粒轨迹长度等），则在用体积为 V_d 的稀释剂稀释体积为 V_o 的原始样品后，所测的第 i 个粒径段内的样品颗粒浓度 $c_{o,i}$ 应是实测样品浓度 $c_{s,i}$ 减去空白测试的颗粒浓度 $c_{d,i}$：

$$c_{o,i} = c_{s,i} - \frac{c_{d,i} V_d}{V_d + V_o} \tag{6-7}$$

如果原始样品是粉体，则 V_o 可忽略不计，

$$c_{o,i} = c_{s,i} - c_{d,i} \tag{6-8}$$

（2）测量体积

典型的颗粒跟踪分析仪器的样品池容量为 1 mL 左右，但在显微镜视野内用于测量的液体分样体积通常在 0.1～1 nL 之间。受限于系统的光学视野，测量体积光照的水平截面积（图 6-1 左边）或垂直截面积（图 6-1 右边）通常在 100 μm×100 μm 之内。通过使用具有成像能力的光学系统追踪这一区域内的颗粒，聚焦深度即测量体积的深度，约为 10 μm，即测量体积为 0.1 nL。有限的聚焦深度将导致在对焦不清晰的深度只检测和跟踪较大的颗粒，这对大颗粒的"偏见"可能会引入重大的系统计数错误，因为即使这些大颗粒不在焦点中，也可能仍然被跟踪和计数。对于具有较大视野或更小放大倍数的光学系统，测量体积会更大。测量体积的增加能提高样品测量的代表性，特别是对于低颗粒数浓度样品。也可通过对样品多部位采样并重新测量的方式来达到这一目的。

（3）样品多分散性的影响

在多分散的样品中，由于大颗粒的散射光比小颗粒强很多，因而会掩盖小颗粒的散射，使得这些小颗粒很难被检测及跟踪，而对大颗粒的测量将比小颗粒更容易，可能会对大颗粒重复采样（或重复计数）。不同大小颗粒的轨迹长度不相同，而数据处理软件会使用优化程序自动优化阈值或允许手动调节轨迹的阈值，剔除过短的轨迹或相交的轨迹，这样就会给测得的粒度分布带来偏差。在两帧之间小颗粒的平均移动距离比大颗粒要大，在某些情况下这些颗粒会从视野内消失从而在计算时被忽略，而视野范围外的小颗粒则比大颗粒有更大机会快速进入视野而启动一个新的轨迹跟踪。处于同一视野范围边缘处的大颗粒很有可能会被长久跟踪从而对总计数贡献更大。

宽的粒径分布也会影响到分配给每个粒径段内的轨迹数目。若只增大粒径范围而不增加粒径段数目将会导致粒径分布中的粒径段增大，而降低结果的分辨率。如果既要增宽分布范围又要保持每个粒径段的准确性与精确性以及粒度分布分辨率，粒径段数目就必须增加，同时在每个粒径段内保持足够多的跟踪轨迹，这样所需的总轨迹数目将会显著增大。

6.3.2　测量范围

（1）粒径测量下限

如果不考虑相机的灵敏度和动态范围，通过跟踪扩散运动得到颗粒流体动力学直径的探测下限取决于与颗粒折射率与悬浮液折射率之差相关的颗粒散射能力。假设其他参数相同，则颗粒折射率与悬浮液折射率的差值越大，产生的散射光越强，从而具有更低的测量下限，也会有更好的计数。

表 6-2 给出了单分散样品的粒径测量下限值，对于悬浮液中的单分散球形金颗粒样品，检测下限可在 10～20 nm 范围内变化，通常为 15 nm。一般仪器指标所列的 10 nm 最小可测粒径通常也是指的高折射率材料，如金和银。用水作为悬浮液体时，聚苯乙烯乳胶颗粒的下限约为 40 nm，而二氧化硅纳米颗粒的检测下限就可高达 50 nm。这些值都是近似的，其实际下限可有高达 ±30% 的变化，也可能因材料的孔隙度或其他因素而异。

表 6-2　单分散颗粒的检测下限

颗粒材质	流体动力学直径/nm	颗粒材质	流体动力学直径/nm
金	10	生物材料	65
聚苯乙烯	40	其他金属或金属氧化物	25
二氧化硅	50		

颗粒折射率随波长而变，不同波长下的散射能力不同。对于配有多波长光源的仪器，可以试用不同的光波长，以找到对样品最合适的波长，从而扩展粒径测量下限。

小颗粒散射的光线太少，以至于可能无法探测到它们的存在。此外，小颗粒移动非常快，需要很短的相机曝光时间，而这又会减少它们形成图像的曝光量。快速移动的物体在捕获的图像上留下非圆形图像而导致定位错误，加大检测和跟踪此类颗粒的难度。比测量下限更小的颗粒（例如 $d<10\,nm$）的存在通常不会影响测量，除非数量非常大，遮挡了可测量的颗粒。

当同一样品中有较大的颗粒时，检测（成像）散射非常微弱颗粒的能力进一步降低。所以样品的多分散性对于颗粒大小和计数非常重要，较大颗粒的存在会显著降低检测和跟踪小颗粒的能力。

跟踪沉降运动的下限一般不受限于颗粒的散射光强，而是取决于颗粒的扩散运动对跟踪沉降运动的干扰。当液体黏度、温度都相同时，密度越高的颗粒，其所能跟踪沉降运动的粒径越小。

（2）粒径测量上限

通过跟踪扩散运动测量的颗粒粒径上限受大颗粒扩散运动放缓、需较长观察周期的限制。样品的密度也是决定跟踪扩散测量粒径上限的因素之一。在超大颗粒（或气泡）存在的极限情况下，样品可能会因重力沉降（或大气泡上浮）而分层，1000 nm 金颗粒沉降之快可能在仪器开始测量之前就已全部沉淀至光束之外了。

大颗粒可能占据仪器视野的较大部分，并且可能相互重叠。这可能导致计数不足和报告的数字浓度降低，从而无法得到良好的粒径和计数统计。可能需要使用较低的放大倍率来降低对大颗粒缓慢扩散运动的敏感性。

对于有明显沉降（上浮）运动的大颗粒，可以使用图 6-1 右边的设置来跟踪颗粒的沉降速度，使用式（6-6）来评估粒径。这类跟踪的粒径上限在很大程度上取决于颗粒与液体的密度差。很多粒径超过 10 μm 的金属颗粒，由于沉积速度过快而无法获得良好的跟踪统计数据。

从 Stokes-Einstein 公式获得的流体动力学直径与从 Stokes 公式得到的 Stokes 等效沉降球直径是不一样的。对于同一颗粒，流体动力学直径通常比沉降直径稍大。

（3）样品浓度极限

颗粒跟踪法测量的粒径与浓度范围受限于颗粒的材料、液体与样品的多分散性。尽管粒径的测量不一定需要测量每一个颗粒，但是浓度测量却不能漏掉测量体积内的颗粒。由于现在尚无方法可以甄别图像中的亮点究竟是颗粒还是仪器的散斑反射，所以一般不通过计数静止图像中的每一个亮点来计算颗粒总数。

每一个颗粒都需要被跟踪足够长的时间，在此过程中还必须不与其他颗粒相混消，因此难免一些轨迹将被拒绝。如果不跟踪颗粒，就不可能在测量体积中计算颗粒大小与计数。当将检测到的（跟踪的）所有颗粒加到一起，它们的总数量就是给定测量体积中测量报告的颗粒总数与颗粒浓度。报告的颗粒数与样品在测量体积中的真实颗粒数的差别来自：①被排除了的重叠颗粒；②被拒绝了轨迹的颗粒；③由于散射太弱而未被探测到的颗粒；④在测量过程中进出测量体积颗粒数的净差。

浓度限制的上限就是为了尽量减少上述四个因素所造成的浓度测量偏差。浓度上限的一个因素是图像捕获系统或交叉颗粒轨迹所示的颗粒图像的重叠。重叠的颗粒图像可能被错误地算作一个颗粒或者被静态图像分析算法拒绝，这两种可能性都会造成计数错误。此外，在高浓度悬浮液中颗粒之间的相互作用可能导致聚合或其他形式的不稳定，并容易受到温度变化或分散剂存在的影响。因此对高浓度样品的测量需要对样品制备和温度等实验参数进行更严格的控制。

在颗粒跟踪分析法中，浓度用颗粒数浓度而不是体积浓度或质量浓度。此方法最佳的颗粒数浓度取决于样品，需要通过对一系列稀释样品的测试来获得最佳颗粒数浓度。取决于已有样品的浓度，可能需要几轮实验才能得到最佳稀释浓度。也可使用与待测样品粒径相似的纳米颗粒参考材料进行系列稀释来确定合适的颗粒浓度范围。用预期浓度（稀释倍数）对浓度的测量结果作图，图中的线性范围即为此类样品的颗粒数浓度范围。对样品的稀释应该保证有足够的颗粒能够被跟踪的同时，每个颗粒应能被单独定位和跟踪。仪器测量体积内的颗粒数量决定了颗粒跟踪数目，进而决定了统计结果的质量。跟踪的颗粒数越多，所获得的颗粒分布将越具有代表性。为达到设定的采样重复性，每次测量都应包括足够多的颗粒轨迹，其最小颗粒数浓度应由用户预期结果的采样代表性水平而定。若要在较宽的粒径范围内评价粒径分布，因追踪数据需要覆盖更多的粒径段，所需的最小颗粒数浓度会更大。然而如果颗粒数目过多，会影响对视野范围内颗粒的独立跟踪能力。若颗粒浓度过高，会导致不同颗粒跟踪路径的相互交叉，而得到错误的结果。

在颗粒扩散跟踪法适合的粒径范围内，有数据表明当放大倍率为 20×，测量体积为 2.5 nL 时，在每次记录 300 帧（录像时间为 7 s）的 25 个不同浓度样品的测量中，合适的颗粒浓度范围为 $5×10^6 \sim 10^8$ 个/mL。

浓度下限也因仪器而异，具体取决于探测器光学路径中的组件。这些元件将定义视场和对焦深度，从而直接影响视频中捕获的颗粒数量。影响浓度下限的另一个变量是测试时间和预期的统计精度。对于浓度非常低的样品，即每个视频中的颗粒只有个位数，可以通过将同一样品的不同部分引入测量体积并录制视频。尽管这将延长测试时间，但可以获得更好的统计数据。另外，测量体积的形状、液体黏度和颗粒大小等因素，也都会影响数量浓度极限。颗粒浓度非常低的样品可能会受到用于稀释的液体中颗粒含量的影响，即使是实验室中使用的高纯度液体也可能含有污染颗粒。

由于往往需要高度稀释样品才能达到适当的测量浓度，因此需要了解样品在高度稀释下可能发生的变化，例如某些胶束仅在高浓度下才稳定，稀释可能导致去胶束化。为保证颗粒的表面化学性质不被改变，应该使用与原液具有相同折射率、相同电解质或表面活性剂类型与浓度、相同 pH 值的洁净稀释液。

6.3.3 测量数据的质量

颗粒跟踪分析法对每一个颗粒运动轨迹单独进行测定，并由一定的数据处理算法得出扩散系数及流体动力学直径或得出沉降速度及沉降直径。对屏幕中颗粒轨迹的目视检查可很好地评估所得颗粒轨迹数据的质量或帮助建立对测量的置信度。恒定的漂移和机械噪声图样（具有相似形状的轨迹）或某一瞬间非统计性的快速变动行为都会降低颗粒跟踪能力及由轨迹数据测得粒径的能力。

由于颗粒的多分散性，任何颗粒表征技术都有样品代表性的问题，即从被测量的颗粒中得到的参数是否能代表整个样品甚至整个产品。这个问题又可分为两步，即放进仪器内的样品对总样或产品的代表性与测量到的颗粒对仪器内所有颗粒的代表性。第一步与样品准备有关，已在第一章内有详细讨论。第二步对群体法的技术如激光粒度法，特别是在测量中样品不断循环的方法通常不是问题，因为每个颗粒都有机会被测量到；对某些非群体法技术，如电阻法，也不是问题，因为每个颗粒都会被测量到；但是对不流动、且仅独立测量视场内单个颗粒的技术，如颗粒跟踪分析法或某些图像分析法，就存在取样代表性的问题。这时在同一位置的测量重复性，往往不能用来评估测量的代表性。需要移动测量视场的位置，或流动样品得到新的测量体，并对同一样品中不同测量体进行多次测量并比较结果，才能评估出仪器的测量重复性和样品的代表性。不同颗粒的轨迹数决定了代表性采样的水平。跟踪足够多的颗粒以进行适当的样品统计非常重要。如果不同测量体的多次测量在相关粒度分布区域提供了非常不同的结果，则在从这些结果得出任何结论时应格外小心。

为了获得统计上可信的结果，必须测量足够多次，分析足够多的颗粒，每次测量足够多的轨迹。每一颗粒平均位移 $\overline{(x)^2}$ 的测量不确定度与 $\dfrac{1}{\sqrt{n_{step}}}$ 成正比，其中 n_{step} 为每个轨迹中的步数。是多次测量同样的颗粒还是测量足够多的颗粒？是测量 100 个颗粒，每个测量 10 次，还是测量 10 个颗粒，每个测量 100 次？许多短视频组成一次测量，而视频内引入的全新群体（通过改变视场位置或流动样本）是"新"的测试颗粒。具体的选择取决于样品的浓度、颗粒的大小与仪器可能的设置，需要通过各类测试来验证。表 6-3 是一个根据单分散的聚苯乙烯乳胶球（$d = 100$ nm）实验数据得出的，为获得给定 CV 下的峰值粒径所需的最少帧数目或图像时间记录长度[19]。

表 6-3 中的数据是使用粒径段间隔为 5 nm 时得出的。粒径段也可设置为其他值，宽的粒径段会得到较好的统计结果但会降低粒径分辨力。对于给定的粒径段，所记录的轨迹数目可作为数据精确性的指标。表 6-3 的数值是根据单分散的球状样品得出的，可以推断多分散样品的测量精确性将更差。也可以从给定的精确性下反推出所需的颗粒数目[20]。

表 6-3 单分散 100 nm 聚苯乙烯乳胶球跟踪测量精度

跟踪颗粒数目	帧数目	视频时长/s	峰值粒径的 CV
400	130	5	<10%
700	230	8	<8%
1000	300	10	<5%
2000	600	20	<3%

视场中的颗粒对样品颗粒大小分布的代表性是影响测量准确性或有效性的关键因素。每个颗粒轨迹都包含跟踪颗粒的多个步子，跟踪时间越长，评估其流体动力学直径的准确性就越大。使用一个 15 万步的测量数据，将其分成不同步数或不同步长进行分析发现，扩散系数的相对误差不取决于步长的数值而是取决于步数，当步数达到 1000 时，扩散系数的准确性可达到 10%左右[21]。但由于颗粒定位的累积错误，很长的轨迹并不能保证最佳精度。任何仪器振动或导致颗粒其他非扩散运动的因素，都将导致所报告的颗粒粒径偏小。

除了测量轨迹数，数据测量的准确性还与下列因素有关：

① 温度测量的准确性以及温度的波动。温度±3 K 的波动将会导致颗粒粒径±1%的误差。仪器与待测样品的温度需要稳定在±0.5 K 或更好。新注射进样品池的样品在测量前需平衡 1～2 min。

② 温度的变动也会造成液体黏度的变动，从而造成颗粒运动速度的变动。应保证温度变化导致的黏度变化量小于±2%。

③ 测量时仪器的任何振动或部件的位移都将会影响测量准确性，应尽可能避免。有些跟踪软件能够检测到颗粒的非扩散运动，并对数据进行修正。

2013 年与 2017 年的两次国际比对测试通过集中制备样品并分发给位于不同国家的 10～12 个实验室，量化了颗粒跟踪分析技术的再现性[22,23]。各个实验室都遵循同样的样品储存、处理和测量的框架协议，并在结果整理和分析时解决了一些产生偏差的问题。多轮样品的测试验证了颗粒跟踪分析法的能力，例如其中一轮对比实验中测量了直径为 100 nm、200 nm、300 nm 和 400 nm 四个单分散聚合物颗粒的混合物。此样品实测得到的 100 nm 颗粒的粒径差别最大，其平均变异系数（CV）为 6.82%。如果是仅测量直径为 100 nm 的单分散聚合物颗粒样品，则均值测量的 CV 为 3.5%。

2017 年欧盟联合研究中心采用计量学方法，使用粒径 20～200 nm 的 13 个单分散参考物质样品（3 个二氧化硅胶体样品与 10 个聚苯乙烯乳胶样品），评估了颗粒跟踪分析法对单分散样品的粒径测量范围、单分散混合样品中峰值的分辨能力，以及粒径测量值的准确度、精确度等指标[24]。

测量的结果发现对 d = 40 nm 以下的单分散颗粒，颗粒跟踪分析法不能得到准确可靠的粒径测量结果，d = 50～100 nm 的样品能得到最佳的测量结果。表 6-4 为其中几个样品的测量结果，PSL 为聚苯乙烯乳胶球悬浮液，FD102b 为二氧化硅纳米颗粒悬浮液。表中的第二、三行为样品的证书值，最后一行的扩展测量不确定度是包含了测量精确性与测量准确性的一个综合指标（见本书第 1.3.6 节）。这些样品使用颗粒跟踪法的测量不确定度比用透射电镜与动态光散射方法测量要大两倍以上[25,26]。

表 6-4　一些单分散样品平均粒径的测量结果　　　　　　　单位：nm

项目	PSL-46	PSL-100	FD102b
动态光散射	45～51	98～103	88.5±2.2
透射电镜	46±2	100±3	84.0±2.1
颗粒跟踪分析法	60±7	111±7	91±3
颗粒跟踪分析法的均值扩展测量不确定度	17.83%	12.7%	10.6%

此研究也评估了颗粒跟踪法对多峰的分辨能力。表 6-5 是对一些由两个单分散颗粒样品混合而成的混合物的峰值辨认结果。第一栏中样品编号的最后几个数字表明了混合物中两个组分的体积混合比，这些样品的原始浓度（g/kg）都是一样的；第二、三栏中为用动态光散射测量的证书值；第四、五栏中的结果取至少三次重复测量的结果。第二栏至第五栏中数值的单位为 nm。第六栏中的 R_s 表示对峰的分辨能力（见本书第 1.3.5 节）。$R_s \geqslant 1.2$ 表示完整的峰分离，可以使用简单的统计数据进行完整的峰分析。$R_s < 1.2$ 表示峰已不是完全分离，只能使用局部最大值近似表征部分分离的子群峰。

这些混合物样品的测量表明，颗粒跟踪分析颗粒粒径是一个一个测量的，对亮点中心测量的不确定性与其他测量误差，限制了此方法的分辨率 R_s 为 0.5 左右。

浓度测量比较复杂，因为现在尚无经认证的、很准确的浓度参考物质，所以对浓度的测量仅能从与其他浓度测量方法的比对来评估。

表6-5　双组分单分散颗粒混合物的峰值测试结果

混合样品编号	组分1的证书值	组分2的证书值	峰值1	峰值2	R_s
PSL-50-100_2:1	45～51	98～103	57±5	105±3	2.0
PSL-50-100_4:1	45～51	98～103	53±2	100±4	1.9
PSL-60-100_1.2:1	58～65	98～103	65±3	102±4	1.4
PSL-60-100_2.3:1	58～65	98～103	65±4	97±5	1.2
PSL-50-80_3.6:1	45～51	79～84	53±13	83±4	1.0
PSL-80-100_3.1:1	79～84	98～103	84±1	100±2	0.5
PSL-50-60_1.7:1	45～51	59～65	—	63±1	—

在2019年的一项研究中，使用小角X射线散射（SAXS）、单粒诱导耦合等离子体质谱（spICPMS）、颗粒跟踪分析（PTA）、动态光散射（DLS）、以动态光散射作为检测手段的圆盘离心沉降（DCS/DLS）、紫外-可见光谱（UV-Vis）、电喷雾差迁移率分析与冷凝颗粒计数器（ES-DMA-CPC）等多项技术，对各种大小的金颗粒粒径与浓度测量及其相关不确定性进行了评估[27]。在标称直径5～500 nm大小不等的单分散金纳米颗粒样品中，大于200 nm的样品显示出强烈的沉降运动，限制了它们用于研究中的大部分技术，而5 nm的样品又低于包括颗粒跟踪法在内的多种技术的测量下限。最后选定了10 nm、30 nm、100 nm三个样品进行粒径与浓度测量的对比试验。这些样品的名义浓度是根据透射电镜（TEM）测量的颗粒直径与使用精确匹配框架ICPMS方法测量悬浮液中的金质量得到的。此对比试验发现虽然颗粒跟踪法可以检测到10 nm金颗粒，但无法可靠地测量其浓度。对于30 nm和100 nm的颗粒，表6-6比较了PTA和其他方法的测量结果。表中的粒径都为数量权重的平均粒径。

表6-6　多种技术粒径与浓度测量的比对实验

测量方法	d_{Au10} /nm	c_{Au10} /10^{12}mL^{-1}	d_{Au30} /nm	c_{Au30} /10^{11}mL^{-1}	d_{Au100} /nm	c_{Au100} /10^{9}mL^{-1}
SAXS	8.5±0.4	7.08±1.13	27.6±0.4	1.85±0.13	96.4±2.5	
spICPMS			29.1±1.0	1.80±0.14	101.6±1.4	4.10±0.26
TEM	10.0±1.0		30.2±3.0		100.6±10.1	
PTA			31.2±0.9	1.78±0.08	99.4±1.5	4.31±0.24
DLS	9.9±2.5	5.17±2.96	27.9±3.5	1.88±0.61	78.0±8.0	8.47±2.18
UV-Vis		7.64±1.53		1.88±0.38		4.27±0.85
DCS/DLS		8.42±2.53		1.61±0.48		2.08±0.62
ES-DMA-CPC		9.03±0.32		3.22±0.12		
名义值		4.84±1.45		1.76±0.53		4.16±1.25

在此研究中，SAXS 和 spICPMS 用作浓度测量的参考方法，因为其属性有其可追溯性，可以在适当粒径范围内作为同时测量金纳米颗粒直径和浓度的独立方法，可能为国际表征行业提供浓度测量标准化。spICPMS 方法无法用于 Au10 样品的浓度测量，因为颗粒的信号太弱；而 SAXS 方法无法测量 Au100，因为颗粒的沉降太快。从结果来看，在合适的粒径范围内（例如 Au30 与 Au100），颗粒跟踪分析法对单分散样品可得到较准确、不确定性较小的结果。对多分散样品以及沉降跟踪法尚无详细的报道。

根据现有资料，颗粒跟踪分析法浓度测量的再现性（即不同的用户和不同的仪器，包括不同的型号）在 9%以下。

6.4　颗粒跟踪分析法的其他考虑因素

6.4.1　Stokes-Einstein 公式的适用性

（1）三维与二维的运动

一般扩散公式的推导是按照颗粒经历三维运动进行的，也有设定颗粒只在(x,y)平面上运动的二维扩散运动方程。完全描述 Brownian 运动需要六个正交向量，最常见的是三个平移向量和三个角向量。颗粒跟踪分析法无法测量所有六个向量，而测量的是颗粒在三维扩散运动中的二维投影，测量的每一步运动都是在某一平面的特定投影，即压缩了第三维。第 6.2.2 节（1）中的公式推导假设在理想化情况下三个方向的扩散是独立可分的。在实践中由于样品池的结构、液体的微观动态在三个方向并不完全相同、颗粒大都不是球状的，扩散并不可以简单地被分离为三个相同的运动。尚未见到多分散样品用二维投影描述三维运动的实践核实报道，尽管已有二维 Brownian 运动动力学在颗粒跟踪分析法应用中相关性的讨论[28]。

（2）颗粒形状的影响

Stokes-Einstein 公式假设颗粒是球状的。球状颗粒只有一个平动扩散系数，而且转动是无区别的，即"看"不到转动扩散系数。但是大部分实际颗粒都不是球状的，存在数个平动扩散系数以及转动扩散系数。这时甚至无法用单一维度来表示每一个颗粒。这个问题在所有颗粒表征技术中都存在，动态光散射测量非球状颗粒也面临同样的问题。这些技术所测量到的粒径都是在球状近似下的表观粒径。一些实践表明，除非颗粒的长宽比很大，否则使用颗粒跟踪分析法得到的表观直径所计算的球体积，并不是颗粒体积一个很差的近似值。

（3）有限测量步骤

在扩散方程推导中，假设颗粒经历了无穷多步的无规运动，即颗粒跟踪分析法必须测量无限帧，否则应用扩散方程得到的只能是一个近似值。跟踪颗粒的时间越长，近似值越精确。对于单个颗粒的分析，至少需要跟踪 100 帧，其得到直径的相对标准偏差才会小于 10%[29]。对于窄分散样品，可以用多个颗粒的跟踪轨迹分析从统计上弥补由于每个轨迹跟踪的步数不够多的缺陷，从而得到较准确的平均粒径结果。如果假定窄分散样品的粒径为正态分布，根据理论的理想化推导，每个轨迹最少可以仅分析六帧图像，就能得到相对标准偏差约 5%的平均粒径[30]。

6.4.2　颗粒必须只有所跟踪的运动

被跟踪的颗粒必须仅有所跟踪的运动，扩散运动、沉降运动或电动力学运动。其余各类运动以及影响颗粒"自由"运动的因素都必须尽量消除或避免，以便从测量结果仅使用所观察的运动来进行计算。常见的这些影响因素有以下几方面。

（1）颗粒间的相互作用

高浓度下颗粒之间的相互作用会阻碍它们的自由运动。在颗粒跟踪分析法实践中，由于颗粒跟踪分析法需要能"看"清楚每一个颗粒的轨迹，浓度不能很高，颗粒间距离往往远大于相互作用开始影响运动的距离。从测量的角度来看，颗粒可以被视为处于无限稀释状态。可以进行稀释实验，即将样品稀释一倍后再进行测量，如果结果没有变化，则可证实颗粒间的相互作用没有影响测量结果。

（2）颗粒与池壁的相互作用

颗粒与池壁的相互作用也可能在非常小的相隔距离处阻碍运动。在颗粒跟踪分析法的实践中，由于光束一般远离上下左右的池壁，而相机的视场也只在光束与样品池的中端，离两端甚远，受池壁影响的颗粒并不在观察范围之内。

（3）重力影响

在跟踪扩散运动时，重力会导致体积较大或密度较大的颗粒产生沉降运动或密度极低的气泡产生上浮运动。这些运动不但会影响扩散运动，而且会使颗粒在测量时间内移出光束，因而在实践中限定了各类密度颗粒的粒径上限。通过改变悬浮液液体可以改善这一上限，例如改换不同密度的液体或不同黏度的液体往往可以扩展可测量颗粒的范围。

（4）其他影响因素

导致颗粒漂移/流动的其他因素包括样品室中液体的温度梯度、样品加注时的不均匀性，以及样品加注时可能混入的气泡。这些因素往往可以通过合适的操作来避免。

参考文献

[1] Qian, H.; Sheetz, M.P.; Elson, E.L.; Single Particle Tracking. Analysis of Diffusion and Flow in Two-dimensional Systems. *Biophys J*, 1991, 60(4), 910-921.

[2] Meijering, E.; Dzyubachyk, O.; Smal, I.; Methods for Cell and Particle Tracking.//Conn, P.M.; *Methods in Enzymology*. Academic Press, 2012, 504, 183-200.

[3] Finder, C.; Wohlgemuth, M.; Mayer, C.; Analysis of Particle Size Distribution by Particle Tracking. *Part Part Syst Char*, 2004, 21(5), 372-378.

[4] Malloy, A.; Carr, B.; NanoParticle Tracking Analysis-The Halo™ System. *Part Part Syst Charact*, 2006, 23(2), 197-204.

[5] Walker, J.G.; Improved Nano-particle Tracking Analysis. *Meas Sci Technol*, 2012, 23(6), 065605.

[6] Memmolo, P.; Miccio, L.; Paturzo, M.; Caprio, G.; Coppola, G.; Netti, P.; Ferraro, P.; Recent Advances in Holographic 3D Particle Tracking. *Adv Opt Photon*, 2015, 7, 713-755.

[7] Toprak, E.; Balci, H.; Blehm, B.H.; Selvin, P.R.; Three-Dimensional Particle Tracking via Bifocal Imaging. *Nano Lett*, 2007, 7(7), 2043-2045.

[8] Pereira, F.; Stüer, H.; Graff, E.C.; Gharib, M.; Two-frame 3D Particle Tracking. *Meas Sci Technol*, 2006, 17(7), 1680.

[9] Zhang, Z.; Menq, C.; Three-Dimensional Particle Tracking with Subnanometer Resolution Using Off-Focus Images. *Appl Optics*, 2008, 47(13), 2361-2370.

[10] 国凯, 刘俊杰. 纳米颗粒跟踪分析法的准确测量. 中国粉体技术, 2014, 6, 40-43.

[11] Shen, H.; Tauzin, L.J.; Baiyasi, R.; Wang, W.; Moringo, N.; Shuang, B.; Landes, C.H.; Single Particle Tracking: from Theory to Biophysical Applications. *Chem Rev*, 2017, 117(11), 7331-7376.

[12] Gallego-Urrea, J.A.; Tuoriniemi, J.; Hassellöv, M.; Applications of Particle-Tracking Analysis to the Determination of Size Distributions and Concentrations of Nanoparticles in Environmental, Biological and Food Samples. *TrAC-Trend Anal Chem*, 2011, 30(3), 473-483.

[13] Matsuura, Y.; Ouchi, N.; Banno, H.; Nakamura, A.; Kato, H.; Accurate Size Determination of Polystyrene Latex Nanoparticles in Aqueous Media Using a Particle Tracking Analysis Method. *Colloid Surface A*, 2017, 525, 7-12.

[14] Singh, P.; Bodycomb, J.; Travers, B.; Tatarkiewicz, K.; Travers, S.; Matyas, G.R.; Beck, Z.; Particle Size Analyses of Polydisperse Liposome Formulations With a Novel Multispectral Advanced Nanoparticle Tracking Technology. *Inter J Pharma*, 2019, 566, 680-686.

[15] Chenouard, N.; Smal, I.; de Chaumont, F.; et al. Objective Comparison of Particle Tracking Methods. *Nat Methods*, 2014, 11, 281-289.

[16] Tinevez, J.V.; Perry, N.; Schindelin, J.; Hoopes, G.M.; Reynolds, G.D.; Laplantine, E.; Bednarek, S.Y.; Shorte, S.L.; Eliceiri, K.W.; TrackMate: An Open and Extensible Platform for Single-particle Tracking. *Methods*, 2017, 115, 80-90.

[17] Fredj, E.; Carlson, D.F.; Amitai, Y.; Gozolchiani, A.; Gildor, H.; The Particle Tracking and Analysis Toolbox (PaTATO) for Matlab. *Limnol Oceanogr Methods*, 2016, 14, 586-599.

[18] Parthasarathy, R.; Rapid, Accurate Particle Tracking by Calculation of Radial Symmetry Centers. *Nat Methods*, 2012, 9, 724-726.

[19] ISO 19430:2016. *Particle Size Analysis-Particle Tracking Analysis (PTA) Method*. International Organization of Standardization, Geneva, 2016.

[20] Annex A: Estimation of the Number of Particles to be Counted for a Given Accuracy.//ISO 13322-1:2014. *Particle Size Analysis-Image Analysis Methods-Part* 1: *Static Image Analysis Methods*. International Organization of Standardization, Geneva, 2014.

[21] Ernsta, D.; Köhler, J.; Measuring a Diffusion Coefficient by Single-Particle Tracking: Statistical Analysis of Experimental Mean Squared Displacement Curves. *Phys Chem Chem Phys*, 2013, 15, 845-849.

[22] Hole, P.; Sillence, K.; Hannell, C.; et al. Interlaboratory Comparison of Size Measurements on Nanoparticles Using Nanoparticle Tracking Analysis (NTA). *J Nanopart Res*, 2013, 15, 2101.

[23] Maguire, C.M.; Sillence, K.; Roesslein, M.; et al. Benchmark of Nanoparticle Tracking Analysis on Measuring Nanoparticle Sizing and Concentration. *J Micro Nano-Manuf*, 2017, 5(4), 041002.

[24] Kestens, V.; Bozatzidis, V.; de Temmerman, P.J.; Ramaye, Y.; Roebben, G.; Validation of a Particle Tracking Analysis Method For the Size Determination of Nano- and Microparticles. *J Nanopart Res*, 2017, 19, 271.

[25] de Temmerman, P. J.; Lammertyn, J.; de Ketelaere, B.; et al. Measurement Uncertainties of Size, Shape, and Surface Measurements Using Transmission Electron Microscopy of Near-Monodisperse, Near-Spherical Nanoparticles. *J Nanopart Res*, 2014, 16, 2177.

[26] Braun, A.; Couteau, O.; Franks, K.; Kestens, V.; Roebben, G.; Lamberty, A.; Linsinger, T.P.J.; Validation of Dynamic Light Scattering and Centrifugal Liquid Sedimentation Methods for Nanoparticle Characterization. *Adv Powder Technol*, 2011, 22, 766-770.

[27] Schavkan, A.; Gollwitzer, C.; Garcia-Diez, R.; et al. Number Concentration of Gold Nanoparticles in Suspension: SAXS and spICPMS as Traceable Methods Compared to Laboratory Methods. *Nanomaterials*, 2019, 9, 502-521.

[28] van der Meeren, P.; Kasinos, M.; Saveyn, H.; Relevance of Two-Dimensional Brownian Motion Dynamics in Applying Nanoparticle Tracking Analysis.//Soloviev, M.; *Nanoparticles in Biology and Medicine: Methods and Protocols*. Humana Press, 2012, 906, 525-534.

[29] Bell, N.C.; Minelli, C.; Tompkins, J.; Stevens, M.M.; Shard, A.G.; Emerging Techniques for Submicrometer Particle Sizing Applied to Stöber Silica. *Langmuir*, 2012, 28, 10860-10872.

[30] Saveyn, H.; de Baets, B.; Thas, O.; Hole, P.; Smith, J.; van der Meeren, P.; Accurate Particle Size Distribution Determination by Nanoparticle Tracking Analysis Based on 2-D Brownian Dynamics Simulation. *J Coll Interf Sci*, 2010, 352(2), 593-600.

第 **7** 章

动态光散射法

7.1 引言

  动态光散射法（DLS）最初是作为溶液中高分子的动力学、稀溶液性质和临界现象的研究工具而开发的，半个世纪以来它已被应用于从高分子科学、胶体化学、物理化学到材料科学等许多不同的科学学科，从高分子溶液的学院式研究走向颗粒悬浮液的广大工业界应用。有很多优秀的专著和会议论文集涵盖动态光散射在研究高分子溶液方面的应用。尽管动态光散射的理论早已提出，但直到 20 世纪 60 年代相干、准直、稳定和高强度的激光源发明后，动态光散射才成为现实。许多早期的动态光散射仪器仅用于研究高分子稀溶液。从 20 世纪 70 年代开始，两本经典著作为动态光散射在物理化学与更广泛的领域内应用奠定了基础[1,2]，两篇开创性论文确立了基本数据分析方法，即提供平均扩散系数和多分散指数的累积量法[3]以及用正则化非负最小二乘法从测量的相关函数中获取扩散系数分布的病态 Laplace（拉普拉斯）反演程序 CONTIN[4,5]，动态光散射成为用于探测颗粒物在溶液或悬浮液中运动的一种成熟和流行的技术。商用动态光散射仪器已经从 20 世纪 70 年代如家具般大小的电子设备（相关器）与笨重的光学设置，发展到 21 世纪 20 年代用光纤和单芯片相关器、软件相关器进行数字信号处理的微型设备。

  动态光散射通过测定扩散速率（无需校准）即可获得颗粒粒度、高分子链的构型构象、溶液或悬浮液中成分之间的各种相互作用，甚至进行散射物的动力学研究。作为非侵入性的绝对测量技术，它只需要少量样品，不需要繁杂的样品制备，因此成为亚微米与纳米颗粒的首选研究方法。动态光散射的一些创新技术，譬如光子交叉相关光谱、扩散波散射、图像动态光散射、多角度全局分析等，进一步扩大了它的应用范围与可操作性，使动态光散射仪器逐渐从研究工具成为监测与控制产品质量的手段[6-8]，并已有多项动态光散射的国际与国家标准[9-11]。

动态光散射（有时称为准弹性光散射）有两种主要测试技术，光子相关光谱（PCS）与频谱分析。光子相关光谱中又可分出一个小的分支光子交叉相关光谱。由于光子相关光谱的应用、论文发表、商业仪器的市场占有率都远超过频谱分析，很多时候 DLS 被等同于 PCS，其实两者是不一样的。本章主要讨论悬浮液中颗粒粒度和形状的表征。有兴趣的读者可查阅本书第 2 章表 2-1 的准弹性部分的参考文献，以更全面地了解动态光散射技术及其应用。

动态光散射实验记录和分析介质中散射体的散射光在 ns 到 ms 的时间尺度内的涨落，在光子相关光谱中此记录是在相关延迟时间域中，在频谱分析中是在频率域中。散射体可以是任何与介质具有不同折射率且在整个测量过程中保持稳定的物质。虽然有一些关于动态光散射在亚微米气溶胶分析中应用的报告，通过颗粒扩散的测量可用经验式得出气溶胶的粒度[12]，也有用动态光散射研究颗粒在凝胶中的扩散[13]，但绝大多数应用是在液体介质中的颗粒。在典型情况下，散射体是悬浮液中的固体颗粒（如金属氧化物、矿物碎片和乳胶颗粒）或软颗粒（如囊泡和胶束）或溶液中的大分子链（如合成高分子和生物材料）。在动态光散射测量中探测的这些颗粒的共同属性是它们的运动。这种运动产生于介质分子不受湍流或引力等外力影响的无规热运动，最初是由英国植物学家 Robert Brown 在使用光学显微镜观察水中的花粉时发现的，被称为 Brownian 运动。检测到的散射可能来自单个颗粒，也可能来自在浓溶液或浓悬浮液中的多重散射，即颗粒的散射光在被探测器接收到之前又作为另一个颗粒的入射光而导致另一个颗粒的散射。由于 Brownian 运动导致的颗粒在散射体积中的运动，颗粒散射光的相位和偏振随着时间而变化，从而在给定散射角度下出现散射强度的涨落。颗粒在散射体积中任何瞬间的相对位置决定了它的散射光在空间某个固定点（探测器的位置）相干相消干扰的程度。由于颗粒的扩散速率由其在给定环境中的粒度决定，因此散射光的涨落速率中就有关于颗粒粒度的信息在内[14]。

动态光散射的粒度测量下限是由颗粒散射光涨落与实验噪声决定的。测量到的光散射涨落必须大于来自各种来源的实验噪声，包括环境干扰、温度涨落和仪器的电子噪声。测量上限主要由沉降极限决定，被测量的颗粒必须稳定地悬浮在液体中。有定向沉降运动的颗粒会造成散射体积中颗粒群体的变化，使散射涨落中的信息复杂化。实践中动态光散射的粒度上限大约是几微米，具体取决于物体密度和介质黏度；下限约为几纳米，具体取决于颗粒和介质之间折射率的差异。

7.2 仪器组成

20 世纪 70 年代最初的动态光散射仪器发展半个世纪后的当代仪器，仪器规模、运作速度、检测模式、数据处理方式都经历了好几代的变更。这主要源自激光器、微电子技术与光学零部件的进步。32～64 进位集成电路相关器甚至软件相关器取代了 1 m 多高、家具大小的 2 进位 96 通道相关器，光纤在最新的商业仪器中用得越来越多，粒度分析中上万个矩阵元的矩阵反演可在瞬间完成，浓溶液的粒度测量变得可行，等等。由于这些进步，动态光散射技术现在已真正成为常规颗粒表征主力军中的一员，特别是在纳米颗粒的研究表征中。

本章并不试图列出所有可能的动态光散射光学设置，只介绍几个典型例子。图 7-1 显示了典型的多角度动态光散射仪器，包括光源、一组用于调节和传输入射光的光学部件、样品池模块、一组收集散射光的光学部件、检测系统、相关器或频率分析仪以及用于实验控制、数据分析和结果输出的计算机 [15]。探头式动态光散射装置将另外描述。

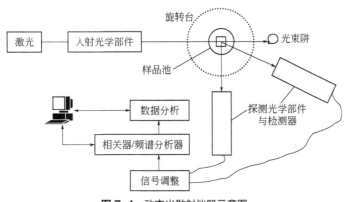

图 7-1 动态光散射仪器示意图

7.2.1 光源

在动态光散射实验中，由于散射光的相关性需要根据一群颗粒产生的散射强度涨落的干涉测量来计算，因此光源必须是相干的。相干性是描述光波在时间和空间上同相的术语。单色性和低发散是相干光的两种特性。高度相干意味着一系列等幅波前中任意两点之间存在恒定的相位差（空间相干性）以及不同波前上相同点之间的时间相关性（时间相干性）。相干时间 τ_{coh} 是光谱频率线宽 $\Delta\nu$ 的倒数，相干长度 L_{coh} 等于相干时间乘以光速。

$$L_{coh} = c \cdot \tau_{coh} = c \cdot \Delta \nu^{-1} \tag{7-1}$$

在动态光散射实验中,入射辐射(光子)需要处于同相,并且具有相同的波前,以便通过测量散射光子之间的相干性损失来获取颗粒运动的信息。如果入射光子不相干,则无法确定散射光和颗粒运动之间的关系。发出随机、非偏振、非相干光的普通光源不能用于动态光散射测量。来自普通光源辐射的相干时间(不间断的波前持续时间)约为 10^{-12} s,或 300 μm 的相干长度,即相隔 300 μm 的两个散射体发射的光子之间没有相位相关性。激光发射的光具有更大的相干性,因为激光过程激发相同的光子。不同激光类型和结构的相干长度有所不同。表 7-1 列出了各种光源的相干长度和相干时间的典型值。

表 7-1　各类光源的典型相干长度、相干时间与偏振率

光源	相干长度/m	相干时间/s	偏振率
发光二极管	6×10^{-5}	约 2×10^{-13}	无规
钠灯的 D 线	6×10^{-4}	约 2×10^{-12}	无规
氩离子激光[16]	$1 \times 10^{-2} \sim 10^{-1}$	约 $3 \times 10^{-11} \sim 3 \times 10^{-10}$	> 250 : 1
氦氖激光[16]	2×10^{-1}	约 7×10^{-10}	> 500 : 1
激光二极管[16]	可达 65	约 2×10^{-7}	> 100 : 1
外腔式激光二极管[16]	$1 \times 10^{2} \sim 10^{3}$	约 $3 \times 10^{-7} \sim 3 \times 10^{-6}$	> 100 : 1
频率稳定化的氦氖激光[16,17]	$1 \times 10^{3} \sim 10^{8}$	约 $3 \times 10^{-6} \sim 3 \times 10^{-1}$	> 500 : 1

对于非球形或光学各向异性颗粒,散射场随方向而变,复数的振幅函数 S_3 和 S_4 不等于零(见第 2 章)。因此散射光的干涉涨落将受到平动运动以及旋转运动的影响,并可能导致某种程度的去偏振。为了简化散射强度相关测量的理论分析,求解不同类型的颗粒运动,动态光散射仪器中的光源通常是线性偏振的。

由于相干性的要求,动态光散射实验必须使用激光作为光源。因为它们的高相干性与出色的光准直性。早期氩离子激光器和氦氖激光器用得很多,特别是后者。近 20 年来,因为成本低、体积小、坚固性和可连接光纤,二极管激光器几乎已成为所有动态光散射仪器的首选。特别是近年来可见光区二极管激光器的最大功率、相干长度、光学特性的进步,使得它更适合于用在日渐小型化的动态光散射仪器中。

7.2.2　入射光部分

入射光学部件将光从光源传输到样品池中,入射光横截面和收集光锥交汇而成散射体积。在零差与外差实验中(图 2-17),光源的光可能还必须直接传递到探测器中,以便与散射光混合。大多数激光器发出的光都是圆形准直偏振光(通常调节

至垂直偏振），一些激光二极管也已将用来矫正光的发散与非圆形所需的微光学作为该装置的一部分，发出的光也是圆形的准直光。为了实现高相关效率，激光束通常必须进一步聚焦到更小，因为散射的光子需要基本来自同一波前。当从光源任意两点到达观察者的波前相对相位相差±π时，相干性将完全消失。如果假设入射光是圆形的（最细处直径为 D_w），为了保持散射体积中任意两点之间的波前相对相位小于±π，则散射体积必须根据散射角范围调整以满足以下关系[18]：

$$\Delta\theta\Delta\varphi = \frac{\lambda^2 \sin^2\theta}{4D_w(D_A + D_w\cos\theta)} \tag{7-2}$$

式中，D_A 是收集光锥在与入射光交汇处的直径；$\Delta\theta$和$\Delta\varphi$分别是收集光的散射角θ的范围和方位角φ的范围。

在应用式（7-2）时必须考虑具体样品。如果散射体积过小，散射可能太弱，导致信噪比低，而且颗粒数可能不足以满足正常测量中忽略颗粒数涨落的统计要求。如果散射体积过大，则来自散射体积不同部分的散射光可能不相关。因此必须根据所测样品的颗粒大小、浓度和扩散运动，同时考虑散射强度和信号相关性，以选择适当的散射体积。确定散射体积的主要参数是聚焦光束直径，聚焦光束的腰部 D_w 与光束直径 D 和聚焦透镜的焦距f相关：

$$D_w \cong 2.44\frac{\lambda f}{D} \tag{7-3}$$

在焦点附近，离焦点距离 l_w 处的光束尺寸 D_{l_w} （图 7-2）为：

$$D_{l_w} = D_w\sqrt{1 + \left(\frac{4\lambda l_w}{\pi D_w^2}\right)^2} \tag{7-4}$$

为了在聚焦区域实现一定的光束直径，除了选择适当焦距的透镜外，光源的光束在聚焦之前可能先要扩大。此外还可插入空间滤波器来清理光束，并插入偏振器以进一步提高光束的偏振比。根据仪器的几何构型，入射光可能还需要反射镜、棱镜、光圈和透镜进行引导。光纤可用于替代很多笨重的光学部件来引导入射光，或用作空间滤波器来节省空间和成本。

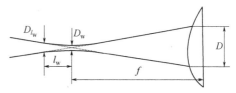

图 7-2　被透镜聚焦的准直光尺寸

散射光的相干性也可以通过探测器表面接收到的光子来理解[1]。探测器表面如果接收到的光子不是来自相干入射光的散射，则无法测量它们之间的相关性，而光强将会显示出不相关的测量噪声。根据 van Cittert-Zernike 空间相干定理，如不考虑透镜的作用，探测器表面的相干区面积 A_{coh} 可由以下公式计算[19]：

$$A_{coh} = \lambda^2 / \Omega = 4\lambda^2 R^2 / (\pi D_w^2) \tag{7-5}$$

式中，λ为光波长；Ω为探测固体角；R为探测器至散射体积的距离；D_w为散射体积的直径。探测器面积与A_{coh}之比为相干区数。相干区数小于 1 则信号弱，太大则信噪比差，一般控制在 2～5 之间[20]。

7.2.3 样品池模块

样品池模块通常由样品池与提供机械和温度稳定性的样品池支架组成。样品池外可以用含水或油等循环液的夹套来达到分辨率高达 0.1℃的温度控制[21]，或简单地使用 Peltier 装置控制温度。样品池可以采取不同的形状，最常见的是低成本塑料，或高光学质量玻璃，或石英质方形或圆形比色皿。圆形设计的优点是当入射光进入样品池与散射光出样品池时没有折射，因此实际散射角度与图 7-3（a）显示的探测器和入射光之间的几何角度相同[22]。对于方形样品池，除了直角（90°）之外关系都较复杂。当检测系统与样品池中心对齐时，实际散射角度与表观角度不一致，散射体积也不在样品池中心，散射角度和散射体积位置都取决于悬浮液介质的折射率［图 7-3（b）］。如果想要将散射体积保持在样品池中心附近（入射光聚焦的地方），则检测系统必须像图 7-3（c）中所示那样偏转角度。 但是当使用另一种不同折射率的介质时，散射中心又将偏离样品池中心。

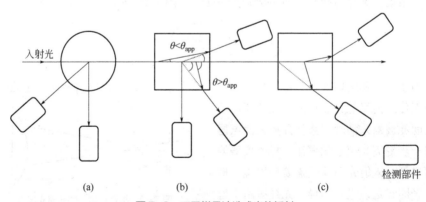

图7-3　不同样品池造成光的折射

可以在文献中找到其他形状或具有特殊性能的复杂样品池。例如在研究聚合物链动力学时，为了实现快速溶液温度平衡，使用了壁厚为 0.01 mm 的样品池[23]；而使用另一个特殊形状的样品池不需要知道介质折射率[24]。通常样品体积为几毫升或更少，连接到分离设备（如排阻色谱法的柱子）后的流动样品池的体积可以小到微升范围[25]。当样品池过小时，必须考虑池壁对颗粒运动的限制。有研究表明当样品池宽度小于 1.3 mm 时，粒径测量值随池宽减小呈线性增大，宽度为 0.6 mm 时，粒径测量值与自由空间中的测量值差距可大于 5%，显示布朗运动受到明显影响[26]。为了直接研究聚苯乙烯乳胶在超临界水中的特性，有的样品池可调节温度高达 325 ℃，压力高达 28 MPa[27]。

将散射体积设置在样品池的哪个位置取决于样品的浓度。对于稀溶液，散射体积在样品池中心可以尽可能地避免样品池壁的任何瑕疵（例如指印、划痕、脏物）对测量的影响，而且可以取较大的散射体积，增加散射光强。对于浓溶液，由于光很难进入样品池深处而且有多重散射，所以需要将散射体积设置在靠近池壁，接收最先与入射光交界的溶液的散射光，而且由于散射光很强，即使池壁有瑕疵也不会有很大影响。当入射光聚焦与接收大角度散射光通过同一块透镜时，简单地前后调节透镜与样品池的位置，即可将散射体积在池壁附近和样品池中心之间变化，进而可以测量不同浓度的样品[28]。散射体积的最佳位置可通过比较在各个位置测试的自相关函数的截距来寻找，具有最大截距的位置即多重散射最少的位置。

7.2.4　散射光探测元件

典型动态光散射仪器的探测光学部件由一组光圈和透镜组成，这些光圈和透镜在特定的散射角度（范围）从样品池中的散射体积收集散射光。虽然有许多设计，但大多数设计可以分为如图 7-4 所示的两种。

在图 7-4 中配置（a）的光路中，透镜与散射体积（灰色菱形）之间的距离长于 $2f$（f 是镜头的焦距），光圈 P2 设置在透镜的焦点。在此设置中，散射体积的大小由光圈 P1 控制，散射角 θ 的范围 $\Delta\theta$ 和方位角 φ 的范围 $\Delta\varphi$ 由 P2 控制，光圈可以是圆形针孔或矩形缝隙，其大小是固定、可调或可选择的。对于图 7-4 中配置（b）中的光路，透镜与散射体积之间的距离在 $f\sim2f$ 之间。散射体积（灰色圆圈）的大小主要由散射体积、透镜和 P4 三者之间的距离控制，散射角 θ 的范围 $\Delta\theta$ 和方位角 φ 的范围 $\Delta\varphi$ 主要由

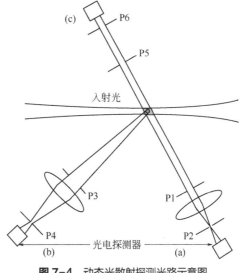

图 7-4　动态光散射探测光路示意图

P3 控制。虽然这两种配置都可以使用，但配置（a）用得较多，因为具有更大的灵活性和适应性，特别是在使用光纤时。配置（c）是配置（a）的简化版本，仅使用两个小孔径来共同决定散射体积和散射角范围。收集光路中一般还放置偏振片，以采集与入射光相同偏振的散射光（通常为垂直）I_{vv}，或与入射光相互垂直的去偏振散射光 I_{vh}。选择光圈大小的标准是探测器检测到的任何信号都应来自一个或最多几个符合式（7-2）的相干区域，最大限度地提高信噪比。

收集光学部件在设定的散射角度进行测量。如果需要以多个散射角度进行测量，则必须使用精确的测角仪转台或预设在不同角度、一般以光纤相连的多组光学部件。在测角仪转台中，光源或收集光学部件围绕与转台同轴的样品池旋转，在不同的散射角度进行测量。两种设置中的角精度都需要优于 0.1°。如果每个光纤连接到专用光电探测器和后续电子设备，则可以同时进行测量；如果只使用一个光电探测器，则可以按顺序进行测量。图 7-5 显示了一台使用 9 组固定散射角度的光纤-光电倍增管，可同时进行 9 个角度的静态和动态光散射测量的保偏单模光纤多角度光散射仪器。图中 $\lambda/2$ 与 GT 为用于调节光强的半波相位延迟片与 Glan-Thompson 偏光棱镜，M1 与 M2 为反射镜，P1 与 P2 为半透镜，D1 与 D2 为光电二极管，PM 为光电倍增管，LT 为光束阱，L 为聚焦镜。通过改变入射光的方向（移动镜子 M2），可以覆盖从 3.6° 到 144.1° 连续的散射角范围。为了能在小角度测量而不受到杂散光的影响，

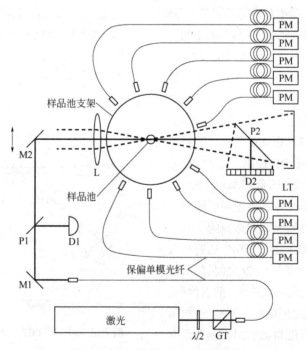

图 7-5　多角度光纤动态光散射仪器

在一个很大的样品池支架中盛放了折射率匹配液十氢萘[29]。

用于动态光散射探测光学部分使用的光纤可以是多模或单模，虽然前者由于失去了相干性而效率较低，光的偏振性没有保存，但由于纤维直径较大（约几十微米）收集的光量大。单模光纤的直径只有几微米，但有优越的信噪比，因为较高模式已被滤掉[30]。经过对针孔、单模光纤、少模光纤和多模光纤等多种接收方式的比较，发现对于小型具有静态光散射与动态光散射测量功能的设置，优化了检测效率和仪器校准的少模光纤是最好的选择；而对动态光散射测量，单模光纤是很好的选择[31]。

除了自拍式的自相关光谱测量，都需要将散射光与参考光同时送到探测器，使其在探测器表面产生光拍。创建参考光束的方法有很多种。一个简单的方法是在样品池的壁上划痕，当光入射到样品池时，划痕会成为静止散射中心，因此参考光也称为本地振荡；另一种方法是拆分入射光后将其中一小部分直接送往探测器。

7.2.5 探测器

光电探测器用于将收集的光子转换为电子脉冲或电流。动态光散射分析仪中常用两种类型的光电探测器：光电倍增管（PMT）与光电二极管（PD）。

PMT 由一系列电位逐渐升高的倍增极组成。一个入射光子击中光阴极后释放光电子。此电子被电位加速到第一个倍增极后，以相当高的动能二次发射打出许多新的电子，每个电子将加速到下一个倍增极。这种链式的倍增极碰撞最终到达阳极，形成一个百万计电子的大脉冲。PMT 具有高灵敏度（电流放大倍数 10^6 或更高）、低噪声（通常暗数小于 100 s^{-1} 或 10^{-9} A 级的暗电流，在低温下运行的 PMT，暗数可能小于 10 s^{-1}）、宽动态范围（线性响应范围为 10^6 或更高）、快速响应（小于 10^{-9} s，脉冲宽度在 10^{-8} s 范围）和小体积（一些重量为几克的小型 PMT 的体积只有 1 cm^3）。光阴极材料的敏感波长区必须与实验中使用的光波长相匹配才能实现高效率。由于 PMT 的灵敏性，必须避免过度的光强以保持光子计数与电子脉冲关系的线性响应，并防止在极度的光强下损坏 PMT。

对 PMT 的一个重要要求是它应产生最少的后脉冲，即光子产生脉冲后产生的次要脉冲。由于后脉冲与光子脉冲相关，并在自相关函数的短延迟时间内产生峰值而扭曲自相关函数。PMT 的操作方式在动态光散射实验中可以采用脉冲计数模式（单个光子被有效地放大为可测量的电子脉冲，每个脉冲都显示为"事件"），也可以采用电流模式（输出电子电流与入射光子强度成正比）。当光强度较低时使用脉冲计数的电子脉冲模式效率更高[32]；当光强度很高时，光电子脉冲倾向于重叠而连续，则必须使用电流模式。与这两种模式配套的电路设计是不一样的。

光电二极管的工作原理不同。在简单的二极管结构中，如果光子在耗尽区被吸收，就会产生电子空穴对。这种电子空穴对被扫出两个不同掺杂半导体区之间的耗尽区而产生光电流。并非所有入射光子都会被吸收，因此内部量子效率较低。P-I-N二极管通过将耗尽区替换为夹在二极管 P 面和 N 面之间的固有未掺杂层，从而提高了量子效率。这些光电二极管没有任何内部增益，它们需要放大电路来增加信号强度。相当于半导体 PMT 的雪崩光电二极管（APD）进一步提高了灵敏度。在 APD中，光子激发载流子在强电场中加速增大动能，不断地与晶体原子碰撞使共价键中的电子激发形成自由电子空穴对。新产生的载流子又通过碰撞产生更多的自由电子空穴对，此倍增效应使载流子像雪崩一样增加。硅基雪崩光电二极管的波长敏感区约在 450～1000 nm，最大响应在 600～800 nm 左右，除了感光面积大、成本低、紧凑和坚固耐用之外，其内部增益可大于 1000（量子效率在可见光波长范围可高达80%），其性能已接近甚至超越普通 PMT 且能满足大多数动态光散射的应用要求。

7.2.6　电子线路

由于光电探测器通常具有高输出阻抗性，这是电流源的一个特征，它们在驱动低阻抗输入时效率最高。因此作为接收电路的一部分，检测器后面通常用跨阻放大器。跨阻放大器的特点是高增益（> 100）、低噪声、低输入阻抗和输出阻抗匹配下一个元件（保持恒定偏压以便从噪声中辨别出有效脉冲的脉冲鉴别器）。使用高速去随机化后，脉冲到达的时间间隔更均等，并且不会因为与电路相关的死时间而丢失脉冲。通过标量计时器（连续对脉冲进行采样的计数器），将系列脉冲数传递给相关器。放大器和鉴别器都应具有足够宽的带宽，以容纳检测到的信号，这些信号可能有快速上升时间或小的死时间（< 50 ns），否则在高计数速率时自相关函数将被扭曲而产生虚假相关性或反相关性。

虽然光子计数模式是动态光散射测量的首选，但在高散射强度或具有较长运动特征时间时，电流模式更合适。在电流模式下，电流与入射光电通量成正比。负载电阻器与杂散分流电容器相结合，可用于将光电流转换为电压后输入频率分析仪进行功率频谱分析，也可再转换回数字形式。转换可以使用电压频率转换器将输出电压转为频率，然后数字化后变为计数数值；或使用快速的模数转换器将电压数字化，然后使用以固定采样时间（例如 1 μs）采样的短脉冲速率倍增器[33]。

7.2.7　相关器

从上述电子线路输出的一系列脉冲计数被输入相关器。这一组数 $n(t), n(t+\Delta t)$,

$n(t+2\Delta t)$, …在光子计数模式下是通过在设定时间间隔（采样时间Δt）内采集的光子数；在电流模式下是在固定采样时间内的数字化事件频率。这些数储存后由相关器按照式（2-25）进行计算：用延迟时间$j\Delta t$相隔的每一对数字相乘并在测量时间内（$N_s\Delta t$）取平均值，形成自相关函数中的一个数据点。整个自相关函数的计算方式是改变下列方程中的j值，直到j足够大，以至于$n(t_i)$和$n(t_i+j\Delta t)$之间没有任何相关性：

$$G^{(2)}(\tau_j = j\Delta t) = \sum_{i=1}^{N} n(t_i)n(t_i + j\Delta t), N = N_s - j \tag{7-6}$$

使用专门设计或现成的硬件相关器或使用普通计算机的软件相关器，有许多方案可以用来进行式（7-6）的运算。一个经常使用的方案是寄存器移位法：M个数$n(t_i-\Delta t)$，$n(t_i-2\Delta t)$，…，$n(t_i-M\Delta t)$存储在移位寄存器中，序列中的任何数值乘以下一个数值$n(t_i)$，得到一系列$n(t_i)n(t_i-\Delta t)$，$n(t_i)n(t_i-2\Delta t)$，…，$n(t_i)n(t_i-M\Delta t)$的乘积。这些乘积储存在M个累加器中。同时移位寄存器中的所有数被移位一个位置以接收下一个数。M寄存器中的数值成为$n(t_i)$，$n(t_i-\Delta t)$，…，$n[t_i-(M-1)\Delta t]$，则乘后的乘积变为$n(t_i+\Delta t)n(t_i)$，$n(t_i+\Delta t)n(t_i-\Delta t)$，…，$n(t_i+\Delta t)n[(t_i-(M-1)\Delta t]$，它们被添加到累加器中。累加器中的每个计数器累加由在整个测量时间内固定延迟时间$j\Delta t$分隔的两个数的乘积生成所需的自相关函数。在此方案中，延迟时间$j\Delta t$具有线性间隔增量。相关器的带宽（动态范围）为从Δt到$M\Delta t$。没有运动速度超过Δt的信息，只有部分运动速度慢于$M\Delta t$的信息，因此结果可能有偏差。通常的颗粒样品在粒度和运动方面有很宽的分布，譬如平动和转动通常具有不同的时间尺度。线性相关器缺乏必要的动态范围来涵盖所有信息。大多数商业相关器使用多重延迟时间配置：一定数量的通道被分成几个组，每个组中的延迟时间增量是线性的，组之间的增量设置可由用户设置或为某个固定比率。这样可以使用相同数量的通道来分析不同的动态范围：快速运动将被密集间隔的初始通道覆盖，较慢的运动将更完全地被后通道的长时间延迟所覆盖。两组之间的延迟时间比率可高达2^7，某组的延迟时间可能比前一组长128倍。图7-6是线性相关器的一般示意图[34]，图7-7是多采样时间相关器示意图[34]。

利用工作频率可高达200MHz以上的FPGA芯片构建相关器的高速通道，容量极大的DSP芯片构建相关器的低速通道，使用多组线性结构将高速通道和低速通道相结合，可以实现大动态范围的高速光子相关器，采样时间下限可达10 ns，动态范围可达1×10^{12}，使自相关函数具有足够的精度与宽度涵盖粒度分布极宽的样品[34]。

与具有相同通道数目的线性相关器相比，具有非线性间隔相关通道的相关器具有更广泛的动态范围。如果通道间隔适当，对于给定的样品，拥有大量通道不一定有优势，理论上双组分样品只需要五个通道[35]。由于相关器中的相关通道按离散的τ值排列，因此在非线性相关器中，选择代表自相关函数在某个$G^{(2)}(\tau_{i-1})$和$G^{(2)}(\tau_{i+1})$

范围内每个通道的采样时间（Δt）和延迟时间（τ）并不容易[36]。除了使用传统的线性、指数和多组通道排列外，也有利用基于 Fibonacci 数列排列的相关器[37]，并有硬件门时间自动调整机制的相关器，以获得样品的最佳覆盖范围[38]。

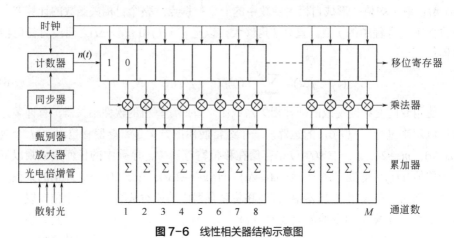

图 7-6　线性相关器结构示意图

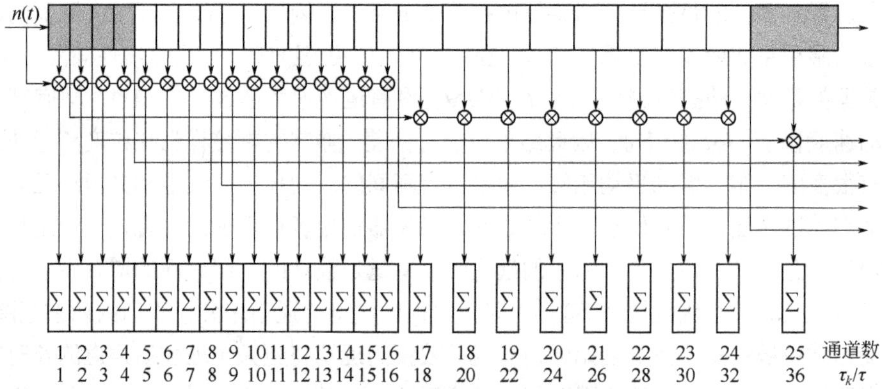

图 7-7　多采样时间相关器结构示意图

相关器中的采样时间（Δt）通常为 50～100 ns 至几秒钟。在大角度测量极小颗粒时需要更快的测量，这时需要用到达时间相关器，这类相关器可有短至 2.5 ns 的延迟时间[39]。

在光子计数模式下测量自相关函数时，每个采样时间内（Δt）的光子数存储在单字节寄存器内。早期由于每个字节仅有 2 位或 4 位，计数的最大数量极其有限，例如 4 位相关器每次取样最多只能有 16 个光子，否则寄存器将会饱和溢出，因此不得不用剪裁法与尺度法等相关器技术来克服[40]。这个问题在现在 128 位的微电子时代已不存在。

微电子和计算机技术的进步一直推动着相关器的发展。现代相关器只是一块电路板，甚至只是一个芯片，利用速度可高达 GHz 的 32 位或 64 位数字信号处理器（DSP），可轻松地完成大多数颗粒表征所需的自相关函数测量，相关器的紧凑性和低成本使同时使用多个相关器的多角度测量变得更为可行，普通计算机可同时托管和控制多达 8 个相关器，延迟时间从 25 ns 到 1000 s 甚至更长。

由于普通计算机的数据传输速度不断提高、内存和存储容量持续增加，使用软件从预先记录的数列计算自相关函数变得方便可行，除了在极短延迟时间（如<10 ns）的部分可能仍需硬件相关器，其余硬件相关器的规格和功能，软件相关器都能具有。早在 2001 年，软件相关器就已能运算时间尺度约 300 ns 的自相关函数与进行约 5 μs 的实时运算[41]。近年来已发展成基于常用软件平台与个人计算机、能以计数率高达 10 MHz 同时运算自相关函数与交叉相关函数，并可在线以高达约 1.8 MHz 的计数率实时运算自相关函数的软件相关器[42]。软件相关器最大的优点是可以对记录的数据进行测量后的筛选或反复计算，以获取最可靠与最多的信息[43]。

自相关函数计算完成后，$G^{(2)}_{det}(\tau)$ 以及测量时间内的平均散射光强（光子计数）即可用作下一步的数据分析过程。获得平均光强有两种方法：一种是从比自相关函数最后一个通道延迟时间长得多的数个基线通道获得的，称为测量基线 A_m，理想情况下 $A_m = N_s<n(t)>^2$，N_s 是采样数；另一种称为计算基线 A_c，是通过在测量过程中累加所有计数后使用 $A_c = N_s<n(t)>^2$ 计算。理论上这两个基线值应该是相同的，在现实中如果测量中样品均匀，没有外来干扰，它们的差异往往仅有 0.1%～0.2% 或者更小，可用此来判断自相关函数的质量。

7.2.8 频率分析

在频率分析中，以满足分析最高所需频率的间隔对探测器发出的信号进行采样，然后进行快速傅里叶变换而得到功率频谱。计算的基础是使用多个预先定义的粒度和频率通道从实验获得的功率谱的迭代式拟合来获得完整的颗粒粒度分布。例如 1 nm 至 6500 nm 的粒度范围需要 16K 线性功率谱。16K 线性通道然后被转换为 80 个对数级数通道，粒度通道也用同一对数级数定义，每个通道的数值是散射强度加权的。通过重复下面的步骤，直到计算响应和测量响应之间的误差达到最小，从而产生最适合的粒度分布、平均粒径、多分散指数和其他指标：

① 在对数级数中定义粒度通道 1–M 与频率通道 1–N，将测量的线性功率谱转换为对数通道。

② 计算每个频率通道的响应，从而获得粒度的近似分布。

③ 比较计算响应和测量响应，并对近似的粒度分布进行更正。

7.2.9　多角度测量

在动态光散射测量单分散或粒度分布狭窄的样品中，如果不计颗粒平动以外的运动，则只有一个运动特征值。一旦为在特定散射角的自相关函数选择了适当的延迟时间后，就可以在几乎没有偏差的情况下得到粒度信息。许多动态光散射仪器只使用 90°的单角度检测，所有实验都仅在该角度进行。然而对粒度多分散样品要获得一个无偏差的结果不是一件容易的事。在一个散射角度测量往往是不够的，因为不同大小的颗粒在给定的散射角度有不同的散射特性和运动速度。在多个角度进行测量有若干优势，往往是获得正确结果所必需的。

使用动态光散射来描述多分散样品的最大困难，来自不同粒度（质量）的颗粒单位体积的角散射强度模式大不相同。在亚微米到微米大小范围内，颗粒越大，单位体积的绝对散射强度将越集中在较小的散射角度。随着颗粒变小，角散射度图形变得平坦而不依赖于角度。由于样品中的颗粒在给定散射角度上单位体积具有不同的散射强度，因此检测到的信号由样品成分的散射强度加权，而不是按这些成分的体积分数或质量分数加权。

一般来说，小散射角的散射光强主要来自样品中的大颗粒，大散射角的散射更多来自样品中的小颗粒。在许多情况下，由于散射光强的角散射图形，某些特定大小的颗粒可能在测量角没有足够的散射。图 7-8 是不同大小颗粒在三个散射角度单位体积的归一化散射曲线，图 7-9 显示在不同散射角度三种粒度的颗粒单位体积散射强度。

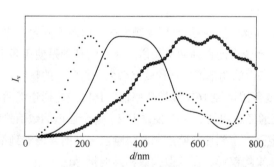

图 7-8　水中玻璃珠在 15°（带圆符号的实线）、45°（实线）、90°（点线）散射角的单位体积散射强度（$\lambda_0 = 633\,\text{nm}$）

在含等体积 600 nm 和 100 nm 玻璃珠混合物的样品中，在 15°测量中只有约

1%的信号来自 100 nm 颗粒，由此得到的粒度分布很难没有偏差。虽然不同大小颗粒的散射强度不同而产生的偏差，可以通过将粒度分布权重从强度加权使用适当模型变为体积加权（Mie 理论可用于球体，其他形状的亚微米颗粒可用各种形状因子），但如果由于某些组分在测量角散射极其微弱而信息收集不到，则这种修正不会太有效或会带来很大的不确定性。因此如果测量仅在一个角度进行，即使对分布重新加权，结果也可能仍然不正确。在这些情况下需要进行多角测量，以消除盲点效应，得到正确的分布。

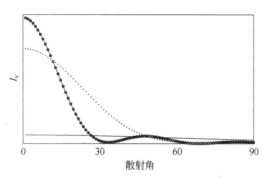

图7-9 水中不同粒度玻璃珠单位体积的角向散射强度

带圆符号的实线 $d = 800$ nm；点线 $d = 500$ nm；实线 $d = 200$ nm。$\lambda_0 = 633$ nm

　　根据粒度分布范围，每一个样品都可以从一个最佳的测量角度范围获得偏差最小的粒度分布。例如从图 7-9 中的散射图形可以清楚地看出对于等体积 200 nm 和 800 nm 玻璃珠混合物，最佳角度范围为 40°～55°。在小于 15°的散射角，即使使用适合 200 nm 颗粒的延迟时间，800 nm 颗粒的散射也将掩盖 200 nm 颗粒的散射。在这个例子中 800 nm 颗粒在 30°左右有个盲点，如果在 30°或大于 60°测量，800 nm 颗粒的散射将无法被测到。这个现象也可用于另一种用途，即选择特定角度以不"看到"某些成分，而不是"平等地"对待来自所有成分的信号。此类应用的例子包括测量受污染样品中的主要成分，或在主要由大颗粒组成的样品中检测微量小颗粒。

　　单位体积的散射强度与颗粒质量成正比。球形颗粒质量随其直径的立方而变，而高分子链的质量仅大致随其流体动力学直径的平方而变。因此对于相同的粒度范围，在角度选择中散射强度的两难境地对于高分子链来说不如颗粒那么明显。

　　动态光散射测量多分散样品的第二个困难是每个颗粒都有其独特的速度或扩散速率，覆盖广泛的动态范围。按线性排列延迟时间的传统相关器即使有上万个通道可以追踪各类运动，也还是可能出现如果延迟时间太短，则大颗粒的慢动作可能无法完全覆盖，反之则将错过小颗粒快速运动的细节。在这两种情况下，获得的信息中不可避免地存在某些偏差。要对各种运动进行更完整的分析，可以在同一散射角度使用不同的延迟时间测量，或者进行多角测量。在不同角度观看同样的运动"感受"是不同的。在测量颗粒扩散速率时，延迟时间的选择以及动态范围与检测角度密切相关。动态光散射测量的是颗粒扩散距离 K^{-1} 所需的时间量度，而这一时间与 K^{-2} 正比。因此在 15° 测量的扩散过程时间是在 90° 测量的相同过程时间的 29 倍，即小角度测量可以有效地减缓探测器观察到的快速移动颗粒的扩散过程，从而用于自相关函数的延迟时间也可以同样地增加。在 90° 测量时即使是用相关器的最短延迟时间也无法记录的快速颗粒运动，在较小的角度就可能观察得到。

动态光散射测量的第三个困难与样品浓度有关。动态光散射的样品浓度必须足够稀以避免多重散射和颗粒相互作用，并且不会使检测器饱和，却又不能太稀而导致散射强度不够，无法产生良好的信噪比，满足光子相关性统计。但是有时样品浓度无法调整以适应实验参数：①原本浓度就非常低，如许多生物样本；②原始浓度较高，但散射仍然较弱，如许多表面活性剂胶束和合成高分子样品；③浓度已高到导致探测器饱和，但样品无法稀释，否则颗粒将发生变化。在这些例子中，人们需要调整实验条件来完成测量，改变散射角度是最可行和最方便的方法。

探测器接收到的散射光量与散射体积成正比。在收集光学部件（图 7-4）中，散射角 θ 处的散射体积比在 90° 至少要大一个$(\sin\theta)^{-1}$因子。在 15° 时收集的光量是 90° 的 3.9 倍，由于信噪比与光强的平方成正比，15° 的信噪比较 90° 提高了 15 倍。对于过度稀释或弱散射的样品，以小角度进行测量相当于使用更强的激光。另外，对于散射过强的样品，大角度测量将有效地降低到达光电探测器的散射强度，从而可避免探测器饱和。

多角测量中浓度的另一效应与检测时间尺度有关。在较小的散射角测量必须使用更长的延迟时间，因此可以收集更多的光线，从而可测量弱散射的样品。在大角度进行测量等效于加快扩散过程，需用很短的延迟时间，从而可以测量强散射样品。

从上可见通过改变散射角度，可以有效地改变散射体积和时间尺度，这相当于在不实际改变样品的情况下操纵样品浓度。

对非球状颗粒，测量的自相关函数来自颗粒转动和平动的耦合信号。如果不从多个角度测量的自相关函数中将这两种运动分离，颗粒形状和大小的表征是不可能的。本章的后续部分有对这个问题的进一步讨论。

7.2.10　图像动态光散射

近年来微电光学技术的发展促成了多类高灵敏、高速、低噪声、小型、低成本的集合型光电探测器的广泛应用，例如光电二极管阵列、黑白与彩色模块化的电荷耦合器件（CCD）与互补金属氧化物半导体（CMOS）。使用这些元件，动态光散射不但可以在时间序列，也可在空间序列进行散射光强涨落的测量，譬如使用光电二极管阵列进行光散射测量的大规模平行相分析光散射[44]。

传统的动态光散射设置使用一个光电探测器，在一个固定角度测量散射体积内群体颗粒散射光干涉随时间的变化。如果用一块含像素 $i \times j$ 的 CCD 或 CMOS 芯片作为探测器，则在每一瞬间可以进行 $i \times j$ 个测量，如果图像帧的间隔为 τ，则在时间 T 内可以测量 N (= T/τ) 幅图像（图 7-10）。τ 的最小值取决于芯片相机与计算机之间的最大信号传输速率，譬如帧率为 10000 fps 时，则 τ 的最小值为 100 μs。此被称为图像动态光散射的方法[45]优点在于可以在与传统方法同样的测量时间内，测量 $i \times j$ 个相关函数，每个相关函数来自同一散射体积，但是相互之间有微小的、不超过±1° 的散射角与方位角的差别。在大散射角这些角度变化造成的散射矢量的差别可以忽略，而且正负角度差的影响可相互抵消，可以在更短的时间内得到同样质量的相关函数而用于后续计算[46]。此方法的缺点在于所能测量的最小颗粒受到信号传输速率的限制，但随着微电光学技术的进一步发展，这个限制一定会被逐渐移除。

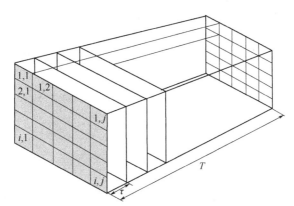

图 7-10 总计 N 图像，每个图像被分成 $i \times j$ 个网格，图像帧之间的时间差为 τ

在此方法上发展起来的超快图像动态光散射则仅使用两幅图像，通过计算两幅图像之间的相关性（二维图像交叉相关函数）而得出颗粒平均运动速率。对于单个颗粒，其扩散速率必须追踪一定数量的"步子"，通过统计平均步长得出扩散速率；仅测量 1 步，即两个时间点的散射强度变化，无法得知扩散速率。但是如果有很多相同的颗粒，每个颗粒在这两个时间点之间都在运动，如用它们瞬间运动的系综平均代替单个颗粒的长时间平均，则可以得到平均运动速率。用此方法可以在极短时间内，譬如 <1 ms，完成对平均粒径的测量。由于众多颗粒在每个特定时间间隔内的无规运动不一样，每两帧图像之间的相关性也会有所变化，从而得到的是平均值

的分布, 图 7-11 为聚苯乙烯乳胶球悬浮液的测量结果[47,48]。这个方法的优点在于可以在极短时间内测出颗粒的平均值, 从而有可能监视或追踪极快的体系变化, 如颗粒成长或粉碎过程。图 7-12 为采用此方法在极短时间内追踪金颗粒约从 25 nm 到约 125 nm 的生长过程[49]。

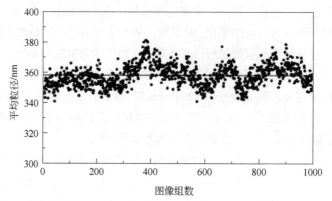

图 7-11 用两幅图像的相关性得到的标准颗粒 (d=352 nm) 的平均直径

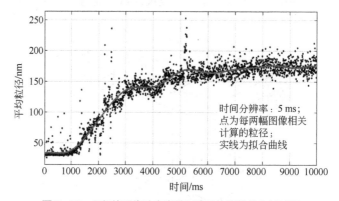

时间分辨率：5 ms；
点为每两幅图像相关
计算的粒径；
实线为拟合曲线

图 7-12 用超快图像动态光散射追踪金颗粒的生长过程

7.2.11 在线动态光散射测量

本章讨论的对动态光散射样品的最基本要求是样品稳定、液体必须是静止的。已有很多将动态光散射连接在分离或分馏装置后在线测量粒度的探索，典型的分离或分馏装置为排阻色谱柱、水动力色谱柱、场流分馏床。在这些实验配置中，按颗粒粒度分离或分馏后流经输出管路的每一段定向流动液体中的颗粒是单分散的，这些液体以一定的流速流经动态光散射样品池。动态光散射测量信号中含有单分散颗粒布朗运动与定向运动的信息：在自相关函数中在普通的单指数衰减中叠加了一个由于流动造成的余弦项或辛格函数项，在频谱分析中原本在零频率的 Lorentzian 峰被平移到与流动有关的多普勒位移频率[50,51]。如果测量足够快并在数据处理中能考虑液体流动的影响，并注重对自相关函数基线的分析，对反演公式进行适当的修改，应该可以得到每一个馏分准确的粒度。如果用累积量法计算，如果液体的流速不是太快，对平均值的影响也不会太大。

下列为一些可能影响在线正确测量的一些因素：在液体流动下纳米颗粒的摩擦系数与稳定状态下的摩擦系数不同[52]；因为大颗粒的相关函数衰减较慢，因此受额外运动的影响最大，液体的流动将限制可以可靠测量的最大颗粒；流动太快而产生无定向的湍流则无法计算流动对测量的影响；在测量时间段内的颗粒数太少，则散射光强太弱或颗粒数目涨落，从而影响结果；由于流动而造成颗粒聚团使样品发生变化；流动方向与散射矢量的夹角也会影响测量结果[53]。

有实验证明可以在流经动态光散射样品池液体的流速很低（0.2 mL/min）时获得准确的流体动力学粒径，随着流速的提高，粒径测定误差会迅速地增加[54,55]。对多分散样品，有报道指出在流速高达 0.5～1 mL/min 时，也能获得比未经分馏测量更满意的粒径测量结果[56,57]。

7.2.12　自混合激光干涉仪

这是一种较新的动态光散射测量技术，称为自混合激光干涉测量或激光反馈测量，使用激光二极管-光电二极管（LD-PD）组成的激光传感器进行测量。激光照射在静止或流动液体中有布朗运动或伴随着平动运动的颗粒，颗粒的散射光回进激光腔，影响内置光电二极管检测到的激光频率、线宽和功率输出，通过频率分析或光子相关光谱检测颗粒大小（或液体的流速）的信息[58-62]。该技术具有灵敏度高、紧凑、低成本和可能在线应用等优点，如医学中的血流量测量、生物学中的电泳研究以及过程工程和化学中的颗粒表征[63-65]。目前，其数据分析和实验配置仍局限在模型/理想体系。对于层流中的多分散系统，光强不稳定、频率漂移以及其他实验噪声可能会使信号的病态多重多卷积变得更复杂。该技术有待于进一步发展才能被推广到实际应用中去[66-68]。

7.2.13　实验注意事项

在任何动态光散射实验中，成功的关键是获得高质量的自相关函数或功率频谱。否则无论数据分析多么精确，都很难获得正确的结果。为了获得高质量数据，需要减少实验噪声与选择正确的延迟时间范围或取样频率范围。以下是在实验中必须注意的事项[69,70]：

（1）样品质量

良好的样品制备程序将确保颗粒被均匀、稳定地分散在悬浮液内，不存在异物颗粒，温度是均匀的。由于动态光散射测量的亚微米颗粒通常散射非常微弱，因此散射光很容易被少数大尘埃颗粒的散射所掩盖。这些尘埃颗粒往往数量较少，它们通过布朗运动进入或离开散射体积将会产生突然和巨大的散射强度涨落。样品制备中使用的稀释剂或溶剂除了不应改变颗粒的物理特性之外，还必须不含杂质颗粒，因此需要进行适当的过滤。过滤膜应选择适合的材料，孔径小于要测量的颗粒。良好的过滤技术也很重要，尤其是在处理极性介质时，极性介质很容易从空气中吸收尘埃颗粒。样品池应清洁以保证表面反射最小，否则结果可能会受到很大影响[71]。如果池壁上的任何污垢（如指纹）或划痕恰好被入射光照射，则其散射会类似于局部振荡器。因此在自拍模式（图 2-17 中 A）中，I_L 不会为零，自相关函数的解释将导致不可预知的结果。检查介质和样品池清洁度的一个简易方法是仅对介质进行快速测量(最好以小散射角度进行)，应该会产生一个计数率非常低的扁平自相关函数。

（2）样品浓度

样品浓度应调节至使颗粒的散射比介质的散射强得多，但又不会太强而饱和光电探测器，通常计数速率应在 $10^4 \sim 10^6 \ \text{s}^{-1}$ 之间。如果悬浮液是乳白色的，那么浓度肯定太高。使用一小功率激光束（如激光笔）照射悬浮液，如果光束不显示为线状而是一个扩散光环，则浓度过高。浓度过高会导致多重散射和颗粒的相互作用，使数据分析过程复杂化（本章稍后将讨论这些影响）。稀释应在干净的容器中进行，而不是在样品池中。如果浓度不能进一步降低，但散射仍然太强，则必须对仪器进行一些调整，如使用较小的光圈或较低的激光功率或改变散射角度。

浓度过低会导致散射体积内的颗粒数涨落，使标准自相关函数理论失效、散射过弱、信噪比和测量效率降低。但是此类涨落却又可以在有限的浓度范围内测量样品浓度，已使用极稀的单分散球体经过了实验验证[72,73]。

式（2-33）是颗粒和介质散射的自相关函数，如果进一步将这两部分分开来，式（2-33）将变成：

$$G_s^{(2)}(\tau) = \langle I_p + I_m \rangle^2 + |[A_p E_p(t) + A_m E_m(t)][A_p E_p^*(t+\tau) + A_m E_m^*(t+\tau)]|^2$$
$$= \langle I_p + I_m \rangle^2 + |A_p^2 E_p(t) E_p^*(t+\tau)|^2 \tag{7-7}$$

$$g_s^{(2)}(\tau) = 1 + \frac{I_p^2}{I^2}|g^{(1)}(\tau)|^2 \tag{7-8}$$

在式（7-7）的第二个等式中，介质分子的相关性被认为在时间尺度上比颗粒快得多而被忽略不计。测量的自相关函数振幅取决于在总散射光强中颗粒散射超过介质散射的部分，作为可接受的测量条件，来自颗粒的散射至少比介质高出 2.5 倍。

（3）仪器条件

任何仪器都应仔细检查其机械稳定性和电气噪声。由于动态光散射是时间相关性测量，应避免任何机械不稳定，如桌子和/或建筑物震动，以及电气噪声，如电线噪声或其他电器（如电机、风扇等）造成的干扰。此外应在使用前打开仪器一段时间，以稳定激光源使测量期间不发生光强度的漂移，并在仪器和室温之间建立稳定的温度梯度。样品应放置在样品支架中足够长的时间，以达到所设的温度。

（4）自相关函数的延迟时间

应根据相关器的规格选择适当的延迟时间范围、采样时间和通道组之间延迟时间增量的比例，所取范围应该能够测量颗粒最慢的运动但又不错过最快的运动。可以从已知样品信息通过模拟来选择适当的延迟时间[74]，简单的颗粒体系可通过满足 $\tau_{max} = 2.5/\bar{\Gamma}$（$\bar{\Gamma}$ 是自相关函数的平均衰变率）来估计适当的延迟时间范围。对于涉及多种运动的体系，必须使用更复杂的估计或试错来查找最佳采样时间和延迟时间。许多智能化仪器能自动确定适当延迟时间[75]。延迟时间范围的正确性可根据归一化自相关函数的极限值来判断：$|g^{(1)}(\tau_i)|^2 \geq 0.998$ 和 $|g^{(1)}(\tau_{max})|^2 \leq 0.005$ 通常表示所有可检测的运动都已被涵盖。

（5）散射角

基于颗粒粒度、粒度分布和样品浓度选择适当的散射角度或角度范围，是为了最大限度地提高信息量与增加信噪比。

（6）测量时间与自相关函数质量

为了提高信噪比和统计精度，测量时间应足够长以产生高质量的自相关函数。实际测量时间取决于散射强度、散射角度和延迟时间等多种因素。强散射体需要最少几分钟的测量时间，弱散射体需要更长的时间。自相关函数的质量可以根据测量基线和计算基线之间的差额来判断，此差额应小于百分之零点几。较大的基线差异通常表示测量时间过短、样品的均匀性差，以及散射体积中有颗粒数涨落、温度涨落或样品变化导致的突然散射强度变化。为了取得更好的结果，应该进行多次短测量，根据对样品的了解或设定条件或使用基于计数速率统计的信号过滤方法，拒绝或删除可能与外界或灰尘颗粒散射有关的异常数据后，使用保留的计数计算自相关函数，然后将短测量叠加起来成为最终将用于数据分析的自相关函数[1,76,77]。

7.3　数据分析

在本节中我们将讨论最常见的动态光散射应用：稀悬浮液/溶液中颗粒或高分子

在不受其他颗粒或高分子的影响下独立移动，且不使用参考光束的散射（图2-17中A）。在理想状况下，所有入射光子都是完全相干的，光子在探测器表面的拍打是完全同步的。在实际实验中，由于散射体积有限、电子和光学噪声等多种原因，光子混合效率总不是完美的。因此引入了考虑这些因素的仪器效率系数$\beta, \beta \leqslant 1$。β值显示了动态光散射仪器的整体效率，尤其是光学部分。光子相关光谱的主导公式现在为：

$$|g^{(1)}(\tau, K)| = \sqrt{\frac{G^{(2)}(\tau, K) - A}{A\beta'}} = \sqrt{\frac{g^{(2)}(\tau, K) - 1}{\beta'}} \tag{7-9}$$

添加的变量K表示自相关函数也是散射角度θ的函数，β'（$= I_p^2 \beta / I^2$）是测量效率系数，$\langle I_p + I_m \rangle^2$被表示自相关函数中基线的$A$所取代。图7-13显示了光强、光子相关光谱与功率频谱三种域中的动态光散射实验输出信号。

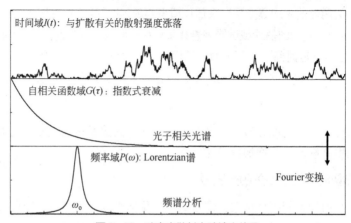

图7-13 动态光散射实验输出信号

7.3.1 自相关函数衰变常数分析

对于稀释悬浮液或溶液中的多分散颗粒系统，电场自相关函数$g^{(1)}(\tau, K)$是各个颗粒指数衰变函数的总和，每个都有与相应颗粒扩散时间尺度对等的特征衰变常数Γ：

$$\left| g^{(1)}(\tau, K) \right| = \sum q(\Gamma_i) \exp(-\Gamma_i \tau) = \int_0^\infty q(\Gamma) \exp(-\Gamma \tau) \mathrm{d}\Gamma \tag{7-10}$$

图7-14是典型指数衰变型自相关函数的示例。在式（7-10）中，i代表一组数量为$q(\Gamma_i)$，具有相同的特征衰变常数Γ_i的颗粒。$q(\Gamma_i)$和$q(\Gamma)$分别是散射强度加权的离散和连续Γ分布。参数Γ与给定介质中颗粒的平动和转动运动有关。对于高分子链，Γ主要取决于链长和在介质中的构象。对于软颗粒，Γ与颗粒的柔软性、灵活性、尺

寸和形状有关。对于硬颗粒，Γ与形状和尺寸有关。除了硬球体外，每个颗粒有多个衰变常数，如棒状颗粒至少有两个衰变常数与其平动运动有关，一个衰变常数与其转动运动有关。因此一般来说，$q(\Gamma_i)$和$q(\Gamma)$不一定与颗粒粒度分布直接相关。

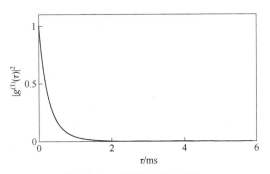

图7-14　典型的自相关函数

一旦获得$q(\Gamma)$，人们就可以与样品的其他已知信息相结合获得颗粒的某些维度，这通常是动态光散射实验的主要目的。因此从测量的$g^{(1)}(\tau, K)$中求解式（7-10）中的$q(\Gamma)$是数据处理中的关键步骤。

从自相关函数获取颗粒运动的衰变特性有三种常见方法。第一种是忽略细节只计算平均值和其他力矩。第二种是使用假设或已知的分布函数，拟合出解析式的变量。第三种是通过对拉普拉斯积分方程［式（7-10）］进行反演来求解完整的分布。多年来有很多文献对这些方法进行了理论与模拟的比较[78,79]。下面将对这些方法进行简单介绍，这些方法的详细数学推导超出了本书的范围，可以在文献中找到对自相关函数数据分析方法的详细讨论[80,81]。对大多数读者来说，重要的是了解每种方法的性质、技术术语、应用范围和最合适的使用。

（1）累积量法（Cumulants法）

累积量法是一种矩扩展方法[3,82]。它将整个多指数衰减分布压缩进指数项，然后将指数Γ以累积量（矩）的多项式展开：

$$|g^{(1)}(\tau, K)| = \exp\left(\sum_{m=1}^{\infty} \frac{C_m(-\tau)^m}{m!}\right)$$

$$= \exp\left(-\bar{\Gamma}\tau + \frac{1}{2!}\mu_2\tau^2 - \frac{1}{3!}\mu_3\tau^3 + \frac{1}{4!}\left(\mu_4 - 3\mu_2\right)\tau^4 - \cdots\right)$$

(7-11)

其中，C_m是第m阶累积量，$\bar{\Gamma}$是平均衰变常数，标准偏差是第二项的平方根，第三项描述了分布不对称的程度。第二项μ_2和平均值的平方表示分布宽度，定义为多分散指数（P.I.），是对样品颗粒分布宽度的一个指示：

$$\bar{\Gamma} = \int_0^\infty \Gamma q(\Gamma) d\Gamma \tag{7-12}$$

$$\mu_i = \int_0^\infty (\Gamma - \bar{\Gamma})^i q(\Gamma) d\Gamma \tag{7-13}$$

$$\text{P. I.} = \frac{\mu_2}{\bar{\Gamma}^2} = \frac{1}{\bar{\Gamma}^2} \int_0^\infty (\Gamma - \bar{\Gamma})^2 q(\Gamma) d\Gamma \tag{7-14}$$

由于自相关函数是散射矢量 K 的函数，因此所有累积量也是 K 的函数。在小延迟时间，对于粒度分布不是很宽的颗粒体系（P.I. < 0.3），累积量方法在广泛的实践中已被证明能够提供相当不错的 Γ 平均值，特别适合于只需要确定平均粒径的实验，尽管它最多只能准确地得到前三个累积量。使用累积量方法获得的 $\bar{\Gamma}$ 对实验噪声不是很敏感，但 P.I.对实验噪声很敏感，要得到准确的 P.I.值，基线值必须准确至 0.1%，或者计算基线与测量基线的差别必须小于 0.1%[83]。除了单分散标准或参考物质，P.I.几乎不可能小于 0.05。单分散样品的 P.I.一般小于 0.08，对这类样品用本节下述的反演算法一般得不到可靠的分布。大部分样品 P.I.在 0.08～0.7 之间，用反演算法可从高质量数据得到分布曲线。对 P.I.大于 0.7 的样品，表示分布极宽，动态光散射可能没有足够的动态范围来表征此样品，已不适用于这类样品，对结果的解释必须十分小心。

在累积量法中得到的平均值称为 z 均，是强度权重倒数的平均，只适用于光散射实验。z 均能反映分布的变化，聚合将显示 z 均以及 P.I.的快速增加，溶解/除聚将显示 z 均的缓慢下降以及 P.I.的变小。

累积量法的线性拟合不能独立确定自相关函数的基线，而且当拟合中使用不同数量的数据点时会导致不一致的结果，用非线性的迭代法可得到更令人满意的拟合[84]。使用梯度法、Gauss-Newton 法、Levenberg-Marquardt 法非线性最小二乘拟合自相关函数[$\beta'^{1/2}|g^{(1)}(\tau,K)|$]可以获得累积量法中的 $\bar{\Gamma}$ 和 P.I.。在 Levenberg-Marquardt 方法中，拟合参数集是通过一个迭代过程使实验数据与使用指定参数计算的数据之差的平方和 χ^2 最小而找到的。在迭代的第（N+1）步中，参数矢量 P [$P_1=\beta'$, $P_2=\bar{\Gamma}$, $P_{i,i>2}=C_{i-1}/(i-1)!$] 通过下式计算：

$$\boldsymbol{P}^{(N+1)} = \boldsymbol{P}^{(N)} - [\lambda^{(N)}\boldsymbol{I} + \boldsymbol{J}^{\mathrm{T}}\boldsymbol{J}]^{-1}\boldsymbol{J}^{\mathrm{T}}\boldsymbol{R}^{(N)} \tag{7-15}$$

式中，$\lambda^{(N)}$是标量，称为 Marquardt 参数（每次迭代可能会更改）；$\boldsymbol{I}$ 是 $I_{ij} = \delta_{ij}$ 的单位矩阵；$\boldsymbol{J}$ 是元素 $J_{ij} = \partial R_i^{(N)}/\partial P_j^{(N)}$的 Jacobian 矩阵；$\boldsymbol{R}^{(N)}$是第 N 次估值的残差矢量；$R_i^{(N)}$是使用参数 $\boldsymbol{P}^{(N)}$计算的数据与实验数据之差；$\boldsymbol{J}^{\mathrm{T}}$ 表示矩阵 $\boldsymbol{J}$ 的转置，即 $J_{ij}^{\mathrm{T}} = J_{ji}$。获得 $\boldsymbol{P}^{(N+1)}$后计算χ^2，如果χ^2减小，则新的迭代从更小的$\lambda^{(N+1)}$开始，否则用更大的$\lambda^{(N+1)}$，直到χ^2的变化变平或小于某一固定值。在式（7-15）中，如果$\lambda^{(N)} = 0$，算

法将简化为 Gauss-Newton 法；如果 $\lambda^{(N)} \to \infty$，算法将接近于梯度法。这些方法的详细讨论可参阅文献[85]，以及应用 Levenberg-Marquardt 法的具体流程[86]。非线性分析可以相当准确地获得 P.I.高达 0.6 的平均值和方差，但很难获得有意义的更高阶矩[87]。最优拟合累积分析法结合了线性与非线性方法的优点，由一阶曲线拟合反演颗粒的直径，并与一阶多项式拟合结果对比，获得光强自相关函数的最优线性拟合长度，然后由二阶多项式拟合反演颗粒的多分散指数。使用最优拟合累积分析法可获得稳定、可靠的颗粒直径及其多分散指数[88]。$\overline{\Gamma}$ 和 P.I.也可以通过对自相关函数对数的线性最小平方拟合获得，但每个数据点需要进行适当的统计权重调整，因为取对数会影响数据点的权重。每个数据点的重要性变了，但与每个通道计数统计相关的误差可能没有显著变化。从累积量法中获得的平均值和多分散指数是散射强度加权的，要将这些值转换为体积或数字加权结果，必须假定一种分布形式，并在 Rayleigh 散射区间内使用经验式的校正因子，这个过程在实践中很难进行[89]。

（2）函数拟合

获得 Γ 分布的第二个途径是将具有几个变量的已知函数模型代入式（7-10）。这类函数通常有两个参数，一个与平均值相关，另一个与分布宽度相关。这两个变量通过式（7-10）的回归拟合出来。表 1-7 列出了常用的颗粒分布函数。函数拟合涉及广泛的数值积分技术，现在主要用于理论建模和模拟实验。

（3）拉普拉斯积分方程分析

因为具有 $e^{-\Gamma\tau}$ 的一般内核，式（7-10）的 Laplace 变换是第一类线性 Fredholm 积分方程的特例。拉普拉斯积分方程是数学中一种成熟、公认的技术。然而在动态光散射实验中出现的两个限制使得此变换成为病态的。其一是有各种各样不具有指数衰变性质、无规的噪声，例如非理想实验条件、不均匀的激光束轮廓以及基线错误造成的自相关函数失真[90]。其二是无论使用何种相关器，带宽（延迟时间范围）始终是有限的，即式（7-10）中的积分限是从 Γ_{min} 到 Γ_{max}，而不是从 0 到∞。这里 Γ_{min} 和 Γ_{max} 不是样品的实际极限衰变特性，而是基于实验设置的可检测范围。在此病态条件下进行式（7-10）的拉普拉斯反演得到 $q(\Gamma)$，比在完美条件下要困难得多。由于病态条件，许多信息被噪声所掩盖，可获取的信息量相当有限，即使自相关函数中的微小差异也可能导致反演后完全不同的分布[91]。任何试图获取更多信息的尝试都是毫无意义的，而且往往会导致物理上不合理的解。数学上的确切解可能不存在，或者可能与样品的实际分布非常不同。另外，通过式（7-10）的反演可能得到许多满足某些数学标准的近似解，有些还可能与实验数据拟合得较好，但这些解可能没有物理意义。一般来说，实验误差和相关器结构决定了所有可能解的分布类别。数据越好，用于求解的算法选择就越少。为了进一步减少可能的解，需要减少自由度。

许多算法中广泛使用、始终合理的一个约束是解中的所有振幅值必须是非负的正数，无论是颗粒粒度、扩散系数还是其他物理特性的分布，其振幅永远不会是负的。将此约束添加到结构良好的算法中会显著减少可能解的类别。但是能够很好地适应实验数据解的数量可能仍然太多，并且无法随机选择其中一个解，并假设它准确地表示实际分布。另外一个经常添加的约束是分布的变化必须是缓慢与光滑的，不存在尖锐的跳跃，这个限制对大部分实际样品都是有物理意义的。不同的算法或反演策略各有进一步的限制，以找到最有可能是真正分布的最佳解。

在许多反演算法中，一组代表连续分布 $q(\Gamma)$ 的 N 个离散数字 $q(\Gamma_i)$ 以特定的间隔方式（通常线性或对数）在选定的 Γ 范围内排列，导致以下方程组：

$$g^{(1)}(\tau_j, K) = \sum_{i=1}^{N} q(\Gamma_i)\exp(-\Gamma_i\tau_j) + \varepsilon_j \qquad (j=1,2,3,\cdots,M) \qquad (7\text{-}16)$$

在这些方程中，Γ_i 是固定的。反演算法的任务是找到最佳、物理上有意义的 $q(\Gamma_i)$ 值能最好地拟合实验自相关函数值。ε_j 是可以根据理论模型进行估计的每个自相关函数通道的测量误差[92]。

通过从 20 世纪 70 年代末至今应用数学界与颗粒表征界的深入研究和开发，出现了几类经过实际验证、行之有效的从动态光散射测量中获取 $q(\Gamma)$ 的算法。这些算法还可以结合起来使用，以利用各个算法的优点达到最佳的粒径分布结果。例如小波正则化反演（WRIM）是一种有效的反演方法，但该方法对强噪声及双峰颗粒数据的反演精度偏低。Tikhonov 算法的平滑性好，截断奇异值分解（TSVD）正则化反演得到的粒径误差、峰值误差更小，双峰的分辨能力及抗噪声能力更强。在 WRIM 基础上，提出了一种多尺度的反演方法（TTWRIM）：首先将 Tikhonov 算法用于大尺度反演范围，然后将 TSVD 算法用于小尺度反演范围，并对反演结果进行平滑处理。从模拟与实测得到了反演精度高、抗干扰能力强及双峰分辨力强的结果[93]。

这些算法的详细介绍与数学推演超出了本书的范围。本章仅简单介绍近几十年来应用最广泛的正则化非负最小二乘法，其余方法请参考表 7-2 中相应的参考文献以及这些文献中援引的资料。这些反演算法应用在各类实际颗粒体系中的结果与真实情况的差异，视数据质量、颗粒体系与使用者对拟合参数的选择而各不相同。评价这些算法在具体应用时的优劣需要一套评价指标。下列方案从相关函数的拟合精度、粒度分布的稳定性、测量结果重复性等三个方面建立起了对反演算法的评价指标[94]：

① 相关函数拟合的均方根（RMS）误差小于 0.001，误差的品质因子 $Q > 0.7$；
② 粒度分布范数的相对标准偏差 $R_N < 5\%$；
③ 测量结果的相对标准差（RSA）小于 2%。

使用 Tikhonov 算法和 CONTIN 算法的实验结果表明，当反演算法满足上述三个评价指标时，其稳定性好，重复精度高，可以获得最接近实际的测量结果。

表 7-2　从自相关函数中获得 Γ 分布的部分方法

方法名称（英文） （主要论文发表年份）	主要思路	参考文献
直方图（histogram）（1970）	一种迭代方法。初始 Γ 是一个高度均相等的直方图，重复更改直方图以适应原始数据直到给出最终答案	[95,96]
指数式采样法（exponential sampling method）（1978）	将分布指定为一些事先指定间隔的 Delta 函数	[97]
Tikhonov 正则化（Tikhonov regularization method）（1981）	求解病态积分方程的一般方法	[98]
奇异值分解法（singular value decomposition method）（1982）	利用奇异数的衰减率寻找一个不需要预先设置参数、稳定可靠的解	[99-104]
正则化非负最小二乘法（regularized non-negative least-squares method）（1982）	在求解加权最小二乘问题时，引入二次型正则化算子 G。详见下文	[4,5, 105]
最大熵法（maximum entropy method）（1985）	物理系统的信息量与其熵之间存在对数关系。寻求在最少假设下具有最大熵的概率分布	[106-109]
多重指数法（multiexponential method）（1987）	假设自相关函数为多个指数衰变之和，拟合出系数	[110]
截断奇异值分解法（truncated singular value decomposition method）（1991）	奇异值分解的有损压缩，牺牲部分精度换得解的稳定性	[111,112]
小波正则化（wavelets regularization）（1997）	基于滤波奇异值分解的正则化方法	[113-115]
稀疏 Bayesian 学习算法（sparse Bayesian learning algorithm）（2001）	在给定域中，Bayesian 学习算法框架中的稀疏解是最可能的解	[116,117]
广义最小残差法（generalized minimal residual method）（2007）	通过使用合适的停止规则，将残差与其解的最大可达精度联系起来	[118]
配置法（collocation method）（2007）	利用截断 Laguerre 展开的配置法	[119]
多尺度反演法（TTWRIM）（2017）	在 WRIM 基础上，结合 Tikhonov 算法与 TSVD 算法	[93]
信息加权的正则化方法（information-weighted constrained regularization）（2018）	利用粒度信息分布对自相关函数进行信息加权的正则化方法，反演的双峰分辨率达到 1.2	[120]
加权 Bayesian 反演算法（weighted Bayesian inversion method）（2019）	给各个角度下的自相关函数加入不同的权重系数后进行 Bayesian 反演，获得分布误差更小的反演结果	[121]
后期指数的序列提取（sequential extraction of late exponentials）（2020）	尽管自相关函数是病态的，但单个组分不是，可以被连续从自相关函数提取出来	[122]

正则化非负最小二乘法使用相应的方程系统来查找未知系数。为了进一步减少可能解的类别，在求解加权最小二乘时以二次式引入正则化因子 G。在拟合过程中，该算法不是将实验数据和所拟定参数计算的值之间的残差降至最低，而是将正则化残差最小化：

$$\chi^2(\alpha) = \left\| \frac{g - Aq}{\sigma} \right\|^2 + \alpha^2 \| Gq \|^2 \tag{7-17}$$

式中，A、q、g 和 σ 分别是 $m \times n$ 内核矩阵、分布矢量、自相关函数矢量和误差矢量。正则化因子 G 是一个线性约束算子，定义了拟合过程中的附加约束，以放弃最好的可能拟合来找到一个合理和稳定的解。G 可以设置为各种值：单位矩阵、一阶导数算子或二阶导数算子。系数 α 称为正则化参数，允许拟合过程定义解中约束的强度。α 为零值时，算法就引出正常的非负最小二乘结果。很小的 α 值不会引入任何有效的约束，因此结果可能不稳定而且可能与实际解关系不大。过大的 α 值对测量数据不敏感、欠拟合，导致只含部分有用信息的平滑解[123]。正则化参数 α 可被视为对相关图中所含噪声的估计，它控制分布中可接受的"刺激性"程度。α 值大反演的分布光滑，α 值小反演的分布尖锐，每个样品的适当 α 值都不同。

正则化非负最小二乘法是应用最广泛的拉普拉斯积分变换算法。特别是附带详细说明，称为 CONTIN 的计算程序，作为动态光散射的主要数据分析算法已获得广泛认可，经常用作评估其他算法的参考点，在世界各地的许多研究实验室和商业仪器中使用[4,5]。CONTIN 利用正则化的非负最小二乘技术与特征函数分析处理自相关函数数据，并使用非线性统计技术来使解平滑化，并将自由度降低到可接受的水平。由于需要指定分布范围、数据点数量和其他限制，需要对分布有事先的了解。可根据 F 测试和置信级别自动选择正则化参数，也可根据 V 曲线选择正则化参数[124]。CONTIN 考虑了由于在连续分布中使用离散数据点而导致的分布权重，然后计算分布的不同矩。

（4）数据分析的分辨率

通过仔细的样品准备、温度稳定和延长数据采集时间，使用拉普拉斯反演技术可以很好地获取自相关函数的信息。动态光散射是低分辨率技术。一般对于理想的样品（如单分散球体的混合物），分布中可达到的峰值分辨率最小为 2，即如果样品中的两个子群的峰值比 $\Gamma_1/\Gamma_2 > 2$，则这两个子群可被分辨得出。在表 7-2 中也有方法可在理想情况下将此极限进一步降至 1.2。取决于每个子群的分布宽度和分布形状，实际上达到峰值比为 3 的分辨率并不难。文献中有许多计算机模拟或真正的实验样品演示拉普拉斯反演在很宽的 Γ 范围内（通常为 2~3 个数量级）求解多峰分布的例子[125]。由于自相关函数的指数衰变性质，大多数反演技术在对数空间中进行。

反演的输出也取对数间隔，在 $q(\Gamma_i)$ 中的每个点乘以一个因子 Γ_i^{-1} 后，离散分数分布 $q(\Gamma_i)$ 可以等效于连续分布 $q(\Gamma)$，但整个分布只有在 $\lg(\Gamma)$ 空间才有相同的分辨率，而不是在 Γ_i 空间[97]。

（5）反演过程的参数选择

在拉普拉斯反演中需要设置可以调整的许多参数。虽然每个算法有不同的参数，这些参数的重要性和敏感性可能有所不同，但有几个参数值得在这里讨论，以提供一些一般准则。

① 反演过程中相关器的通道范围　当事先知道某些通道包含不正确或有偏见的信息会扭曲结果时，这一点尤其重要。这通常发生在自相关函数最初与最终的通道。当延迟时间极短时，某些相关器的前几个通道可能会含有电子噪声的影响，显示为非常快速的衰变。当延迟时间很长时，自相关函数末端的一些通道很容易受到桌子与楼房震动等环境干扰。因此需要在数据分析时避开某些通道以获得更好的结果。

② 计算结果分布中的离散间隔数　分布中的数据点数主要取决于自相关函数的信息内容与拟合算法的优良性。自相关函数的信息含量取决于噪声、相关器结构和样品本身的分布。选择过多的数据点（如大于 50 个）可能会产生非稳定且扭曲的分布结果，因为要求的信息量多于自相关函数所包含的。过少的数据点（如小于 15 个）将导致分辨率过低、没有足够的细节而依旧是扭曲的分布结果。数据点数的选择必须基于经验、试错和已知的样品信息。数据点之间的间隔通常为线性或对数设置，后者是宽分布的首选。如果得到的分布中离散点不是等间隔而以等间隔来表示，则必须对数据点进行适当的重新加权，否则这些离散点所表示的连续分布将会有偏差。

③ 分布范围（上下限）　这些参数定义了计算分布的范围。此范围应设置为包括在自相关函数测量期间检测到的最慢和最快的指数分量。如果范围过宽，实际分布可能只占太少的数据点而导致分辨率偏低。如果范围过窄，实际分布部分可能在所选范围之外，但拟合过程仍将尝试在此窄范围内找到最佳解决方案，往往会产生不可预测的结果。在许多反演算法中，最佳分辨率和正确信息获取往往发生在分布范围的中间部分。因此所选的分布范围应比实际分布的范围更宽。

④ 基线值　如前所述，自相关函数测量中有两个基线值 A：测量基线和计算基线。理想情况下这两个值应该是相同的，实际上这两个值总有一定的差异，差异越大，测量质量越差。由于拉普拉斯反演过程是根据 $g^{(1)}(\tau, K)$ 的自相关函数，基线值在将 $G^{(2)}(\tau, K)$ 转换为 $g^{(1)}(\tau, K)$ 中至关重要。基线值中的任何不确定性都会在 $g^{(1)}(\tau, K)$ 中引入系统误差。由于所有数据点都除以相同的 A 值，因此归一化误差会随着 $g^{(1)}(\tau, K)$ 值的减少而增加，如下式所示：

$$\frac{\Delta g^{(1)}(\tau,K)}{g^{(1)}(\tau,K)} = -\frac{1}{2}\left\{\frac{1}{[g^{(1)}(\tau,K)]^2}+1\right\}\frac{\Delta A}{A} \tag{7-18}$$

基线值 0.25%的变化可能会产生完全不同的解[126,127]。由于无规噪声始终存在，无论数据有多好，在自相关函数的尾端，$G^{(2)}(\tau,K)$可能小于 A [参见式 (7-9)]，方根下的值可能是负数。因此在将 $G^{(2)}(\tau,K)$ 转换为 $g^{(1)}(\tau,K)$ 时可能需要获取负数的平方根。有几个"技巧"可用于处理 $G^{(2)}(\tau,K)$–A 小于零的通道：①丢弃通道；②设置 $g^{(1)}(\tau,K)$ 为零；③$G^{(1)}(\tau,K)$估计为 $\{-[G^{(2)}(\tau,K)-A]\}^{1/2}$。三种方法都会增加随机误差，甚至可能引入系统误差。第三个从纯数学角度来看很奇怪的"技巧"用得最频繁。在反演过程中是否应使用测量基线或计算基线或介于两者之间的值，应根据具体情况分析判断与决定。避免此类错误的替代方案是分三个阶段计算分布：第一阶段的反演基于 $g^{(2)}(\tau,K)$–1 来计算 $q(\Gamma)\cdot q(\Gamma)$；然后计算出平滑化的 $g^{(2)}(\tau,K)$，并用它来计算 $g^{(1)}(\tau,K)$；$q(\Gamma)$最终从新计算出的 $g^{(1)}(\tau,K)$中拟合出来[128]。另外一种方法是在反演中使用浮动基线[129]。

（6）计算的分布结果判断

如果知道分布应该有多少个峰值以及这些峰值的位置，则判断反演过程的结果是否合理应该没有困难。对样品的了解越多，就越能判断结果的合理性。由于处理的是不稳定和病态的数学问题，解并非独一无二，而且通常不是与实验数据吻合得最好的解是最"正确"的。解应该是一个与实验数据有合理的拟合但足够稳定。"足够稳定"的拟合结果意味着：①结果解不会随着任何参数或实验数据的微小变化而发生巨大变化。例如人们往往期望从对同一样品进行几次测量中获得类似的分布，尽管每次测量由于不可避免的实验噪声，数据略有不同。②当拟合的分布范围或数据点略有变化时，结果不会发生巨大变化。③每个通道都有拟合的残差，所有通道中的残差是随机分布的。

（7）多角度测量的数据分析

多角动态光散射测量中有两类数据分析方案。简单的一种是使用上述算法之一对单个角度测量的自相关函数进行分析，以找到最佳角度来获得最不偏颇的结果。

除了前面解释的理论原因外，还有几个实验误差来源可能导致不同角度的结果差异。避免和纠正这些误差对于获得正确的粒度分布至关重要。一些常见的误差源包括：

①仪器没对齐，导致散射角度值不正确；②样品池表面的划痕或斑点成为强大的局部振荡器，将测量从自拍模式变为了零差模式；③错误的延迟时间；④少数外来颗粒在散射体积内外漂移，造成颗粒数和基线涨落；⑤样品在测量时有变化。

在多角度测量中从各个角度单独分析自相关函数的困惑在于，当不同角度的结果即使经过适当转换后显示体积分数分布还是不同时，到底哪个是正确的答案？这时往往需要结合样品和散射技术才能正确地解释结果。在某些情况下将自相关函数以及从不同角度的散射强度纳入反演过程的全局分析，可能会得到更好的结果[130-132]。

在全局分析的拟合过程中同时使用从多个角度测量的自相关函数和散射强度。往往必须使用强度测量校准仪器以正确得到每个角度的强度变化。球形粒子在每个角度θ_i有以下公式：

$$\begin{bmatrix} g^{(1)}(\tau_1,K_i) \\ \vdots \\ g^{(1)}(\tau_m,K_i) \end{bmatrix} = \begin{bmatrix} e^{-\Gamma_1(K_i)\tau_1} & \cdots & e^{-\Gamma_j(K_i)\tau_1} \\ \vdots & \ddots & \vdots \\ e^{-\Gamma_1(K_i)\tau_m} & \cdots & e^{-\Gamma_j(K_i)\tau_m} \end{bmatrix} \begin{bmatrix} s(d_1,K_i) & 0 & 0 \\ 0 & \cdots & 0 \\ 0 & 0 & s(d_j,K_i) \end{bmatrix} \begin{bmatrix} q(d_1) \\ \vdots \\ q(d_j) \end{bmatrix} \quad (7\text{-}19)$$

q 是体积加权的粒度分布，而 $s(K_i)$是一个$j×j$对角线矩阵，其对角线分量 $s(d_j,K_i)$是体积到强度的转换因子。几个自相关函数的组合将产生几个矩阵（矩阵的数量等于相关通道的数量），每个矩阵将具有以下形式：

$$\begin{bmatrix} \langle I(K_1)\rangle^2 \, g^{(1)}(\tau_m,K_1) \\ \vdots \\ \langle I(K_i)\rangle^2 \, g^{(1)}(\tau_m,K_i) \end{bmatrix} = \begin{bmatrix} \boldsymbol{K}(K_1)\boldsymbol{s}(K_1) \\ \vdots \\ \boldsymbol{K}(K_i)\boldsymbol{s}(K_i) \end{bmatrix} \begin{bmatrix} q(d_1) \\ \vdots \\ q(d_j) \end{bmatrix} \quad (7\text{-}20)$$

式中，$\boldsymbol{K}(K_i)$是 $1×j$ 矩阵，其元素是 $\exp[-\Gamma_j(K_i)\tau_m]$；$I(K_i)$是第 i 个散射角校准过的散射强度。使用所有矩阵的全局拟合程序将只产生一个粒度分布。同时对散射强度和τ值不同的几个自相关函数进行全局分析多角反演已有多种算法，例如奇异值分析[130,133]、CONTIN 的多角度版本[130,131]、非负最小二乘法[132,134]、小波迭代递归非负 Tikhonov-Phillips-Twomey 算法的自适应正则化方法[135]、群智能优化法[136]、Bayesian 推断[137]、加权 Bayesian 法[121]、对加权系数噪声不敏感的改进 Chahine 法[138]与利用神经网络的计算方法[139]等。这些方法与单角度分析相比，用于宽分布的模拟数据和理想系统（如聚苯乙烯乳胶球），其准确性（得出正确的平均值）、分辨率（从双模分布解出每个子群）、灵敏度（检出样品中的次要成分）和可重复性（多次测量的结果）都有很大改进。与多角静态光散射实验相结合，结果还可以进一步改进[132,134]。使用这些方法需要对样品材料有一些了解，例如折射率、颗粒形状和散射强度的角向依赖性，以便选择适当的转换因子（矩阵 s）。这些方法用于球形颗粒的结果很好，对于其他形状或不准确已知折射率的颗粒，尚没有多角分析的结论性报告。

7.3.2　频率分析

在频率分析模式下，首先使用数字化快速傅里叶变换（FFT）技术处理来自光电探测器的散射光强。FFT 从光电探测器检测到散射光涨落计算出功率频谱。对于单分散系统的零差模式测量，功率频谱 $P(\omega)$ 是简单的 Lorentzian 谱。

$$P(\omega) = I_R \langle I_s \rangle \frac{2\omega_o}{\omega^2 + \omega_o^2} \tag{7-21}$$

式中，I_R 是参考光强；I_s 是散射光强；ω_o 是特征频率；ω 是角向频率。

在自拍模式下，假设被探测到的 I_o 可忽略不计，没有耀斑，探测器无噪声，功率频谱的振幅与散射强度的平方（$\langle I_s \rangle^2$）成正比。在零差模式下，参考光与散射光混合，为了在此式的功率频谱中避免自拍式谱的影响，I_R 必须远大于 I_s。在高浓度特别要保证这一点。否则频谱中就会既有零差式的特征频率 ω_o 又有自拍式的特征频率 $2\omega_o$。特征频率 ω_o 与颗粒直径 d 成反比。

图 7-15 是不同大小球体动态光散射测量的归一化功率频谱。测量到的响应矢量 r 是 Lorentzian 矩阵 L 与体积加权的粒度分布 v 的乘积。

$$\boldsymbol{r} = \boldsymbol{L} \cdot \boldsymbol{v} \tag{7-22}$$

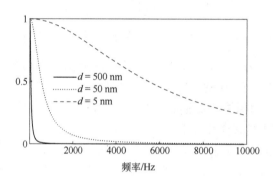

图7-15 不同粒度球体的动态光散射功率频谱示意图

由于 Lorentzian 功率频谱的病态形式，式（7-22）的反演很困难。在多分散体系的零差模式测量中，$I_o \cong I_R$，归一化的功率频谱与分布的特征频率有关：

$$P(\omega)\mathrm{d}\omega = I_o \langle I_s \rangle \frac{2\omega_o}{\omega^2 + \omega_o^2} \mathrm{d}\omega \tag{7-23}$$

将频率从线性坐标转为对数坐标，有下列公式：

$$P(x)\mathrm{d}x = I_o \langle I_s \rangle \frac{1}{\mathrm{e}^{x-x_o} + \mathrm{e}^{-(x-x_o)}} \mathrm{d}x \tag{7-24}$$

其中，$x = \ln(\omega)$，$x_o = \ln(\omega_o)$。

在对数坐标中，响应矩阵是移动不变的。单个颗粒的响应都等同，仅沿对数频率轴移动。颗粒分布对应的每个对数频率通道的振幅将有所不同，具体取决于每个分布分量对功率频谱的贡献，并具有与颗粒半径 6 次方成正比的散射强度加权效应。图 7-16 显示了三种颗粒的响应函数，相应的峰值在特征频率 ω_0 的对数处。

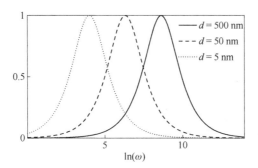

图 7-16 对数坐标中的颗粒功率频谱

矩阵公式 [式（7-22）] 现在成了响应函数 R 的卷积：

$$r_n = \sum R(x_m - x_n) \cdot v(x_n) \tag{7-25}$$

对数坐标中功率频谱的反演比公式（7-22）的反演大大简化了，可以通过线性迭代技术来完成[140]。频谱分析也可以使用优化反转程序，包括适当的信号预处理和应用 Chahine 的弛豫技术来解决矩阵方程[141]。

7.3.3 扩散系数分析

通过上述算法从自相关函数获得的特性衰变常数 Γ 分布来自颗粒的运动。任意形状和内部结构的颗粒有几种类型的运动，包括由平动扩散、转动扩散和弯曲或拉伸引起的，其他类型的运动（如振动运动）在动态光散射实验中不在可检测范围内。传统动态光散射所检测的颗粒运动类型仅限于平动运动和转动运动。很难在传统的动态光散射实验中研究柔性颗粒如脂质体和聚合物链等的弯曲、伸展和收缩运动 [142]。

颗粒的扩散以扩散系数即扩散速率来表征。根据 Fick 第一定律，在平动扩散过程中单位时间内通过单位面积平面的物质量通过扩散系数 D_T 与浓度梯度成正比。D_T 的量纲为单位时间内的面积（cm^2/s）。D_R 是沿给定轴的扩散自转速率，量纲为单位时间 s^{-1}。D_T 和 D_R 都因悬浮液温度、黏度和颗粒浓度而异。对于任意形状的颗粒，如果运动是各向异性的，则每个平动运动方向有一个平动扩散系数，每个旋转轴有一个转动扩散系数。由于动态光散射是群体技术，除非另有外场，接收到的信号来自随机定向和向各个方向移动的粒子。尽管理论上至少对于有规则形状的颗粒，每个方向或轴的扩散系数是可测量的[143]，在实践中从动态光散射测量中得到多个平动扩散系数和多个转动扩散系数是极其困难的，因为所有运动都是耦合的，并且以复杂的方式包含在检测信号中[144,145]。在下文中，我们仅讨论只有一个平动扩散系数和一个转动扩散系数的情况。对于球体或线团状聚合物链，只有D_T是可检测的，因为其旋转是无法区分的。

我们仅讨论入射光和散射光具有相同偏振的自相关函数测量，不包含去偏振动态光散射测量。在去偏振实验中，入射光与散射光的偏振互相垂直，需要高质量的仪器与非常仔细的测量才能从非常弱的去偏振散射中收集信号[146]。有兴趣的读者可以在第2章表2.1中动态光散射一行的参考文献中找到关于去偏振动态光散射的讨论。

对称形状颗粒的 Rayleigh-Debye-Gans 散射为：

$$g^{(1)}(\tau, K) = \sum_{n=0,\ even} P_n(x) \exp\{[-D_T K^2 - n(n+1)D_R]\tau\} \tag{7-26}$$

$P_n(x)$是可从理论上计算的颗粒散射因子 $P(x)$ 的第 n 项。很多规则形状颗粒的$P_n(x)$已有解析式（见文献[147]及本书的表2.2）。式（7-26）表明在任意散射角度下，即使对于单个非球形粒子，在Γ分布中也会有几项代表 D_T 和 D_R 之间的不同耦合。对于多分散体系，$q(\Gamma)$是所有颗粒 D_T 和 D_R 不同耦合的集合。球体和聚合物链的无规线团是例外。对于球体和无规线团，所有 $P_n(x)$ 都为零，除了 $n=0$ 的一项。因此球体或无规线团的 $q(\Gamma)$ 与 D_T 的分布成比例，每个组分都按散射因子 $P(x)$ 加权。对于其他形状，从Γ中提取 D_T 和 D_R 要困难得多。即使对于单分散样品，由于 $P_n(x)$ 是 x（$=KL$，L 是颗粒的大小）的函数，对于给定 x，不同 n 的 $P_n(x)$ 不同，必须使用迭代法来找出正确的、能符合 D_T、D_R 和 $P_n(x)$ 每一项值的颗粒大小。例如在细棒的单分散样品中，Γ分布将具有以下数字对：

Γ	$q(\Gamma)$
$D_T K^2$	$P_0(x)/P(x)$
$D_T K^2 + 6D_R$	$P_2(x)/P(x)$
$D_T K^2 + 20D_R$	$P_4(x)/P(x)$

Γ的平均值为：

$$\bar{\Gamma} = D_T K^2 + D_R \sum_{n=even} n(n+1)P_n(x) / P(x) \tag{7-27}$$

如果 D_T、D_R 和 $P_n(x)$ 作为棒长 L 的函数都已知，则至少在理论上可以获得Γ。多分散样品涉及大量数据处理和假设 [145,148]。对于几个常规形状，如细棒和薄盘，当 x 小于 5 时，$P_0(x)$ 是 $P(x)$ 中的主导项，所有其他项都微不足道。随着 x 的增加，$P_0(x)$单调地降至零，高阶项依次越来越多地影响 $P(x)$，如图 7-17 所示。

因为 $P(x)|_{x\to0} = P_0(x)$，小颗粒衰变在散射角度足够小时仅与 D_T 相关。使用无量纲数 f（取决于粒子结构和其他因素），特征衰变常数可以写成[149]：

$$\Gamma(K) = D_T K^2 (1 + f\langle R_g^2\rangle K^2) \quad (7\text{-}28)$$

因此非球形颗粒的 D_T 分布 $q(D_T)$ 可以通过小角度测量或从多角测量的几个 $q(\Gamma)$ 外推到零角获得。此类外推可以用平均 Γ 值或每个角度的整个 $q(\Gamma)$ 来进行。

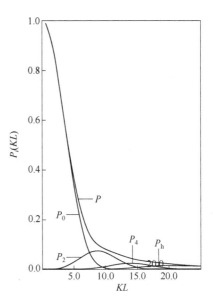

图 7-17 薄盘的散射因子
（P_h 代表所有更高阶余项）

7.3.4 粒度分析

（1）浓度因素

在给定温度和黏度下，悬浮颗粒的平动扩散是其形状、大小和浓度的函数。浓度过高会产生两种影响：重叠散射体的多重散射和颗粒相互作用的散射结构因子。当一个颗粒以 θ_1 角度散射的光遇到另一颗粒后被以 θ_2 角度第二次散射时就是多重散射。由于 θ_1 和 θ_2 可以为任何值，因此表观散射角度和真正散射角度之间的关系变得模糊不清，信号实际上可能来自很多不同的真实散射角度。例如图 7-18 中的探测器位于 90° 的散射角度，然而探测器除了在 90° 接收来自颗粒 1、2、3 的散射光外，还分别接收颗粒 3 和颗粒 2 分别在角度 θ_1 和 θ_2 的颗粒 1 的二次散射。θ_1 和 θ_2 都小于 90°（图 7-18 中未显示来自粒子 2 和 3 的二次散射）。由于自相关函数现在是根据多重散射光在计算，扩散系数将明显大于单次散射获得的，造成偏小的球形颗粒粒度[150]。

颗粒相互作用也会影响扩散系数的确定[151]。动态光散射测量悬浮液中颗粒的一个假设是除了介质分子的限制，颗粒可以自由移动。当颗粒之间的距离变得太小时，扩散的驱动力（即单个颗粒的热动能）会因颗粒相互作用而改变。取决于哪种类型的力占主导地位（静电或位阻排斥力或 van der Waals 吸引力），扩散系数将随着浓度的增加而增加（排斥力占主导），或随着浓度的增加而降低（吸引力占主导）。浓样品的扩散系数与单个颗粒的扩散系数有可能完全不同[152]。为了减少浓度效应，使测量得到的粒度更接近于实际尺寸，需要在浓度极低的悬浮

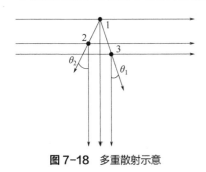

图 7-18 多重散射示意

液中测量。通常颗粒之间的平均距离应至少是其直径的 20～40 倍。

原则上应该尽可能在稀悬浮液中测量自相关函数，然而浓度太低时会出现颗粒数涨落的问题。动态光散射公式的推导假设散射光来自固定数量的颗粒。当散射体积内的颗粒数量足够多时，由于扩散运动进出散射体积而造成颗粒数目的变化可以忽略不计。如果颗粒总数过小，进出散射体积的颗粒总数的变化会导致显著的散射强度涨落。颗粒数量涨落将导致自相关函数中额外的缓慢衰变或频率分布中峰宽的变化，所有公式都必须进行修改。如果还是使用原来的公式，则将导致很大的基线错误或偏小的表观 D_T 与偏大的粒度。一个多实验室的单分散乳胶样品的比对实验证实了这一点：对于 d_{TEM} = 804 nm 的样品，动态光散射在 2×10^{-4} 的体积分数下测量的直径从 1082 nm 到 1372 nm 不等[153]。在实践中如果散射体积中的颗粒总数大于1000，则可以忽略颗粒数涨落带来的额外强度涨落[14]。当典型的散射体积为 10^{-3} mm³ 时，如果悬浮液浓度（体积分数）在 10^{-5} 到 10^{-4} 范围内，则此标准对于小于 500 nm 的颗粒很容易实现。对于 1 μm 或更大的颗粒，并不总是能够找到一个浓度不太低而不至于数量涨落，而又未高到产生多个散射的范围。在小散射角进行测量时散射体积较大，可能部分避免颗粒数量涨落。

在许多情况下样品无法稀释，这时必须将在有限浓度测量的 D_T 外推。作为一阶近似，扩散系数的浓度依赖性可写为：

$$D_T = D_T^o(1 + k_d C) \tag{7-29}$$

其中，k_d 是考虑兼顾颗粒相互作用和有限浓度下多重散射所有影响的第二维利系数。

球形颗粒没有可探测到的转动运动，在任何角度 Γ 只与 D_T 有关，而 D_T 在稀溶液中又通过著名的 Stokes-Einstein 公式与流体动力学直径 d_h 相关：

$$\Gamma = K^2 D_T \tag{7-30}$$

$$D_T^o = \frac{k_B T}{3\pi \eta_o d_h} \tag{7-31}$$

式中，k_B、T 和 η_o 分别是 Boltzmann 常数、热力学温度和介质黏度。

更详细的分析认为扩散系数 D_T 涉及动能部分和流体动力部分，前者是颗粒和周围流体分子之间随机碰撞导致的动量损失过程，后者则是由周围流体分子的反馈动量诱导的。式（7-31）的应用范围应局限于颗粒直径 d_h 远大于流体分子，以及质量比流体分子大十倍以上的体系[154]。

（2）吸收因素

散射体吸收入射光会导致散射介质和散射体的局部加热。由于温度升高和介质黏度降低，颗粒移动速度会加快。在一阶近似中，测量的表观扩散系数 D'_T 与无吸收的扩散系数有线性关系：

$$D'_T = D_T \left(1 + \frac{\mu_a}{k_T} cI_o\right) \tag{7-32}$$

式中，μ_a、k_T、c 和 I_o 分别是吸收系数、热导率、正比常数和入射光强度。在不同入射光强中测量的 D'_T 作为 I_o 的函数线性外推到 $I_o\to0$，将能得到正确的 D_T[155]。

（3）流体动力学因素

人们经常忽视动态光散射测量的流体动力学直径 d_h 不是颗粒的外表尺寸这一事实，在研究和产品质量控制时 d_h 都被无区别地视为颗粒尺寸。任何在液体中的颗粒外面都有一层双电层（见第 8 章中的详细描述），其厚度与液体的离子强度、离子种类与颗粒的表面状况有关[156]，以参数德拜长度（$1/\kappa$）衡量。由于颗粒携带着部分双电层一起进行布朗运动，所以即使对于固体球体，从动态光散射测量中获得的 d_h 值也往往大于透射电镜测量获得的直径，并且随着悬浮液的变化而变化，这种差异可能高达 20%。

双电层厚度可根据式（8-1）进行计算。表 7-3 列出光滑球体在不同浓度的不同电解质（第一行为阴阳离子的阶数）液体中的双电层厚度。

表 7-3　不同浓度电解质液体中的双电层厚度　　　　　　　　单位：nm

c/(mol/L)	1:1	1:2(2:1)	2:2	1:3(3:1)	3:3	2:3(3:2)
10^{-1}	1.0	0.6	0.5	0.4	0.3	0.2
10^{-2}	3.0	1.8	1.5	1.2	1.0	0.8
10^{-3}	9.6	5.6	4.8	3.9	3.2	2.5
10^{-4}	30	18	15	12	10	7.8
10^{-5}	96	56	48	39	32	25
10^{-6}	304	176	152	124	101	78
10^{-7}	961	555	481	392	320	248

一项详细的研究使用了几种不同类型的单分散球体悬浮液（二氧化硅球和来自不同制造商、有不同表面结构、直径从 20 nm 到 300 nm 不等的 7 种聚苯乙烯乳胶球），以研究 d_h 与精确测量了电导率的悬浮液状态之间的关系。颗粒散射因子、结构因子和颗粒相互作用对测量的影响都已被尽量地避免。结果发现随着悬浮液电导率的降低，d_h 如图 7-19 所示单调地增加（动态光散射测量的各种样品的表观 d_h 与透射电镜测量值 d_{min} 的差值以左纵坐标表示；横坐标为悬浮液电导率；按理论计算的双电层厚度是以右纵坐标表示的实线）。这主要是悬浮颗粒的布朗运动携带着约十

分之一双电层厚度的双电层介质一起运动，导致比从透射电镜所测到的固体尺寸更大的d_h。d_h的增量变化没有显示对颗粒表面电位、表面形态或颗粒大小的依赖性。这一研究结果表明为了获得接近其固体尺寸的颗粒直径，动态光散射测量必须在较高的离子强度，最好是单价盐在电导率大于 1 mS/cm 时进行，同时在添加离子时必须密切注意样品的稳定性[157]。

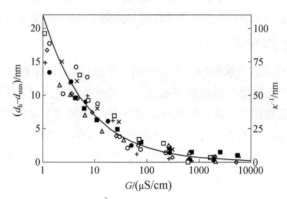

图 7-19　动态光散射测量的 d_h 随电导率的变化

一旦通过反演算法之一获得 $q(\varGamma)$，并适当处理了流体动力学和浓度效应，球的粒度分布 $q(d)$ 可以通过转换 $q(\varGamma)$ 获得。在确定充分覆盖粒度分布所需的 d 范围后，此范围可以线性间隔或对数间隔，并根据相应的 $\varGamma_i$ 值使用式（7-30）和式（7-31）计算 d_h 值。通过考虑 Jacobian 变换和散射强度加权 [例如 Rayleigh-Debye-Gans 散射中的散射因子 $P(x)$] 纵坐标可以转换成：

$$q(d) = \varGamma^2 q(\varGamma) / P(x) \tag{7-33}$$

权重系数校正也可以使用如 Mie 理论的其他模型。从累积量法拟合出的平均值 $\bar{\varGamma}$ 可以式（7-34）表示，其中 I_i 是直径 d_i 颗粒的散射强度。

$$\bar{\varGamma}^{-1} \propto \left(\overline{\frac{1}{d}}\right)^{-1} = \frac{\sum_{i=1}^{N} I_i}{\sum_{i=1}^{N}\left(\dfrac{I_i}{d_i}\right)} \tag{7-34}$$

对于小于光波长的粒子，散射强度与体积平方或颗粒粒度的六次方成正比。因此按照第 1 章中的表示法：

$$\left(\overline{\frac{1}{d}}\right)^{-1} = \overline{D}_{6,5} = \frac{\sum_{i=1}^{N} d_i^6}{\sum_{i=1}^{N} d_i^5} \tag{7-35}$$

这里 $(\overline{d^{-1}})^{-1}$ 比 $\overline{D}_{4,3}$ 大。大颗粒的 $(\overline{d^{-1}})^{-1}$ 通常比 $\overline{D}_{6,5}$ 小，甚至小于 $\overline{D}_{4,3}$[158]。

（4）多角分析的指纹法

一个可用在质量控制或微量检测中的动态光散射多角测量方法是指纹法[159]。此方法分别从几个角度进行自相关函数测量，然后以累积量法得到的平均粒径与散射角度作图。较大的颗粒在小角有强烈散射，而较小的颗粒有平坦的角向散射图形。对多分散或多峰的样品平均粒径将随着散射角度的增加而单调地减少。此平均粒径与散射角度的"指纹"可简单方便地作为质量控制手段用于监控样品质量。指纹法的其他应用包括胶体稳定性研究、聚合或絮凝研究以及吸附研究。图 7-20 显示从 503 nm 聚苯乙烯乳胶颗粒与 91 nm 同类颗粒不同混合比率悬浮液获得的指纹，每个混合物都表现出一个典型的指纹。这些指纹可以代替粒度分布来表征样品，特别是在检测微量大颗粒时。

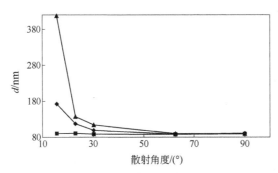

图 7-20　动态光散射指纹法

（d_{91} 与 d_{503} 悬浮液的混合比：方块 1∶0；菱形　1∶0.0001；三角　1∶0.0008）

（5）颗粒形状因素

对于非球形对称性颗粒，有两个平动扩散系数：一个平行和一个垂直于对称轴。但是一般只能得到平均值。此平均平动扩散系数 D_T 与颗粒的两个维度相关，通常以与 Stokes-Einstein 公式相似的公式表达：

$$D_T^o = \frac{k_B T}{3\pi\eta_o} A \qquad (7\text{-}36)$$

式中，A 是等效球流体动力学直径的倒数。如果知道或假设所有颗粒的轴比或轴长度之一，则可以从 $q(D_T)$ 获取 $q(L)$ 分布，这对细棒或薄盘来说相对容易，许多棒状（或盘状）颗粒的长度（厚度）不是恒定就是比相应的棒长或圆盘直径小得多。

转动扩散系数也有与式（7-36）类似的公式。在式（7-37）中，B 是等效球流体动力学直径的倒数。转动扩散系数 D_R^o 的平均值可以根据式（7-26）和式（7-27）从多角动态光散射实验中的平均特征衰变 $\overline{\Gamma}$ 的角向依赖性中获得。如果能与另一个独立实验如去偏振动态光散射或瞬变电场双折射结合，则从 D_T 和 D_R 的组合求解可得到两个轴尺寸的平均值甚至分布[145,160,161]。

$$D_R^o = \frac{k_B T}{3\pi\eta_o} B \tag{7-37}$$

表7-4列出几个常见形状的 A、B 值，其中 $x = 2b/L$，b 和 L 分别是短轴的半长和长轴的长度。表中的细棒与薄盘都是指轴比较大的形状（至少大于几十），对于轴比较小的（譬如小于 10），理论模型必须考虑端口效应，珠壳模型以很多小珠排列形成最终的颗粒形状来计算出相应的系数[162]。

表7-4 非球状的对称型颗粒的 A、B 系数

形状	A	B
长椭球[163]（雪茄状，轴长 $= 2b,2b,L$）	$\dfrac{\ln(x^{-1}+\sqrt{x^{-2}-1})}{L\sqrt{1-x^2}}$	$\dfrac{9[(2-x^2)\ln(x^{-1}+\sqrt{x^{-2}-1})-\sqrt{1-x^2}\,]}{2L^3\sqrt{1-x^2}(1-x^4)}$
扁椭球[163]（盘状，轴长$= 2b,L,L$）	$\dfrac{\tan^{-1}\sqrt{x^{-2}-1}}{2b\sqrt{x^{-2}-1}}$	$\dfrac{9[(2-x^{-2})\tan^{-1}(\sqrt{x^{-2}-1})-\sqrt{x^{-2}-1}\,]}{16b^3\sqrt{x^{-2}-1}(1-x^{-4})}$
无限薄盘[163]	$\pi/2L$	$9\pi/4L^3$
细棒[164-166]	$\dfrac{1}{L}\left[6.02-4.15\left(\ln\dfrac{2}{x}\right)^{-1}+5.8\left(\ln\dfrac{2}{x}\right)^{-2}\right]$	$\dfrac{9}{L^3}\left[\ln\dfrac{2}{x}-0.9-4.05\left(\ln\dfrac{2}{x}\right)^{-1}+7.5\left(\ln\dfrac{2}{x}\right)^{-2}\right]$

（6）分布类型

在上面的讨论中，从自相关函数获得的 Γ、D_T 和 d 的分布主要是散射强度加权的。例如在 Γ 分布中，振幅 $q(\Gamma_i)$ 表示具有衰变常数 Γ_i 的总散射强度的分数。这种强度加权往往需要转换为重量（或体积）加权或数量加权。如果知道特定大小颗粒的散射能力，通过按每个颗粒或每个体积的散射能力来重新权衡振幅，则可以获得数量分布和体积分布。根据第 2 章的理论，小颗粒我们可以使用 Rayleigh 散射或 Rayleigh-Debye-Gans 散射理论。在 Rayleigh 散射中，重量分布和数量分布的权重系数分别为 d_i^3 和 d_i^6。在 Rayleigh-Debye-Gans 散射中，相应的权重系数是 $d_i^3 P(x_i)$ 和 $d_i^6 P(x_i)$。对于大型球形颗粒，必须使用 Mie 理论，这需要精确了解颗粒的折射率[167]。从散射强度到体积或数量的转换是基于以下假设：①所有颗粒均为球形；②所有颗粒具有均匀和相等密度；③已知光学特性（折射率和吸收率）；④强度分布没有错误。在转换过程中，所有测量错误或拉普拉斯反演不确定性将呈指数级放大，体积和数量分布仅用于估计不同模式的相对数量，因为每个峰的均值与宽度转换后均不太可靠，特别是从动态光散射实验中获得的数量分布很少是正确的，不应用作获取颗粒数量分

布的手段。图 7-21 显示对于宽分布，不同权重的分布可以有完全不同的分布比例。

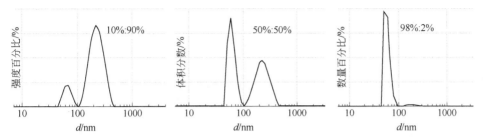

图 7-21 不同权重的同一双峰分布样品

（7）浓度测定

动态光散射测量的是光散射强度的涨落，不是标定过的绝对散射强度，传统的实验不能测定样品的绝对浓度，最多在同样条件下测量同类样品时估计样品的相对浓度。在某些限定条件下，例如均匀的球体，或者很小的纳米颗粒，如果能够准确地测得数量分布（注意本节前面所提醒的尽量不要从强度分布转换成数量分布），用其计算颗粒的散射横截面和散射量，而仪器每个角度的散射强度又经过已知Rayleigh 比的物质（见第 2.3.1 节）的校正，则可以从总的散射强度与颗粒的相对数量分布求算出颗粒的绝对数量分布与总的浓度。但尚未见到对此类浓度测定的准确性的报道。

7.3.5 分子量分析

给定环境中（稀释剂、溶剂、温度等）特定类型的颗粒或高分子链的平动扩散运动与颗粒重量之间存在经验标度关系：

$$D_T = k_D M^{-\alpha_D} \tag{7-38}$$

式中，k_D 和 α_D 是与颗粒形状、链构象和环境特性相关的两个标度常数。k_D 和 α_D 可以通过测量已知颗粒质量或分子量 M 的几个狭窄分样的 D_T 值来实验确定。以 $\lg(D_T)$ 对 $\lg(M)$ 作图将得到截距 $\lg(k_D)$ 和斜率 $(-\alpha_D)$。许多高分子的 k_D 和 α_D 值可在参考手册中找到[168]。

一旦 k_D 和 α_D 已知，如果只与平动运动相关，$q(\Gamma)$ 可以通过使用式（7-38）转换横坐标，使用 $q(M) = q(\Gamma)\Gamma/M$ 转换纵坐标，很容易地转换成 $q(M)$。重均分子量($\bar{M}_w$)和数均分子量($\bar{M}_n$)也可以相应计算出来[169]：

$$\overline{M_{\mathrm{w}}} = (K^2 k_{\mathrm{D}})^{\frac{1}{\alpha_{\mathrm{D}}}} \frac{\sum q(\Gamma_i)\Gamma_i}{\sum q(\Gamma_i)\Gamma_i^{\frac{1}{\alpha_{\mathrm{D}}}+1}} \tag{7-39}$$

$$\overline{M_{\mathrm{n}}} = (K^2 k_{\mathrm{D}})^{\frac{1}{\alpha_{\mathrm{D}}}} \frac{\sum q(\Gamma_i)\Gamma_i^{\frac{1}{\alpha_{\mathrm{D}}}+1}}{\sum q(\Gamma_i)\Gamma_i^{\frac{2}{\alpha_{\mathrm{D}}}+1}} \tag{7-40}$$

7.3.6　准确度与分辨率

图 7-22 是自相关函数测量后获得本节中概述的颗粒大小或重量的数据分析过程的流程图。与许多其他颗粒表征技术或其他光散射方法相比，动态光散射本质上是一种低分辨率技术，得到的分布通常比较平滑，并且包含很少的细节。峰值分辨率一般在峰值比大于 2，3 可能是较实用的范围。

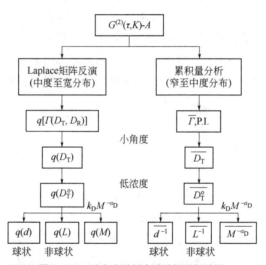

图 7-22　动态光散射实验数据分析流程

对于单分散样品使用累积量法得到的平均值和多分散指数的可重复性相对较好，很容易实现平均值 2%～3% 的可重复性。对于多分散样品使用累积量法得到的平均值的重复性、重现性也都在可接受的范围内[170-172]。可是对于粒度分布，即使只是两个单分散球体的混合物，结果可能仍然远远不能令人满意。在有 8 个实验室进行的比对实验中，使用不同的动态光散射仪器测量了 400 nm 和 1000 nm 单分散乳胶的混合物，并使用不同的反演算法处理数据，所得到粒径的两个峰值、平均值和每个峰的百分比差别很大[173,174]。

近年来随着人工神经网络与人工智能在数据分析中的运用，通过机械训练学习的方法，可以由计算机对相关函数的截距、光滑度、基线与噪声等动态光散射测量数据进行自动判断，通过智能筛选获取高质量的结果[175,176]。

7.4 测量浓悬浮液

以上讨论的理论和实践主要适用于稀或半浓的悬浮液或溶液，其中单散射是主要现象。虽然存在一些多重散射和一定程度的颗粒相互作用，但它们通常可以通过进行浓度和散射角度外推来作为一阶近似进行校正。随着对在线或质量控制的颗粒表征需求不断增加，动态光散射实验越来越需要在高浓度和不透明的悬浮液中进行，有时浓度可高达 10%～30%的固体含量。在如此高浓度下，多重散射成为主要事件，颗粒相互作用进一步限制了它们的运动，必须使用不同的方法从动态光散射测量中获取有关颗粒特性的有用信息。简单的背散射配置可以缩短入射光和散射光的光径。但是多重散射不可避免地嵌入检测到的散射信号中。由于多重散射的传播方向、相位和偏振方向是无规的，因此对光学各向同性颗粒的散射，将偏振片与傅里叶空间滤波器相结合，可以从散射信号中滤去颗粒的多重散射信号和不是来自光聚焦点颗粒的信号[177]。

本节介绍三种类型的技术，其中两种（光纤动态光散射和双色交叉相关光谱）通过避免或抑制多重散射来测量单散射事件，第三种（扩散波光谱学）则是利用浓悬浮液中的多重散射。在这三种方法中，测量的扩散系数不是 D_T°，不能与前面描述的实际颗粒维度相关。D_T 是颗粒运动的结果，受到颗粒之间相互作用和空间效应的限制。在稀悬浮液中，不同颗粒的运动是不相关的，自相关函数是对"自由"颗粒的测量。在高浓度的悬浮液中，不同颗粒的运动变得相关，散射振幅和颗粒位置相互关联，D_T 不再仅是颗粒大小的函数。已有很多从浓悬浮液中的衰变常数 Γ 推断颗粒大小的理论研究，但尚仅适用于单分散体系[151]，也有在某些条件下的数值模拟报告，以及用实验证明测量自相关函数随浓度的变化可以获得除粒度以外颗粒体系的其他信息[178]。

还有一种方法是用低相干光源，使用干涉仪（Michelson 干涉仪或 Mach-Zehnder 干涉仪）进行相调制测量。因为相干长度短，只有在有限体积中的单次散射光子具有相关性[179]。这种方法还可以通过优化浓悬浮液中的光径来进一步完善[180]，并可用于小至 pL（10^{-9}mL）的微流变测量[181]。

7.4.1 光导纤维探头（光极）

光纤具有不易损坏、成本低以及允许远程传输和收集光线等优点，20 世纪 80 年代以来光纤就已被用于动态光散射仪[182]，用于浓样品的测量，激光二极管与雪崩光电二极管和光纤相结合，使动态光散射仪的小型化成为可能[30,183]。在浓的不透明悬浮液中，当入射光进入散射体积时，其强度会迅速降低。由于多重散射，散射光会无规地向各个方向扩散，测量样品薄层的散射光成为避免强多重散射的最佳选择。不用制造超薄的样品池，使用光纤探头（光极）从入射光附近的几层颗粒测量背散射，就可以达到几乎不可能用传统光学设置完成的任务。发射光纤、接收光纤及自聚焦透镜在光极中集成为一体，可用来检测颗粒的任何背散射。当背散射来自光极附近几层内的颗粒时，检测到的主要信号来自颗粒的单次散射，前提是光纤的直径小于悬浮液中散射平均自由程[184]。在背散射测量中，无相互作用的小颗粒的双重散射光或单散射光的衰变速率相等[185]，因此少量的双重散射不会改变自相关函数或影响结果。可以收集的背散射角度范围（$\Delta\theta$）取决于颗粒到光极的距离和位置

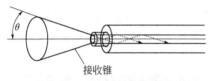

图 7-23 光导纤维的接收锥

以及光极的设计。如果在光极末端没有额外的光学元件，由光纤直接收集散射光，则 $\Delta\theta$ 取决于光极接收光的最大角度。接收锥可以用图 7-23 中说明的角度来定义，这主要与光纤核和包层之间的折射率差异有关。单模纤维此角度

通常为 4.7° 左右，多模纤维的角大于 9°。由于散射角度大，散射角中几度的变化不会导致 K（散射矢量的振幅）发生显著变化，因此角度不确定性带来的误差或畸变效应并不大。例如在 180° 时，散射角度 ±5° 的变化只会导致 K 中 0.2% 的变化。

大多数设计采用图 7-24 中的 A 或 B。在设计 A 中，同一根光纤既用于传输入

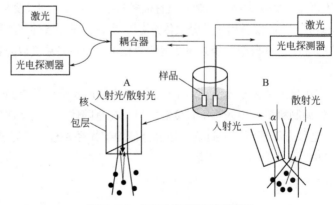

图 7-24 光纤动态光散射典型设置

射光，又从三端口定向耦合器中接收散射的光，该耦合器将两根光纤合并为传入光以及传出信号。在设计 B 中，这两个任务由两个光纤分别执行。设计 B 中的散射角度θ与两种纤维之间可以调节的倾斜角度α有关［式（7-41）］[186]。在一种设计中光纤探头夹角为 19°，间距为 1.5 mm，可达到很高的空间相干性，自相关函数的截距达到 0.83，颗粒粒径的测量相对误差小于 2%[187]。

$$\theta = \pi - 2\sin^{-1}\left[\frac{n_{core}}{n_{medium}}\sin\left(\frac{\alpha}{2}\right)\right] \tag{7-41}$$

许多光极设计已经表明，在使用光极的背散射测量中，可以在不同浓度最大限度地避免多重散射对表征的影响，受到颗粒间相互作用的限制，浓度通常可以在 0.01%~50%之间。光纤光极的一个常见问题是光纤不仅收集颗粒的散射光，而且会收集光纤端口反射的入射光而使光极端口成为一个局部振荡器。因此实验成为零差模式，而I_L与I_S的比例变得不确定。有两种解决办法：一种是使用仔细清洁和倾斜的尖端（图 7-24 中设计 A 显示的光纤尖端的虚线）来避免I_L，使实验依旧是自拍模式。使用几何光学很容易证明当单模光纤顶端被磨成 >2°，入射光的背反射将会进入光纤包层而失去，在 10° 倾斜角下，反射可以至少减少 30 dB，对于浓度高于 1%的样品，则反射可以忽略[188]。但对不太浓、散射较弱的样品，这种方法仍然存在可与I_S相当的背反射，使测量成为具有未知I_L/I_S比的零差模式。另一种方法是使I_L尽可能地大，可以在图 7-24 中标记*的位置将光纤一切二并插入光纤转接器来引入额外的局部振荡器[189]。

实际上测量可能既不是自拍模式也不是零差模式。需要仔细判断以应用正确的公式来解决来自自相关函数的动态信息。如果已知仪器效率系数β，式（7-42）可用于从具有任意I_L/I_S比率的散射信号中提取$g^{(1)}(\tau)$，其中a是归一化的电场强度自相关函数的截距，即$G^{(2)}_{det}(0)/A = 1+a$[190]。

$$|g^{(1)}(\tau)| = \frac{\sqrt{1-\dfrac{a}{\beta}+\dfrac{G^{(2)}_{det}(\tau)-A}{A\beta}} - \sqrt{1-\dfrac{a}{\beta}}}{1-\sqrt{1-\dfrac{a}{\beta}}} \tag{7-42}$$

7.4.2 交叉相关函数测量

在浓悬浮液中测量颗粒扩散运动期间抑制多重散射的第二种方法是使用交叉相关函数（CCF）测量。在交叉相关函数测量中，两个入射光照射到同一散射体积，使用两个探测器，从每个探测器收集的散射光是相互关联的

$$G_{\text{get}}^{(2)}(\tau) = \langle I^{1}(0)I^{2}(\tau)\rangle \tag{7-43}$$

虽然在交叉相关函数中不能完全消除多重散射，但其贡献能被显著地抑制。多重散射中双重散射是主要部分。交叉相关函数中双重散射的贡献比在自相关函数中的贡献少了 $(n/N)^2$ 倍，n 是与给定颗粒相互作用的颗粒数量，N 是散射体积中的颗粒总数。如果入射光和散射光都是平面波，并且在散射体积中两个散射矢量可匹配至 $\lambda/10$，则交叉相关函数中双重散射的减少使得动态光散射可以在更浓的样品中进行测量。光路的设计使两个光电探测器接收到的散射光具有振幅为 K 的相同散射矢量，这可以通过使用同波长反向传播激光束实现[191]。

散射矢量匹配也可以使用两种不同波长的激光束实现。图 7-25 是用于测量交叉相关函数的双色光谱仪。氩离子激光器的 λ_o = 488 nm 和 λ_o = 514.5 nm 的双色光经过 $\lambda/2$ 波片-Glan 棱镜组合的衰减与镜子 M 折射后，由双 Koesters 棱镜分裂成两个平行光束。然后光束通过透射式消色差透镜 L1 的对称输出在样品池中心交叉。测量体积通过消色差透镜系统 L2-L3 映射到直径 0.2 mm 的针孔 D 上。散射角度为 θ_1 和 θ_2，$\delta = (\theta_1 - \theta_2)/2$。傅里叶透镜 L4 使得散射光在立方体光束分离器后面远场中从角度转换到横向分离。光电检测器 PM1 与 PM2 的检测是通过多模光纤实现的，这些光纤的定位使它们的角分离 δ 符合相干角度。这两个角度的选择需要满足两个光束的散射矢量重合，这种光路设计使得散射角度可以很容易地通过移动 M、L1、光纤 D1 或 D2 等光学部件在广泛的范围内变化[192]。抑制多重散射的另一种方法是简单的三维排列，其中 CCF 如传统的角向转台那样可以在任意角度测量。与前述双色设置相比，

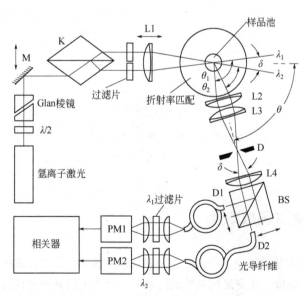

图 7-25 双色动态光散射仪器示意图

三维设置的信噪比要高得多[193,194]。

所有交叉相关光路设计的挑战来自确保在两个探测器上检测到的信号来自相同的散射体积与具有相同的散射矢量，这通常需要很小心地调节仪器。对于单散射，每个探测器在悬浮液中对颗粒运动有相同的"视野"，因此两个探测器收集的光之间必然存在交叉相关性，交叉相关函数与传统自相关函数得出的结果是相同的。多重散射的光子不存在交叉相关性，因此交叉相关函数法充当了多重散射的过滤器。交叉相关函数中依赖于延迟时间的部分仅反映单散射，而多重散射仅对与延迟时间无关的基线有贡献。假设两个探测器的平均强度 $\langle I \rangle$ 相等，

$$\langle I^1(0)I^2(\tau) \rangle \cong 4\langle I \rangle^2 (1 + \beta_c | g^{(1)}(\tau, K) |^2) \tag{7-44}$$

β_c 是一个效率系数，根据设置的不同，其理想范围为 0.5～1。图 7-26 显示了与自相关函数测量相比，交叉相关函数测量中 109 nm 乳胶悬浮液在不同浓度下的多重散射被抑制。在自相关函数测量中，多重散射导致明显更快的运动，导致偏小的颗粒粒度[194]。

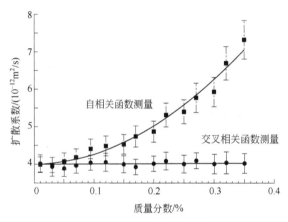

图 7-26　不同浓度聚苯乙烯乳胶球悬浮液（d=109 nm）的 ACF 与 CCF 测量结果

7.4.3　扩散波光谱

与上述避免或尽可能抑制多重散射的方法不同，扩散波光谱（DWS）技术通过使用多重散射从完全不同的思路来处理问题。DWS 仅适用于非常强的多重散射，并且忽略单散射，以便在浓悬浮液中描述颗粒及其运动[195]。在 DWS 中，介质中光的传播被散射了非常多次，随机散射导致了光的扩散。这个过程忽略光的任何干涉效应并假定光强度扩散而通过扩散近似来描述，并假定个别散射事件的细节不起关键作用。由于这些假定，DWS 只能应用于散射非常强、无吸收的样品。否则任何检测

到的单次或双重散射都会使基本方程失效。

DWS 可以使用与传统动态光散射实验相同的仪器来测量自相关函数，但需要具有较长相干长度的强激光，因为光在很长的路径长度上扩散。只有这样配置光在介质中的路径，才能只检测到完全随机的扩散光。由于扩散使样品的散射强度在四面八方几乎一致，检测角度并不关键。背散射和透射（180°或0°）是 DWS 实验的两个设置，都有简单的理论公式：

背散射
$$g^{(1)}(\tau) = \exp(-\gamma\sqrt{6D_T k_o^2 \tau}) \tag{7-45}$$

透射
$$g^{(1)}(\tau) = \frac{\left(\dfrac{l}{l^*}+\dfrac{4}{3}\right)\sqrt{6H}}{\left(1+\dfrac{8H}{3}\right)\sinh\left(\dfrac{l}{l^*}\sqrt{6H}\right)+\dfrac{4}{3}\sqrt{6H}\cosh\left(\dfrac{l}{l^*}\sqrt{6H}\right)} \tag{7-46}$$

式中，$H = D_T k_o^2 \tau$；γ 是与传输平均自由程 l^* 有关的变量，即光子在方向完全随机化之前必须行驶的长度；l 是样品厚度。式（7-46）有典型的衰变时间 $\tau(l^*/l)^2$。在这两种设置中，除非知道 l^*，否则 D_T 无法直接得到。虽然原则上可以在完全相同的光学设置中通过将静态透射测量与已知 l^* 的样品进行比较来完成，但实际上很难做到。在背散射设置中，对于在很窄的粒度范围内，γ 可以近似为常数（约 2.1，精确到 20%左右）。然而在背散射中，前几层粒子不可避免地会出现强烈的单散射和双重散射，导致扩散近似不适用。此外，对于多分散样品，DWS 实验所能得到的最佳结果是没有准确定义的 D_T 平均值，无法提取有关粒度分布的信息。DWS 是 20 世纪 80 年代提出的[196]，已经有许多理论性工作，在颗粒表征方面的应用不多，其中有液体中气泡（泡沫）的动态表征[197]和监控悬浮液内的颗粒增长[198]。近年来提出了将仅测量平均值扩展到能得到分布宽度信息的分析方法[199]，也开始被应用于测量乳液的动态变化[200-202]。这项技术还需要进行大量开发才能够与传统动态光散射技术的广泛效用相匹配。

综上所述，动态光散射技术已成为工业应用和学术研究中颗粒尺寸表征的成熟工具。虽然从动态光散射测量中获得的粒度分布分辨率较低，而且由于所含信息的性质往往有扭曲，但它仍然是在液体介质中最佳非侵入性亚微米颗粒表征方法之一。使用具有对数间隔延迟时间的数字相关器进行多角测量，可通过避免散射模式中的强度盲点和优化浓度效应，扩展测量的动态大小范围，并获得更具代表性的结果。动态和静态光散射数据相结合的全局分析将数据分析又提高了一个层次。但在成为测量浓样品的强有力工具之前，还需要做更多的工作。

参考
文献

[1]　Chu, B.; *Laser Light Scattering*. Academic Press, New York, 1974.

[2]　Berne, B.J.; Pecora, R.; *Dynamic Light Scattering*. Wiley, New York, 1976.

[3]　Koppel, D.E.; Analysis of Macromolecular Polydispersity in Intensity Correlation Spectroscopy: the Method of Cumulants. *J Chem Phys*, 1972, 57, 4814-4820.

[4]　Provencher, S.W.; A Constrained Regularization Method for Inverting Data Represented by Linear Algebraic Integral Equations. *Comput Phys Comm*, 1982, 27, 213-227.

[5]　Provencher, S.W.; CONTIN: A General Purpose Constrained Regularization Program for Inverting Noisy Linear Algebraic Integral Equations. *Computer Phys Comm*, 1982, 27, 229-242.

[6]　Pike, R.; Abbiss, J.B.; *Light Scattering and Photon Correlation Spectroscopy*. Kluwer Academic Publishers, 1997.

[7]　Xu, R.; Progress in Nanoparticles Characterization: Sizing and Zeta Potential Measurement. *Particuology*, 2008, 6(2), 112-115.

[8]　Xu, R.; Light Scattering: A Review of Particle Characterization Applications. *Particuology*, 2015, 18, 11-21.

[9]　ISO 22412:2017. *Particle Size Analysis — Dynamic Light Scattering (DLS)*. International Organization for Standardization, Genève, 2017.

[10]　GB/T 29022-2012. 粒度分析 动态光散射法(DLS). 国家标准化管理委员会, 2012.

[11]　ASTM E3247-20. *Standard Test Method for Measuring the Size of Nanoparticles in Aqueous Media Using Dynamic Light Scattering*. ASTM International, West Conshohocken, 2020.

[12]　Krahn, W.; Luckas, M.; Lucas, K.; Determination of Particle Size Distribution in Fluids using Photon Correlation Spectroscopy. *Part Part Syst Charact*, 1988, 5, 72-76.

[13]　Ruenraroengsak, P.; Florence, A.T.; The Diffusion of Latex Nanospheres and the Effective (Microscopic) Viscosity of HPMC Gels. *Int J Pharm*, 2005, 298(2), 361-366.

[14]　Finsy, R.; Particle Sizing by Quasi-elastic Light Scattering. *Adv Colloid Interfac*, 1994, 52, 79-143.

[15]　Chu, B.; Xu, R.; A Prism-Cell Laser Light-Scattering Spectrometer.//*OSA Proc Photon Correlation Techniques and Applications, Vol. 1*. Optical Society of America, Washington D C, 1989, 137-146.

[16]　Deninger, A.; Renner, T.; 12 Orders of Coherence Control: Tailoring the Coherence Length of Diode Lasers. TOPTICA Photonics AG, 2010.

[17]　OSHA Directives PUB 8-1.7. *Guidelines for Laser Safety and Hazard Assessment*. U S Department of Labor, Occupational Safety & Health Administration, Washington D C, 1991.

[18]　Dhadwal, H. S.; Chu, B.; A Fiber-optic Light-scattering Spectrometer. *Rev Sci Instrum*, 1989, 60, 845-853.

[19]　Pusey, P.N.; Vaughan, J.M.; Light Scattering and Intensity Fluctuation Spectroscopy.// Davies, M.; Pusey, P.N.; Vaughan, J.M.; *Dielectric and Related Molecular Processes*. The Chemical Society, London 1975, 48.

[20]　Johnson, Jr.; S.C.; Gabriel, D.A.; *Laser Light Scattering*. Dover Publications, New York, 1994.

[21] Chu, B.; Wu, C.; Buck, W.; Light Scattering Characterization of Polytetrafluoroethylene. *Macromolecules*, 1988, 21, 397-402.

[22] 柳青，一种 360°透光比色皿: 2019206422128, 2020.

[23] Chu, B.; Ying, Q.; Grosberg, A.Y.; Two-stage Kinetics of Single-chain Collapse. Polystyrene in Cyclohexane. *Macromolecules*, 1995, 28, 180-189.

[24] Will, S.; Leipertz, A.; Dynamic Light Scattering System with a Novel Scattering Cell for the Measurement of Particle Diffusion Coefficients. *Rev Sci Instrum*, 1996, 67, 3164-3169.

[25] Ford, N.; Havard, T.; Wallas, P.; Analysis of Macromolecules Using Low and Right Angle Laser Light Scattering and Photon Correlation Spectroscopy.// Provder, T.; *ACS Symp Series 693 Particle Size Distribution* Ⅲ. American Chemical Society, Washington D C, 1998, 39-51.

[26] 叶智彬，许继森，邱健，彭力，骆开庆，韩鹏. 表面效应对动态光散射纳米粒径测量的影响. 中国粉体技术, 2018, 24(1), 74-79.

[27] Alargova, R.G.; Deguchi, S.; Tsujii, K.; Dynamic Light Scattering Study of Polystyrene Latex Suspended in Water at High Temperatures and High Pressures. *Colloid Surf A*, 2001, 183-185, 303-312.

[28] Peters, R.; Fiber Optic Device for Detecting the Scattered Light or Fluorescent Light from a Suspension: US 6016195A, 2000.

[29] Egelhaaf, S. U.; Schurtenberger, P.; A Fiber-Optics-Based Light Scattering Instrument for Time-Resolved Simultaneous Static and Dynamic Measurements. *Rev Sci Instrum*, 1996, 67, 540-545.

[30] Brown, R.G.W.; Dynamic Light Scattering Using Monomode Optical Fibres. *Appl Opt*, 1987, 26, 4846-4851.

[31] Vanhoudt, J.; Clauwaert, J.; Experimental Comparison of Fiber Receivers and a Pinhole Receiver for Dynamic and Static Light Scattering. *Langmuir*, 1999, 15, 44-57.

[32] Jones, R.; Oliver, C.J.; Pike, E.R.; Experimental and Theoretical Comparison of Photon-counting and Current Measurements of Light Intensity. *Appl Opt*, 1971, 10, 1673-1680.

[33] Terui, G.; Kohno, T.; Fukino, Y.; Ohbayashi, K.; Circuit to Use a Photon Correlator as a Fast Analog Correlator. *Jap J Appl Phys*, 1986, 25, 1243-1246.

[34] 刘伟，陆文玲，王雅静，陈文钢，申晋. 大动态范围高速光子相关器. 应用光学, 2015, 36(5), 673-678.

[35] Bertero, M.; Boccacci, P.; Pike, E.R.; On the Recovery and Resolution of Exponential Relaxation Rates from Experimental Data Ⅱ. The Optimum Choice of the Sampling Points. *Proc Royal Soc Lond*, 1984, A393, 51-65.

[36] Phillies, G.D.; On the Temporal Resolution of Multi-tau Digital Correlator. *Rev Sci Instrum*, 1996, 67, 3423-3427.

[37] Yamaguchi, T.; Kawarabayashi, S.; Correlator: US 7724369, 2010.

[38] Tochino, S.; Sawa, H.; Particle Diameter Distribution Measurement Device: US 8531663, 2013.

[39] Dhadwal, H.S.; Chu, B.; Xu, R.; Time-of-Arrival Photoelectron Correlator. *Rev Sci Instrum*, 1987, 58, 1445-1449.

[40] Jakeman, E.; Oliver, C.J.; Pike, E.R.; Pusey, P.N.; Correlation of Scaled Photon-counting Fluctuations. *J Phys A Gen Phys*, 1972, 5, L93-L96.

[41] Magatti, D.; Ferri, F.; Fast Multi-Tau Real-Time Software Correlator for Dynamic Light Scattering. *Appl Opt*, 2001, 40, 4011-4021.

[42] Molteni, M.; Ferri, F.; Commercial Counterboard for 10 ns Software Correlator for Photon and Fluorescence Correlation Spectroscopy. *Rev Sci Instrum*, 2016, 87, 113108.

[43] Sadagov, A.Yu.; Alenichev, M.K.; Drozzhennikova, E.B.; Yushina, A.A.; Levin, A.D.; Nagaev, A.I.; Development of Optical Nanosensors Based on Dynamic Light Scattering and Fluorescence and Detection Devices for Them. *J Phys Conf Ser*, 2019, 1420, 012022.

[44] Hsieh, H.T.; Trainoff, S.P.; Wyatt, T.; Method to Measure Particle Mobility in Solution with Scattered and Unscattered Light: US 8525991, 2013.

[45] Xu, C.; Cai, X.; Wang, Z.; Zhang, J.; Liu, L.; Fast Nanoparticle Sizing by Image Dynamic Light Scattering. *Particuology*, 2015, 19, 82-85.

[46] 王志永. 动态光散射图像法测量纳米颗粒粒度研究. 上海: 上海理工大学, 2013.

[47] Zhou, W.; Zhang, J.; Liu, L.; Cai, X.; Ultrafast Image-based Dynamic Light Scattering for Nanoparticle Sizing. *Rev Sci Instrum*, 2015, 86, 115107.

[48] Zhang, D.; Cai, X.; Zhou, W.; Two-dimensional Self-adapting Fast Fourier Transform Algorithm for Nanoparticle Sizing by Ultrafast Image-based Dynamic Light Scattering. *Particuology*, 2018, 41, 74-84.

[49] 蔡小舒. 私人通讯, 2021.

[50] Weber, R.; Schweiger, G.; Photon Correlation Spectroscopy on Flowing Polydisperse Fluid-particle Systems: Theory. *Appl Opt*, 1998, 37(18), 4039-4050.

[51] Huang, G.; Xu, B.; Qiu, J.; Peng, L.; Luo, L.; Liu, D.; Han, P.; Effect of Directional Movement on Dynamic Light Scattering. *IEEE Photonics J*, 2021, 13(3), 1-13.

[52] Katayama, K.; Nomura, H.; Ogata, H.; Eitoku, T.; Diffusion Coefficients for Nanoparticles under Flow and Stop-flow Conditions. *Phys Chem Chem Phys*, 2009, 11, 10494-10499.

[53] 余宛真, 邱健, 彭力, 骆开庆, 韩鹏. 纳米颗粒定向运动对动态光散射测量结果的影响. 中国粉体技术, 2018, 24(4), 61-65.

[54] Sitar, S.; Vezočnik, V.; Maček, P.; Kogej, K.; Pahovnik, D.; Žagar, E.; Pitfalls in Size Characterization of Soft Particles by Dynamic Light Scattering Online Coupled to Asymmetrical Flow Field-Flow Fractionation. *Anal Chem*, 2017, 89(21), 11744-11752.

[55] Makan, A.C.; Spallek, M.J.; du Toit, M.; Klein, T.; Pasch, H.; Advanced Analysis of Polymer Emulsions: Particle Size and Particle Size Distribution by Field-flow Fractionation and Dynamic Light Scattering. *J Chromatogr A*, 2016, 1442, 94-106.

[56] Cho, T.J.; Hackley, V.A.; Fractionation and Characterization of Gold Nanoparticles in Aqueous Solution: Asymmetric-flow Field Flow Fractionation with MALS, DLS, and UV-Vis Detection. *Anal Bioanal Chem*, 2010, 398, 2003-2018.

[57] Gigault,J.; Hackley,V.A.; Differentiation and Characterization of Isotopically Modified Silver Nanoparticles in Aqueous Media Using Asymmetric-flow Field Flow Fractionation Coupled to Optical Detection and Mass Spectrometry. *Anal Chim Acta*, 2013, 763, 57-66.

[58] Sano, N.; Miyasaka, Y.; Sudo, S.; Otsuka, K.; Makino, H.; Brownian Motion Captured with a Self-mixing Laser. *Proceedings of the School of Information Technology and Electronics of Tokai University, Series E*, 2005, 30, 33-39.

[59] Zakian, C.; Dickinson, M.; King, T.; Particle Sizing and Flow Measurement Using Self-mixing Interferometry with a Laser Diode. *J Optics A*, 2005, 7, S445.

[60] 王华睿, 沈建琪, 于海涛, 魏月环. 激光自混合干涉法亚微米及纳米颗粒测量中的反问题. 光学学报, 2008, 28(12), 2335-2343.

[61] Sudo, S.; Ohtomo, T.; Takahashi, Y.; Oishi, T.; Otsuka, K.; Determination of Velocity of Self-mobile Phytoplankton Using a Self-mixing Thin-slice Solid-state Laser. *Appl Optics*, 2009, 48(20), 4049-4055.

[62] Wang, H.; Shen, J.; Fast and Economic Signal Processing Technique of Laser Diode Self-mixing Interferometry for Nanoparticle Size Measurement. *Appl Phys B*, 2014, 115, 285-291.

[63] 陈先庆, 沈建琪, 王华睿. 纳米流体激光自混频功率谱及其计算. 光学学报, 2011, 31(10), 1029003.

[64] Wang, H.; Shen, J.; Power Spectral Density of Selfmixing Signals from a Flowing Brownian Motion System. *Appl Phys B*, 2012, 106, 127-134.

[65] Wang, H.; Shen, J.; Cai, X.; Online Measurement of Nanoparticle Size Distribution in Flowing Brownian Motion System Using Laser Diode Self-mixing Interferometry. *Appl Phys B*, 2015, 120, 129-139.

[66] Herbert, J.; Bertling, K.; Taimre, T.; Rakić, A.D.; Wilson, S.; Microparticle Discrimination Using Laser Feedback Interferometry. *Opt Express*, 2018, 26, 25778-25792.

[67] Zhao, Y.; Zhang, M.; Zhang, C.; Yang, W.; Chen, T.; Perchoux, J.; Ramírez-Miquet, E.E.; Moreira, R.D.C.; Micro Particle Sizing Using Hilbert Transform Time Domain Signal Analysis Method in Self-Mixing Interferometry. *Appl Sci*, 2019, 9(24), 5563.

[68] van der Lee, A.M.; Hellmig, J.W.; Spruit, J.H.M.; Laser Sensor for Particle Size Detection: US 10732091B2, 2020.

[69] ISO/TR 22814:2020. *Good Practice for Dynamic Light Scattering (DLS) Measurements.* International Organization for Standardization, Genève, 2020.

[70] *Standard Guide for Measurement of Particle Size Distribution of Nanomaterials in Suspension by Photon Correlation Spectroscopy (PCS)*. ASTM International, West Conshohocken, 2021.

[71] van der Meeren, P.; Vanderdeelen, J.; Baert, L.; Relevance of Reflection in Static and Dynamic Light Scattering Experiments. *Part Part Syst Charact*, 1994, 11, 320-326.

[72] van Wuyckhuyse, A.L.; Willemse, A.W.; Marijnissen, J.C.M.; Determination of On-line Particle Size and Concentration for Sub-micron Particles at Low Concentrations. *J Aerosol Sci*, 1996, 27, s577-s578.

[73] Yang, H.; Yang, H.M.; Kong, P.; Zhu, Y.M.; Dai, S.G.; Zheng, G.; Concentration Measurement of Particles by Number Fluctuation in Dynamic Light Backscattering. *Powder Technol*, 2013, 246, 499-503.

[74] 朱苏皖, 吴晓斌, 李誉昌, 邱健, 骆开庆, 韩鹏. 基于布朗运动的多分散系动态光散射信号模拟. 中国粉体技术, 2014, 20(6), 28-33.

[75] 徐炳权, 黄桂琼, 韩鹏, 邱健, 彭力, 骆开庆, 刘冬梅. 智能动态光散射纳米粒度分析仪. 自动化与信息工程, 2021, 1, 1-6.

[76] Malm, A.V.; Corbett, J.C.W.; Improved Dynamic Light Scattering Using an Adaptive and Statistically Driven Time Resolved Treatment of Correlation Data. *Sci Rep*, 2019, 9, 13519.

[77] Wang, W.; Liu, W.; Qi, T.; Qiu, W.; Jia, H.; Wang, Y.; Shen, J.; Liu, Z.; Thomas, J.C.; Dust Discrimination in Dynamic Light Scattering Based on a Quantile Outliers Detection Method. *Powder Technol*, 2020, 366, 546-551.

[78] 王少清, 陶冶薇, 董学仁, 任中京. 由光子相关谱反演微粒体系粒径分布方法的分析与比较. 中国粉体技术, 2005, 11(1), 27-32.

[79] 喻雷寿, 杨冠玲, 何振江, 李仪芳. 颗粒粒径测量中约束正则 CONTIN 算法分析. 激光生物学报, 2007, 16(1), 74-78.

[80] Štépánek, P.; Data Analysis in Dynamic Light Scattering. Brown, W.; *Dynamic Light Scattering*. Oxford Science Publication, Oxford, 1993, 177-241.

[81] Biganzoli, D.; Ferri, F.; Statistical Analysis of Dynamic Light Scattering Data: Revisiting and Beyond the Schätzel Formulas. *Opt Express*, 2018, 26(22), 29375-29392.

[82] Isenberg, I.; Dyson, R.D.; Hanson, R.; Studies on the Analysis of Fluorescence Decay Data by the Method of Moments. *Biophy J*, 1973, 13, 1090-1115.

[83] Weiner, B.B.; Tscharnuter, W.W.; Uses and Abuses of Photon Correlation Spectroscopy. Provder, T.; *ACS Symp Series 332 Particle Size Distribution* American Chemical Society, Washington D C, 1987, 48-61.

[84] Frisken, B.J.; Revisiting the Method of Cumulants for the Analysis of Dynamic Light-scattering Data. *Appl Opt* 2001, 40, 4087-4091.

[85] Bevington, P.R.; *Data Reduction and Error Analysis for the Physical Sciences*. McGraw-Hill, New York, 1969.

[86] Chu, B.; Ford, J.R.; Dhadwal, H.S.; Correlation Function Profile Analysis of Polydisperse Macromolecular Solutions and Colloidal Suspensions. *Methods in Enzymology*. Academic Press, New York, 1985, 256-297.

[87] Mailer, A.G.; Clegg, P.S.; Pusey, P.N.; Particle Sizing by Dynamic Light Scattering: Non-linear Cumulant Analysis. *J Phys Condens Matter*, 2015, 27(14), 145102.

[88] 刘伟, 王雅静, 申晋. 动态光散射最优拟合累积分析法. 光学学报, 2013, 33(12), 1229001.

[89] Hanus, L.H.; Ploehn, H.J.; Correction of Intensity-Averaged Photon Correlation Spectroscopy Measurements to Number-Averaged Particle Size Distributions. 1. Theoretical Development. *Langmuir*, 1999, 15, 3091-3100.

[90] Ross, D.A.; Dimas, N.; Particle Sizing by Dynamic Light Scattering: Noise and Distortion in Correlation Data. *Part Part Syst Charact*, 1993, 10, 62-69.

[91] Ruf, H.; Data Accuracy and Resolution in Particle Sizing by Dynamic Light Scattering. *Adv Coll Inter Sci*, 1993, 46, 333-342.

[92] Schätzel, K.; Noise on Photon Correlation Data: I. Autocorrelation Functions. *Quantum Opt*, 1990, 2, 287-306.

[93] 王雅静, 窦智, 申晋, 刘伟, 尹丽菊, 高明亮. TSVD-Tikhonov 正则化多尺度动态光散射反演. 中国激光, 2017, 44(1), 0104003.

[94] 刘伟, 王雅静, 陈文钢, 申晋. 动态光散射反演算法的评价指标. 光学学报, 2015, 35, s129001.

[95] Foord, R.; Jakeman, E.; Oliver, J.; Pike, E.R, Blagrove, R.J.; Wood, E.; Peacocke, A.R.; Determination of Diffusion Coefficients of Haemocyanin at Low Concentration by Intensity Fluctuation Spectroscopy of Scattered Laser Light. *Nature*, 1970, 227, 242-245.

[96] Gulari, Es.; Gulari, Er.; Tsunashima, Y.; Chu, B.; Photon Correlation Spectroscopy of Particle Distribution. *J Chem Phys*, 1979, 70, 3965-3972.

[97] McWhirter, J.G; Pike, E.R.; On the Numerical Inversion of the Laplace Transform and Similar Fredholm Integral Equations of the First Kind. *J Phys A Math Gen*, 1978, 11, 1729-1745.

[98] Wang, W.J.; Shen, J.; Liu, W.; Sun, X.M.; Dou, Z.H.; Non-negative Constraint Research of Tikhonov Regularization Inversion for Dynamic Light Scattering. *Laser Phys*, 2013, 23, 085701.

[99] Bertero, M.; Boccacci, P.; Pike, E.R.; On the Recovery and Resolution of Exponential Relaxation Rates from Experimental Data: A Singular-value Analysis of the Laplace Transform Inversion in the Presence of Noise. *Proc R Soc London, Ser A,* 1982, 383, 15-29.

[100] Bertero, M.; Boccacci, P.; Pike, E.R.; On the Recovery and Resolution of Exponential Relaxation Rates from Experimental Data: Ⅲ. The Effect of Sampling and Truncation of Data on the Laplace Transform Inversion. *Proc R Soc London, Ser A,* 1985, 398, 23-30.

[101] Finsy, R.; de Groen, P.; Deriemaeker, L.; van Laethem, M.; Singular Value Analysis and Reconstruction of Photon Correlation Data Equidistant in Time. *J Chem Phys*, 1989, 91, 7374-7383.

[102] Zhu, X.; Shen, J.; Liu, W.; Sun, X.; Wang, Y.; Nonnegative Least-squares Truncated Singular Value Decomposition to Particle Size Distribution Inversion from Dynamic Light Scattering Data. *Appl Optics* 2010, 49(34), 6591-6596.

[103] 黄钰, 申晋, 徐敏, 孙成, 刘伟, 孙贤明, 王雅静. 基于核矩阵扩展的动态光散射截断奇异值分解反演. 光子学报, 2018, 47(7), 729001.

[104] Yuan, X.; Liu, Z.; Wang, Y.; Xu, Y.; Zhang, W.; Mu, T.; The Non-negative Truncated Singular Value Decomposition for Adaptive Sampling of Particle Size Distribution in Dynamic Light Scattering Inversion. *J Quant Spectrosc Ra*, 2020, 246, 106917.

[105] Ross, D.A.; Dhadwal, H.S.; Regularized Inversion of the Laplace Transform: Accuracy of Analytical and Discrete Inversion. *Part Part Syst Charact*, 1991, 8, 282-286.

[106] Skilling, J.; Gull, S.F.; Algorithms and Applications.// Smith, C.R.; Grandy, W.T.Jr.; Reidel, D.; *Maximum-entropy and Bayesian Methods in Inverse Problems*. Kluwer Academic Publishers, Dordrecht, 1985.

[107] Livesey, A.K.; Licinio, P.; Delaye, M.; Maximum Entropy Analysis of Quasielastic Light Scattering from Colloidal Dispersions. *J Chem Phys*, 1986, 84, 5102-5107.

[108] Nyeo, S.L.; Chu, B.; Maximum Entropy Analysis of Photon Correlation Spectroscopy Data. *Macromolecules*, 1989, 22, 3998-4009.

颗粒表征的
光学技术及应用

[109]   Bryan, R.K.; Maximum Entropy Analysis of Oversampled Data Problems. *Eur Biophys J*, 1990, 18(3), 165-174.

[110]   Jakeš, J.; Regularized Positive Exponential Sum (REPES) Program-A Way of Inverting Laplace Transform Data Obtained by Dynamic Light Scattering. *Collect Czech Chem Commun*, 1995, 60, 1781-1797.

[111]   Glatter, O.; Sieberer, J.; Schnablegger, H.; A Comparative Study on Different Scattering Techniques and Data Evaluation Methods for Sizing of Colloidal Systems Using Light Scattering. *Part Part Syst Charact*, 1991, 8, 274-281.

[112]   窦震海, 王雅静, 申晋, 刘伟, 高珊珊. 动态光散射混合非负截断奇异值反演. 中国激光, 2013, 6, 264-269.

[113]   Rieder, A.; A Wavelet Multilevel Method for Ill-posed Problems Stabilized by Tikhonov Regularization. *Numer Math*, 1997, 75, 501-522.

[114]   Wang, Y.; Shen, J.; Zheng, G.; Liu, W.; Wavelets-regularization Method for Particles Size inversion in Photon Correlation Spectroscopy. *Opt Laser Technol*, 2012, 44(5), 1529-1535.

[115]   Wang, Y.; An Overview of Wavelet Regularization. Müller, P.; *Bayesian Inference in Wavelet-Based Models. Lecture Notes in Statistics.* Springer, New York, 1999, 141, 109-114.

[116]   Tipping, M.E.; Sparse Bayesian Learning and the Relevance Vector Machine. *J Mach Learn Res*, 2001, 1, 211-244.

[117]   Nyeo, S. L.; Ansari, R.R.; Sparse Bayesian Learning for the Laplace Transform Inversion in Dynamic Light Scattering. *J Comput Appl Math*, 2011, 235(8), 2861-2872.

[118]   Campagna, R.; D'Amore, L.; Murli, A.; An Efficient Algorithm for Regularization of Laplace Transform Inversion in Real Case. *J Comput Appl Math*, 2007, 210(1-2), 84-98.

[119]   Cuomo, S.; D'Amore, L.; Murli, A.; Error Analysis of a Collocation Method for Numerically Inverting a Laplace Transform in Case of Real Samples. *J Comput Appl Math*, 2007, 210(1-2), 149-158.

[120]   Xu, M.; Shen, J.; Thomas, J.C.; Huang, Y.; Zhu, X.; Clementi, L.A.; Vega, J.R.; Information-weighted Constrained Regularization for Particle Size Distribution Recovery in Multiangle Dynamic Light Scattering. *Opt Express*, 2018, 26(1), 15-31.

[121]   刘玲, 陈淼, 邱健, 彭力, 骆开庆, 韩鹏. 多角度动态光散射加权贝叶斯反演算法. 计算物理, 2019, 36(6), 673-681.

[122]   Chandran, P.; Sequential Extraction of Late Exponentials (SELE): A Technique for Deconvolving Multimodal Correlation Curves in Dynamic Light Scattering. *MRS Advances*, 2020, 5, 865-880.

[123]   Ross, D.A.; Nguyen, T.H.; Spectral Properties of the Regularized Inversion of the Laplace Transform. *Part Part Syst Charact*, 1990, 7, 80-86.

[124]   谭成勋, 刘伟, 王雅静, 申晋. CONTIN 算法及其在测量微凝胶颗粒粒度分布中的应用. 光散射学报, 2015, 1, 29-34.

[125]   Chu, B.; Xu, R.; Nyeo, S.; Applications of Prism-cell Light-scattering Spectrometer to Particle Sizing in Polymer Solutions. *Part Part Syst Charact*, 1989, 6, 34-38.

[126]   Ruf, H.; Effects of Normalization Errors on Size Distribution Obtained from Dynamic Light Scattering. *Biophys J*, 1989, 56, 67-78.

[127] Ruf, H.; Grell, E.; Stelzer, E.; Size Distribution of Submicron Particles by Dynamic Light Scattering Measurement: Analyses Considering Normalization Errors. *Eur Biophys J*, 1992, 21, 21-28.

[128] Goldlin, A.A.; Processing experimental data in photon-correlation spectroscopy using a homodyne measuring system. *Opt Spectrosc-USSR*, 1991, 71(3), 283-285.

[129] Kim, J.; Ahn, S.; Lee, H.; Lee, M.; Estimation of Particle Size Distribution Using Photon Autocorrelation Function from Dynamic Light Scattering Considering Unknown Baseline. *Opt Lett,* 2013, 38(11), 1757-1759.

[130] Finsy, R.; de Groen, P.; Deriemaeker, L.; Geladé, E.; Joosten, J.; Data Analysis of Multi-Angle Photon Correlation Measurements without and with Prior Knowledge. *Part Part Syst Charact*, 1992, 9, 237-251.

[131] Provencher, S.W.; Štépánek, P.; Global Analysis of Dynamic Light Scattering Autocorrelation Function. *Part Part Syst Charact*, 1996, 13, 291-294.

[132] Bryant, G.; Thomas, J.C.; Improved Particle Size Distribution Measurements Using Multiangle Dynamic Light Scattering. *Langmuir*, 1995, 11, 2480-2485.

[133] de Vos, C.; Deriemaeker, L.; Finsy, R.; Quantitative Assessment of the Conditioning of the Inversion of Quasi-elastic and Static Light Scattering Data for Particle Size Distribution. *Langmuir*, 1996, 12, 2630-2636.

[134] Bryant, G.; Abeynayake, C.; Thomas, J.; Improved Particle Size Distribution Measurements Using Multiangle Dynamic Light Scattering. 2. Refinements and Applications. *Langmuir*, 1996, 12, 6224-6228.

[135] Li, L.; Yu, L.; Yang, K.; Li, W.; Li, K.; Xia, M.; Angular Dependence of Multiangle Dynamic Light Scattering for Particle Size Distribution Inversion Using a Self-adapting Regularization Algorithm. *J Quant Spectrosc Ra*, 2018, 209, 91-102.

[136] Bermeo, L.A.; Caicedo, E.; Clementi, L.; Vega, J.; Estimation of the Particle Size Distribution of Colloids from Multiangle Dynamic Light Scattering Measurements with Particle Swarm Optimization. *Ing Investig,* 2015, 35(1), 49-54.

[137] Naiim, M.; Boualem, A.; Ferre, C.; Jabloun, M.; Jalocha, A.; Ravier, P.; Multiangle Dynamic Light Scattering for the Improvement of Multimodal Particle Size Distribution Measurements. *Soft Matter*, 2015, 11, 28-32.

[138] Liu, X.; Shen, J.; Thomas, J.C.; Clementi, L.A.; Sun, X.; Multiangle Dynamic Light Scattering Analysis Using a Modified Chahine Method. *J Quant Spectrosc Ra*, 2012, 113(6), 489-497.

[139] Gugliotta, L.M.; Stegmayer, G.S.; Clementi, L.A.; Gonzalez, V.D.G.; Minari, R.J.; Leiza, J.R.; Vega, J.R.; A Neural Network Model for Estimating the Particle Size Distribution of Dilute Latex from Multiangle Dynamic Light Scattering Measurements. *Part Part Syst Charact*, 2009, 26, 41-52.

[140] Trainer, M.N.; Wilcock, W.L.; Ence, B.M.; Method and Apparatus for Measuring Small Particle Size Distribution: US 5094532, 1992.

[141] Shen, J.; Cai, X.; Optimized Inversion Procedure for Retrieval of Particle Size Distributions from Dynamic Light-scattering Signals in Current Detection Mode. *Opt Letter*, 2010, 35(12), 2010-2012.

[142] Burchard, W.; Quasi-elastic Light Scattering: Separability of Effects of Polydispersity and Internal Nodes of Motion. *Polymer*, 1979, 20, 577-581.

[143] Fujime, S.; Kubota, K.; Dynamic Light Scattering from Dilute Suspensions of Thin Disks and Thin Rods as Limiting Forms of Cylinders, Ellipsoid, and Ellipsoidal Shell of Revolution. *Biophys Chem*, 1985, 23, 1-13.

[144] Kubota, K.; Tominaga, Y.; Fujime, S.; Otomo, J.; Ikegami, A.; Dynamic Light Scattering Study of Suspensions of Purple Membrane. *Biophys Chem*, 1985, 23, 15-29.

[145] Chu, B.; Xu, R.; DiNapoli, A.; Light Scattering Studies of a Colloidal Suspension of Iron Oxide Particles. *J Colloid Interf Sci*, 1987, 116, 182-195.

[146] Shetty, A.M.; Wikins, G.M.H.; Nanda, J.; Solomon, M.J.; Multiangle Depolarized Dynamic Light Scattering of Short Functionalized Single-walled Carbon Nanotubes. *J Phys Chem C*, 2009, 113, 7129-7133.

[147] Aragon, S. R.; Pecora, R.; Theory of Dynamic Light Scattering from Large Anisotropic Particles. *Chem Phys*, 1977, 66, 2506-2516.

[148] Xu, R.; Ford, J.R.; Chu, B.; Photon Correlation Spectroscopy, Transient Electric Birefringence and Characterization of Particle Size Distribution. in Colloidal Suspensions. //Provder, T.; *ACS Symposium Series 332 Particle Size Distribution* I. American Chemical Society, Washington D C, 1987, 115-132.

[149] Stockmayer, W.H.; Schmidt, M.; Effects of Polydispersity, Branching & Chain Stiffness on Quasielastic Light Scattering. *Pure Appl Chem*, 1982, 54, 407-414.

[150] Phillies, G.D.; Experiment Demonstration of Multiple-scattering Suppression in Quasielastic-light-scattering Spectroscopy by Homodyne Coincidence Techniques. *Phys Rev A*, 1981, 24, 1939-1942.

[151] Pusey, P.; Tough, R.; Particle Interaction.//Pecora, R.; *Dynamic Light Scattering*. Plenum, New York, 1985, 85-180.

[152] Finsy, R.; Use of One-parameter Models for the Assessment of Particle Interaction by Photon Correlation Spectroscopy. *Part Part Syst Charact*, 1990, 7, 74-79.

[153] de Jaeger, N.; Demeyere, H.; Finsy, R.; Sneyers, R.; vanderdeelen, J.; van der Meeren, P.; van Laethem, M.; Particle Sizing by Photon Correlation Spectroscopy. Part I. Monodisperse Latices: Influence of Scattering Angle and Concentration of Dispersed Material. *Part Part Syst Charact*, 1991, 8, 179-186.

[154] Zhao, Z.; Zhao, H.; Testing the Stokes-Einstein Relation with the Hard-sphere Fluid Model. *Phys Rev E*, 2021, 103, L030103.

[155] Hall, R.S.; Oh, Y.S.; Johnson, C.S.Jr.; Photon Correlation Spectroscopy in Strongly Absorbing and Concentrated Samples with Applications to Unligaded Hemoglobin. *J Phys Chem*, 1980, 84, 756-767.

[156] Seebergh, J.E.; Berg, J.C.; Evidence of a Hairy Layer at the Surface of Polystyrene Latex Particles. *Colloids Surf*, 1995, 100, 139.

[157] Xu, R.; Shear Plane and Hydrodynamic Diameter of Microspheres in Suspension. *Langmuir*, 1998, 14, 2593-2597.

[158] Finsy, R.; de Jaeger, N.; Particle Sizing by Photon Correlation Spectroscopy Part II: Average Values. *Part Part Syst Charact*, 1991, 8, 187-193.

[159] Hildebrand, H.; Row, G.; Detecting Trace Contamination Using a Multiangle PCS Particle Sizer. *Am Lab News*, 1995, 2, 6.

[160] Xu, R.; Chu, B.; Dynamic Light Scattering of Thin Disks: Coupling of Diffusive Motion. *J Colloid Interf Sci*, 1987, 117, 22-30.

[161] 陈远丽, Briard P., 蔡小舒. 基于图像动态光散射的二维纳米颗粒粒度测量. 光学学报, 2019, 39(6), 0612005.

[162] Ortega, A.; de la Torre, J.G.; Hydrodynamic Properties of Rodlike and Disklike Particles in Dilute Solution. *J Chem Phys*, 2003, 119(18), 9914-9919.

[163] Chu, B.; *Laser Light Scattering*. Academic Press, New York, 1974.

[164] Broersma, S.; Rotational Diffusion Constant of a Cylindrical Particle. *J Chem Phys*, 1960, 32(6), 1626-1631.

[165] Broersma, S.; Viscous Force Constant for a Closed Cylinder. *J Chem Phys*, 1960, 32(6), 1632-1635.

[166] Newman, J.; Swinney, H.L.; Hydrodynamic Properties and Structure of fd Virus. *J Mol Biol*, 1977, 116, 593-603.

[167] van der Meeren, P.; Bogaert, H.; Vanderdeelen, J.; Baert, L.; Relevance of Light Scattering Theory in Photon Correlation Spectroscopic Experiments. *Part Part Syst Charact*, 1992, 9, 138-143.

[168] Brandrup, J.; Immergut, E.H.; Grulke, E.A.; *Polymer Handbook*. 4th ed. Wiley, New York, 2003.

[169] Xu, R.; Light Scattering and Transient Electric Birefringence of Polydiacetylene (P4BCMU) in Dilute Solution. Stony Brook: State University of New York at Stony Brook, 1988.

[170] Roebben, G.; Ramirez-Garcia, S.; Hackley, V.A.; Roesslein, M.; Klaessig, F.; Kestens, V.; Lynch, I.; Garner, C.M.; Rawle, A.; Elder, A.; Colvin, V.L.; Kreyling, W.; Krug, H.F.; Lewicka, Z.A.; McNeil, S.; Nel, A.; Patri, A.; Wick, P.; Wiesner, M.; Xia, T.; Oberdörster, G.; Dawson, K.A.; Interlaboratory Comparison of Size and Surface Charge Measurements on Nanoparticles Prior to Biological Impact Assessment. *J Nanopart Res*, 2011, 13, 2675.

[171] Braun, A.; Couteau, O.; Franks, K.; Kestens, V.; Roebben, G.; Lamberty, A.; Linsinger, T.P.J.; Validation of Dynamic Light Scattering and Centrifugal Liquid Sedimentation Methods for Nanoparticle Characterisation. *Adv Powder Technol*, 2011, 22(6), 766-770.

[172] Lamberty, A.; Franks, K.; Braun, A.; Kestens, V.; Roebben, G.; Linsinger, T.P.J.; Interlaboratory Comparison for the Measurement of Particle Size and Zeta Potential of Silica Nanoparticles in an Aqueous Suspension. *J Nanopart Res*, 2011, 13, 7317-7329.

[173] Finsy, R.; de Jaeger, N.; Sneyers, R.; Geladé, E.; Particle Sizing by Photon Correlation Spectroscopy. Part III: Mono and Bimodal Distributions and Data Analysis. *Part Part Syst Charact*, 1992, 9, 125-137.

[174] Finsy, R.; Deriemaeker, L.; de Jaeger, N.; Sneyers, R.; van der Deelen, J.; van der Meeren, P.; Demeyere, H.; Stone-Masui, J.; Haestier, A.; Clauwaert, J.; de Wispelaere, W.; Gillioen, P.; Steyfkens, S.; Geladé, E.; Particle Sizing by Photon Correlation Spectroscopy. Part IV: Resolution of Bimodals and Comparison with Other Particle Sizing Methods. *Part Part Syst Charact*, 1993, 19, 118-128.

[175] Chicea, D.; Rei, S.M.; A Fast Artificial Neural Network Approach for Dynamic Light Scattering Time Series Processing. *Meas Sci Technol*, 2018, 29(10), 105201.

[176] Chicea, D.; An Artificial Neural Network Assisted Dynamic Light Scattering Procedure for Assessing Living Cells Size in Suspension, *Sensors*. 2020, 20, 3425.

[177] Yang, H.; Zheng, G.; Dai, S.G.; Dynamic Light Scattering Back-scattering With Polarization Gating and Fourier Spatial Filter for Particle Sizing in Concentrated Suspension. *Opt Appl*, 2010, 4, 819-826.

[178] Kureha, T.; Minato, H.; Suzuki, D.; Urayama, K.; Shibayama, M.; Concentration Dependence of the Dynamics of Microgel Suspensions Investigated by Dynamic Light Scattering. *Soft Matter*, 2019, 15, 5390-5399.

[179] Jshii, K.; Nakamura, S.; Sato, Y.; Dynamic Light-scattering Measuring Apparatus Using Low-Coherence Light Source and Light-scattering Measuring Method of Using the Apparatus: US 8467067, 2013.

[180] Iwai, T.; Ishii, K.; Dynamic Light Scattering Measurement Apparatus Using Phase Modulation Interference Method: US 7236250, 2007.

[181] Dogariu, A.; Popescu, G.; Rajagopalan, R.; Microrheology Methods and Systems Using Low-coherence Dynamic Light Scattering: US 6958816, 2005.

[182] Auweter, H.; Horn, D. F.; Fibre-optical Quasi-elastic Light Scattering of Concentrated Dispersion. *J Colloid Interf Sci*, 1985, 105, 399-409.

[183] Brown, R. G. W.; Burnett, J. G.; Chow, K.; Rarity, J. G.; Miniature Light Scattering System for On-line Process Particle Size and Velocity Measurement. *SPIE*, 102, Process Optical Measurements, 1988, 144-149.

[184] van Keuren, E. R.; Wiese, H.; Horn, D. F.; Fiber-optic Quasielastic Light Scattering in Concentrated Latex Dispersions: Angular Dependent Measurements of Singly Scattered Light. *Langmuir*, 1993, 9, 2883-2887.

[185] Dhont, J. K. G.; de Kruif, C. G.; Vrij, A.; Light Scattering in Colloidal Dispersions: Effects of Multiple Scattering. *J Colloid Interf Sci*, 1985, 105, 539-551.

[186] Dhadwal, H. S.; Ansari, R. R.; Meyer, W. V.; A Fiber-optic Probe for Particle Sizing in Concentrated Suspensions. *Rev Sci Instrum*, 1991, 62, 2963-2968.

[187] 刘伟, 肖瑜, 王雅静, 马立修, 申晋. 动态光散射一体化光纤探头的优化设计方法. 光学学报, 2015, 8, 354-361.

[188] Horn, D.; Single-mode Fibers in Fiber-optic Quasielastic Light Scattering: A Study of the Dynamics of Concentration Latex Dispersions. *J Chem Phys*, 1991, 94, 6429-6443.

[189] Willemse, A. W.; Merkus, H. G.; Scarlett, B.; Development of On-line Measurement and Control Techniques for Fine Grinding and Dispersion Process. Proc World Congress Part Technol 3, Paper No 2, Brighton, 1998.

[190] Bremer, L. G. B.; Deriemaeker, L.; Finsy, R.; Geladé, E.; Joosten, J. G. H.; Fiber Optic Dynamic Light Scattering, neither Homodyne nor Heterodyne. *Langmuir*, 1993, 9, 2008-2014.

[191] Phillies, G. D.; Suppression of Multiple Scattering Effects in Quasielastic Light Scattering by Homodyne Cross-correlation Techniques. *J Chem Phys*, 1981, 74, 260-262.

[192] Drewel, M.; Ahrens, J.; Podschus, U.; Decorrelation of Multiple Scattering for Arbitrary Scattering Angle. *J Opt Soc Am*, 1990, 7, 206-210.

[193] Sinn, C.; Niehüser, R.; Overbeck, E.; Palberg, T.; Dynamic Light Scattering by Preserved Skimmed Cow Milk. A Comparison of Two-color and Three-dimensional Cross-correlation Experiments. *Prog Coll Polym Sci*, 1998, 110, 8-11.

[194] Aberle, L. B.; Wiegard, S.; Schröer, W.; Staude, W.; Suppression of Multiple Scattered Light by Photon Cross-Correlation in a 3D Experiment. *Progr Coll Polym Sci*, 1997, 104, 121-125.

[195] Weitz, D. A.; Pine, D. J.; Diffusing-wave Spectroscopy.//Brown, W.; *Dynamic Light Scattering*. Oxford Science Publications, Oxford, 1993, 652-720.

[196] Pine, D. J.; Weitz, D. A.; Chaikin, P. M.; Herbolzheimer, E.; Diffusing-wave Spectroscopy. *Phys Rev Lett*, 1988, 60, 1134-1137.

[197] Durian, D. J.; Weitz, D. A.; Pine, D. J.; Multiple Light Scattering Probes of Foam and Dynamics. *Science*, 1991, 252, 686-690.

[198] Ishii, K.; Iwai, T.; Monitoring of the Cluster Growth in the Colloidal Suspension Using a Diffusive-Wave Spectroscopic Technique. *Proc SPIE-Int Soc Opt Eng*, 1999, 3599, 76-85.

[199] Lorusso, V.; Orsi, D.; Salerni, F.; Liggieri, L.; Ravera, F.; McMillin, R.; Ferri, J.; Cristofolini, L.; Recent Developments in Emulsion Characterization: Diffusing Wave Spectroscopy beyond Average Values. *Adv Colloid Interfac*, 2021, 288, 102341.

[200] Zayed, A.; Badruddoza, M.; MacWilliams, S.V.; Sebben, D.A.; Krasowska, M.; Beattie, D.; Durian, D.J.; Ferri, J.K.; Diffusing Wave Spectroscopy (DWS) Methods Applied to Ddouble Emulsions. *Curr Opin Colloid In*, 2018, 37, 74-87.

[201] Orsi, D.; Salerni, F.; Macaluso, E.; Santini, E.; Ravera, F.; Liggieri, L.; Cristofolini, L.; Diffusing Wave Spectroscopy for Investigating Emulsions: I. Instrumental Aspects. *Colloid Surface A*, 2019, 580, 123574.

[202] Salerni, F.; Orsi, D.; Santini, E.; Liggieri, L.; Ravera, F.; Cristofolini, L.; Diffusing Wave Spectroscopy for Investigating Emulsions: II. Characterization of a Paradigmatic Oil-in-water Emulsion. *Colloid Surface A*, 2019, 580, 123724.

第**8**章

电泳光散射法

8.1 引言

本章涉及的是颗粒表征中的电泳光散射技术（ELS），主要用于测定液体介质中胶体颗粒（纳米到几微米大小的颗粒）的表面电荷。与大颗粒或散装材料相比，胶体颗粒的一个显著特性是粒度小而有非常大的比表面积（单位质量的表面积）。例如直径为 1 mm、密度为 2 g/mL 的球体具有 30 cm^2/g 的比表面积；但如果球体缩小到 10 nm，比表面积将变为 3×10^6 cm^2/g。胶体颗粒的巨大比表面积意味着颗粒-液体界面可以强烈地影响胶体悬浮液的许多物理特性，如分散性和稳定性。胶体分散行为和表面结构与界面现象密切相关。因此表面表征一直是胶体科学的焦点之一。

对于悬浮液中的带电颗粒，除了表面化学成分外，表面电荷和表面形态（尤其是前者）是最重要的两个表面特征，其中表面电荷可用 zeta 电位来表征。zeta 电位是胶体分散和很多产品制造过程中的关键因素，广泛应用于工业和学术研究，以监测和调整胶体分散体系的行为。例如涂料的光泽和质地受涂料颗粒分散程度的影响，涂料中色素颗粒必须很好地分散才能使漆成功地使用；颗粒聚集将导致漆颜色质量测试失败，这些可以通过检测色素颗粒的 zeta 电位来控制和调整。zeta 电位在吸附、生物医学技术、黏土技术、洗涤剂、乳液、絮凝、矿物浮选、油井技术、漆、造纸、制药、黏性研究、土壤力学、废物处理等很多领域有越来越广泛的应用。

本章主要介绍什么是 zeta 电位，zeta 电位与电泳迁移率的关系，电泳迁移率的主要测定方法，用电泳光散射（包括相位分析）测量电泳迁移率的一些细节，包括光学部分、电场、样品以及实验数据分析。

8.2　zeta 电位与电泳迁移率

8.2.1　zeta 电位

当颗粒分散在液体中时，颗粒表面的离子化、表面的选择性（或优先）离子吸附、表面分子的分离、同晶替代、多电解质吸附甚至表面极化，都可使它们成为带电颗粒或行为与带电相似。大部分颗粒表面带负电。悬浮液中的相反电荷离子（称为反离子）在颗粒表面形成 Stern 层。更多的反离子会被颗粒吸引但被 Stern 层以及同类离子所排斥。这一动态平衡形成了扩散的反离子层，以中和带电颗粒。颗粒表面附近有高浓度的反离子，反离子浓度随着与颗粒表面距离的增加而逐渐减小，直到它与本体液体中的反离子浓度达到平衡。同时，随着与颗粒表面的距离增加，共离子浓度逐渐增加，直到在较大距离内达到本体液体中的浓度。大部分表面电荷被 Stern 层中紧密结合的反离子中和，剩余的电荷与向外延伸至本体液体的扩散层中的反离子达到平衡[1-4]。这种扩散层可以想象成围绕颗粒的带电大气层（图 8-1）。

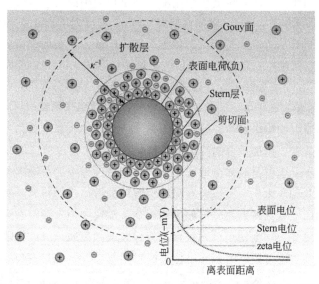

图 8-1　根据 Gouy-Chapman-Stern-Grahame 理论的双电层模型

双电层包括 Stern 层和扩散层，其厚度取决于悬浮液中的离子类型和浓度以及颗粒表面。通常用 Debye-Hückel 参数 κ 描述双电层厚度，κ 具有长度倒数量纲。对于简单电解质中的光滑表面。

$$\kappa = \left(\frac{e^2 \sum n_i^0 z_i^2}{\varepsilon k_{\mathrm{B}} T} \right)^{1/2} = 3.288 \sqrt{\frac{1}{2} \sum c_i z_i^2} \, (\mathrm{nm}^{-1}) \qquad (8\text{-}1)$$

式中，e、n_i^0、ε、k_{B}、T、c_i 与 z_i 分别是基本电荷、单位介质体积内 i 型离子数量、介质的介电常数、Boltzmann 常数、热力学温度、离子浓度（mol/L）、离子 i 的价数。第二个等式是用于 25℃时的水相悬浮液。由于颗粒表面的电荷分离，颗粒表面和本体液体中的任何点之间存在毫伏数量级的电动力学电位，称为表面电位。由于反离子浓度的逐渐变化，电位在 Stern 层中大致呈线性下降，在扩散层内呈指数下降。由于整个悬浮液是中性的，主体液体的电位必须为零，电位在双电层的外边界趋向于零。

直接测量小颗粒的表面电位并不容易。即使有可能对单个颗粒进行测量，也不可能由于统计需要而测量大量颗粒。宏观测量小颗粒表面电位的一种间接方法是将一外加电场应用于胶体悬浮液，然后测量颗粒移动的速度。颗粒的移动速度与电场强度以及运动颗粒和液体相互运动的界面处的电位有关。颗粒不会单独移动，由于颗粒的固体边界与介质中的分子和离子（或其他物种）之间的吸引力和摩擦力，总会携带一定量的周围分子和离子在介质中移动。非常接近颗粒表面的液体，其移动速度与颗粒的速度相似；远离表面的液体，由于介质的剪切力和黏度，移动较慢，其速度随着与颗粒表面距离的增加而降低，直到一定距离外的静止状态。由于周围液体的实际运动速度流形作为表面距离的函数受到许多因素的影响，因此没有简单的模型可以描述这种速度流形。在胶体科学中广泛使用的一种方法是定义一个叫作剪切面的假想面。当颗粒移动时，剪切面和颗粒表面之间的液体以及所有物质与颗粒以相同的速度移动，而剪切面之外的液体和其他物质都处于静止状态。这一简化定义提供了测量颗粒表面电位的实用可行性。在这个移动速度流形的简化模型中，剪切面位于 Stern 层和扩散层的外部边界之间，但在大多数情况下很难确定具体的位置（图 8-1）。

颗粒的电位从表面电位值（ψ_0）逐渐变化到零。对于大多数没有复杂表面结构的颗粒，变化是单调的。因此剪切面的电位在 ψ_0 和零之间（图 8-2）。这种电位被称为 zeta 电位（ζ 电位），zeta 电位不同于表面电位 ψ_0。由于剪切面位于颗粒表面的"前沿"，在剪切面上将有颗粒与液体中其他物质（离子、相邻颗粒等）的相互作用。

与表面电位相比，zeta 电位其实比表面电位对颗粒在液体环境中有更直接的影响。zeta 电位由多种因素决定：①表面电位；②电位曲线，由体系中共离子与反离子的浓度和价数以及连续相的介电常数决定；③剪切面的位置。表面电位和 zeta 电位之间不存在一定的确切关系。在不同的环境和颗粒表面条件下，相同的 zeta 电位可能对应于不同的表面电位，而相同的表面电位可能会有不同的 zeta 电位。

图 8-2 描述了这些条件与 zeta 电位之间的关系。这些假设的电位曲线来自三种

可能的情况，包括不同的介质离子强度（曲线 a 和 b）以及离子在表面的吸附（曲线 c）。电位曲线 a 和 b 具有相同的 ψ_0，但它们作为表面距离的函数变化是不同的，导致不同的 zeta 电位。曲线 c 与曲线 a 的 ψ_0 不同，但这两条曲线具有相同的 zeta 电位。如果出于某种原因，例如液体的总离子强度变化或颗粒表面有吸附的物质，剪切面位置有变化（在图 8-2 中移动到剪切面 2 处），则曲线 a 和 c 可能不再具有相同的 zeta 电位。所以名义上 zeta 电位是颗粒表面电荷的"代表"，实际上它只表明表面电荷和电位可能是什么，但这在许多情况下已经足够了。

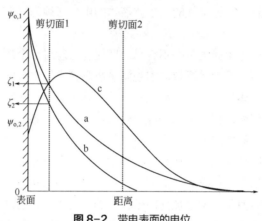

图 8-2 带电表面的电位

根据 Derjaguin 与 Landau[5]和 Verwey 与 Overbeek[6]相隔 7 年独立形成的 DLVO 理论，当两个颗粒接近时，双电层开始相互干扰，zeta 电位与静电排斥有关。静电排斥曲线用于指示颗粒靠近时必须克服的能量，当颗粒几乎接触时具有最大值，而在双电层之外降至零。当颗粒相互靠近时，它们之间还有 van der Waals 吸引力。这两种相反的力的相对强弱决定了颗粒会聚集起来还是保持分散，如果吸引力大，颗粒就会聚集，否则就会相互排斥。最大的净排斥能量称为能量位垒，可以作为体系稳定性的指标。图 8-3 显示了当两个颗粒接近时它们之间排斥力与吸引力所造成的净能量状况。其中次要最小值往往发生在高离子浓度的环境中，这时颗粒会形成可逆转的凝聚或絮凝。这些弱聚合不会通过 Brownian 运动而分散，但可以通过搅拌等外力而被分散。

为了发生聚集，碰撞过程中的两个颗粒必须由于它们的速度和质量而具有足够的动能，才能跳过这个位垒。增加这个位垒可以通过位阻稳定与静电稳定来实现。位阻稳定是在颗粒表面吸附其他分子从而阻挡其他颗粒与此颗粒表面接近，但此过程需要有适合吸附的分子，且往往是不可逆过程。所以绝大部分胶体稳定性是通过调节表面电荷密度、符号与位置来实现的。最简单的调节表面电荷是通过调节 pH

来实现的（图 8-4）。静电稳定代价较低、是可逆的，并且可以通过 zeta 电位的测量来定量地进行。因此 zeta 电位常被用来研究胶体稳定性、表面吸附、产品优化等。

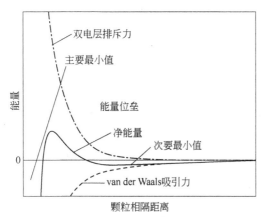

图 8-3 颗粒间的吸引力与排斥力

由于 zeta 电位因溶液中离子与添加剂的浓度和类型、溶液电导率、表面吸附等诸多因素而异，因此没有 zeta 电位绝对值与胶体分散体系稳定的单一准则。通常±30 mV 被接受为许多水相胶体体系稳定性的阈值；对于油/水乳液，此阈值为±5 mV；对于金属溶胶，阈值为±70 mV。当 zeta 电位高于阈值时，静电排斥力将防止颗粒靠近，从而提高其稳定性，zeta 电位越大，体系就越稳定。低于阈值时，静电排斥力可能无法克服颗粒之间的 van der Waals 吸引力而聚集，从而破坏胶体稳定性。聚合最有可能发生在等电点（zeta 电位为零）附近。

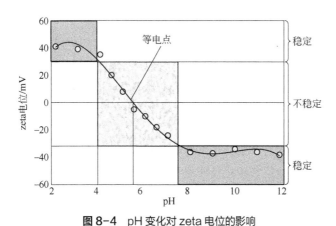

图 8-4 pH 变化对 zeta 电位的影响

对于不同悬浮条件下的胶体颗粒，有两种不同定义的零电点。一种是 zeta 电位为零的点，通常称为等电点（IEP）；另一种是表面电位为零的点，通常称为零电荷点（PZC）。用电泳法测量的是等电点，通常以 pH 或其他变量如总离子强度或某些特定离子的浓度为变量。通过电位计或电导滴定法测定的是零电荷点，通常发生在当 H^+ 的吸附等于 OH^- 时的 pH。IEP 因不同材料而异，例如二氧化硅（SiO_2）的 IEP 为 pH = 2，镁的 IEP 为 pH = 12。在没有选择性吸附的情况下，IEP 与 PZC 重合。选择性吸附将改变 IEP，导致 IEP 和 PZC 沿着 pH 向相反的方向分离，甚至很低浓度的选择性吸附离子都会极大地改变 zeta 电位，甚至改变符号。

绝大多数 zeta 电位的理论模型、测量、实践应用是在以水为介质的悬浮液与溶液中进行的，可还是经常有在非水介质中进行的 zeta 电位测定与研究。在具有中度介电常数的有机溶剂中（譬如 $\varepsilon > 10$ 的低分子量醇、胺、醛和酮），一定程度的与水中电离机制相似的过程还是可以发生的。在完全非极性介质（如环己烷、甲苯等）中电离无法发生，分散在这些介质中的颗粒依然可以观察到电泳[7]，能测定 zeta 电位。极微量的极性杂质特别是微量水对非水介质中的 zeta 电位测定有很关键的作用。

非水性介质中的电荷和颗粒表面电位是一个极其复杂、尚无完全理论上定论的课题，可能电离机制与在水介质中不同[8]。有理论认为是源自颗粒表面和介质之间的 Lewis 酸碱基（或电子供体-受体）对的相互作用[9,10]，此理论也在介电常数从 1.9～84 的 16 种介质中对两种炭黑样品粒度与 zeta 电位测量的详细研究中得到了佐证[11]。

以上介绍的胶体表面和 zeta 电位只是为了提供了解电泳光散射技术所需的一些背景知识。有兴趣的读者可查阅胶体科学专著，特别是涉及 zeta 电位的专著[12-16]。

8.2.2　电泳迁移率

确定 zeta 电位最流行和最直接的方法是在胶体悬浮液中设置一个电场。如果颗粒表面不带电荷，除了在加上电场的瞬间可能由于颗粒表面极化有瞬间即逝的迁移运动外[17]，什么都不会发生，而携带表面电荷的颗粒将具有取决于电场方向的定向运动。共有四类基于带电颗粒运动的动电效应：即电泳、电渗、流动电位和沉降电位，我们仅讨论前两个效应。

电泳是液体中颗粒在外加应用电场中的运动，电渗是液体相对于外加应用电场中带电固定表面的运动。应用电场作用于液体中的离子，这些离子运动时会带动液体一起移动。如果忽略场引起的表面形态和极化以及颗粒形状效应，那么作为低电场的一阶近似，颗粒移动速度与场强度和颗粒表面电荷密度成正比。电泳迁移率定义为单位电场中的电泳速度（u）：

$$\mu = u/E \tag{8-2}$$

在 SI 体系中 μ 的单位为 $m^2/(V\cdot s)$，一般使用与胶体颗粒大小相近的单位，$\mu m \cdot cm/(V\cdot s)$。因为颗粒周围有介质分子和离子，而且由于许多分子与颗粒一起移动，颗粒表面状况和移动性之间的关系并不简单。对于非导体，Henry 根据以下假设得出了 zeta 电位和电泳迁移率之间的关系[18]：

① 颗粒的总电场是外加电场与颗粒本身电荷产生的电场的叠加；

② 颗粒运动引起的场扭曲（即弛豫效应）可以忽略不计；

③ 水动力方程中的惯性项可以忽略不计；

④ $e\psi/k_B T \ll 1$。

⑤
$$\mu = \frac{2\zeta\varepsilon}{3\eta}f(\kappa r) \tag{8-3}$$

$$f(\kappa r) = 1 + \frac{(\kappa r)^2}{16} - \frac{5(\kappa r)^3}{48} - \frac{(\kappa r)^4}{96} + \frac{(\kappa r)^5}{96} - \left[\frac{(\kappa r)^4}{8} - \frac{(\kappa r)^6}{96}\right]e^{\kappa r}\int_{\kappa r}^{\infty}\frac{e^{-t}}{t}dt$$
$$\approx \frac{3}{2} - \frac{9}{2\kappa r} + \frac{75}{2(\kappa r)^2} - \frac{330}{(\kappa r)^3} \tag{8-4}$$

上两公式中，η 与 r 分别是介质黏度与球状颗粒半径。当 $\kappa r > 25$ 时，$f(\kappa r)$ 可以取第二个约等式且仍能精确到小数点后三位。也可对精确 Henry 函数值进行拟合后获得相对误差小于 1% 的优化 Henry 函数表达式[19]。Henry 函数 $f(\kappa r)$ 是 κr 的单调函数，变化范围从 $f(\kappa r)_{kr\to 0} = 1$ 到 $f(\kappa r)_{kr\to\infty} = 3/2$。有许多没有上述限制、更细腻或严格的关于球状颗粒 μ 和 ζ 之间的模型[20-22]。然而使用这些模型从电泳迁移率计算 zeta 电位需要烦琐的计算和事先了解与样品相关的某些参数，而这些参数通常未知或难以获得。当 $\kappa r < 0.01$ 或者 > 200 时，从 Henry 方程和更严格的模型计算得到的 zeta 电位几乎是相同的。在 κr 在 $1\sim 10$ 的范围内，根据这些严格模型的推导，μ 与 zeta 电位没有一对一的对应关系。如果使用 Henry 方程，则由于忽略弛豫效应而产生的 zeta 电位的计算误差是 μ 和 κr 的函数。此误差会随着 μ 的增加而单调地增加，当 κr 接近 4 时达到最大值[20]。

表 8-1 列出了文献中有关稀悬浮液中一些类型颗粒的电泳迁移率与 zeta 电位之间的关系。迄今为止从这些模型系统的电泳迁移率测量求得 zeta 电位的严谨或近似的公式还停留在学术研究中，实际的应用相当有限。大多数实际样品中有不同粒度与表面电荷的颗粒，从而有不同 κr 值的分布，几乎无法对每个组分进行复杂和不同的转换以获得完整的 zeta 电位分布。

对大颗粒，当 $\kappa r > 200$ 时，公式（8-3）采用 $f(\kappa r) = 3/2$，称为 Smoluchowski 公式，其推导结果比 Henry 公式发表得更早[38]。使用该公式，在 25℃的水溶液中 zeta 电位以 mV 为单位 $\zeta = 12.85\mu$。对小颗粒，当 $\kappa r < 0.01$ 时，公式（8-3）采用 $f(\kappa r) = 1$，

称为 Hückel 公式。这两个公式仍然是将电泳迁移率分布转换为 zeta 电位分布最流行的方式。zeta 电位测定后，颗粒的表面电荷密度 s 也可以从以下公式求得[39]：

$$s = \frac{2\varepsilon\kappa k_B T}{ze}\sinh\left(\frac{ze\zeta}{2k_B T}\right)\left[1+\frac{1}{\kappa r}\times\frac{2}{\cosh^2(ze\zeta/4k_B T)}+\frac{1}{(\kappa r)^2}\times\frac{8\ln\left[\cosh(ze\zeta/4k_B T)\right]}{\sinh^2(ze\zeta/2k_B T)}\right]^{1/2}$$

(8-5)

表 8-1 规则形状颗粒的电泳迁移率的理论模型

颗粒形状	体系特性	参考文献	颗粒形状	体系特性	参考文献
球状	单分散	[18,20-22]	棒状	无规定向	[18,30,31]
	在弱电解质中	[23]		极化的双电层	[32-34]
	非均匀的表面电荷分布	[24]	椭球状	低电位	[35]
	多孔颗粒	[25]		薄双电层	[36]
	软颗粒（表面含吸附物）	[26-29]		非均匀的表面电荷分布	[37]

式中，z 为对称性电解质的阶数。对实际的颗粒悬浮液，$1/\kappa$ 一般为几纳米而很少达到 Hückel 公式小颗粒的极限，但大颗粒极限非常普遍，此时 μ 不随颗粒大小而变，直接由表面电荷密度决定。

8.2.3 电泳迁移率的测量

（1）微电泳法

微电泳测量是确定电泳迁移率的经典和直接的方法，可以追溯到两个多世纪前 Reuss 对黏土颗粒进行的第一次电泳实验[40]。

在微电泳实验中，悬浮液被加到两端有一对电极的毛细管中。用眼睛（通常在光学显微镜的帮助下）或其他光学元件直接观察悬浮颗粒的运动。外加电场使带电颗粒朝相反电极运动，颗粒在短时间内（$<10^{-6}$ s）加速，直到在静止溶液中黏性阻力的摩擦力与电场的吸引力达到平衡。单个颗粒在两个给定距离的确定点之间的移动时间由操作员测定，从时间和距离计算颗粒的电泳迁移速度。从电流、溶液的电导性以及样品池的横截面积可以确定电场强度，从而计算出电泳迁移率。这种方法有许多严重的缺点：非常缓慢、乏味和耗时；只能跟踪几个颗粒；统计意义较低；仅限于光学显微镜下可见的颗粒；不能用于确定迁移率分布；偏向于容易可见的粒子；长时间的观察使眼睛难以忍受。

当代微电泳仪使用高精度、高速度的图像记录设施以及先进的图像分析软件，在计算机的辅助下大大提高了测量精度和速度，操作人员也摆脱了伤眼睛的操作。然而仍然存在着很多限制与不足之处：该方法基于对单个颗粒的测量，分辨率提高了但统计精度依然较低，尤其是对于具有多分散电泳迁移率的样品；为了记录准确的移动距离而需要长时间外加应用电场，会带来一些不利影响；因跟踪单个颗粒，颗粒浓度不能过高。

早期用于分析和分离血浆蛋白的移动边界电泳法（在应用外加电场中观察含有蛋白颗粒的溶液和缓冲液之间形成的锐利边界的移动）在今天已很少使用，因为速度慢而且很难解释浓度梯度和边界状况的异常。

（2）电泳光散射法

电泳光散射（ELS）是一种通过散射光的多普勒频移快速测量电泳迁移率的技术。该方法与雷达对移动物体速度的测定非常相似，雷达通过测量物体反射的微波的多普勒移位来获得物体的速度。在电泳光散射实验中，相干入射光照射在应用电场中分散在液体介质中的颗粒，取决于其净电荷的符号，带电颗粒向阳极或阴极移动。由于颗粒运动产生的多普勒效应，颗粒散射光的频率将不同于入射光的频率。从频率移位可以确定液体中颗粒的电泳和扩散运动。与微电泳法相比，电泳光散射是一种间接的群体方法，无需校准即可快速、准确、自动、高重复性地对悬浮在水或非水性介质中的复杂颗粒样品进行检测。自1971年以来，电泳光散射已成为测量从蛋白到活细胞等生物颗粒以及从金溶胶到多组分钻井泥浆胶体颗粒的电泳迁移率与zeta电位最流行的方法，在工业和学术实验室中起着越来越大的作用[43-47]。

（3）超声法

利用超声波与电场对带电颗粒的作用也可以测量电泳迁移率。具体又可分为胶体振动电流法（CVI）与电声振幅法（ESA）两种。超声测量最大的特点是可以测量颗粒在浓度高达1%的胶体悬浮液中的电泳迁移率[48]。更详细的介绍请参阅本书第10.5节。

8.3 电泳光散射仪器

电泳光散射使用一束不同频率的光与散射光混合的外差法，测量在外加电场中悬浮颗粒光散射强度波动的自相关函数或功率频谱（图2-17中的配置C）。电泳光散射仪器与动态光散射仪器非常相似，使用相同的原理测量类似的信号。当不加电场时，电泳光散射仪器可以进行外差模式下的动态光散射实验，而当参考光也不用时，电泳光散射仪器与普通的动态光散射仪器没有什么不同，许多商业仪器具有测量粒度分布与电泳迁移率分布的双重功能。如图 8-5 所示，电泳光散射仪器由相干光源、入射光学部件、参考光学部件、配有电场的样品池、探测光学部件、探测器、相关器或频谱分析仪以及控制实验、分析数据和报告结果的计算机组成。在动态光散射一章中讨论了其仪器的主要部件，这里只讨论电泳光散射独有的一些与测量电泳迁移率有关的部件，其中包括参考光频移的产生方式（频移器）及它如何与散射光混合，以及样品池、电场和数据收集方案。

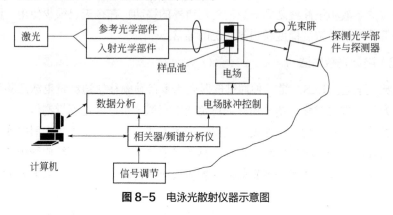

图 8-5 电泳光散射仪器示意图

8.3.1 外差法测量

通常以自拍模式进行的动态光散射实验,在检测过程中避免所有非颗粒散射光，通过分析自相关函数得到颗粒粒度。虽然由自相关函数傅里叶变换而得到的功率频谱分析也可以用于动态光散射实验，但这种分析并不常见。在主要目标是测量与散射光的频率变化成正比的定向运动的电泳光散射实验中，功率频谱分析是获取移动信息简单且直接的手段。有两种方法可以获得功率频谱：使用频谱分析仪直接分析光电信号，或者通过自相关函数的傅里叶变换获得。

在理想情况下，电场中颗粒有两类运动：无规扩散运动和定向电泳运动。扩散运动在功率频谱中表现为以电泳运动产生的频移为中心的 Lorentzian 峰。在自相关函数中，电泳运动是扩散运动产生的指数衰变中卷积的一个余弦因子。为了测得散射光的频移（在频率约 10^{14} Hz 的入射光中零到几百赫兹的频移），必须使用部分入射光与散射光混合的光拍技术（图 2-17）。当两束不同频率的光混合时，会产生一个"拍打"频率，此拍打频率是两个不同频率之差。在零差模式中，散射光的频移从零开始（当颗粒没有运动时）直到某个频率对应于颗粒在电场中的电泳运动。由于拍打频率在 0 Hz 附近，测量中不可避免地会受到环境的影响，譬如楼房与桌子的震动或电器噪声。光拍技术只能检测频率差异，而不能辨别造成此差异的运动方向。

该方法以 0 Hz 为频率测量的中心，颗粒运动的方向无法确定。为了克服这种不确定性，几乎所有电泳光散射实验都采用外差法，即用不同频率的相干参考光与散射光混合在一起，从而有效地将频率参考点从零移到预调频率。在这种配置中，即使静止颗粒的散射光和参考光之间也有固定的频率差异，通常在 50～500 Hz 之间。当颗粒移动时，根据其运动方向，散射光的多普勒频移将增加或减少散射光和参考光之间的净频率差异，因此颗粒的电荷极性可以从应用电场的已知极性中区分出来。由于起点不是 0 Hz，测量更少受到环境的干扰。另外一种称为对称性电泳光散射的方法是用两束光分别照射 U 形样品管两侧垂直臂上两个对称点，并同时收集这两个散射体积的散射光，计算相关函数。如果整个样品池内样品分布均匀，在这两个测量点颗粒的电泳运动方向相反但速度相同，从而功率频谱中的多普勒频率位移翻倍而提高了数据质量[49]。

（1）参考光束法

如图 8-6 所示，主光束中分离出具有相同特征的入射光和参考光，其中一束（入射光或参考光）在传递到样品池之前被进行频移。光电探测器检测由入射光照亮的样品池中颗粒的散射光和参考光。胶体颗粒的散射光通常只有入射光强的 10^{-4}，入射光与参考光的强度比通常大于 100，从而参考光的强度远高于散射光而满足 $I_L \gg I_s$ 的条件。在图 8-6 中，即使参考光也射进了样品池造成颗粒的参考光零角度散射，其与入射光的散射相比也可以忽略不计。为完全避免参考光的散射，参考光可以使用镜子引导绕过样品池，直接进入探测器（图 8-6 中的点虚线而不是短划虚线）。多个参考光束可以与相应的多个探测器同时使用以进行同时多角测量。

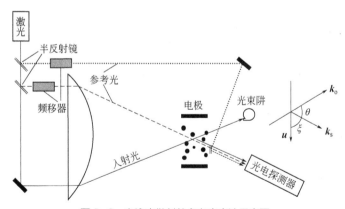

图 8-6　电泳光散射的参考光束法示意图

如图 8-6 所示，入射光和散射光具有波矢量 k_o 和 k_s，颗粒以速度 u 移动。k_o 与 u 之间以及 k_s 与 u 之间的角度分别为（$\theta+\xi$）和 ξ。如果将接收非移动入射光的颗粒视为移动发射器，则实际上这里有两个多普勒移位。根据公式（2-23），颗粒相对于入射光的运动所导致的多普勒频移是：

$$\Delta \nu_1 = -\frac{\nu_o}{c} \boldsymbol{u} \cdot \frac{\lambda}{2\pi} \boldsymbol{k}_o = \frac{-\boldsymbol{u} \cdot \boldsymbol{k}_o}{2\pi} \tag{8-6}$$

而该运动相对于静止的探测器所产生的多普勒频移是：

$$\Delta \nu_2 = \frac{\nu_o}{c} \boldsymbol{u} \cdot \frac{\lambda}{2\pi} \boldsymbol{k}_s = \frac{\boldsymbol{u} \cdot \boldsymbol{k}_s}{2\pi} \tag{8-7}$$

探测器所接收到的散射光频率与入射光频率之差为两个频移的总和：

$$\omega_s - \omega_o = 2\pi(\Delta \nu_1 + \Delta \nu_2) = \boldsymbol{u}(\boldsymbol{k}_s - \boldsymbol{k}_o) = \boldsymbol{u} \cdot \boldsymbol{K}$$

$$= \frac{2\pi n u}{\lambda_o}[\cos\xi - \cos(\theta + \xi)] = \frac{4\pi n u}{\lambda_o}\sin\frac{\theta}{2}\sin\left(\frac{\theta}{2} + \xi\right) = \frac{4\pi n u}{\lambda_o}\sin\frac{\theta}{2} \tag{8-8}$$

在仪器设计中通常采用能得到最大多普勒频移的$(\theta/2+\xi)=\pi/2$（即$\boldsymbol{K}$和$\boldsymbol{u}$是平行的），则存在最后一个等式。当$\xi=\pi/2$时，$\omega_s-\omega_o=2\pi n u \sin\theta/\lambda_o$。如果移动方向改变，频率差异将有相同的振幅与相反的符号。散射光和频率预调的参考光束（$\omega_L = \omega_o+\omega_{ps}$）之间的频率差现在成为：

$$\omega_s - \omega_L = \frac{4\pi n u}{\lambda_o}\sin\frac{\theta}{2}\sin\left(\frac{\theta}{2} + \xi\right) - \omega_{ps} \tag{8-9}$$

根据公式（8-8），多普勒频移将在散射角度为零时消失，因为在向前散射方向，颗粒运动造成的接收到的入射光 Doppler 频移，与同样运动造成的被探测器接收到的散射光多普勒频移互相抵消（$\Delta\nu_1=-\Delta\nu_2$）。这也是即使参考光束通过样品，其零度散射也不会影响观察到的电泳迁移率的原因。

（2）交叉光束法

用于测量电泳运动的另一种光学配置是图 8-7 中所示的交叉光束法。在此方法中，入射光被分成两束同等强度的光束，一束光的频率被预先频移（例如$\omega_{o1} = \omega_o+\omega_{ps}$），探测器位于两束光束之间。每个颗粒的散射是受到两束光分别照射后在不同散射角度产生的。对交叉光束法的另一种理解是由于两束光是相干的，它们在样品中形成干涉条纹图形，电泳运动的检测是通过颗粒在条纹间距$\Delta x = \lambda_o/2n\sin\theta$的带状图形中的运动来完成的。由两个散射光产生的频移独立于任何一个散射角度，仅取决于交叉角θ'：

$$(\omega_{s1} - \omega_{o1}) - (\omega_{s2} - \omega_{o2}) = \boldsymbol{u}(\boldsymbol{k}_s - \boldsymbol{k}_{o1}) - \boldsymbol{u}(\boldsymbol{k}_s - \boldsymbol{k}_{o2}) - \omega_{ps} = \frac{4\pi n u}{\lambda_o}\sin\theta' - \omega_{ps} \tag{8-10}$$

在光路设计中，宽散射体积对于减少光谱的传输时间增宽非常重要，这一增宽源自颗粒在比数据收集更短的时间内通过散射体积。为了避免光谱的传输时间增宽，激光在散射区内聚焦成宽而薄的形状。宽散射体积的另一个原因是统计目的，因为对于稀悬浮液中的大颗粒，散射体积中的颗粒数量可能很少，所以散射体积的大小会成为影响测量代表性的原因。散射体积应避免样品池窗和靠近窗的区域，光束交叉点的定位及其与入射光相对强度的选择以保证 $I_L \gg I_s$，是优化信号质量的关键。

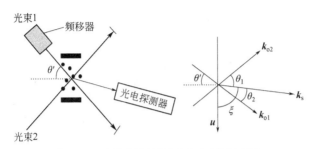

图 8-7　电泳光散射中的交叉光束法示意图

8.3.2　频移器

为了改变两束光之一的频率，需要一种称为频移器的设备，在不改变其强度的情况下改变光的频率。有几个常用于激光多普勒测速仪的方法可以用来改变光的频率[50]。最常见的方法是在光传输过程中以恒定速率变化光路的长短。频率为 ν、速度为 c 的电磁波在时间 t、位置 x 的相位部分为 $2\pi\nu(t+x/c)$。如果传输路径长度保持不变，x/c 是常数，光频率在探测器表面也是常数。如果光的路径长度以恒定的速度变化，即 $x = x_o + \alpha t$，电磁波的相位就变为

$$2\pi\nu\left(t + \frac{x_o + \alpha t}{c}\right) = 2\pi\nu\left(1 + \frac{\alpha}{c}\right)\left(t + \frac{x_o}{\alpha + c}\right) = 2\pi\nu'\left(t + \frac{x_o}{\alpha + c}\right) \tag{8-11}$$

光频率现在已改变，其变化（$\Delta\nu$）等于 α/λ。对 $\lambda = 632.8$ nm 的光（He-Ne 激光），如果要产生 500 Hz 的频率变化，路径长度的变化速率约为 0.3 mm/s。

改变路径长度的传统方法是在光路上插入两面镜子，第一面镜子反射的光指向第二面镜子，并进一步反射后进入样品池。两面镜子之间的距离可以通过使用压电驱动以恒定的速度移动一个或两个镜子来改变，从而有效地改变光频率，频率位移可高达 300 Hz 或更高[51]。使用移动镜子系统的频移器需要高精度的机械部件，并且对任何外部振动都非常敏感，而且通常占据面积大，制造成本高昂。

改变光路长度产生光频率变化的另一种方法是利用光纤的灵活性和光导特性。在光纤频移器（图 8-8）的设计中，散射光与参考光分别进入缠绕压电陶瓷管的两

根光纤，使用闭环伺服控制的电场能使压电陶瓷管的直径发生线性变化，从而导致光纤长度的线性变化。频率位移是通过拉伸和收缩一根或两根光纤的长度来完成的。这类频移器可实现的频率移位高达 300 Hz，持续时间长达 2.5 s，频移的线宽小于 1 Hz。这种光纤干涉仪产生的两束外差光可以使整个仪器更小、更坚固[52]。

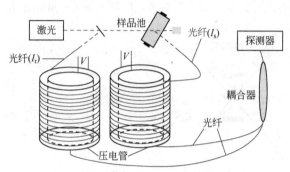

图 8-8　电泳光散射使用光纤频移器示意图

8.3.3　样品池

电泳光散射中的样品池用于盛样品，允许入射光（以及参考光）进和散射光出，并提供电场。电场应均匀、稳定，不干扰样品，不阻碍光学测量。样品池的温度测量、控制和稳定也很重要，特别是在应用电场期间需要高效的散热，以尽量减少由于焦耳热而导致的样品温度升高。样品池的材料必须与要测量的样品有化学兼容性，并且易于清洁。

目前使用的主要有两类样品池。一种类型是在两端加电场的毛细管样品池。这种类型的样品池最初是为微电泳实验设计的，有单扁平管样品池[53]、双管圆柱样品池[54]、双管矩形样品池细胞[55,56]、开放式毛细管样品池[57]以及下面要陈述的几种设计。另一种类型的样品池使用普通的方形比色皿，薄层样品处于两个平行电极之间。两类设计各有优缺点。

（1）毛细管样品池

毛细管样品池使用几毫米至几厘米长的毛细管，可以是直的也可以弯成 U 形以节省体积，光路进出部分的横截面为圆形或矩形，但前后窗口一般为具有光学质量的平面。两个电极位于毛细管的末端，散射体积位于毛细管的中心[58]。图中显示了带有两个探针型电极的传统直毛细管样品池 [图 8-9 (a)]，弯成 U 形的折叠式一次性毛细管样品池 [图 8-9 (b)]，带有两个带半球状腔电极的矩形毛细管样品池 (图 8-10，仅显示一个电极)，以及带有半透膜的矩形样品池 (图 8-11)。除了通常的设计之外，对于不同的颗粒悬浮体系，例如高浓度或高电导率的悬浮颗粒和易沉降的颗粒，电极设计成不同的形状[59]。毛细管设计的另一个优点是散射角范围可以很大，通常大于 30°，因为电极不会阻挡散射路径。以不同角度测得的频谱允许对颗粒粒度分布进行定性测定，并可以对频谱进行分析，判断峰值是由于噪声还是样品的迁移运动。

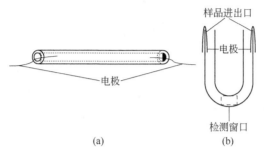

图 8-9 直毛细管微电泳样品管（a）与一次性 U 形毛细管样品池（b）

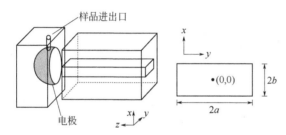

图 8-10 带半球状腔电极的矩形毛细管样品池

　　电场在毛细管中被局限在狭小的空间内，在探测散射的直毛细管中心，电场是平行、均匀的。由于电极距离散射体积较远，从电极表面产生的任何可能干扰，如气泡、表面反应或样品的焦耳热，都不会有太大的影响[45]。对弯成 U 形的毛细管，仿真结果发现沿着毛细管的电场强度分布不均匀，在一定的电压下 U 形样品池两侧竖直臂的电场强度稳定在 0.65 V/mm，可是在样品池底部电场强度从 0.48～0.75 V/mm 不等[60]。图 8-10 中与液体接触的电极表面比毛细管横截面大几十倍。因此如图 8-12 所示，电场在电极表面被有效地"稀释"，或者说电场在毛细管中被"聚焦"，其中等位线在毛细管中是垂直的，在空腔中是与电极同心的圆弧。这样可以在散射体积处获得高电场强度，而电极表面的强度仍然相对较低，以防止上述不利影响的发生。在测量海水等高电导率悬浮液时，这种不利影响可能相当大。因为多普勒效应产生的频率移位与场强度成正比，仪器外加高电场的能力对于低迁移率样品非常重要。虽然电极半球状空间内的液体会由于可能的焦耳热产生对流，与恒温装置相接触的大容量金属电极很容易散热，但毛细管的狭窄空间抑制了通道中的对流。

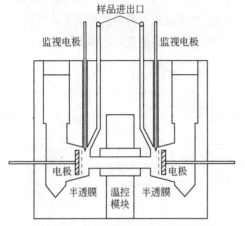

图 8-11　带半透膜的矩形毛细管样品池

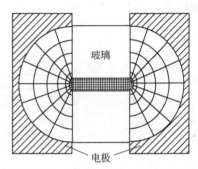

图 8-12　被绝缘体相隔的半球状电极所产生的电场线示意图

　　毛细管样品池的一个主要缺点是液体电渗的影响，即液体相对于固定的带电界面的运动。电渗产生于这样一个事实，即大多数制作毛细管的材料，如硅酸盐玻璃或石英，在极性介质中表面会带有电荷。这些电荷主要来自硅醇基，其浓度因玻璃类型和样品池使用历史而异[61]。当在毛细管两端外加电场时，与带电毛细管表面相邻的流体层中会产生扩散的双层电荷，池壁表面附近的液体会沿着电场移动。然而，由于整个毛细管是一个封闭体系，靠近池壁的移动液体必须在毛细管的末端转向，从而推动液体在毛细管的中央部分在另一个方向形成一个抛物线液体流形（图 8-13 中的二维示意图）。对于给定的毛细管形状和尺寸，如果所有池壁的表面电荷条件相同，理论上可以预测此抛物线的轮廓。

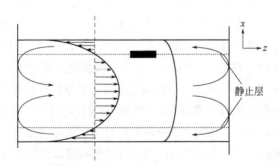

图 8-13　封闭毛细管中的液体流动轮廓（坐标与图 8-10 中相同）

对于圆柱形毛细管，液体的电渗流形是

$$\mu_{\text{eo}}(r) = \mu_{0,\text{eo}}\left(\frac{2r^2}{R^2} - 1\right) \tag{8-12}$$

式中，$\mu_{0,\text{eo}}$、r 和 R 分别是在池壁剪切面处的电渗迁移率、轴距和毛细管半径。对于矩形毛细管，文献中有在池壁上具有不同边界条件的理论模型：不同的上下壁条件[62]；侧壁速度与上下壁的速度不同[63]。以下公式使用图 8-10 中的坐标描述矩形毛细管四壁具有相同条件时的液体流形[64]：

$$\mu_{\text{eo}}(x,y) = \mu_{0,\text{eo}}\left[1 + \frac{24ab}{6K + 16ab^3}(x^2 - b^2 - \chi)\right] \tag{8-13a}$$

$$K = \frac{512b^4}{\pi^5}\sum_{n=0}^{\infty}\frac{(-1)^{n+1}}{(2n+1)^5}\tanh\left[\frac{(2n+1)\pi}{2b}a\right] \tag{8-13b}$$

$$\chi = \frac{32b^2}{\pi^3}\sum_{n=0}^{\infty}\frac{(-1)^{n+1}}{(2n+1)^3}\cosh\left[\frac{(2n+1)\pi}{2b}y\right]\cos\left[\frac{(2n+1)\pi}{2b}x\right]\text{sech}\left[\frac{(2n+1)\pi}{2b}a\right] \tag{8-13c}$$

三维抛物线的流形视池壁表面条件随 $\mu_{0,\text{eo}}$ 而变化[65]。由于电渗对液体运动的影响，电场下观测到的颗粒运动不再是纯粹的电泳运动，而是颗粒电泳运动和液体电渗运动的共同结果。为了得到颗粒真正的电泳迁移率，测量必须在液体没有运动的位置进行，即 $\mu_{\text{eo}}(r)$ 或 $\mu_{\text{eo}}(x,y)$ 为零，称为静止层的位置。对于圆形毛细管，此层是一个 $r = 0.707R$ 的圆环。对于矩形毛细管，静止层是一个矩形（图 8-14），其与池壁的距离取决于毛细管的宽度和高度比。对于扁平的矩形毛细管即大比例的 a/b，在 $y = 0$ 处的零速度位置 x 为：

$$x_{\mu_{\text{eo}}=0} = \pm b\sqrt{\frac{1}{3} + \frac{128b}{\pi^5 a}} \tag{8-14}$$

对宽高比为 3 的矩形毛细管，通道中心附近的上下静止层约位于毛细管高度的 84% 和 16%（图 8-14 中的 l）。使用图 8-14 中的坐标，如果 $a/b = 3$ 和 $b = 0.5$ mm，则两个水平静止层位于 $x \approx \pm 0.34$ mm，y 值位于通道中心附近（$y = 0$），与坐标 z 的值无关。

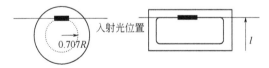

图 8-14 毛细管样品池静止层与散射体积位置（从横截面看）

当入射光被调整到图 8-14 所示的位置时，实验中液体电渗的影响可以大部分消除。在图 8-13 和图 8-14 中，粗横条表示首选的散射体积位置（入射光和探测锥体的交叉体积)。显然由于入射光有一定的厚度，颗粒实际上位于静止层附近。可以预测对于矩形毛细管，静止层上方和下方的液体只在相反方向上有微量电渗，总的效应为净零电渗速度。对于圆形毛细管，由于静止层不是平面，即使光束中心正好位于静止层，也不可能完全避免电渗的影响。

如果毛细管内壁状况良好，则在静止层获得的电泳迁移率应该不受电渗的影响。美国国家标准与技术研究所的电泳迁移率标准参考材料的值，就是由电泳光散射使用毛细管样品池在静止层测量确定的。但是如果矩形毛细管的上部和下部池壁或圆形毛细管中不同位置的表面电荷分布不均匀，将产生不对称的液体流形而引入大小不等的误差[66]。因此确保对称的液体流形，以保证准确的静止层位置是非常重要的。一种检查方法是在毛细管的不同位置进行测量后，绘制表观电泳迁移率作为光束位置的函数。图 8-15 显示在矩形毛细管样品池的不同位置不同散射角度测得的表观电泳迁移率。图内的正方形符号为带负电的聚苯乙烯乳胶球样品 [d = 310 nm，电泳迁移率为-4.20 μm·cm/(V·s)] 在 17° 散射角度，不同样品池位置的测量值；实线为用抛物线公式拟合的结果；三角形符号为在 1 mmol/L 的 NaBr 溶液中吸附了十二烷基三甲基铵离子后带正电的聚苯乙烯乳胶球样品（d = 90 nm）在 17° 散射角度、不同样品池位置的测量值；实线为用抛物线公式拟合的结果。图 8-15 中的小图为带正电的样品在每个位置用三个不同散射角度（8.6°、17°、25°）测量的结果，实线为对这些数据用抛物线公式拟合的结果。这些曲线的对称形状表示上池壁表面和下池壁表面具有相同的表面条件，两个箭头表示可以不受电渗影响，获得真正电泳迁移率的两个静止层。在其他文献中还可以找到更多类似的实验结果[59,67]。

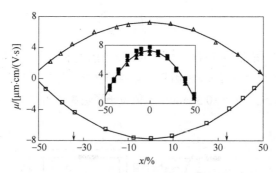

图 8-15　光束在样品池的不同高度位置测得的表观电泳迁移率
横坐标为以样品池中间为原点的百分点位置

电渗的另一个影响是使测得的迁移率分布变宽。任何光束都有一定的厚度。在电泳光散射仪器中，入射光通常约为 50 μm 厚。当光束中心位于静止层时（图 8-14 中的粗条），光束的一部分照亮流向右侧的液体，一部分光束照亮流向左侧的液体。即使对于具有理想单分散迁移率的颗粒，掺杂了电渗的电泳迁移率也会是一个分布而不是单一值，尽管平均值可能仍然正确。在毛细管中心，流动轮廓有一个较平坦的斜坡，液体和颗粒在光束的上下端将经历类似的流动，由电渗引起的分布增宽可以忽略不计。因此在电渗存在的情况下获得正确迁移率分布的一种方法是进行两次测量，一次在毛细管中心，另一次在静止层。在中心获得的迁移率分布有正确的形状，但绝对值会不准，然后可以通过在静止层获得的平均值进行校正[68]。

毛细管样品池有许多优点，但需要使用不同的方法来避免或尽量减少电渗的影响。减少电渗的一种方法是将毛细管内部表面涂上一种能减少硅羟基与介质接触的物质，文献中有各种配方可用于为样品池内壁涂层[69,70]。特别是聚乙二醇-聚乙烯亚胺（PEG-PEI）涂层能显著减少电渗，在很宽的 pH 和离子强度范围内控制玻璃表面的吸附和润湿。这些配方的涂层稳定性和易用性仍需要进一步提高。电渗的减少（如图 8-13 右边较平缓的曲线所示）可大大提高测量精度和分辨率，由于静止层附近的流形坡度变小很多，确切位置就不那么关键了[66]。

避免液体电渗的另一种方法是使用高频极性变化的直流场（> 10 Hz）。静止颗粒达到电泳速度的加速时间在 $10^{-9}\sim10^{-6}$ s 之间，液体运动时到达终端速度的时间比颗粒要长得多，在 $10^{-3}\sim10^{-1}$ s 左右。如果电场极性变化迅速，则液体由于来不及响应而无法启动电渗运动[71,72]。在毛细管中心 [图 8-10 中的位置（0,0）] 测量单分散球状颗粒样品时发现，当直流电场的极性变化频率增加时，测量到的表观电泳迁移率从高值单调下降。当此频率增加到约 10 Hz 时，在毛细管中心和静止层测得的迁移率之间没有差别。因此获取频谱时伴随快速变化的电场极性可以在毛细管的任何位置进行测量。但是使用高频电场极性变化会降低频谱的分辨率，并且由于电场调制而产生谐波边带。此过程中每次电场极性反转时，Doppler 信号的相位变化都会逆转，结果是在频谱中产生一组其频率为切换频率倍数的调制边带，或在自相关函数中出现相干回波。图 8-16 显示了不同频率的电场极性转换获得的电泳迁移率谱，当极性转换频率高于 5 Hz 时，不仅产生边带，而且主峰值也会移动，不可避免

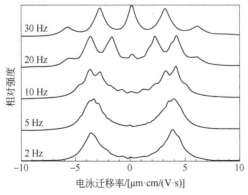

图 8-16 在不同电场极性转换频率下测得的电泳迁移率谱

地会得出错误的结论[73]。边带的强度峰形由电泳频谱决定。这些边带的产生使得从频谱中获得迁移率分布变得很复杂。这些边带不含有用的信息，但会重叠和搞乱多组分样品的整个频谱，已有不同的公式来解释嵌入边带的谱图[74,75]。

另一个方案是在任意位置进行两次测量，一次用低频换极性的直流电场（2～5Hz）得到不带边带但含电渗的频谱或自相关函数，一次用高频换极性的直流电场（约25 Hz）得到正确的平均迁移率，但是带边带的低分辨率频谱或自相关函数，然后将低频电场测到的迁移率分布移到正确的平均迁移率（图 8-17，文献[76,77]）。但是对于如图 8-18 既有带正电的颗粒又有带负电的颗粒的复杂多组分样品，由于多重不同振幅、不同频率的边带出现，这个方法可能会给出误导的结果。

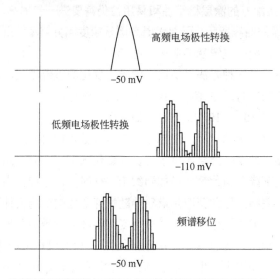

图 8-17 高频电场极性转换与低频电场极性转换连用得到无电渗的 zeta 电位图

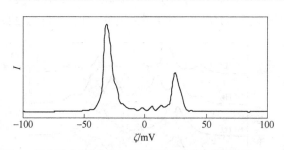

图 8-18 二氧化硅（负电位）与碳酸钙（正电位）混合物的 zeta 电位图

（2）平行板样品池

另一类样品池是类似于吸收光谱中所用的，由塑料或玻璃制成的正方形比色皿。样品池中平行插入两个间隙通常为 1～4 mm 的平板电极，在其之间的悬浮液内形成

颗粒表征的
光学技术及应用

电场[74,75]。这类样品池很容易使用，没有复杂的组装结构，而且完全没有电渗。为了使颗粒产生定向的电泳运动，必须有一定大小的电极才能在电极间隙的中心产生平行且均匀的电场，而且两电极不能分得很开，否则电场均匀性、边缘效应和任何电极的不平行性都可能带来误差。如果散射体积偏离中心，则可能得到完全错误的结果。在使用电泳光散射技术测量 1 mmol/L NaCl 悬浮液中的聚苯乙烯乳胶球样品（$d = 305$ nm）的电泳迁移率时发现，当用 4 mm 长的样品池和 10 mm 长的样品池，电极之间的间隙为 4 mm 时，只有当散射体积在电极间隙的中心附近（±1 mm）才能获得正确的电泳迁移率 [-3.9 μm·cm/(V·s)]；离中心位置越远，测量值偏离越大，在电极间隙的边缘样品所测到的表观电泳迁移率可以小到只有-0.2 μm·cm/(V·s)[73]。

由于电极间隙狭窄，体积小，散热效率高，间隙之间的温度梯度低。然而要保持电极间的液体静止和样品不受焦耳热、垂直的热对流、电极表面反应的干扰很不容易，尤其是对于高导电性样品。对于给定的介质，在电极表面有一个电流密度限度，超过这个限度将会发生表面反应，导致电极氧化、气泡形成和污染，这些现象极大地影响测量准确度。半球状电极的毛细管样品池的电极表面积和通道横截面积有很大比例，平行板样品池中的散射体积横截面积与电极表面的横截面积相同，这意味着散射体积中的电流密度等于电极的电流密度。因此在同一电导率悬浮液中可应用的电场比毛细管样品池小得多。在这类样品池中，电极之间液体的温度将高于电极后面的液体，导致电极之间液体向上对流。一旦出现热对流，由于叠加的湍流运动，颗粒的电泳运动几乎无法测量。温差还会导致折射率的非均匀性并导致其他测量噪声，使得测量重复性变得很差。

为了避免上述现象，在测量时使用频率大于 10 Hz（通常用 25 Hz）的电极变向来最大限度地减少局部传导变化、电极反应和额外的颗粒运动。但这会产生前面所述的调制边带而很难得到正确的结论。另外，由于电极之间的间隙狭窄而长，可用的散射角度（大于 15°的散射可能会被电极挡住）以及散射体积的大小有限。表 8-2

表 8-2　两类样品池的比较

毛细管样品池	平行板样品池
外加电场与样品电导率范围宽	外加电场与样品电导率范围窄
电极表面低电流产生较少热，结果分辨率高	分辨率与重现性受热对流影响
散射角度范围大	散射角度范围小
测量需要在静止层进行	对样品池的垂直位置与光路聚焦不敏感
需要消除电渗的影响	没有电渗
操作与样品池清洁不容易，一次性样品池光学质量有限	操作与样品池清洁简单
在测量区域电场均匀	高频电场极性转换会产生频谱边带
对低电泳迁移率样品灵敏度高	散热有效性高

总结了两种类型样品池的特点。

（3）高浓度样品池

许多情形下必须测量浓样品中颗粒的 zeta 电位。在高浓度样品中用电泳光散射测量时，除了颗粒的多重散射，入射光不能在悬浮液中行进很远，散射光也只能来自浅层的颗粒。为此必须使用独特的样品池。此样品池有一涂有透明电极的光学厚窗用于接收入射光与传递散射光。从厚窗一侧进入的入射光经折射后通过垂直于侧面的、涂有透明金属层的窗口内表面再一次折射后进到样品单元。颗粒在此电极和另一个普通电极产生的电场中进行电泳。厚窗表面附近颗粒的散射光在从厚窗出来之前折射两次（图 8-19）[78]。此设计貌似背散射但却是在一个较小的散射角度（θ 约为 35°）测量，以避免大角度测量时扩散运动对频谱峰的极度增宽。此样品池在电场关闭时也可以用来进行浓样品的粒度测量[79]。

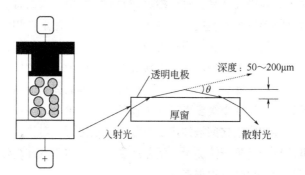

图 8-19 含透明电极的浓样品池

8.3.4 电场

电泳迁移率在直流电场中测量。电源应能够在恒电压（通常为 0～300 V）或恒电流（通常为 0～10 mA）下提供精确的、调节良好的低噪声方形脉冲。应避免过高的场强度而导致颗粒的不规则运动，运动速度将不再与场强度成正比。此外当颗粒和介质之间的介电常数存在较大差异时，可在高场强度下出现一种称为介电泳的现象[80]。

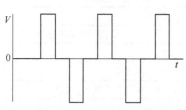

图 8-20 电泳光散射测量时的电场时序

典型的测量需要半分钟到几分钟才能获得高质量的电泳迁移率谱，在测量过程中需要定期改变电场极性（图 8-20）。否则长期的单向电泳可能导致样品和电极极化以及颗粒在样品池一侧的累积。为了消散焦耳热，在两个电场脉冲之间有一个停用期。每个电场脉冲的持续时间应长于取样定理所指出的最短时间：例如对于 0.5 Hz 的频谱分辨率，电场至少要持续 2 s。应用电场的间隔时间（通常为几秒钟）取决于样品池的热耗散速率和外加电场期间产生的热量。需要编程来打开和关闭电场，转换其极性，并同步脉冲序列与数据收集。

场极性每隔几秒钟改变一次。对于高导电性样品，如生物缓冲液中的颗粒或海水中的物质，即使短时间应用低强度电场（例如 1 s 的 10 V 电场），也会产生足够的焦耳热导致液体变热。液体升温会产生四种效果：①溶液黏度降低从而增加颗粒的布朗运动和电泳速度；②溶液电导率增加；③样品池内液体的温度变得不均匀；④足够的热量会产生对流。

水悬浮液每一度的温度升高使其电导率升高约 2%，液体导电性的变化主要是由于黏度的变化，即电导率因带电离子的拖曳力变化而改变。颗粒的电泳迁移率与悬浮液的黏度成反比。在有焦耳热的情况下，通常用恒电流场（而不是恒电压场）更合适。根据 Ohm 定律，电场与离子电流 i 成正比：

$$E = i/GA \tag{8-15}$$

其中，G(S/cm) 和 A 分别是电极之间的溶液电导率和横截面积。任何电流通过溶液都会产生热量，导致样品池中的温度变化。在使用恒定电流时，溶液电导率的提高降低了电场强度，从而补偿了液体黏度随温度的变化，因为它们的比例关系相同，颗粒的电泳运动作为一阶近似仍然保持恒定。

当外加电场时，离子会聚集在相反极性的电极，造成电极极化。电极极化造成有效电压下降，特别是在电导率高的样品如生理盐水中。尚无理想的方法计算与测量电极极化下的有效电压。用恒电流模式就可以自动调整电压使相位与频率的测量不受影响。

在使用恒定电流时使用扩散壁垒法，即将样品注入已含有同样介质的毛细管样品池的中间部分，使颗粒远离电极。这样即使有电极反应产生热或气泡也不会影响散射体积内的颗粒，从而可以测量更高电导率的样品（5～260 mS/cm）[81]。

当液体电导率极低时，如在纯水或有机溶剂中，很少存在焦耳热问题。由于电流过低（譬如 < 1 μA）而无法准确控制，电导率也无法准确测量，导致使用公式(8-15)计算电场强度存在很大的不确定性，这时恒电压模式就成为首选。

电极材料有多种选择，任何具有表面稳定性的金属或金属合金，如银、金、铂、铂黑都可以使用并且效果良好，成本和可用性往往是选择材料的主要考虑因素。

8.3.5 多角度测量

对于粒度多分散的样品，角散射强度图形因颗粒大小而异，在动态光散射一章中也提到过对这类样品进行多角度测量的必要性。如果这些颗粒还有迁移率的多分散性，则更需要进行多角度测量。例如如果样品中有两个颗粒群，其中一颗粒群较大，另一颗粒群较小，且每个群有独特的电泳迁移率，则在不同角度进行测量有可能分辨出这两个群体。在小角度测量时大颗粒群将产生高散射强度，而大角度获得的散射强度分布将更多地偏向于小颗粒群。当然使用适当的模型，这些强度加权分布可以如同动态光散射数据处理中的方法那样转换为体积加权分布。

图 8-21 显示了一个药物囊泡悬浮液的电泳光散射测量结果。此样品内有一群带负电荷的小颗粒和一群带正电荷的大颗粒。测量是在四个散射角度同时进行的。最大散射角（34.2°，上实线）的谱线中负峰振幅最高，最小散射角（8.6°，点虚线）的谱线中负峰基本消失了。其余两条谱线来自两个中间角（17.1°，下实线；25.6°，中实线）。由于每条谱线都通过正峰进行归一化，因此负峰从最大角度到最小角度的下降幅度表明相对于具有正迁移率的大颗粒，该峰值对应于小颗粒。动态体系需要同时进行多角测量，否则很难排除在测量和数据分析期间出现的样品变化。

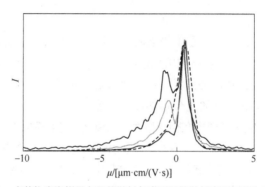

图 8-21 一个药物囊泡样品在不同散射角度测得的散射光强权重电泳迁移率谱

8.3.6 信号处理

由计算机控制的每一次数据收集过程由外加电场、触发数据记录、关闭电场并停止数据收集组成。扫描过程不断重复，每次收集到的频谱信号被累积起来以提高信号的信噪比和增强对少数大颗粒的统计精度。为了保持较高的 I_L/I_S 比率，信号通常很强，其典型的光子通量远远超过光电探测器光子计数模式的阈值。如果要使用光子计数模式，则需要用很大的衰减因子来衰减激光，以不超出光电探测器计数的线性响应范围。其结果是信噪比偏低，达到满意频谱的时间更长。因此通常电泳光散射不使用光子计数模式。

有两种方法可以从光电探测器接收到的信号获得电泳迁移率谱：

① 在适当加载匹配后，频谱分析仪可直接连接在光电探测器的输出。频谱分析仪必须具有实时效率和良好的基线平整度指标，能够进行信号平均，并且能够在瞬态捕获模式下使用外部触发器进行操作，以便与电场开关同步而收集单个频谱。普通的商用频谱分析仪一般都能使用，但往往成本高昂。另一种方法是用计算机记录数字化信号，并在信号收集时对信号进行傅里叶变换。

② 用相关器记录数字信号的自相关函数，此数字信号来自被低增益放大过的特定频谱区域内的模拟光电流。自相关函数也可通过计算机记录数字化信号后由软件进行计算得到。然后进行傅里叶变换将自相关函数转换为功率频谱。

8.3.7 实验注意事项

电泳光散射实验本质上就是在电场下的动态光散射测量，除了动态光散射一章中讨论的因素以外，还需要注意下列事项[82,83]。

（1）样品制备

zeta 电位与悬浮颗粒的电泳迁移率是 pH、反离子和共离子的类型和浓度的函数。当样品必须稀释才能进行测量时，不能通过常规的稀释方法，而必须使用第 1.2.5 节（3）中的方法稀释。否则结果无法反映原始条件下的颗粒 zeta 电位。如果样品不能进行任何稀释，则只能用前述的高浓度样品池进行测量。

（2）颗粒粒度与浓度范围

对于使用光电流模式而不是光子计数模式进行强参考光外差模式的电泳光散射实验，悬浮液浓度有与动态光散射实验不同的要求。大颗粒的浓度上限是由于多重散射和光电探测器饱和，这可以通过稀释，或使用较小的散射体积，或降低入射光强度来克服。浓度的下限不是由于散射强度不足，而是由于散射体积中颗粒数量有限导致的样品统计学精度欠佳，通常可以通过长时间重复扫描来克服。密度较高的颗粒或大颗粒不可避免地会有沉降。由于沉降的垂直运动不会改变从水平运动测得的 Doppler 频移，因此如果散射体积中有足够多的颗粒，通常仍然可以获得正确的电泳迁移率。为了防止颗粒在散射体积中完全消失，毛细管样品池需要较高的通道，并将散射体积调至毛细管的底部附近以确保在整个测量过程中始终有颗粒存在。当然对于多分散样品，颗粒的沉淀必将造成采样错误。对于小颗粒，虽然摩尔质量没有下限，但测量摩尔质量低于 10^5 g/mol 的颗粒或高分子具有挑战性，低于 10^4 g/mol 是非常困难的，但也不是不可能。文献中有报道用电泳光散射测量小至表面活性分子胶束的电泳迁移率[67,84,85]。可以从摩尔质量（g/mol）、质量浓度（g/L）、折射率增量 dn/dc（L/g，通常为 10^{-4}）三者的乘积估算测量下限。如果此乘积不超过 1，测量几乎是不可能的；如果超过100，则测量应该很容易。

（3）测量噪声

实验噪声在频率的测量中有两个主要来源。一个是电源线频率及其谐波产生的电磁干扰，此干扰将呈现为频谱峰值。这类噪声可以通过阻挡所有的光线来识别它的存在。电磁干扰可通过仪器的适当屏蔽和电子元件的接地来降低到可接受的水平。另一个是光学部件的振动将在频谱中引入虚假的锐峰，这些峰可以通过它们不受电场强度改变而影响来识别。通过将仪器与振动源隔离开来，并牢固地安装各个光学元件，可以消除此类振动噪声。

（4）电泳迁移率参考物质

虽然电泳光散射是一种绝对测量技术，即为了获得颗粒的电泳迁移率，不需要校准，但标准物质或参考物质可以用来验证仪器状态和确认测量结果。美国国家标准与技术研究所有一种悬浮在 pH 2.5 缓冲液中的针状针铁矿颗粒（α-FeOOH）电泳迁移率标准参考物质，其认证值为 $2.53\pm0.12\ \mu m \cdot cm/(V \cdot s)$[86]，并与欧盟共同开发了两种不同浓度的胶体二氧化硅微球 zeta 电位标准参考物质，其认证值分别为−58 mV($c = 0.15\%$)与−56 mV($c = 2.2\%$)[87,88]。一些仪器制造商和其他供应商也提供电泳迁移率（或标明 zeta 电位）的参考物质：它们大都是均匀、长期稳定、表面带负电的聚合物微球。一项为建立电泳迁移率参考物质而进行的、使用不同方法和仪器的广泛合作研究发现，聚合物微球具有最佳的可重复性[59,89]。一些使用其他方法（如微电泳法）已建立了电泳迁移率的蛋白质和多电解质，也可以用作为电泳迁移率的参考物质。

8.4 数据分析

8.4.1 自相关函数与功率频谱

如果不计介质的散射，在加上电场后有两种类型的运动导致散射光产生强度波动和频率变化：无规的布朗运动和定向的电泳运动，实验中测量的信号是散射体积中所有颗粒这两种运动的总和。布朗运动导致功率频谱（频率域）中的 Lorentzian 峰或自相关函数（时间域）中的指数衰变，这些在动态光散射一章已有详细讨论。电泳运动导致功率频谱中的频率位移或自相关函数中的余弦振荡。因此自相关函数是阻尼余弦函数，其频率与颗粒的电泳迁移率有关，阻尼常数与其扩散系数相关。功率频谱是 Lorentzian 峰，其宽度与颗粒的扩散系数有关，位置与电泳迁移率相关。

图 8-22～图 8-24 分别显示了单分散体系在三种条件下的模拟自相关函数与功率频谱：电场和频移器都关闭［图 8-22，式（8-16），式（8-17）］；电场和频移器都打开但布朗运动忽略不计［图 8-23，式（8-18），式（8-19）］；电场和频移器都打开且有布朗运动［图 8-24，式（8-20），式（8-21）］。公式中省略了与在很短延迟时间内脉冲光流的自相关有关的散粒噪声，且 $I_L \gg I_s$。

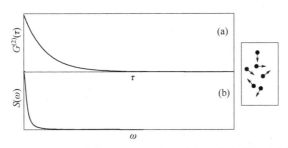

图 8-22 当电场与频移器都关闭时的模拟自相关函数（a）与功率频谱（b）

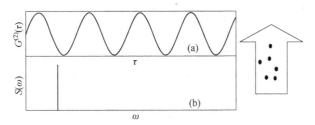

图 8-23 当布朗运动可以忽略不计时的模拟自相关函数（a）与功率频谱（b）

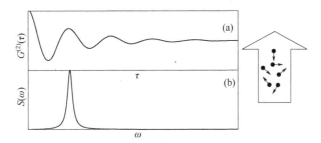

图 8-24 有 Brownian 运动时模拟自相关函数（a）与功率频谱（b）

$$G^{(2)}_{\substack{E=0\\\omega_{ps}=0}}(\tau) = I_L^2 + 2I_L \sum_i^{d_{max}}_{d_{min}} I_{s,i} e^{-\Gamma_i|\tau|} \tag{8-16}$$

$$S_{\substack{E=0\\\omega_{ps}=0}}(\omega) = 2\pi I_L^2 \delta(\omega) + 2I_L \sum_i^{d_{max}}_{d_{min}} \frac{I_{s,i}\Gamma_i}{\omega^2 + \Gamma_i^2} \tag{8-17}$$

$$G^{(2)}_{\Gamma \to 0}(\tau) = I_L^2 + 2I_L \sum_j {}^{\Delta \nu_{s,\max}}_{\Delta \nu_{s,\min}} I_{s,j} \cos[(\omega_{ps} + 2\pi \Delta \nu_{s,j})\tau] \tag{8-18}$$

$$S_{\Gamma \to 0}(\omega) = 2\pi I_L^2 \delta(\omega) + 2I_L \sum_j {}^{\Delta \nu_{s,\max}}_{\Delta \nu_{s,\min}} I_{s,j} \delta[\mp(\omega_{ps} + 2\pi \Delta \nu_{s,j})] \tag{8-19}$$

$$G^{(2)}(\tau) = I_L^2 + 2I_L \sum_i {}^{d_{\max}}_{d_{\min}} \sum_j {}^{\Delta \nu_{s,\max}}_{\Delta \nu_{s,\min}} I_{s,ij} e^{-\Gamma_i |\tau|} \cos[(\omega_{ps} + 2\pi \Delta \nu_{s,ij})\tau] \tag{8-20}$$

$$S(\omega) = 2\pi I_L^2 \delta(\omega) + 2I_L \sum_i {}^{d_{\max}}_{d_{\min}} \sum_j {}^{\Delta \nu_{s,\max}}_{\Delta \nu_{s,\min}} \frac{I_{s,ij} \Gamma_i}{[\omega \mp (\omega_{ps} + 2\pi \Delta \nu_{s,ij})]^2 + \Gamma_i^2} \tag{8-21}$$

在上述公式中，$I_{s,ij}$ 是来自具有第 i 个粒度和第 j 个迁移率颗粒的散射强度；Γ_i 是第 i 个粒度 Lorentzian 峰的半峰宽，对球形颗粒此峰宽直接与颗粒直径有关；$\Delta \nu_{ij}$ 是具有第 i 个粒度和第 j 个迁移率颗粒的电泳运动引起的频率变化。在公式（8-19）和公式（8-21）的分母中符号"$\mp$"表示频谱中有两个峰值，一个位于无法观测到的负频区域，另一个位于可见的正频区域。为简单起见，我们假设总和（ω_{ps}+$2\pi\Delta\nu_{ij}$）始终是正的，以便可以使用负号而不是使用$\mp$符号，在实践中始终可以通过选择较大的预频移来满足此条件。公式（8-16）和公式（8-20）是公式（8-17）和公式（8-21）的傅里叶变换。自相关函数和功率频谱的绝对振幅在确定μ或Γ时都无关紧要。如果$\Delta \nu_{s,ij}$可以从上述公式中得到，则根据仪器的光学设置，电泳迁移率可以使用公式（8-9）或公式（8-10）以及公式（8-2）获得。在参考光束设置中，

$$\mu = \frac{\Delta \omega \lambda_o}{4\pi n E \sin \dfrac{\theta}{2} \sin\left(\dfrac{\theta}{2} + \xi\right)} \tag{8-22}$$

根据公式（8-3）可以得到 zeta 电位。对于布朗运动可以忽略不计的大颗粒，频谱也可被看作是速度直方图，直方图中的每个颗粒按光散射的横截面比例加权。

由于$\Delta \nu_{ij}$是粒度和 zeta 电位的函数，颗粒的数量分布必须以(μ,d)方式来展示。通常 $I(\mu,d) \neq N(\mu,d)$，但由于 $I(\mu,d)$可以用前几章描述的理论转换为 $N(\mu,d)$，这里只讨论 $I(\mu,d)$。$I(\mu,d)$分布可分为三类：

① 具有单分散迁移率与单分散或多分散粒度的颗粒体系。自相关函数 $G^{(2)}_{E=0}(\tau)$ 和 $G^{(2)}(\tau)$有不同的单一余弦频率，其差正比于迁移率，平均指数衰减常数与平均扩散系数成正比。功率频谱 $S(\omega)$ 和 $S_{E=0}(\omega)$ 有相同的形状但不同的峰值位置，其频率差正比于迁移率，半峰宽与平均衰减常数有关。

② 具有多分散迁移率与单分散粒度的颗粒体系。公式（8-16），公式（8-17），公式（8-20），公式（8-21）可以写为：

$$G^{(2)}_{\substack{E=0 \\ \omega_{ps}=0}}(\tau) = I_L^2 + 2I_L e^{-\Gamma |\tau|} \tag{8-23}$$

$$S_{\substack{E=0\\\omega_{ps}=0}}(\omega) = 2\pi I_L^2 \delta(\omega) + 2I_L \frac{I_s \Gamma}{\omega^2 + \Gamma^2} \tag{8-24}$$

$$G^{(2)}(\tau) = I_L^2 + 2I_L \sum_j^{\Delta\nu_{s,\max}}_{\Delta\nu_{s,\min}} I_{s,j} e^{-\Gamma|\tau|} \cos[(\omega_{ps} + 2\pi\Delta\nu_{s,j})\tau] \tag{8-25}$$

$$S(\omega) = 2\pi I_L^2 \delta(\omega) + 2I_L \sum_j^{\Delta\nu_{s,\max}}_{\Delta\nu_{s,\min}} \frac{I_{s,j}\Gamma}{[\omega \mp (\omega_{ps} + 2\pi\Delta\nu_{s,j})]^2 + \Gamma^2} \tag{8-26}$$

一旦 Γ 可以从 $G^{(2)}_{\substack{E=0\\\omega_{ps}=0}}(\tau)$ 或 $S_{\substack{E=0\\\omega_{ps}=0}}(\omega)$ 中得到，可以将非负最小二乘法（NNLS）或其他拟合算法应用到上述方程的矩阵形式中，从归一化的 $G^{(2)}(\tau)$ 或 $S(\omega)$ 中得到 $I_{s,j}$：

$$\begin{pmatrix} a_1 \\ \vdots \\ a_k \end{pmatrix} = \begin{pmatrix} b_{11} & \cdots & b_{1j} \\ \vdots & \ddots & \vdots \\ b_{k1} & \cdots & b_{kj} \end{pmatrix} \begin{pmatrix} I_{s,1} \\ \vdots \\ I_{s,j} \end{pmatrix} \tag{8-27}$$

式中，a_k 为 $G^{(2)}(\tau_k)$ 或 $S(\omega_k)$；b_{kj} 对 $G^{(2)}(\tau_k)$ 是转换元素 $\exp(-\Pi\tau_k|)\cos[(\omega_{ps} + 2\pi\Delta\nu_{s,j})\tau_k]$，对 $S(\omega_k)$ 是转换元素 $\Pi\{[\omega_k - (\omega_{ps} + 2\pi\Delta\nu_{s,j})]^2 + \Gamma^2\}$。

③ 对一般情况，迁移率与粒度都是多分散的。这两个分布的三维形貌图需要两个以上的独立物理测量。电泳光散射实验中只有两个独立的测量结果，即使用和不使用电场进行的测量。因此在迁移率分布平面或粒度分布平面中，只能获得三维形貌图的大致投影。

如果不假定函数形式和两个分布之间的某些关系，即使已知其中一个分布函数也没有分析解决方案能解决上述第③类体系完整的三维投影（迁移率和粒度分布）。布朗运动造成频谱峰的增宽，其增宽程度取决于颗粒的大小，颗粒越小，峰增宽越严重。这种增宽对得到真正的迁移率分布造成很大的困难。3 μm 和 30 nm 的颗粒在 15° 散射角的 Γ 值分别为 1.7 s^{-1} 和 170 s^{-1}。因此对于微米大小的颗粒，扩散运动造成的频谱峰的增宽可以忽略不计，可直接视为电泳频率分布；但对于纳米大小的颗粒，峰增宽将严重损害迁移率测定的分辨率和准确性。由于此增宽对频谱峰是对称性的，在大多数应用中仍然可以获得正确的平均迁移率，但是迁移率分布的信息可能完全丢失或失真。因为峰值宽度可能主要或完全来自无规扩散运动，图谱的横坐标标记为电泳迁移率可能造成误导，在多峰分布的样品谱图中更会发生几个峰由于增宽而重叠在一起。大多数商用电泳光散射仪器报告的电泳迁移率分布是含有布朗运动增宽在内的。

对于单峰频谱，一种判断峰值增宽是源自扩散运动还是迁移率分布的方法是通过频谱峰宽的散射角依赖性。电泳迁移率分布峰增宽与散射矢量值 K 是线性关系，而布朗运动增宽与散射矢量值 K 的平方是线性关系，从频谱峰宽对散射矢量值 K 作图很容易分辨出这两种关系。单个角度测量电泳迁移率仅能提供有关平均值的信息，而无法判断出峰宽是由哪种运动导致的。因此要得到迁移率分布的信息，必须在多个角度进行测量。通过多角度测量数据的综合分析，即使多峰频谱也能导出有用的迁移率分布信息。

另一种被称为"剥离法"的方法可以有效地从频谱中减少布朗运动在电泳频谱中的影响，而不需假设粒度和迁移率的分布形式。在这种方法中，在没有外加电场（因此仅有颗粒的布朗运动）下获得的频谱，在适当地归一化并按适当的频率移动后，从电场下测量的频谱中反复减去（剥离）。每个"剥离"的振幅对应于电泳频率分布的振幅，其移动频率与迁移率成正比[90]。图 8-25 是 300 nm 和 890 nm 聚苯乙烯乳胶球混合悬浮液样品的频谱。测量是在矩形毛细管样品池的静止层散射角为 34.2° 下进行的。右边的细实谱线来自无电场测量，左边的实谱线来自在 0.15 mA （$E = 20.3$ V/cm）恒定电流下的测量，带方块的虚线表示剥离的结果。两个不同粒度颗粒群频移的两个峰值只有在布朗运动被剥离后才被揭示出来。

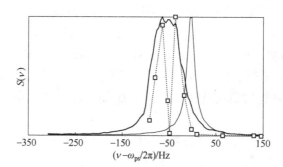

图 8-25 聚苯乙烯乳胶球混合样品应用剥离法揭示双峰迁移率

8.4.2 频谱范围与分辨率

功率频谱的频率范围和分辨率受制于散射强度的记录方式。根据 Nyquist 抽样定理，假设在频谱最高频率的每个周期中至少有两个数据点，则频谱的最高频率是由数据点的采样率确定的[91]。如果原始信号中存在更高的频率，这些频率必须被过滤掉，以防其振幅被混叠进测量的频谱。如果频谱的最高频率为 250 Hz，每秒至少需要 500 个数据点。又由于频谱是测量信号或自相关函数的傅里叶变换，频谱中点与点之间的最小间隔等于所获得的任何两个数据点之间最长时间的倒数。以上要求对单次扫描中应用电场的时间长度设定下限，如果频谱的分辨率为 0.5 Hz，则外加电场与颗粒散射强度每次记录至少需 2 s。

仪器测量的频率范围变化可以优化电泳光散射测量的分辨率和动态范围。如果样品只包含低迁移率颗粒,特别如果样品是多峰或者在非极性介质中(由于介质的介电常数较低,即使 zeta 电位不是很小,迁移率通常也非常小),则较小的频率范围可以提供更多的迁移率分布细节。假定预调频移为 50 Hz,在 2 s 的测量扫描中采集 200 个数据点得到的频谱分辨率为 0.5 Hz,而 500 Hz 预调频率的分辨率要低得多,只有 5 Hz[92]。图 8-26 是煤油中炭黑颗粒的迁移率谱图(含布朗运动的影响,煤油的介电常数为 4),测量使用预调频移为 125 Hz 的参考光与 78 V/cm 恒定电压开 2 s 关 0.5 s 的循环。颗粒的平均迁移率为 -0.035 μm·cm/(V·s),平均 zeta 电位为 -13.2 mV。用此方法可测电泳迁移率小至 0.0025 μm·cm/(V·s) 的样品(在十二烷中的颗粒)[93]。

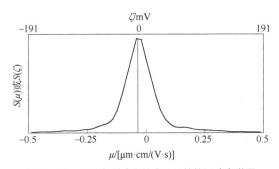

图 8-26 悬浮在煤油中的炭黑颗粒的迁移率谱图

对于另一个极端,使用宽频范围可以防止高迁移率样品出现假峰值。对于在选定电场中能产生 -280 Hz 频率移位的样品,如果预调频移 $\omega_{ps}/2\pi = 500$ Hz,则 -280 Hz 处的峰将是正确的结果。但是如果 $\omega_{ps}/2\pi = 250$ Hz,就会出现一个有趣的现象:由于峰值比频谱最低端还多 30 Hz,在频谱的 -220 Hz 会出现一个零轴反弹的峰,从而导致错误的结果(图 8-27)。预调频移对于 zeta 电位的滴定实验也是不可缺少的,特别是当滴定过程中样品的 zeta 电位有符号的变化。图 8-28 是在脂质体悬浮液中加入不同量的 DNA 溶液所测得的系列 zeta 电位谱图。脂质体带正电(最右边的峰),当加入带负电的 DNA 后,DNA 吸附在脂质体表面,中和了部分正电,zeta 电位峰向左(负电位方向)移动(+DNA 与 ++DNA);当加入 +++DNA 后,整个颗粒的电位为负,zeta 电位分布呈现双峰,左边更负的峰是悬浮液内脂质体吸附后剩余的 DNA 分子;当加入 ++++DNA 后,还是双峰分布,左边的负峰位置不变,但强度升高,说明有更多的"游离"DNA,而脂质体则达到了全覆盖(分布右边的峰)。

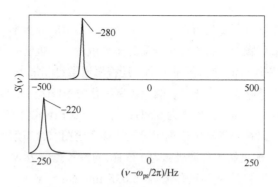

图 8-27 由于频率范围太窄而产生假峰

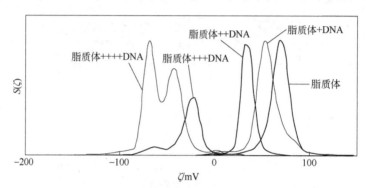

图 8-28 用带负电的 DNA 滴定带正电的脂质体的 zeta 电位图

含有布朗运动的电泳频谱的分析分辨率定义为多普勒频移与扩散增宽的半峰度的比例(有别于前述讨论的频谱分辨率)[43]:

$$分辨率 = \frac{\boldsymbol{K} \cdot \boldsymbol{u}}{D_T K^2} = \frac{\mu E \lambda_o}{D_T 4\pi n \sin \dfrac{\theta}{2}} \tag{8-28}$$

第二个等式在 $\boldsymbol{K}$ 与 $\boldsymbol{u}$ 并行时成立。公式(8-28)表明通过增加电场强度或降低散射角度可以提高分析分辨率。增加 E 很明显地可以增加分辨率,降低散射角度通过减少扩散增宽来增加分辨率也是很显然的。由于布朗运动随着散射角度的增加对峰宽成平方地增加,角度越大对电泳测量的干扰越大。例如对于具有 $\zeta = -60$ mV 的 $d = 250$ nm 的颗粒,30 V 电场下在 160° 的散射角进行测量时频移和峰宽分别为 108 Hz 和 430 Hz,无法获得正确的电泳迁移率分布,甚至无法准确地确定平均值;当散射角度减小为 10° 时,频移和峰宽分别为 55 Hz 与 3.5 Hz。但是减小散射角实际上减少了多普勒频移,需要更准确的测量;固定检测光圈下相对角度的不确定性也增加了,需要精确地知道散射角度。图 8-29 显示了在不同散射角度获得的四个含布朗运动的频谱。

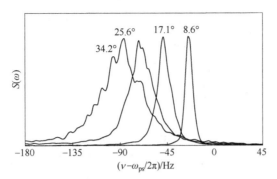

图 8-29 聚苯乙烯乳胶球悬浮液在 4 个散射角度的频谱

对于小颗粒，如果不使用前述剥离法去除布朗增宽，则必须使用小散射角度，限制来自可以选择的最小角度以及究竟在设定电场强度和持续时间内测量能达到何种频谱精度和准确度，且不会产生如过热和样品反应等不良影响。要获得在低频率段的高分辨率，需要长时间的外加电场，这时溶液离子强度就成了约束因素。对于大颗粒，分析分辨率受 Brownian 增宽的影响较小。

图 8-30 显示了单分散迁移率小颗粒（$d = 20\,\text{nm}$）与大颗粒（$d = 1\,\mu\text{m}$）的频谱增宽。对于直径为几百纳米或更大的单分散颗粒，迁移率的分辨率优于 0.5 μm·cm/（V·s）是可以实现的。但如果存在其他增宽因素如瞬变时间和场不均匀，则仍需要优化散射角度[94]。在研究由五种不同乳胶组成的聚苯乙烯乳胶球混合物时，从混合物测量中得到每个组分的迁移率与从单个样品中测出的非常接近（见表 8-3 和文献[59]）。

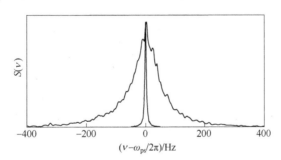

图 8-30 1 μm 的聚苯乙烯乳胶球（窄峰）和 20 nm 的同类样品（宽峰）
在无外加电场同一角度测量的频谱

8.4.3 电泳迁移率测量的准确性

电泳迁移率测量的准确性（偏差）和精度（可重复性）主要取决于液体静止性的影响，其中电渗显然是影响峰值位置精度的一个重要因素，其他如热对流、表面反应等也会影响液体的静止性。每次测量的开始与结束应该检查零电场频谱以确保不存在液体流动。没有外加电场时的频谱应是以 $\nu - \omega_{ps}/2\pi = 0$ 为中心的单个峰值。任何偏离零峰值向正或向负频率的峰值漂移都表示存在应纠正的液体运动。电场的不均匀导致颗粒不根据仪器设计的移动方向运动，也会导致峰值的漂移和峰宽的增大。

表8-3　从电泳频谱中得到的迁移率

d_h/nm	迁移率/[μm · cm/(V · s)]		d_h/nm	迁移率/[μm · cm/(V · s)]	
	单组分	混合物		单组分	混合物
137	−4.84	−4.86	605	−3.56	−3.34
212	−5.21	−5.40	1000	−8.22	−8.27
394	−6.45	−6.58			

测量精度也与频谱分辨率有关。对于 50 Hz 的 Doppler 频移，如果重复性要求为 1%，频谱分辨率需要优于 0.5 Hz。要实现这一点，无论使用频谱分析仪还是相关器，都需要至少 2 s 的扫描。

限制准确性的另一个因素是在给定时间内颗粒产生的频移如果小于 K^{-1}，信号将无法完成 2π 的周期，则无论是使用频谱分析还是自相关函数测量都得不到准确的结果。假设用 He-Ne 激光测量水相悬浮液时外加 2 s 的 10 V/cm 的电场，在 10° 散射角进行测量所产生大于 K^{-1} 频移的最小迁移率是 0.02 μm·cm/（V·s），30° 散射角为 0.007 μm·cm/（V·s）。

Doppler 频移测定后，根据公式（8-9）或公式（8-10）与公式（8-15），还需要七个参数才能计算电泳迁移率：λ_0、n、A、G、i、θ 和 ξ。λ_0 和 n 通常可以准确知道（不确定度<0.1%）；电流可以保持恒定并准确测量（不确定度<0.1%）；在具有固定光学部件的仪器中，θ 和 ξ 可以几何方式设置和确定（不确定度<0.1%），但如果使用移动光学部件设置散射角，则小角度的不确定度可能不容易保持在 0.1% 以下；毛细管样品池的横截面 A 通常是固定的。平行板样品池的横截面 A 较难确定与测量，因为在计算电极之间的场强度时，必须考虑电场边缘效应，所以较难保持恒定与达到低不确定度[75]。溶液的导电性可以精确测量但准确性很难超过 0.1%。考虑所有这些参数的不确定性，总体的不确定性估计在 1%或以上。

在计算 zeta 电位时还有两个参数：介质的黏度和介电常数。zeta 电位的准确性很难估计，因为它不是一个实验测定的量，其准确性在很大程度上取决于计算中使用模型的适用性，以及模型与真实颗粒之间的差别。由于对 zeta 电位估算的不准确性远高于测量迁移率的实验精度，因此如果实验的最终目的参数是 zeta 电位，则进一步提高测量精度的必要性并不大。

8.5　相位分析光散射

与频率分析相反，20 世纪 90 年代首次提出的相位分析光散射（PALS），从散射光的相位中分析颗粒的迁移性[95,96]。

相位对时间的微分即为频率。如果 $t = 0$ 时在位置 $x_j(0)$ 处的颗粒 j 有移动，则在 $t = t$ 的散射光相位变化 $[\varphi_j(t) - \varphi_j(0)]$ 与颗粒的新位置直接相关。如果只有应用电场引起的定向运动，相位变化就与颗粒移动的距离相关，从给定的仪器设置（入射光、散射光和电场的方向）可以得到电泳运动的信息。测量相位而不是强度的优点是可以检测颗粒位置作为时间函数的较小变化，当平均多个周期电场中同一时刻的信号时，可以有效地从信号中去除无规扩散运动。因此如果在高频电场的许多相同周期内测量散射光的相位变化，则平均相位随时间的变化与电泳运动有关，相位随时间变化的均方与扩散运动有关。当然导致颗粒其他运动的实验干扰也会产生相位变化。对于多分散颗粒体系，散射光的相位分析更为复杂。振幅加权相差函数（AWPD）$Q(t)$ 是相位变化 $\delta\varphi$ 与瞬时振幅 A 的乘积，$Q(t)$ 将可测量的参数与颗粒的电泳运动联系起来。如果假设多分散体系中的 Brownian 运动和电泳运动是完全可分离的，在统计上是独立的，实验测量的 AWPD 中就不包含 Brownian 运动，测量的振幅和相变是整个样品的平均值，多分散的迁移率被归纳到了一个尚无定义的平均值 $\bar\mu$。在应用电场 $E(t)$ 的许多相同周期中测到的 AWPD 的平均值是：

$$\langle Q(t) - Q(0) \rangle = \bar{A}K\bar{\mu}\int_0^t E(t')\mathrm{d}t' \tag{8-29}$$

公式（8-29）是根据交叉光束法推导出来的（图 8-7）。如果使用参考光束法（图 8-6），则必须再乘以散射矢量和电场之间的余弦角度项，以反映散射矢量方向的电泳运动分量。样品也可能存在其他由于热对流、沉降或乳化等产生的运动。如果我们假设这些其他运动可以用与电场无关、在整个测量过程中不会改变的恒定速度 v_c 表示，则公式（8-29）中 AWPD 在方波形电场 [公式（8-30）] 和正弦波形电场 $[E(t) = E_o\sin(\omega t + \varphi)$，公式（8-31）] 分别为：

$$\langle Q(t) - Q(0) \rangle = \bar{A}K[\bar{\mu}E(t) + v_c t] \tag{8-30}$$

$$\langle Q(t) - Q(0) \rangle = \bar{A}K\left\{ \frac{\bar{\mu}E_o}{\omega}[\cos\varphi - \cos(\omega t + \varphi)] + v_c t \right\} \tag{8-31}$$

相位分析光散射的实验设置与电泳光散射仪器非常相似，主要区别在于应用电场的频率、信号检测和数据分析。为了测量应用电场中多个周期的平均 AWPD，电场频率通常为 5～200 Hz，参考光相位调制到一定频率，通过对检测信号与外加调制器频率进行相位比较来测量散射光频率的位移。相位比较器检测到的固定相对相位的任何变化都表示非零颗粒迁移性，这种比较可以使用模拟锁定放大器或数字信号进行处理，图 8-31 是各类相位差随时间变化示意图，其中相位差的斜率即为频率的位移。

通过对电场许多周期的平均可获得高质量的数据。图 8-32 为使用正弦波形电场测量的 AWPD 与 AWPS（振幅权重平方相位差）[73]。也可以使用光脉冲信号 $I(t)$ 与周期性锯齿形线性电压驱动信号 $V_M(t)$ 的交叉相关函数 $C(\Delta t) = \langle I(t) \cdot V_M(t-\Delta t) \rangle$ 进行相移分析，用于获得电泳迁移率[97]。

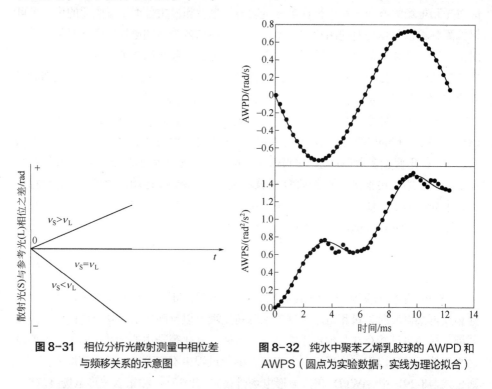

图 8-31　相位分析光散射测量中相位差
与频移关系的示意图

图 8-32　纯水中聚苯乙烯乳胶球的 AWPD 和
AWPS（圆点为实验数据，实线为理论拟合）

如果测量时间不是很长并且 V_c 是固定的，相位分析光散射技术不受热对流和其他实验噪声的影响，这些电泳运动以外的运动可以在测量中从电泳运动中分离出来。通常在 20 s 的测量中可以收集和平均 30 个单独的相谱。相位分析光散射非常适合测量非极性溶剂中迁移率较小的颗粒，以及高黏度或高离子强度悬浮液中的颗粒。如果可以调整相位调制频率，并且使用频谱分析可能获得 V_c，则任何热运动或其他造成颗粒漂移运动的影响都可以进一步消除或压缩。使用相位分析光散射可以极其准确地测定频率变化，使得测定极小的电泳迁移率移动成为可能，譬如高黏度碳氢化合物油中的高碱值磺酸钙颗粒的电泳迁移率小至 0.0002 μm·cm/(V·s)，此值约为使用常规电泳光散射能测量的值的 1%。相位分析光散射还可通过平方相位随时间变化的连续平均值来估计颗粒的平均粒径，尽管此平均值对多分散体系尚没有定义。

如果不是使用单个光电探测器而是使用光电二极管阵列，在外差法电泳光散射中就可以在一个连续的散射角度范围内同时进行测量，称为大规模平行相分析光散射（MP-PALS）。在对多个 0.1 s 电场脉冲周期以及来自多个散射角度的散射光相位进行平均，进一步提高了检测灵敏度与信噪比，并消除了无规布朗运动造成的干扰，且可以在高电导的电解质中无损地测量非常小和稀释的生物颗粒/分子的平均 zeta 电位[98,99]。

相位分析光散射的主要缺点是无法从测量结果获取电泳迁移率的分布信息，且未定义平均值类型，$\bar{A}$ 的准确性往往受到实验噪声的影响而难以确定。其他因素如电渗、电气噪声和电场频率的选择不当也会影响测量精度。

参考文献

[1] Gouy. M.; Sur la constitution de la charge électrique à la surface d'un electrolyte. *J Phys Theor Appl*, 1910, 9 (1), 457-468.

[2] Chapman, D. L.; LI. A contribution to the theory of electrocapillarity. *Lond Edinb Dub Phi Mag*, 1913, 25(148), 475-481.

[3] Stern, O.; Zur Theorie Der Elektrolytischen Doppelschicht. *Zeitschrift für Elektrochemie und angewandte physikalische Chemie*, 1924, 30, 508-516.

[4] Grahame, D.C.; The Electrical Double Layer and the Theory of Electrocapillarity. *Chem Rev*, 1947, 41, 441-501.

[5] Derjaguin, B.; Landau, L.; Theory of the Stability of Strongly Charged Lyophobic Sols and of the Adhesion of Strongly Charged Particles in Solutions of Electrolytes. *Acta Physico Chimica URSS*, 1941, 14, 633.

[6] Verwey, E.J.W.; Overbeek, J.Th.G.; Theory of the Stability of Lyophobic Colloids. *J Phys Colloid Chem*, 1948, 51(3), 631-636.

[7] Strubbe, F.; Beunis, F.; Brans, T.; Karvar, M.; Woestenborghs, W.; Neyts, K.; Electrophoretic Retardation of Colloidal Particles in Nonpolar Liquids. *Phys Rev X*, 2013, 3(2), 021001.

[8] Rubio-Hernández, F.J.; Is DLVO Theory Valid for Non-Aqueous Suspensions? *J Non-Equil Thermody*, 1999, 24(1), 75-79.

[9] Fowkes, F.M.; Jinnai, H.; Mostafa, M.A.; Anderson, F.W.; Moore, R.J.; Mechanism of Electric Charging of Particles in Nonaqueous Liquids. *ACS Symposium Series 200: Colloids and Surfaces in Reprographic Technology*, 1982, Chpt 15, 307-324.

[10] Labib, M.E.; Williams, R.; The Use of Zeta-potential Measurements in Organic Solvents to Determine the Donor-acceptor Properties of Solid Surfaces. *J Colloid Interf Sci*, 1984, 97(2), 356-366.

[11] Xu, R.; Wu, C.; Xu, H.; Particle Size and Zeta Potential of Carbon Black in Liquid Media. *Carbon*, 2007, 45, 2806-2809.

[12] Hunter, R.; *Zeta Potential in Colloid Science*. Academic Press, New York, 1981.

[13] Hunter, R.; *Introduction to Modern Colloid Science*. Oxford Science Publications, London, 1993.

[14] Ohshima, H.; Furusawa, K.; *Surfactant Science Series 76: Electrical Phenomena at Interfaces*. Marcel Dekker, New York, 1998.

[15] 刘洪国, 孙德军, 郝京诚. 新编胶体与界面化学. 北京: 化学工业出版社, 2016.

[16] 沈钟, 康万利, 赵振国. 胶体与表面化学. 4 版, 北京: 化学工业出版社, 2012.

[17] O'Brien, R.W.; Beattie, J.K.; Djerdjev, A.M.; The Electrophoretic Mobility of an Uncharged Particle. *J Colloid Interf Sci*, 2014, 420, 70-73.

[18] Henry, D.C.; The Cataphoresis of Suspended Particles Part Ⅰ. The Equation of Cataphoresis. *Proc R Soc London*, 1931, A133, 106-129.

[19] 秦福元, 刘伟, 王文静, Thomas, J.C.; 王雅静, 申晋. zeta 电位计算过程中 Henry 函数的优化表达式. 光学学报, 2017, 10, 320-327.

[20] Wiersema, P.H.; Loeb, A.L.; Overbeek, J.Th.G.; Calculation of the Electrophoretic Mobility of a Spherical Colloid Particle. *J Colloid Interf Sci*, 1966, 22, 78-99.

[21] O'Brian, R.W.; White, L.R.; Electrophoretic Mobility of a Spherical Colloidal Particle. *J Chem Soc Faraday Trans* 2, 1978, 74, 1607-1626.

[22] Deggelmann, M.; Palberg, T.; Hagenbuchle, M.; Maire, E.; Krause, R.; Graf, C.; Weber, R.; Electrokinetic Properties of Aqueous Suspensions of Polystyrene Spheres in the Gas and Liquid-like Phase. *J Colloid Interf Sci*, 1991, 143, 318-326.

[23] Grosse, C.; Shilov, V.N.; Electrophoretic Mobility of Colloidal Particles in Weak Electrolyte Solutions. *J Colloid Interf Sci*, 1999, 211, 160-170.

[24] Solomentsev, Y.E.; Pawar, Y.; Anderson, J.; Electrophoretic Mobility of Non-uniformly Charged Spherical Particles with Polarization of the Double Layer. *J Colloid Interf Sci,* 1993, 158, 1-9.

[25] O'Brien, R.W.; The Dynamic Mobility of a Porous Particle. *J Colloid Interf Sci*, 1995, 171, 495-504.

[26] Ohshima, H.; Electrophoretic Mobility of a Polyelectrolyte Adsorbed Particle: Effect of Segment Density Distribution. *J Colloid Interf Sci*, 1997, 185, 269-273.

[27] Ohshima, H.; Electrophoresis of Soft Particles: Analytic Approximations. *Electrophoresis*, 2006, 27, 526-533.

[28] Ohshima, H. Approximate Analytic Expression for the pH-Dependent Electrophoretic Mobility of Soft Particles. *Colloid Polym Sci*, 2016, 294, 1997-2003.

[29] Bharti, P.P.; Gopmandal, S.B.; Ohshima, H.; Analytic Expression for Electrophoretic Mobility of Soft Particles with a Hydrophobic Inner Core at Different Electrostatic Conditions. *Langmuir*, 2020, 36(12), 3201-3211.

[30] Ohshima, H.; Dynamic Electrophoretic Mobility of a Cylindrical Colloidal Particle. *J Colloid Interf Sci*, 1997, 185, 131-139.

[31] de Keizer, A.; van der Drift, W.P.J.T.; Overbeek, J.Th.G.; Electrophoresis of Randomly Oriented Cylindrical Particles. *Biophys Chem*, 1975, 3, 107-108.

[32] Stigter, D.; Electrophoresis of Highly Charged Colloidal Cylinders in Univalent Salt Solutions. 1. Mobility in Transverse Field. *J Phys Chem*, 1978, 82, 1417-1423.

[33] Morrison, F.A.; Transient Electrophoresis of an Arbitrarily Oriented Cylinder. *J Colloid Interf Sci*, 1971, 36, 139-145.

[34] Keh, H.J.; Chen, S.B.; Diffusiophoresis and Electrophoresis of Colloidal Cylinders. *Langmuir*, 1993, 9, 1142-1148.

[35] Yoon, B.J.; Kim, S.; Electrophoresis of Spheroidal Particles. *J Colloid Interf Sci*, 1989, 128, 275-288.

[36] O'Brien, R.W.; Ward, D.N.; Electrophoresis of A Spheroid with a Thin Double Layer. *J Colloid Interf Sci*, 1988, 121, 402-413.

[37] Fair, M.C.; Anderson, J.L.; Electrophoresis of Non-uniformly Charged Ellipsoidal Particles. *J Colloid Interf Sci*, 1988, 127, 388-395.

[38] Smoluchowski, M.V.; Versuch Einer Mathematischen Theorie der Koagulationskinetik Kolloider Lösungen. *Z Physik Chem*, 1918, 92, 129-168.

[39] Ohshima, H.; Healy, T.W.; White, L.R.; Accurate Analytic Expressions for the Surface Charge Density/Surface Potential Relationship and Double-Layer Potential Distribution for a Spherical Colloidal Particle. *J Colloid Interf Sci*, 1982, 90(1), 17-26.

[40] Reuss, F.F.; Sur un nouvel effet de l'électricité galvanique. *Mem Soc Imp Natur Moscou*, 1809, 2, 327-337.

[41] Tiselius, A.; A New Apparatus for Electrophoretic Analysis of Colloidal Mixture. *Trans Faraday Soc*, 1937, 33, 524-531.

[42] Alberty, R.A.; An Introduction to Electrophoresis. *J Chem Educ*, 1948, 25, 426-433, 619-629.

[43] Ware, B.R.; Flygare, W.H.; The Simultaneous Measurement of the Electrophoretic Mobility and Diffusion Coefficient in Bovine Serum Albumin Solutions by Light Scattering. *Chem Phys Lett*, 1971, 12, 81-85.

[44] Uzgiris, E.E.; Measurement of Electrophoresis by Laser Light Scattering. *Biophys J*, 1972, 12, 1439.

[45] Ware, B.R.; Haas, D.D.; Electrophoretic Light Scattering. Sha'afi, R.I.; Fernandez, S.M.; *Fast Methods in Physical Biochemistry and Cell Biology*. Elsevier, New York, 1983, Chpt 8, 173-220.

[46] Dukhin, A.; Xu, R.; zeta Potential Measurements.// Hodoroaba, V.; Unger, W.E.S.; Shard, A.G.; *Characterization of Nanoparticles Measurement Processes for Nanoparticles*. Elsevier, 2020, 213-224.

[47] ISO 13099-2:2012. *Colloidal Systems-Methods for Zeta-potential Determination-Part 2: Optical Methods*. International Organization for Standardization, Genève, 2012.

[48] ISO 13099-3:2014. *Colloidal Systems-Methods for Zeta Potential Determination-Part 3: Acoustic Methods*. International Organization for Standardization, Genève, 2014.

[49] Huang, G.; Xu, B.; Qiu, J.; Peng, L.; Luo, K.; Liu, D.; Han, P.; Symmetric Electrophoretic Light Scattering for Determination of the Zeta Potential of Colloidal Systems. *Colloid Surface A*, 2020, 587, 124339.

[50] Durst, F, Melling, A, Whitelaw, J.H.; *Principles and Practices of Laser-Doppler Anemometry*. 2nd ed. Academic Press, London, 1981.

[51] 叶辉, 邱健, 韩鹏, 彭力, 骆开庆, 刘冬梅. zeta 电位测量中基于 PZT 的光学移频装置的研制. 国外电子测量技术, 2019, 7, 43-51.

[52] Xu, R.; Schmitz, B.; Lynch, M.; A Fiber Optic Frequency Shifter. *Rev Sci Instrum,* 1997, 68, 1952-1961.

[53] Abramson, H.A.; Microscopic Method of Electrophoresis. *J Phys Chem*, 1932, 36(5), 1454-1454.

[54] Smith, M.E.; Lisse, M.W.; A New Electrophoresis Cell for Microscopic Observations. *J Phys Chem,* 1936, 40, 399-412.

[55] Beniams, H.; Gustavson, R.G.; The Theory and Application of a Two-path Rectangular Microelectrophoresis Cell. *J Phys Chem*, 1942, 46, 1015-1023.

[56] Hamilton, J.D.; Stevens, T.J.; A Double-tube Flat Microelectrophoresis Cell. *J Colloid Interf Sci*, 1967, 25, 519-525.

[57] Rutgers, A.J.; Facq, L.; van der Minne, J.L.; A Microscopic Electrophoresis Cell. *Nature*, 1950, 166, 100-102.

[58] Haas, D.D.; Ware, B.R.; Design and Construction of a New Electrophoretic Light-scattering Chamber and Application to Solutions of Hemoglobin. *Anal Biochem*, 1976, 74, 175-188.

[59] Oka, K.; Furusawa, K.; Electrophoresis. Ohshima, H.; Furusawa, K.; *Surfactant Science Series 76: Electrical Phenomena at Interfaces*. Marcel Dekker, New York, 1998, Chpt 8, 151-224.

[60] 黄桂琼, 邱健, 韩鹏, 彭力, 刘冬梅, 骆开庆. U 型样品池中电场分布仿真及其对 zeta 电位测量的影响. 中国粉体技术, 2019, 4, 26-32.

[61] Emoto, K.; Harris, J.M.; van Alstine, J.M.; Grafting Poly(ethylene glycol) Epoxide to Amino-derivatized Quartz: Effect of Temperature and pH on Grafting Density. *Anal Chem*, 1996, 68, 3751-3757.

[62] White, P.; Theory of Electroosmotic Circulation in Closed Vessels. *Phil Mag*, 1937, 23, 811-823.

[63] Komagata, S.; *Researches of the Electrotechnical Laboratory*. Ministry of Communications, Tokyo, 1933, March, 348.

[64] Burns, N.L.; Surface Characterization Through Measurement of Electroosmosis at Flat Plates. *J Colloid Interf Sci*, 1996, 183, 249-259.

[65] Oka, K.; Otani, W.; Kameyama, K.; Kidai, M.; Takagi, T.; Development of a High-performance Electrophoretic Light Scattering Apparatus for Mobility Determination of Particles with Their Stokes' Radii of Several Nanometers. *Appl Theoretical Electrophoresis,* 1990, 1, 273-278.

[66] Knox, R.J.; Burns, N.L.; van Alstine, J.M.; Harris, J.M.; Seaman, G.V.F.; Automated Particle Electrophoresis: Modeling and Control of Adverse Chamber Surface Properties. *Anal Chem*, 1998, 70, 2268-2279.

[67] Xu, R.; Smart, G.; Electrophoretic Mobility Study of Dodecyltrimethylammonium Bromide in Aqueous Solution and Adsorption on Microspheres. *Langmuir*, 1996, 12, 4125-4133.

[68] Finsy, R.; Xu, R.; Deriemaeker, L.; Effect of Laser Beam Dimension on Electrophoretic Mobility Measurements. *Part Part Syst Charact*, 1994, 11, 375-378.

[69] Smith, B.A.; Ware, B.R.; Apparatus and Methods for Laser Doppler Electrophoresis.//Hercules, D.; Hieftje, M.; Snyder, L.R.; Evenson, M.A.; *Contemporary Topics in Analytical and Clinical Chemistry v.2*. Plenum, New York, 1978, Chpt 2, 29-54.

[70] Hjertén, S.; High-performance Electrophoresis: Elimination of Electroendosmosis and Solute Adsorption. *J Chromatogr*, 1985, 347, 191-198.

[71] Schätzel, K.; Weise, W.; Sobotta, A.; Drewel, M.; Electroosmosis in an Oscillating Field: Avoiding Distortions in Measured Electrophoretic Mobilities. *J Colloid Interf Sci*, 1991, 143, 287-293.

[72] Minor, M.; van der Linde, A.J.; van Leeuwen, H.P.; Lyklema, J.; Dynamic Aspects of Electrophoresis and Electroosmosis: a New Fast Method for Measuring Particle Mobility. *J Colloid Interf Sci*, 1997, 189, 370-375.

[73] Miller, J.; Velev, O.; Wu, S.C.C.; Ploehn, H.J.; A Combined Instrument for Phase Analysis Light Scattering and Dielectric Spectroscopy. *J Colloid Interf Sci*, 1995, 174, 490-499.

[74] Uzgiris, E.E.; Laser Doppler Spectroscopy: Applications to Cell and Particle Electrophoresis. *Adv Coll Inter Sci*, 1981, 14, 75-171.

[75] Uzgiris, E.E.; Laser Doppler Methods in Electrophoresis. *Prog Surface Sci*, 1981, 10, 53-164.

[76] Varenne, F.; Coty, J.B.; Botton, J.; Legrand, F.X.; Hillaireau, H.; Barratt, G.; Vauthier, C.; Evaluation of Zeta Potential of Nanomaterials by Electrophoretic Light Scattering: Fast Field Reversal Versus Slow Field Reversal Modes. *Talanta*, 2019, 205, 120062.

[77] McNeil-Watson, F.K.; Connah, M.T.; Mobility and Effects Arising from Surface Charge: US 7217350, 2007.

[78] Xu, R.; Progress in Nanoparticles Characterization: Sizing and Zeta Potential Measurement. *Particuology*, 2008, 6(2), 112-115.

[79] Sekiwa, M.; Tsutsui, K.; Morisawa, K.; Fujimoto, T.; Toyoshima, A.; Electrophoretic Mobility Measuring Apparatus: US 7449097, 2008.

[80] Pohl, H.A.; *Dielectrophoresis*. Cambridge University Press, Cambridge, 1978.

[81] Corbett; J.C.W.; Connah, M.; Mattison, K.; Laser Doppler Electrophoresis Using a Diffusion Barrier: US 10648945, 2020.

[82] ISO/TR 19997:2018. *Guidelines for Good Practices in Zeta-Potential Measurement*. International Organization for Standardization, Genève, 2018.

[83] ASTM E2865-12(2018). *Standard Guide for Measurement of Electrophoretic Mobility and Zeta Potential of Nanosized Biological Materials*. ASTM International, West Conshohocken, 2018.

[84] Kameyama, K.; Takagi, T.; Measurement of Electrophoretic Mobility of SDS Simple Micelles and mixed Micelles with a Non-ionic Surfactant, Octaethylene Glycol Dodecyl Ether, by Electrophoretic Light Scattering with the Correction for Electroosmotic Flow. *J Colloid Interf Sci*, 1990, 140, 517-524.

[85] Imae, T.; Otani, W.; Oka, K.; Electrophoretic Light Scattering of Surfactant Micelle Colloids. *J Phys Chem*, 1990, 94, 853-855.

[86] Hackley, V.A.; Premachandran, R.; Malghan, S.G.; Schiller, S.B.; A Standard Reference Material for the Measurement of Particle Mobility by Electrophoretic Light Scattering. *Colloid Surface A*, 1995, 98(3), 209-224.

[87] Ramaye, Y.; Kestens, V.; Charoud-Got, J.; Mazoua, S.; Auclair, G.; Cho, T.; Toman, B.; Hackley, V.; Linsinger, T. Certification of Standard Reference Material 1992/ERM-FD305 Zeta Potential & Colloidal Silica (Nominal Mass Fraction 0.15%). *Special Publication (NIST SP)*, National Institute of Standards and Technology, Gaithersburg, 2020.

[88] Ramaye, Y.; Kestens, V.; Charoud-Got, J.; Mazoua, S.; Auclair, G.; Cho, T.; Toman, B.; Hackley, V.; Linsinger, T. Certification of Standard Reference Material 1993/ERM-FD306 Zeta Potential & Colloidal Silica (Nominal Mass Fraction 2.2%). *Special Publication (NIST SP)*, National Institute of Standards and Technology, Gaithersburg, 2020.

[89] Seaman, G.V.F.; Knox, R.J.; Microparticles for Standardization of Electrophoretic Devices and Process Control. *J Dispersion Sci Tech*, 1998, 19, 915-936.

[90] Xu, R.; Methods to Resolve Mobility from Electrophoretic Laser Light Scattering Measurement. *Langmuir*, 1993, 9, 2955-2962.

[91] Davenport, W.B.Jr.; Root, W.L.; *Random Signals and Noise.* McGraw-Hill, New York, 1958.

[92] 刘伟, 张珊珊, Thomas, J.C.; 陈文钢, 王雅静, 申晋. 基于频谱细化算法的电泳光散射 Zeta 电位测量方法. 光学学报, 2017, 37(2), 0229001.

[93] Kornbrekke, R.E.; Morrison, I.D.; Oja, T.; Electrophoretic Mobility Measurements in Low Conductivity Media. *Langmuir*, 1992, 8, 1211-1217.

[94] Preece, A.; Sabolovic, D.; *Cell Electrophoresis.* Elsevier, Amsterdam, 1978, 381.

[95] Miller, J.F.; The Determination of Very Small Electrophoretic Mobilities of Dispersions in Non-Polar Media Using Phase Analysis Light Scattering. Bristol: University of Bristol, 1990.

[96] Miller, J.F.; Schätzal, K.; Vincent, B.; The Determination of Very Small Electrophoretic Mobilities in Polar and Nonpolar Colloidal Dispersions Using Phase Analysis Light Scattering. *J Colloid Interf Sci*, 1991, 143, 532-553.

[97] Nicoli, D.; Chang, Y.J.; Wu, J.S.; Methods and Apparatus for Electrophoretic Mobility Determination Using Phase Light Scattering Analysis: US 7295311, 2007.

[98] Hsieh, H.T.; Trainoff, S.P.; Wyatt, T.; Method to Measure Particle Mobility in Solution with Scattered and Unscattered Light: US 8525991, 2013.

[99] Sommers, C.D.; Ye, H.; Liu, J.; Linhardt, R.J.; Keire, D.A.; Heparin and Homogeneous Model Heparin Oligosaccharides form Distinct Complexes with Protamine: Light Scattering and Zeta Potential Analysis. *J Pharmaceut Biomed*, 2017, 140, 113-121.

第 **9** 章

颗粒表征的标准化

随着全球对工业流程和技术研发的质量控制和质量保证的需求，越来越多的行业采用起始于 1987 年，在 2015 年更新的 ISO 9000 标准系列，以应对越来越严格的政府监管、越来越齐全的行业规则、越来越激烈的市场竞争。各行各业的标准化从无到有，越来越健全，标准化程度也越来越高。各个国家的标准化管理也越来越完善，国家以及各级地方的标准化管理机构也开始发挥越来越大的作用，领导、管理、协调、普及标准化活动，组织制定各类标准，认证、管理标准物质的制作与普及。

根据国际标准化组织（ISO）的定义，标准就为了在一定的范围内获得最佳秩序，经协商一致制定并由公认机构批准，共同使用和重复使用的规范性文本标准或实物标准。标准具有以下几个特性：

① 权威性。标准由权威机构批准发布，在相关领域有技术权威，为社会所公认。

② 民主性。标准的制定要经过利益相关方充分协商，并听取各方意见,由各个部门与相关科研机构、检测机构、生产企业、高等院校、行业组织、消费者组织等方面的专家成立工作组，共同协商修订，并向社会公众广泛征求意见。

③ 实用性。标准是为了解决现实问题或潜在问题，在一定的范围内获得最佳秩序，实现最大效益。

④ 科学性。标准产生的基础是科学研究和技术进步的成果，其技术内容代表着先进的科技创新成果，标准的实施也是科技成果产业化的重要过程。

标准制定及其实施与管理是标准化过程的几个组成部分。对于在保障健康、安全、环保等方面的强制性标准，标准的实施直接事关民生。

而其他很多标准的实施，在促进经济转型升级、提质增效等方面也具有很强的影响力和约束力，能带动企业和行业的技术改造和质量升级，能引领与促进科技成果转化。现在的新趋势是标准与技术和产品同步，甚至是先有标准才有相应的产品，所谓的"乘数效应"能更好地推动科技成果向产业转化，发挥创新驱动的作用。在促进国际贸易、技术交流等方面，标准化更是重要，具有通行证的作用。产品进入国际市场，首先要符合国际或其他国家的标准，同时标准也是贸易仲裁的依据。国际权威机构研究表明，标准和合格评定影响着80%的国际贸易。

颗粒表征行业也不例外。随着很多经典的颗粒表征方法的现代化与基于当代科学技术成果的新表征技术的出现，颗粒表征所牵涉的技术也从直观的筛分、沉降分析、毛细管电泳观察等发展成包括微电子技术、微型机电系统、纳米技术、云计算等现代科技最新成果。除了学院、研究院所为科研所用，自己搭建的装置，以及仪器厂家的研发与设计制作之外，商业仪器设备的产品质量验证、仪器设备的校验与保养、操作规程与人员培训、测量结果的报告与阐释，都需要规范化与标准化。

颗粒表征的标准化可以分为表征技术包括实验操作的标准化与各类技术所需要的标准物质。本章除了这两方面以外，也简要介绍了有关标准化组织与标准的制定过程。

9.1 文本标准

9.1.1 国际标准

国际标准有标准的文本规范，规定在正文之前有前导词［有关国际标准化组织（ISO）与该标准的申明］、引言（该标准的目的与纲要）。正文由范围、规范性引用文件、术语和定义、符号与略称、具体标准内容、资料性附录、参考文献等部分组成。其中具体标准内容部分可据标准所需陈述表达的内容分成数目不等的几个部分。每个国际标准的标题一般为 ISO ×××××: NNNN（E）或 ISO ×××××: NNNN（F）。其中×××××是按序号排列的标准号，如果此标准为系列标准的一部分，则还应标上阿拉伯数字的部分号码；NNNN 是标准发布的年份，括号内的 E 或 F 标明文本的语言，所有国际标准都必须有英文与法文两种文本。

国际标准的建立一般分为以下六个步骤：

① 提案阶段（阶段 10） 由专业委员会（TC）或专业分委员会（TC/SC）的专家提出新的工作项目提案后，提交有关 TC 或 TC/SC 成员国表决，以确定该提案

是否应列为工作项目。如果 TC 或 TC/SC 的大多数参与成员国投赞成票，并且至少有 5 名参与成员国宣布他们承诺积极参与该项目，并能提名本国专家，则该提案将被接受，并在自我推荐/推荐的基础上产生一名项目负责人。

② 筹备阶段（阶段 20）   如果 TC 或 TC/SC 有相应的工作小组，则此项目将由该工作小组负责，如果没有，则建立一个新的工作小组，并推选一位召集人与一位副召集人。此工作小组将包括提案投票时各国提名的专家与其他来自相关行业以及消费者协会、学术界、非政府组织和政府的有关专家。在此项目负责人的组织下，工作组开始起草此国际标准的工作草案，进行版权、专利和合格评定，并在小组内反复讨论修改，最后成为符合国际标准规范、可以递交给 TC 或 TC/SC 审议、讨论、投票的委员会草案。

③ 委员会阶段（阶段 30）   TC 或 TC/SC 将委员会草案给成员们讨论并征求意见，工作小组就收集到的意见反复进行讨论，对草案不断修改，直至大家就技术内容达成共识。此阶段可以被略过。

④ 征询阶段（阶段 40）   委员会将文档作为国际标准草案提交给 ISO 中央秘书处。ISO 中央秘书处向所有成员国标准机构分发该国际标准草案，并进行为期 12 周的表决和评论。如果 TC 或 TC/SC 三分之二的参与成员国赞成，并且反对票不超过总票数的四分之一，则该草案批准通过。如果未通过，文本将发回工作小组作进一步讨论修改，并将再次分发修订后的文件，再次投票表决和评论。如果投票赞成且无技术上的修改意见，则该文档将直接进入出版阶段。

⑤ 批准阶段（阶段 50）   TC 或 TC/SC 对国际标准草案根据收到的技术性意见进行讨论修改后，形成国际标准最终草案。ISO 中央秘书处向所有成员国机构分发此文本，并在 8 周内进行最终的赞成/反对投票。如果在此期间收到技术意见，则现阶段不再考虑这些意见，而是在今后修订时再供审议讨论。如果 TC 或 TC/SC 的参与成员国中有三分之二的多数赞成，并且反对票不超过总票数的四分之一，则该文本被批准为国际标准。如果不符合这些批准标准，则该标准将交回原发地，以便根据反对票提交的技术原因进行复议。

⑥ 出版阶段（阶段 60）   一旦国际标准最终草案获得批准，经过少量编辑更改与格式规范化后的文本将由 ISO 中央秘书处作为国际标准全球发行销售。

正如上述步骤中所述，国际标准的制定、发布涉及全球专家合作的大量工作，通常需要大约 18～36 个月的时间。此外，所有已发表的国际标准至少每 5 年复审一次，由原 TC 或 TC/SC 决定是应确认、修订还是废除。

除了国际标准之外，ISO 还发表下列与标准化有关的文档类型：

① ISO/TS 技术规范   涉及仍在技术开发中的工作，或认为将来（但不是立即）有可能成为国际标准。发布技术规范供立即使用，但也提供了获取反馈的手段，其

目标是最终将其作为国际标准。

② ISO/TR 技术报告　可能包括从调查中获得的数据，或从翔实的报告中获得的数据，或从感知到的"最先进的状态"中获得的信息。

③ ISO/PAS 公开可用规范　发布公开的规范，以响应紧急市场需要，代表工作组内专家的共识，或代表 ISO 外部组织的共识。与 ISO/TS 一样，公开可用规范将立即发布，并作为获取反馈以最终转化为国际标准的一种手段。

截至 2020 年底，ISO 已制定了 23574 份国际标准与文件，共计 1106940 页。正在进行中的有 4465 个工作项目。颗粒表征的国际标准主要由 TC 24 颗粒表征包括筛分专业委员会制定，也有很多其他专业委员会制定的、与各行业有关的颗粒表征国际标准，譬如与 TC 24 有关联的 19 个专业委员会，特别是 TC 229 纳米技术、TC 281 微细气泡技术制定的标准。TC 24/SC 4 现有 43 个公布的国际标准、2 个技术规格与 3 个技术报告（见表 9-1）。TC 24/SC 8 现有 18 个国际标准（见表 9-2）。TC 24 公布的国际标准涵盖了很多本书所论述的颗粒表征技术。

表 9-1　国际标准化组织 TC 24/SC 4 公布的国际标准（2021 年 12 月）

标准号	标题
ISO 9276-1:1998/Cor 1:2004	Representation of results of particle size analysis — Part 1: Graphical representation
ISO 9276-2:2014	Representation of results of particle size analysis — Part 2: Calculation of average particle sizes/diameters and moments from particle size distributions
ISO 9276-3:2008	Representation of results of particle size analysis — Part 3: Adjustment of an experimental curve to a reference model
ISO 9276-4:2001/Amd 1:2017	Representation of results of particle size analysis — Part 4: Characterization of a classification process
ISO 9276-5:2005	Representation of results of particle size analysis — Part 5: Methods of calculation relating to particle sizes analyses using logarithmic normal probability distribution
ISO 9276-6:2008	Representation of results of particle size analysis — Part 6: Descriptive and quantitative representation of particle shape and morphology
ISO 9277:2010	Determination of the specific surface area of solids by gas adsorption — BET method
ISO 12154:2014	Determination of density by volumetric displacement — Skeleton density by gas pycnometry
ISO/TR 13097:2013	Guidelines for the characterization of dispersion stability
ISO 13099-1:2012	Colloidal systems — Methods for zeta-potential determination — Part 1: Electroacoustic and electrokinetic phenomena
ISO 13099-2:2012	Colloidal systems — Methods for zeta-potential determination — Part 2: Optical methods
ISO 13099-3:2014	Colloidal systems — Methods for zeta potential determination — Part 3: Acoustic methods

标准号	标题
ISO 13317-1:2001	Determination of particle size distribution by gravitational liquid sedimentation methods — Part 1: General principles and guidelines
ISO 13317-2:2001	Determination of particle size distribution by gravitational liquid sedimentation methods — Part 2: Fixed pipette method
ISO 13317-3:2001	Determination of particle size distribution by gravitational liquid sedimentation methods — Part 3: X-ray gravitational technique
ISO 13317-4:2014	Determination of particle size distribution by gravitational liquid sedimentation methods — Part 4: Balance method
ISO 13318-1:2001	Determination of particle size distribution by centrifugal liquid sedimentation methods — Part 1: General principles and guidelines
ISO 13318-2:2007	Determination of particle size distribution by centrifugal liquid sedimentation methods — Part 2: Photocentrifuge method
ISO 13318-3:2004	Determination of particle size distribution by centrifugal liquid sedimentation methods — Part 3: Centrifugal X-ray method
ISO 13319-1:2021	Determination of particle size distribution — Electrical sensing zone method — Part 1: Aperture/orifice tube method
ISO 13320:2020	Particle size analysis — Laser diffraction methods
ISO 13322-1:2014	Particle size analysis — Image analysis methods — Part 1: Static image analysis methods
ISO 13322-2:2021	Particle size analysis — Image analysis methods — Part 2: Dynamic image analysis methods
ISO/TS 14411-1:2017	Preparation of particulate reference materials — Part 1: Polydisperse material based on picket fence of monodisperse spherical particles
ISO 14411-2:2020	Preparation of particulate reference materials — Part 2: Polydisperse spherical particles
ISO 14488:2007/AMD 1:2019	Particulate materials — Sampling and sample splitting for the determination of particulate properties
ISO 14887:2000	Sample preparation — Dispersing procedures for powders in liquids
ISO 15900:2020	Determination of particle size distribution — Differential electrical mobility analysis for aerosol particles
ISO 15901-1:2016	Evaluation of pore size distribution and porosity of solid materials by mercury porosimetry and gas adsorption — Part 1: Mercury porosimetry
ISO 15901-2:2006 +ISO 15901-2:2006/Cor:2007	Pore size distribution and porosity of solid materials by mercury porosimetry and gas adsorption — Part 2: Analysis of mesopores and macropores by gas adsorption
ISO 15901-3:2007	Pore size distribution and porosity of solid materials by mercury porosimetry and gas adsorption — Part 3: Analysis of micropores by gas adsorption
ISO 17867:2020	Particle size analysis — Small angle X-ray scattering (SAXS)
ISO 18747-1:2018	Determination of particle density by sedimentation methods — Part 1: Isopycnic interpolation approach
ISO 18747-2:2019	Determination of particle density by sedimentation methods — Part 2: Multi-velocity approach
ISO 19430:2016	Particle size analysis — Particle tracking analysis (PTA) method
ISO/TR 19997:2018	Guidelines for good practices in zeta-potential measurement

标准号	标题
ISO 20998-1:2006	Measurement and characterization of particles by acoustic methods — Part 1: Concepts and procedures in ultrasonic attenuation spectroscopy
ISO 20998-2:2013	Measurement and characterization of particles by acoustic methods — Part 2: Guidelines for linear theory
ISO 20998-3:2017	Measurement and characterization of particles by acoustic methods — Part 3: Guidelines for non-linear theory
ISO 21501-1:2009	Determination of particle size distribution — Single particle light interaction methods — Part 1: Light scattering aerosol spectrometer
ISO 21501-2:2019	Determination of particle size distribution — Single particle light interaction methods — Part 2: Light scattering liquid-borne particle counter
ISO 21501-3:2019	Determination of particle size distribution — Single particle light interaction methods — Part 3: Light extinction liquid-borne particle counter
ISO 21501-4:2018	Determination of particle size distribution — Single particle light interaction methods — Part 4: Light scattering airborne particle counter for clean spaces
ISO/TS 22107:2021	Dispersibility of solid particles intoa liquid
ISO 22412:2017	Particle size analysis — Dynamic light scattering (DLS)
ISO/TR 22814:2020	Good practice for dynamic light scattering (DLS) measurements
ISO 26824:2013	Particle characterization of particulate systems — Vocabulary
ISO 27891:2015	Aerosol particle number concentration — Calibration of condensation particle counters

表 9-2　国际标准化组织 TC 24/SC 8 公布的国际标准（2021 年 12 月）

标准号	标题
ISO 565:1990	Test sieves — Metal wire cloth, perforated metal plate and electroformed sheet — Nominal sizes of openings
ISO 2194:1991	Industrial screens — Woven wire cloth, perforated plate and electroformed sheet — Designation and nominal sizes of openings
ISO 2395:1990	Test sieves and test sieving — Vocabulary
ISO 2591-1:1988	Test sieving — Part 1: Methods using test sieves of woven wire cloth and perforated metal plate
ISO 3310-1:2016	Test sieves — Technical requirements and testing — Part 1: Test sieves of metal wire cloth
ISO 3310-2:2013	Test sieves — Technical requirements and testing — Part 2: Test sieves of perforated metal plate
ISO 3310-3:1990	Test sieves — Technical requirements and testing — Part 3: Test sieves of electroformed sheets
ISO 4782:1987	Metal wire for industrial wire screens and woven wire cloth
ISO 4783-1:1989	Industrial wire screens and woven wire cloth — Guide to the choice of aperture size and wire diameter combinations — Part 1: Generalities
ISO 4783-2:1989	Industrial wire screens and woven wire cloth — Guide to the choice of aperture size and wire diameter combinations — Part 2: Preferred combinations for woven wire cloth
ISO 4783-3:1981	Industrial wire screens and woven wire cloth — Guide to the choice of aperture size and wire diameter combinations — Part 3: Preferred combinations for pre-crimped or pressure-welded wire screens
ISO 7805-1:1984	Industrial plate screens — Part 1: Thickness of 3 mm and above

颗粒表征的
光学技术及应用

标准号	标题
ISO 7805-2:1987	Industrial plate screens — Part 2: Thickness below 3 mm
ISO 7806:1983	Industrial plate screens — Codification for designating perforations
ISO 9044:2016	Industrial woven wire cloth — Technical requirements and tests
ISO 9045:1990	Industrial screens and screening — Vocabulary
ISO 10630:1994	Industrial plate screens — Specifications and test methods
ISO 14315:1997	Industrial wire screens — Technical requirements and testing

9.1.2 中国标准

中国标准遵循中华人民共和国标准化法。标准（含标准样品）是指农业、工业、服务业以及社会事业等领域需要统一的技术要求。标准包括国家标准、行业标准、地方标准和团体标准、企业标准。国家标准分为强制性标准、推荐性标准，行业标准、地方标准和团体标准是推荐性标准。企业标准包括很多产品标准，由各企业自主制定后公示，作为对社会的一种承诺。在国家标准化管理委员会的企业标准信息公共服务平台上截至 2021 年 9 月底，已有超过 34 万家企业上报的近 203 万项标准，涵盖近 344 万种产品，对这些标准的总访问量高达 3.2 亿多次。各个省市等地方还有类似的平台，涵盖更多的企业标准。

强制性国家标准是指那些对保障人身健康和生命财产安全、国家安全、生态环境安全以及满足经济社会管理基本需要的技术要求。强制性国家标准由国务院有关行政主管部门依据职责负责提出、组织起草、征求意见和技术审查，并由国务院批准发布或者授权批准发布。国务院标准化行政主管部门负责强制性国家标准的立项、编号和对外通报。地方政府、社会团体、企业事业组织以及公民可以向国务院标准化行政主管部门提出强制性国家标准的立项建议，由国务院标准化行政主管部门会同国务院有关行政主管部门决定[1]。

中国国家标准的制定遵循下列基础性系列国家标准所构成的框架：

① GB/T 1 标准化工作导则；

② GB/T 20000 标准化工作指南；

③ GB/T 20001 标准编写规则；

④ GB/T 20002 标准中特定内容的起草；

⑤ GB/T 20003 标准制定的特殊程序。

这五个基础性标准每个还分为很多部分，规范了标准制作过程中的很多细节。

国家标准的制定流程分为九个阶段：

① 预阶段：提出新工作项目建议；

② 立项阶段：3个月内建立新工作项目；

③ 起草阶段：10个月内完成标准草案征求意见稿；

④ 征求意见阶段：5个月内完成标准草案送审稿；

⑤ 审查阶段：5个月内完成标准草案报批稿；

⑥ 批准阶段：8个月内完成标准草案出版稿；

⑦ 出版阶段：3个月内提供标准出版物；

⑧ 复审阶段：在60个月内完成定期复审，以决定确认、修改、修订或废止；

⑨ 废止阶段：废止。

正常的标准制定过程为三年左右，下列情况可采用快速程序：

① 对等同采用、等效采用国际标准或国外先进标准的标准制定、修订项目，可直接由立项阶段进入征求意见阶段，省略起草阶段；

② 对现有国家标准的修订项目或中国其他各级标准的转化项目，可直接由立项阶段进入审查阶段，省略起草阶段和征求意见阶段。

与颗粒表征有关的国家标准主要由全国颗粒表征与分检及筛网标准化技术委员会（TC 168）与颗粒分技术委员会（TC168/SC 1）制定公布，也有一些由其他行业的技术委员会所制定的、与其行业中表征颗粒物有关的国家标准。TC 168 现时公布有61个相关的国家标准（见表9-3）。

表9-3　全国颗粒表征与分检及筛网标准化技术委员会公布的中国国家标准（2021年9月）

国标号	标题	实施日期
GB/T 39990—2021	颗粒 生物气溶胶采样器 技术条件	2021-08-01
GB/T 39193—2020	环境空气 颗粒物质量浓度测定 重量法	2021-05-01
GB/T 38879—2020	颗粒 粒度分析 彩色图像分析法	2020-08-01
GB/T 38517—2020	颗粒 生物气溶胶采样和分析 通则	2020-06-01
GB/T 38431—2019	颗粒 分散体系稳定性评价 静态多重光散射法	2020-03-01
GB/T 38432—2019	颗粒 气固反应测定 微型流化床法	2020-03-01
GB/T 17492—2019	工业用金属丝编织网 技术要求和检验	2020-07-01
GB/T 32671.2—2019	胶体体系 zeta 电位测量方法 第2部分：光学法	2020-03-01
GB/T 31057.3—2018	颗粒材料 物理性能测试 第3部分：流动性指数的测量	2019-07-01
GB/T 37167—2018	颗粒 无机粉体中微量和痕量磁性物质分离与测定	2019-03-01
GB/T 31057.2—2018	颗粒材料 物理性能测试 第2部分：振实密度的测量	2019-07-01
GB/T 26645.4—2018	粒度分析 液体重力沉降法 第4部分：天平法	2019-02-01
GB/T 29024.4—2017	粒度分析 单颗粒的光学测量方法 第4部分：洁净间光散射尘埃粒子计数器	2018-04-01
GB/T 21649.2—2017	粒度分析 图像分析法 第2部分：动态图像分析法	2017-09-01

国标号	标题	实施日期
GB/T 19077—2016	粒度分析 激光衍射法	2016-06-01
GB/T 29023.2—2016	超声法颗粒测量与表征 第2部分：线性理论准则	2016-06-01
GB/T 29024.2—2016	粒度分析 单颗粒的光学测量方法 第2部分：液体颗粒计数器光散射法	2016-06-01
GB/T 20100—2016	不锈钢纤维烧结滤毡	2016-06-01
GB/T 31055—2014	谷糙分离筛板	2015-06-01
GB/T 31056—2014	大米去石筛板	2015-06-01
GB/T 15445.6—2014	粒度分析结果的表述 第6部分：颗粒形状和形态的定性及定量表述	2015-06-01
GB/T 31057.1—2014	颗粒材料 物理性能测试 第1部分：松装密度的测量	2015-06-01
GB/T 29526—2013	通用粉体加工技术 术语	2014-03-01
GB/T 29527—2013	通用粉体加工设备图形标记	2014-03-01
GB/T 29024.3—2012	粒度分析 单颗粒的光学测量方法 第3部分：液体颗粒计数器光阻法	2013-10-01
GB/T 29022—2012	粒度分析 动态光散射法（DLS）	2013-10-01
GB/T 6003.2—2012	试验筛 技术要求和检验 第2部分：金属穿孔板试验筛	2013-10-01
GB/T 29025—2012	粒度分析 电阻法	2013-10-01
GB/T 29023.1—2012	超声法颗粒测量与表征 第1部分：超声衰减谱法的概念和过程	2013-10-01
GB/T 6003.1—2012	试验筛 技术要求和检验 第1部分：金属丝编织网试验筛	2013-03-01
GB/T 13307—2012	预弯成型金属丝编织方孔网	2013-03-01
GB/T 5330.1—2012	工业用金属丝筛网和金属丝编织网 网孔尺寸与金属丝直径组合选择指南 第1部分：通则	2013-03-01
GB/T 15445.5—2011	粒度分析结果的表述 第5部分：用对数正态概率分布进行粒度分析的计算方法	2012-03-01
GB/T 26645.1—2011	粒度分析 液体重力沉降法 第1部分：通则	2012-03-01
GB/T 26647.1—2011	单粒与光相互作用测定粒度分布的方法 第1部分：单粒与光相互作用	2012-03-01
GB/T 21650.3—2011	压汞法和气体吸附法测定固体材料孔径分布和孔隙度 第3部分：气体吸附法分析微孔	2012-03-01
GB/T 25863—2010	不锈钢烧结金属丝网多孔材料及其元件	2011-10-01
GB/T 16418—2008	颗粒系统术语	2009-02-01
GB/T 10061—2008	筛板筛孔的标记方法	2009-02-01
GB/T 15602—2008	工业用筛和筛分 术语	2009-02-01
GB/T 15445.1—2008	粒度分析结果的表述 第1部分：图形表征	2009-02-01
GB/T 6005—2008	试验筛 金属丝编织网、穿孔板和电成型薄板 筛孔的基本尺寸	2009-02-01
GB/T 16742—2008	颗粒粒度分布的函数表征 幂函数	2009-02-01
GB/T 21650.1—2008	压汞法和气体吸附法测定固体材料孔径分布和孔隙度 第1部分：压汞法	2008-10-01
GB/T 21648—2008	金属丝编织密纹网	2008-10-01
GB/T 12620—2008	长圆孔、长方孔和圆孔筛板	2008-10-01
GB/T 21649.1—2008	粒度分析 图像分析法 第1部分：静态图像分析法	2008-10-01

国标号	标题	实施日期
GB/T 21650.2—2008	压汞法和气体吸附法测定固体材料孔径分布和孔隙度 第2部分：气体吸附法分析介孔和大孔	2008-10-01
GB/T 15445.4—2006	粒度分析结果的表述 第4部分：分级过程的表征	2006-08-01
GB/T 15445.2—2006	粒度分析结果的表述 第2部分：由粒度分布计算平均粒径/直径和各次矩	2006-08-01
GB/T 20099—2006	样品制备 粉末在液体中的分散方法	2006-08-01
GB/T 19628.2—2005	工业用金属丝 网和金属丝编织网 网孔尺寸与金属丝直径组合选择指南 金属丝编织网的优先组合选择	2005-08-01
GB/T 19627—2005	粒度分析 光子相关光谱法	2005-08-01
GB/T 19360—2003	工业用金属穿孔板 技术要求和检验方法	2004-06-01
GB/T 10611—2003	工业用网 标记方法与网孔尺寸系列	2004-06-01
GB/T 5329—2003	试验筛与筛分试验 术语	2004-06-01
GB/T 5330—2003	工业用金属丝编织方孔筛网	2004-06-01
GB/T 10612—2003	工业用筛板 板厚<3 mm的圆孔和方孔筛板	2004-06-01
GB/T 10613—2003	工业用筛板 板厚≥3 mm的圆孔和方孔筛板	2004-06-01
GB/T 18850—2002	工业用金属丝筛网 技术要求和检验	2003-05-01
GB/T 6003.3—1999	电成型薄板试验筛	2000-03-01

9.2 标准物质、参考物质与标准样品

标准物质、参考物质与标准样品是分析科学和测量技术中最重要和不可或缺的组成部分之一。作为"已知"物质，它们用于帮助开发准确的分析方法，用作与"未知"物质同时分析的"控制"物质，以及用于校准测量系统和确保测量质量的"校准"材料。它们还是验证或核实正确的测量程序和结果、保证检测系统长期完整性的卫士，在许多情况下是唯一的卫士。在颗粒科学技术中，它们在验证颗粒表征技术、校准或验证颗粒表征仪器设备，以及产品质量保证系统的标准化等方面起着极其重要的作用。很多类型的仪器在使用时需要用标准物质、参考物质与标准样品进行校准或标定，譬如静态光散射仪、各类颗粒计数器、各类显微镜、各类色谱的检测仪、各类沉降法仪器。还有更多需要这些物质或样品来验证或核实仪器的正常操作性能，譬如激光粒度仪、动态光散射仪、zeta电位测定仪等。标准物质、参考物质与标准样品也经常在颗粒科学与技术研究中作为模型颗粒、载体或标记颗粒，譬如在气溶胶生成、微孔过滤介质、药物、光散射技术等的研究中。

颗粒表征有很多方面，颗粒体系的每个属性对参考物质与标准样品有不同的要求，从而有不同的参考物质与标准样品，如气体吸附测定表面积的参考物质必须是

干粉，而 zeta 电位的参考物质必须是在悬浮液中。颗粒体系表征的主要参数是颗粒大小、粒度与粒度分布，此外许多应用需要测量颗粒浓度（计数）。因此本节以颗粒大小的参考物质与标准样品为例进行介绍。

9.2.1 什么是标准物质、参考物质与标准样品？

根据国际标准化组织（ISO）的定义，用于参考的物质分为参考物质（RM）、有证参考物质（CRM）、基质参考物质（MRM）三类[2]。

参考物质是具有足够均匀和稳定的一个或多个指定属性的物质，这些属性已确定为适合某一测量过程的预期用途。这些属性可以是定性的也可以是定量的。预期用途可以是测量系统的校准、测量过程的评估、其他物质的定值与质量控制。挑选作为参考物质的候选物质时首先要确定它对于指定的属性是否足够均匀和稳定，并是否有合适的测量和测试方法来验证其均匀性与稳定性，然后进行表征和测试以确保其适合用于设定的测量过程。作为目标属性的候选参考物质可以是其他属性的参考物质。

有证参考物质是一个或多个指定属性经过有效计量程序表征过的参考物质，并附有此参考物质的证书，提供指定属性的数值、相关不确定性和计量可追溯性陈述。此数值可以是表观性质或同一性或顺序等的定性属性。属性的不确定性可以概率或置信度来表示。ISO 给出了生产与认证的计量可追溯性流程[3]与证书必要的内容、标签与附件[4]。

基质参考物质是与所要测量的实际样品有相同特性的物质。基质参考物质往往是生产单位用作质量控制的"标准"产品，或生产-销售-使用过程中不同单位用来检验产品（商品）质量所用的控制样品。基质参考物质往往直接从生物、环境或工业来源获得，譬如土壤、饮用水、金属合金、血液等。基质参考物质也可以通过将感兴趣的组分混入现有物质来制作。

中国计量系统称参考物质为标准物质，标准化系统中称为标准样品。

根据国家计量局发布的标准物质管理办法的规定[5]，用于统一量值的标准物质，包括化学成分标准物质、物理特性与物理化学特性测量标准物质和工程技术特性测量标准物质。按其标准物质的属性和应用领域可分成十三大类，其中包括物理特性与物理化学特性测量标准物质。标准物质分为一级与二级，它们都符合"有证标准物质"的定义。

一级标准物质是用绝对测量法或两种以上不同原理的准确可靠的方法定值，若只有一种定值方法，可通过多个实验室合作定值。它的不确定度具有国内最高水平，均匀性良好，在不确定度范围之内，并且稳定性在一年以上，具有符合标准物质技术规范要求的包装形式。一级标准物质由国务院计量行政部门批准、颁布并授权生产，它的代号是以国家级标准物质的汉语拼音中"Guo""Biao""Wu"三个字头"GBW"表示。

二级标准物质是用与一级标准物质进行比较测量的方法或一级标准物质的定值方法定值，其不确定度和均匀性未达到一级标准物质的水平，稳定性在半年以上，能满足一般测量的需要，包装形式符合标准物质技术规范的要求。二级标准物质由国务院计量行政部门批准、颁布并授权生产，它的代号是以国家级标准物质的汉语拼音中"Guo""Biao""Wu"三个字头"GBW"加上二级的汉语拼音中"Er"的字头"E"并以小括号括起来：GBW(E)。

参考物质的制作有标准的完整流程[6]，包括：

① 生产规划　确定物质的预期特性。决定是应生产有证参考物质还是参考物质，应使用哪些材料、应生产多少、被测量值及其不确定性、实现该物质所需的可追溯性及其方法，以及均匀性和稳定性评估、物质表征与产品存储和分配的规划。

② 加工和生产控制　将批量物质转换为适合分发的、不同候选参考物质单元的过程。应小心确保足够的均匀化，避免污染，并确保适当的包装以保持长期稳定。特别是对颗粒参考物质应避免在灌装过程中脱混合。

③ 均匀性和稳定性评估　对要认证值的单元间变化进行评估，通常通过测试具有代表性的单元数量进行评估。根据这一评估，估计均匀性的不确定性。此外还确定最小样品量，即代表整个单元的最少样品量。评估运输和储存条件下材料的稳定性。根据这一评估，估计稳定性的不确定性。

④ 表征　这是评估参考物质指定值的过程。重要的是必须选择一种方法能够确保所设想认证值的可追溯性。

⑤ 对属性值及其不确定性的定值　根据表征、均匀性和稳定性的评估结果，确定属性值及其不确定性。

⑥ 参考物质文档的编制　证书上注明指定的属性值及其不确定性，以及有关预期用途、使用说明的信息（其中可能包括样品的分散流程）。

⑦ 分配和稳定性监测　如果认为对所使用的物质有必要。定期评估物质的稳定性并检测任何可能导致认证值无效的变化。

参考物质与有证参考物质可以由任何机构、单位或厂家生产，并不一定具有权威性，其质量及大众的接受程度也多半依赖于生产单位的内部质量控制系统与外部市场声誉。要让分析行业或市场接受此类 RM 或 CRM，其属性值必须根据某些国际或国家标准物质，使用经过验证和可靠的测量方法确定。如果要作为标准物质，则还要满足更高的要求。

一级测量标准物质是由权威机构（往往为国家计量或认证单位）指定的或被广泛承认为具有最高计量质量且其属性值不需参照同一属性或数量的其他标准物质而可被接受的测量标准物质[7]。二级测量标准物质的属性数值是与同一属性或数量的一级测量标准物质相比后定的。

9.2.2　标准物质

许多国家都有自己的标准化权威机构，负责制作、颁发和维护国家标准物质。这些标准物质主要提供给国内市场，当然也可以满足来自世界各地的需求。表9-4列出了欧盟与一些国家和颗粒标准及颗粒标准物质有关的机构，第二栏中的一些机构不进行细气泡标准的制定。细气泡标准在日本由细气泡工业协会（FBIA）制定，在俄国由全俄物理技术和无线电技术测量研究所（VNIIFTRI）制定。

表9-4　一些国家的标准化机构

国家	标准化的领导/监管/协调机构	标准制定机构	颗粒标准物质研发机构	颗粒标准物质认证机构
国际		国际标准化组织(ISO)		
欧盟	欧盟联合研究中心（EC-JRC）	欧盟联合研究中心（EC-JRC）	标准物质和测量研究所（IRMM）	标准物质和测量研究所（IRMM）
中国	市场监督管理总局（SAMR）	国家标准化管理委员会（SAC）	中国计量科学研究院（NIM）	中国计量协会（CMA）
美国	美国国家标准协会（ANSI）	ASTM国际（ASTM）	国家标准与技术研究所（NIST）	国家标准与技术研究所（NIST）
英国	英国标准协会（BSI）	英国标准协会（BSI）	政府化学家实验室（LGC）	政府化学家实验室（LGC）
法国	法国标准协会（AFNOR）	法国标准协会（AFNOR）	国家计量检测实验室（LNE）	法国标准协会（AFNOR）
德国	德国标准化协会（DIN）	德国标准化协会（DIN）	联邦材料研究与试验研究所（BAM）	联邦材料研究与试验研究所（BAM）
日本	日本工业标准委员会（JISC）	粉末加工工业与工程协会（APPIE）	粉末加工工业与工程协会（APPIE）	国家技术与评价研究所（NITE）
俄国	联邦技术规范和计量局（GOST R）	欧亚标准化、计量和认证理事会（EASC）	全俄技术物理科学研究所（VNIITF）	

国家一级标准物质的制作往往需要大量的资金，很多专家的参与，以及很长时间的规划、生产、定值、稳定性试验、认证等过程。这些一级标准物质需要通过独立、可靠且以前经过验证的测量方法依靠全国（甚至国际）一定数量实验室的比对

测试获得认证值。下面以美国 NIST 发行的聚苯乙烯乳胶球标准物质作为例子简要描述一级标准物质的产生过程。

NIST 发行由直径为 30 μm 的聚苯乙烯微球制备的颗粒粒度标准物质（NIST SRM 1961）。这些微球是在美国宇航局 STS-11 任务"挑战者"号航天飞机的五次飞行中，利用里海大学和美国宇航局为在太空中合成所开发的特殊流程制造的。因为它们是在微重力下在太空中制造的，球体的大小非常均匀（变异系数仅为 0.8%）。这种生产只有像 NIST 这样的政府机构才能完成，而不是普通私人公司能做的。这些从其他地方都得不到的极其均匀的微球，是科学研究和许多工业应用的优秀标准材料。球体的直径由中心距离发现技术确定，经计量电子显微镜确认后，进一步由 NIST 和美国其他一些政府与非政府实验室以及美国 ASTM 国际合作测定，通过透射电子显微镜、Coulter 计数器和光学显微镜交叉验证得到。这个项目从规划、制造几百公斤的量到完成校准化用了几年时间。虽然此标准物质被精确地定值 [SRM 1961 的平均直径为（29.64±0.06）μm]，但由于供应有限且成本高昂，因此不用作常规参考物质，用它来校准每个测量仪器也是不现实的，它的准确度远远超过了一般的应用需求。

9.2.3　参考物质的追溯性

由于一级标准的昂贵与稀缺，并且往往其指标与应用超过实践中所需要的，这就提出了对二级标准物质的需求，这些物质可以通过更多的制造单位在商业上大量和低成本地提供，但又与一级标准物质有所需属性值计量学上的关联，可为常规或日常操作所用，以满足使用者对参考物质的需求。

与一级标准物质相比，这些二级标准物质或有证参考物质质量有多好？如果使用这些物质来校准测量系统、开发分析技术、控制处理或生产的质量，是否会获得相同的结果？在回答这些问题之前，我们需要讨论这些物质的可追溯性。

为了使这些物质的质量（均匀性、稳定性、属性值）接近一级标准物质，越来越多生产这些参考物质的供应商使其生产过程标准化并控制其制造和校准程序，从而使其产品可追溯到一级标准。这些参考物质基本都是有证的，每批或每瓶产品都附有证书，美国的证书通常含有这样的申明："本产品的平均直径和至 NIST 的可追溯性已经过认证"，或"粒度可直接追溯到 NIST 标准"。这些申明给了用户信心，有时还可作为供应商免受诉讼的保护，并暗示这些参考物质是"好"的，因为它们可以追溯到国家标准。

但是可追溯性到底意味着什么呢？当材料被标记为可追溯时，意味着什么？了解可追溯性的意义和正确使用这一概念非常重要。

可追溯性的主要应用始于 50 多年前，当时只用在政府机构与其主要承包商、供应商和监管者之间的合同协议中。自此，测量技术可追溯性的概念随着时间而基本定型。ISO 指南中的可追溯性定义为："标定了不确定性的测量结果或有关标准值可以通过不间断的比较链与所述的标准参照物（通常是国家或国际标准）相关。"

测量可追溯性和标准可追溯性的两个要点是：①可追溯的测量结果应与国家（或国际）标准物质或基本/自然物理常数有不间断的比较链；②有一个测量质量保证系统，以确保每个测量的准确性在标定的不确定性范围内。第②点很重要，它在处理参考物质时往往被忽视，因为即使某仪器已被可溯源的参考物质甚至国家标准物质准确校准，使用此仪器进行的测量仍然有可能因为操作人员错误与环境影响而得出错误的结果。只有满足上述两个条件，才能确定真正的可追溯性。一个实用的原则是："在指定了参考标准，以及与这些标准相关的、为了预期目的的总测量不确定性已证明足够小时，测量的可追溯性才算实现"[8,9]。

在颗粒粒度参考物质的定值中，可追溯的粒度值意味着这些值是用以下一个或两个方法确定的：

① 使用一级标准物质直接作为仪器校准物的比较测量。此类测量的一个例子是使用显微镜时，要测量的参考物质颗粒和一级标准物质颗粒混合在一起观察并拍摄照片。由于两类颗粒的放大率相同，通过测量图像中标准物质颗粒和参考物质颗粒的大小，可以使用比例获得参考物质颗粒的真实大小，而与显微镜的放大倍数无关，避免了可能的仪器标定误差。

② 使用一种或多种独立的可靠测量方法，对具有足够高计量精度、范围和分辨率的仪器使用一级标准进行校准或标定，然后在等同条件下立即测量参考物质。最常用的方法是各类显微镜与电阻法仪器。

在粒度测量可追溯性中还意味着所述粒度与多分散性具有足够小的不确定性和足够小的偏差，这些差异不会影响预期的应用目的。然而，"足够小"是相对的，取决于应用的目的。譬如要使用有证参考物质校准动态范围小但精度高（如显微镜）的仪器，则即使它可追溯到一级标准物质，但如果其标明的不确定性为 6%，则太大而不适合于使用。另外，这种物质可能适合作为可追溯的参考物质来验证分辨率较低的激光粒度仪或动态光散射仪。在粒度测量中，如果参考物质的预定应用是用于校准或/和检查现有的粒度仪器，或用于工业颗粒生产与应用过程的质量控制，则它们的使用条件如下：

a.参考物质需要附带一个证书，其中指定了参考标准物质的基础、用于确定属性值的方法，及属性值的相关不确定性，并附有材料安全数据表。

b.与此参考物质属性值相关的不确定性相对于应用目的允许的误差而言足够

小。越来越多的供应商在证书中包括了此参考物质的主要用途，以帮助用户更正确地使用它。

一个不容忽视的重要方面是参考物质的管理和储存。只有在遵守适当的使用与管理流程和存储条件时，才能保持参考物质的质量和完整性。大多数参考物质储存在密封的容器中，一旦密封被打破、容器被打开后，就应采取特别细致的实验室程序，以避免任何可能改变认证值的污染。

9.2.4 颗粒表征中的标准物质与参考物质

正如第1章所述，非球体或非立方体的颗粒需要多个参数才能真正对其大小进行度量。然而对于多分散颗粒体系来说，以每一个颗粒的真实维度来描述整个样品既不现实也不可能，很多时候也没有必要。人们经常使用等效球直径来表示颗粒的"大小"。虽然等效球不反映任何真实的维度，但在大多数情况下，这种等效直径表示确实可以代表不规则颗粒的特征。在这种等效表示中，"大小"和颗粒的真正维度是两个不同的概念，有不同的值，只有对球形颗粒，直径才描述其真实大小。无论仪器采用什么原理或技术，粒度仪器的基本要求是能正确测量球体。为了尽量减少颗粒形状对分析系统响应的影响，很明显粒度仪器的最佳标准物质或参考物质应该是球形的。

颗粒参考物质一般有两类用途，用于校准颗粒测量仪器或验证颗粒测量仪器的设计性能与运行性能。前者用来校准测量或计数功能的准确性，并验证仪器在测量不同颗粒中的响应线性度。后者用来验证理论模型的适用性与实际运行中仪器运转与操作人员运作的正确性。

根据实践的需要，有与下列颗粒属性有关的标准/参考物质：粒度、比表面积、电泳迁移率、计数等，其中粒度的标准物质或参考物质最为齐全，能够生产或提供商业产品的国家最多。这些标准往往经过很严格的计量式的测量，所标定值经常是通过比对测量得到的[10]。粒度标准/参考物质分为单分散与多分散两大类，其中多分散又分为连续分布的多分散与离散分布的多分散两类。

（1）单分散的粒度标准物质与参考物质

理想的粒度标准物质与参考物质的材料应有以下特性：

① 颗粒应是球形的，无明显的宏观凹陷、凸突或毛孔。颗粒表面应光滑，没有任何污染或黏附。所有颗粒的圆度应超过0.95，典型的应为0.97。

② 当分散在介质中时，不能有褪色现象。材料的光学性质尽可能均匀。

③ 材料的表观密度必须超过分散液体的密度，但也不应过高，以避免或降低在

液体介质中的漂浮与沉降。较适合的密度范围为 1000～2500 kg/m³。对于密度较高的颗粒，则需要使用密度或黏度较高的液体。不同大小颗粒的表观密度变化不超过密度平均值的±0.5%。

④ 材料中不应包含任何类型的破碎颗粒或离群大颗粒，例如团聚物。

⑤ 颗粒具有较高的化学稳定性，悬浮在分散介质中的颗粒与干颗粒的粒度相比，溶胀不应超过 0.8%。

⑥ 材料应易于分散在选定的液体中。在使用分散剂或超声波帮助颗粒分散后，悬浮液内应不含颗粒聚集物或絮凝。

⑦ 颗粒不应在用于液体介质分散的超声波压力下破碎。颗粒应当有足够高的机械强度而不会在典型的干法分散过程中被压碎。因为有不同的干法分散程序，所以无法对应力参数进行可靠的理论计算而定义有关的数值。

⑧ 该物质应提供生产后至少两年在标明存储条件下的保质期而不改变其物理属性值。

⑨ 与颗粒大小相比，在介质中颗粒-液体交界的大小应可以忽略不计。

被用来制备粒度参考物质常见的有两种类型的材料：钠钙玻璃珠和合成聚合物乳胶珠。纳米粒度的一些参考物质是用金制作的。

含微量金属元素的钠钙玻璃珠是干球体，大小从几微米到几毫米不等。玻璃珠主要用于评估测试筛、用于需要高密度材料校准的仪器（钠钙玻璃的密度为 2.4～2.5 g/mL）如超声和沉降分析仪，以及需要在入射光照射下有高对比材料的仪器，如各类使用光学、X 射线和电子束的仪器设备。这些精心制备的玻璃珠参考物质几乎不含非球形颗粒。除了用作干球外，玻璃珠也可以悬浮在液体中，譬如分散在电解质溶液中用以校准 Coulter 计数器。这些珠子易于使用、处理和储存。如果小心处理，不受到可能会碎裂玻璃的强烈冲击或暴露在腐蚀玻璃的环境中，它们可以被反复使用。

合成聚合物乳胶，主要是聚苯乙烯乳胶，由聚合物链或共聚物组成，形成无孔、疏水颗粒或不同程度的交叉连接，使颗粒更耐有机溶剂。使用经过精心研究的配方，聚合物乳胶可以通过乳液聚合、悬浮聚合或其他方法产生，以达到从纳米到毫米的精确预期直径。特别是当实验条件得到严格控制时，这些乳胶球的大小和球形将相当均匀，批次间可重复性极佳。因此聚合物乳胶球悬浮液是用于粒度测量最常见的标准/参考物质。除了一级标准物质之外，从许多商业公司还可以得到不同粒度、均匀度不一的聚合物乳胶球参考物质。这些参考物质一般都附有一份标明平均直径与不确定性的证书，有的还标注与一级标准物质的可追溯性。这些二级标准物质或有证参考物质可以满足大多数工业和学术应用。

除了较大的乳胶球颗粒（如大于 140 μm）可以是干球外，聚合物乳胶球都分散在超纯水中或表面活性剂溶液中，具体取决于其合成过程和表面条件，以及便于分散和胶体稳定的优化浓度。这些悬浮液通常提供 0.1%～10%的固体浓度，在许多情况下需要在使用前稀释。

乳胶球有两种不同表面条件的类型。无表面活性剂乳胶是在不使用表面活性剂的情况下合成的。这些乳胶颗粒通过聚合过程中使用的各种聚合物链终止剂在颗粒表面引入表面电荷、防止聚集而稳定在水中。由于表面缺乏表面活性剂覆盖，这些乳胶球可能会随着时间的推移失去胶体稳定性。大多数乳胶球是通过使用表面活性剂进行乳化聚合而制成的。这些颗粒表面有大量的表面电荷，通过离子对凝固或聚合的抵抗力而增加颗粒的胶体稳定性。大多数乳胶球体是阴离子型的，通过硫酸盐、羧基、羧酸盐的表面改性而带负电荷。也有一些通过酰胺或醛改性表面而带阳离子的乳胶球颗粒悬浮液，但它们对环境中负电荷污染物的稳定性较低，所以很少被用作粒度标准/参考物质。乳胶球表面条件的多样性可能会在生物医学或临床诊断中的应用产生重大差异，但只要能被稳定地分散，并且保持其经认证的粒度值，这些乳胶球体作为粒度参考物质使用时没有区别。

为了保证在使用聚合物乳胶球作为粒度标准时测量正确，它们必须很好地分散为单个颗粒。然而因为面积大、直径小，它们会由于 van de Waals 力而倾向于团聚。通过表面电荷产生的静电排斥来防止这种趋势是达到稳定悬浮的主要方法。因此应该避免以下任何可能削弱排斥力、缩短粒子间距离并导致分散的乳胶颗粒不稳定的情况：

① 高固体浓度。

② 剧烈的机械搅拌。

③ 电解质浓度过高或离子强度过高。离子浓度应尽可能低，特别是对于表面电荷密度低的小乳胶球，必须低于临界聚沉浓度（CCC）。CCC 值是粒度、颗粒类型、表面电荷密度和离子类型的函数。对于单价离子，CCC 值的范围为 10～200 mmol/L。

④ 表面电荷的中和，例如将阳离子乳化剂加入阴离子乳胶悬浮液中。

⑤ 添加聚电解质。

⑥ 在阴离子乳胶球悬浮液中加入任何多价阳离子，或在阳离子乳胶球悬浮液中加入任何多价阴离子，因为即使这种相反离子的浓度非常低（甚至小于 1 mmol/L）也会诱发严重的聚合。

⑦ pH 条件不当，导致表面电荷不能保持完全电离。

在上述条件下形成的聚合（团聚）通常可以通过稀释悬浮液、调整 pH 值或降低离子强度以及使用超声波来重新分散。当必须用电解质作稀释剂时，例如在电阻法测量中，首先用水稀释样品，然后加入电解质（应尽可能避免使用任何多价离子盐）。添加足够的表面活性剂，如十二烷基磺酸钠（SDS），可能有助于防止聚合。

应避免添加有机溶剂，因为有些会溶解或膨胀乳胶球，从而改变其大小。表 9-5 列出了聚苯乙烯乳胶球的常见物理特性。任何大于 0.6 μm 的乳胶颗粒时间长了都会倾向于沉淀。每次测量之前将含悬浮液的瓶子放置在温和的超声水浴中几分钟，可以重新分散任何可能的聚合（团聚）物，但是超声装置的功率应注意控制，以防止过热或不可逆转地絮凝颗粒。对于较大的乳胶球颗粒，可以使用光学显微镜检查分散或重新沉降的完整性。为了确保所有颗粒都已被均匀分散，使用之前手动摇晃或倒置样品瓶十几次或更多是最低要求，也可在适当的设备中轻轻搅拌或旋转几个小时。

表 9-5　聚苯乙烯乳胶的一些物理特性

密度	1.05 g/cm³ （25℃）
折射率	1.59 （λ_o = 590 nm）
玻璃化转变温度	80～90℃
熔化温度	240℃
介电常数	2.53 （25℃）
溶剂	芳香烃、二硫化碳、氯代烃、环己酮、乙酸乙酯、吡啶、四氢呋喃
非溶剂	乙酸、丙酮、低醇、低脂肪烃、乙醚、硝基甲烷、苯酚、水

密封容器装运的新制备或无菌乳胶颗粒悬浮液可以在室温下储存多年。许多商业乳胶悬浮液中添加了微量的叠氮化钠或其他化学物质作为生物杀菌剂，以防止在包装前的污染物生长。但是一旦容器打开，里面物质的认证颗粒值仅在适当的储存条件下有效，包括适当的温度和最小的微生物污染。聚合物乳胶悬浮液可储存在 +4℃ 的冷室或冰箱中，以避免在使用过程中可能发生的空气中微生物的生长。它们绝不应被冰冻，甚至不应意外地被短时间冰冻，因为这将产生不可逆转的絮凝或聚集，永久地改变颗粒大小。它们也应避免长时间在高温下储存。如果在使用后需要长时间地存储，则可以采用 24h 在 70～75℃ 的巴氏灭菌法或 24h 的 0.03 mrad/h 的伽马辐照。瓶子应严格密封以防止水分流失而改变固体浓度。

这些参考物质至少需要通过两种表征方式来定值。如是有证，则需要进行具有追溯性的测量，并由经过验证的方法来估算不确定性。除了专用于基于颗粒数量的测量技术的参考物质，各类参考物质的属性值都必须是基于体积的。要符合单分散参考物质的要求，以 d_{90}/d_{10} 表示的分布宽度必须小于 1.13。

很多单分散粒度参考物质也被供应商标明了有很大不确定性的颗粒数量浓度而被用作光学计数器或 Coulter 计数器的计数参考物质。但大部分这些数量浓度都未被追溯到标准物质。

（2）连续分布的多分散粒度标准物质与参考物质

对于用于粒度分布测量的测试筛网和其他颗粒测量仪器的校准，需要具有校准粒度分布的多分散参考物质。即使测量精度可以通过单个单分散粒度参考物质来检验，响应的线性度、对整个粒度范围的灵敏度以及仪器的粒度分布测量能力也只能通过这种多分散参考物质来验证。多分散参考物质的制备难度要大得多，具有宽分布的物质必须整体均匀同质。

用于制作多分散颗粒粒度参考物质的材料与上述单分散参考物质类似，不过第一项的颗粒圆度值可以略微宽松，d_{90} 与 d_{10} 的比值可从 0.97 降低为大于 0.9[11]。除此之外，应用于大部分颗粒测量仪器中理想的多分散样品应该是单峰，分布接近于对数正态分布，90%以上的粒度体积分布在一个数量级之内。

对多分散物质进行表征时，往往需要使用两种或两种以上被验证过的粒度测量方法，以克服每个方法不可避免的偏见（或非线性），并最大限度地减少与每个成分值相关的不确定性。每一种方法至少从批量物质中按照合适的取样方法取四个或以上的样品进行测量，取样越多，由于取样造成的不确定性就越小。分布越宽，所需取样就越多。具体所取样的数目取决于最终总的不确定性是否满足所设定的目的。每一种方法测量的有关基于体积的属性值都必须是通过足够多数量的颗粒得到的、可追溯的、具有 95%的置信度、有可以估算的测量不确定度。

用于获取粒度分布的任何仪器都必须能够在允许的误差范围内复制标准物质认证分布中的每一部分以及不确定性。颗粒分布不确定性的具体算法可参照文献[12]。

在使用多分散标准物质/参考物质时必须使用整瓶材料进行测量，因为证书中所标明的粒度分布是基于整个瓶子中的样品，否则对于宽分布的参考物质从测量中获得的粒度分布永远不会与经认证的分布相同。

（3）离散分布的多分散（尖桩篱栅型分布）粒度标准物质与参考物质

尖桩篱栅型分布又称为准单分散分布，是由数种不同粒度的单分散圆形颗粒按设定混合比（通常为等体积）混合而成的。

这类参考物质的目的是用来验证具有宽动态范围的粒度测量技术的线性响应，特别是那些不是直接测量粒度而是从测量信号通过模型的计算或数据处理而得到粒度结果的技术，如激光粒度法、动态光散射等。这类参考物质的候选材料除了有与单个单分散参考物质的同样要求之外，还有下述一般要求：

① 粒度分布总的范围至少在一个数量级以上；

② 含奇数的单分散组分在每个数量级至少 7 个以上；

③ 这些组分的平均粒度需要在对数坐标中等间距排列；

④ 当样品按照验证过的流程制备并分瓶以后，每次测量必须使用小瓶内的全部物质；

⑤ 小瓶之间瓶内物质的重量差异应当小于 0.1%;

⑥ 分布不确定性的计算可在文献[13]中找到。

图 9-1 是一个含有 m 个组分的尖桩篱栅型分布的累积体积分布示意图。

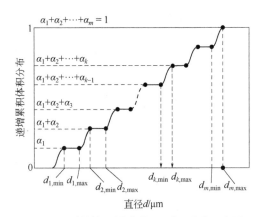

图 9-1 尖桩篱栅型分布的累积体积分布示意图

（4）颗粒计数参考物质

对于颗粒计数的参考物质，一直存在的一个问题是如何获得含有同样数量颗粒的单元，操作过程中如何能保证不漏掉颗粒。例如有了一个参考物质，单位重量（干粉）或单位体积（悬浮液）中含有 N 个颗粒，如何能保证在将物质从容器内转移到仪器中时，容器壁上没有残存颗粒，或者如何保证仪器能不重复地检测到在样品池内的每一个颗粒。特别是对宽粒度分布的参考物质，尽管它们能提供质量分数或体积分数的粒度分布信息，但要在宽分布范围内验证绝对计数，每个小瓶内必须具有已知数量分布而不是百分比分布的参考物质。由于难以获得同样分布以及不确定性的批次样品，即每一瓶都会有些不一样，此类物质很难制作成为经认证的标准参考物质，只能作为不确定性很大的有证参考物质。譬如有一被国际标准化组织和美国国家标准与技术研究所定为用于颗粒计数器校准的标准参考物质。该材料是来自美国亚利桑那州的分类测试灰尘，由二氧化硅和其他金属氧化物组成，俗称亚利桑那路尘。这些颗粒是非球形的，长宽比为 2.7 : 1，与液压系统中的污染物颗粒的类型和形状非常相似。因此，几十年来一直被用作流体污染控制和过滤器评估的颗粒参考物质。这种材料有大量的自然资源，其粒度的数量分布非常接近于对数正态分布，已被证实在很多颗粒表征技术中可产生重现的数量分布，但是绝对数量表征不确定性很大。表 9-6 摘自美国国家标准与技术研究所对 8 瓶中等测试灰尘参考材料 8631a 的调查报告[14]，其中扩展不确定度为标准不确定度的两倍，右边两栏为 8 瓶中两瓶的测量标准不确定度。

表 9-6 中等测试灰尘参考物质 8631a 的绝对浓度分布以及不确定度

粒度/μm	平均浓度 /(颗粒/mL)	扩展不确定度 /(颗粒/mL)	编号 b1b 的标准不确定度/(颗粒/mL)	编号 b36b 的标准不确定度/(颗粒/mL)
4	1609	408	91.4	421.9
5	501	40.9	22.7	25.7
6	227	17.3	7.2	5.0
7	122	7.61	1.2	2.3
8	75.1	5.52	1.6	1.8
9	50.9	4.82	1.6	1.5
10	26.7	3.24	1.0	1.0
12	9.09	1.30	0.478	0.474
14	3.73	0.489	0.193	0.228
17	1.46	0.273	0.115	0.134
20	0.639	0.174	0.074	0.089
22	0.383	0.152	0.069	0.060
25	0.183	0.09	0.046	0.054
30	0.070	0.056	0.034	0.025
35	0.026	0.037	0.015	0.015
40	0.015	0.027	0.014	0.013

从表 9-6 可以看出对分布中的大颗粒部分，每毫升中的颗粒出现概率都小于 1，而且每个分量的不确定性都很大，因此这一物质尽管多年来一直作为光学颗粒计数器的主要校准参考物质[15]，也已被分散在液压油中成为校准液体光学计数仪的宽分布颗粒粒度的美国标准参考物质[16]，但没有能被作为计数的标准参考物质。

很多商业公司与实验室也生产计数参考物质，有些标明一个大概的浓度范围，有些标明较大的不确定度，但是很少有标明可追溯至标准物质。

（5）其他颗粒表征参考物质

在颗粒表征的其他物理属性中，各个行业的一些厂家都有针对不同属性、具有不同指标的参考物质，且大部分都附带有证书。这些证书的规范、内容不一，有些符合国际或各国通行的证书"标准"。如果证书中标明可追溯性以及不确定度，则符合本章所述的有证参考物质。其中电泳迁移率与粉体表面积除了有标准参考物质以外，还有各个商家生产的参考物质。电泳迁移率参考物质一般是在特定的离子强度和 pH 值下稳定性很高的胶体颗粒，这些颗粒的电泳迁移率在特定环境中是基于第一物理原则测定的，可以用来验证或校正电泳迁移率测量仪器。表面积参考物质是由分子筛、二氧化钛纳米材料、含孔玻璃球、硅粉以及其他稳定的粉体颗粒制作的，其比表面积值是通过气体物理吸附的比对测量获得的，用来验证或校正比表面测量仪器。

9.3 标准化组织

9.3.1 国际标准化组织

全球最具影响力的三大国际标准组织分别是国际标准化组织（ISO）、国际电工委员会（IEC）和国际电信联盟（ITU）。由于 ISO 与颗粒界关系最密切，本章仅介绍 ISO。

ISO 是全球最大、最权威的国际标准化机构，负责工业、农业、服务业和社会管理等各领域国际标准的制定，其成员国 167 个，占全世界人口 97%，经济总量占全球 98%，被称为"技术联合国"。在推动全球经贸往来、支撑产业发展、促进科技进步、规范社会治理等方面发挥着重要的基础性、战略性作用。

总部设在瑞士日内瓦的国际标准化组织（ISO）是一个由国家标准机构成员组成的全球性的非政府、非政治性的联合会。ISO 是在联合国标准协调委员会与成立于 1926 年的国际标准化协会联合会共同协调下，于 1947 年由 25 个国家的代表在英国伦敦成立的。

现在 ISO 是由来自 167 个国家的国家标准机构组成的网络，它与国际组织、政府、工业界、企业和消费者代表合作，制定为全球各行各业所视为金色参考的国际标准。它的技术秘书处与中央秘书处有数千名全职工作人员，组织与协调平均每天 30 次的技术会议，与 793 个国际组织保持着联系。编制国际标准的工作通常通过 ISO 技术委员会进行。每个对设立技术委员会（TC）的主体感兴趣的成员机构都有权参加该委员会。与 ISO 联络的国际组织，政府和非政府组织，也参与制定标准的工作。例如，ISO 与国际电工委员会（IEC）就电工标准化的所有事项密切合作。由包含 2832 个工作组、分组的 254 个技术委员会负责在各个领域制定不同学科、行业的各种标准。其中特别对全球有着重大影响的，作为黄金标准采用的 ISO 9000 质量体系，是由 TC 176（质量管理和质量保证）建立的。当 TC 涵盖的领域足够广泛时，将设置分委员会（SC）以更有效地处理特定主题。委员会成员由相关领域或主题的专家非正式提名、由本国标准机构通过相关专业协会派代表自愿义务参加，参与标准的起草、讨论、分发或修订。在许多国家，专家必须是本国相关专业协会的成员，才能加入 ISO 技术委员会。例如代表中国参加 ISO 技术委员会的成员必须是国家标准化管理委员会所属的相应专业标准化技术委员会的委员，代表美国参加 ISO 技术委员会的成员必须是 ASTM 国际的成员。ISO 成员机构可以是参与成员（P 成员）或观察员成员（O 成员）。在每个标准的投票过程中，无论一个国家有多少专家参与标准的制定过程，每个 P 成员机构只有一票，O 成员不能投票。

ISO 不决定何时制定何种新标准，国际标准是响应消费者团体、供应商和用户、测试实验室、政府、工程专业和研究机构行业或其他利益相关者的要求制定的，开发是市场驱动的，代表着各方利益。正如 9.1.1 所介绍的那样，对标准的需求通常来自工业界，他们将这一需要传达给国家成员机构，后者向 ISO 提出新的工作项目。一旦国际标准的必要性得到承认和正式商定，一个由对该主题感兴趣的各国技术专家组成的工作组（WG）就启动制定此标准的流程，就标准的所有方面进行谈判，包括其范围、关键定义和内容。标准内的详细规格将建立在基于共识、考虑了所有利益相关者的意见、协商一致的基础上，并由工作组起草。由此产生的国际标准草案经技术委员会的成员国批准后，以 ISO 国际标准的形式公布。

在 254 个技术委员会中，TC 24，颗粒表征包括筛分，是负责制定所有与颗粒表征有关的技术方法国际标准的专业委员会，里面有两个分技术委员会，一个与筛分有关（SC 8），一个与除筛分以外的其他技术有关（SC 4）。由于筛分技术在几十年前就已很成熟，该有的标准也基本都有了，修改的也极少，所以 SC 8 很不活跃。

TC 24/SC 4 由来自 18 个 P 成员 [澳大利亚（SA）、奥地利（ASI）、比利时（NBN）、中国（SAC）、丹麦（DS）、芬兰（SFS）、法国（AFNOR）、德国（DIN）、以色列（SII）、日本（JISC）、哈萨克斯坦（KAZMEMST）、韩国（KATS）、荷兰（NEN）、挪威（SN）、俄国（GOST R）、瑞士（SNV）、英国（BSI）、美国（ANSI）] 的颗粒表征领域专家组成，每个国家之后的缩略词代表其标准机构。TC 24/SC 4 有 15 个 O 成员。TC 24/SC 4 还与和颗粒表征技术在各应用领域有关的国际标准化组织的其他 11 个技术委员会（TC 47 化学，TC 119 粉末冶金，TC 142 空气和其他气体的清洁设备，TC 146/SC 6 空气质量-室内空气，TC 206 精细陶瓷，TC 209 清洁室和相关控制环境，TC 229 纳米技术，TC 256 颜料、染料和填充剂，TC 261 增材制造，TC 281 微细气泡技术，TC 334 参考物质），以及欧盟委员会（EC）、国际建筑材料、系统和结构实验室和专家联盟（RILEM）有正式的联络关系。

TC 24/SC 4 现时内含 14 个工作小组，分别涵盖下述专题：分析数据表达、沉降法、孔径分布与孔隙率、液体置换法、激光衍射法、动态光散射法、图像分析法、单颗粒光相互作用法、小角 X 射线散射法、样品制备与参考物质、气溶胶电迁移率与浓度分析、超声法、分散在液体中颗粒的表征、zeta 电位测定方法。

TC 24/SC 8 由来自 9 个 P 成员 [奥地利（ASI）、中国（SAC）、德国（DIN）、印度（BIS）、日本（JISC）、哈萨克斯坦（KAZMEMST）、瑞士（SNV）、英国（BSI）、美国（ANSI）] 的筛分专家组成，TC 24/SC 8 有 15 个 O 成员。TC 24/SC 8 还与和

筛分技术在各应用领域有关的国际标准化组织的其他 9 个技术委员会 [TC 17 线材及线材制品、TC 27 焦炭、TC 29 小工具、TC 33 耐火材料、TC 37 语言和术语、TC 74 水泥和石灰、TC 93 淀粉（包括衍生物和副产品）、TC 102 铁矿石和直接还原铁、TC 119 粉末冶金]，以及国际金属网信息局、欧盟委员会（EC）、欧洲穿孔器协会、工业穿孔器协会有正式的联络关系。

TC 24/SC 8 现时内含 3 个工作小组，分别涵盖实验筛网与筛分、工业金属丝布、工业平板筛。

9.3.2 中国标准化组织

中国国家标准化管理委员会（SAC）是中华人民共和国国务院授权履行行政管理职能、统一管理全国标准化工作的主管机构，正式成立于 2001 年 10 月。SAC 是国家市场监督管理总局所属的一个行政部门，负责下达国家标准计划，批准发布国家标准，审议并发布标准化政策、管理制度、规划、公告等重要文件；开展强制性国家标准对外通报；协调、指导和监督行业、地方、团体、企业标准工作；代表国家参加国际标准化组织、国际电工委员会和其他国际或区域性标准化组织；承担有关国际合作协议签署工作；承担国务院标准化协调机制日常工作。县级以上地方标准化行政主管部门统一管理本行政区域内的标准化工作。

国家标准化管理委员会下属的标准技术管理司负责拟订标准化战略、规划、政策和管理制度并组织实施；承担强制性国家标准的立项、编号、对外通报和授权批准发布工作；协助组织查处违反强制性国家标准等重大违法行为；组织制定推荐性国家标准（含标准样品）；承担推荐性国家标准的立项、审查、批准、编号、发布和复审工作；承担国务院标准化协调机制的日常工作；承担全国专业标准化技术委员会管理工作。标准创新管理司负责协调、指导和监督行业、地方标准化工作；规范、引导和监督团体标准制定、企业标准化活动；开展国家标准的公开、宣传、贯彻和推广实施工作；管理全国物品编码、商品条码及标识工作；承担全国法人和其他组织统一社会信用代码相关工作；组织参与国际标准化组织、国际电工委员会和其他国际或区域性标准化组织活动；组织开展与国际先进标准对标达标和采用国际标准相关工作。

国家标准由各个全国专业标准化技术委员会制定。技术委员会是在一定专业领域内从事国家标准起草和技术审查等标准化工作的技术组织。技术委员会在本专业领域内承担以下工作职责：

① 提出本专业领域标准化工作的政策和措施建议；

② 编制本专业领域国家标准体系，根据社会各方的需求，提出本专业领域制/修订国家标准项目建议；

③ 开展国家标准的起草、征求意见、技术审查、复审及国家标准外文版的组织翻译和审查工作；

④ 开展本专业领域国家标准的宣贯和国家标准起草人员的培训工作；

⑤ 受国务院标准化行政主管部门委托，承担归口国家标准的解释工作；

⑥ 开展标准实施情况的评估、研究分析；

⑦ 组织开展本领域国内外标准一致性比对分析，跟踪、研究相关领域国际标准化的发展趋势和工作动态；

⑧ 管理下设分技术委员会；

⑨ 承担国务院标准化行政主管部门交办的其他工作。

技术委员会可以接受政府部门、社会团体、企事业单位委托，开展与本专业领域有关的标准化工作[17]。2003 年底时只有近 600 个技术委员会/分技术委员会，截至 2021 年 5 月，已发展为 1331 个技术委员会/分技术委员会，数万名专家。新的技术委员会与分技术委员会还在随着各行业标准化的需求而不断地成立。

颗粒表征的技术委员会是成立于 1950 年的 TC 168 全国颗粒表征与分检及筛网标准化技术委员会，与成立于 2012 年的 TC 168/SC 1 全国颗粒表征与分检及筛网标准化技术委员会颗粒分技术委员会。

TC 168 涵盖的专业范围为用于固体或液体状态下颗粒分检的设备和方法（含筛网筛分）的标准化工作。具体包括颗粒（含粉体）相关的表征、加工及分检的方法，以及相关的样品制备、样品（工艺用）及设备的标准化工作；筛分方法及设备标准化工作；筛网及其制品的尺寸、公差、机械性能、试验方法、验收程序和设备等的标准化工作。

TC 168/SC 1 涵盖的专业范围为颗粒学名词术语，颗粒分级与测定，颗粒基本形态、特性及对环境影响风险评估，颗粒在各行业的应用。

由上述技术委员会制定的标准可分为强制性国家标准和推荐性国家标准、推荐性行业标准、推荐性地方标准。其中保障人体健康、人身财产安全的标准，行政法规规定强制执行的标准，属于强制性标准；其余为推荐性标准。推荐性标准又称为非强制性标准或自愿性标准，是指通过经济手段或市场调节促使厂家或用户自愿采用的国家标准或行业标准。

除了国家标准，还有需要在全国某个行业范围内统一的技术要求，由国务院有关行政主管部门制定、报国务院标准化行政主管部门备案的推荐性行业标准；与地方自然条件、风俗习惯相关的特殊技术要求、只在本行政区域内实施的推荐性地方标准，由省级和设区的市级标准化行政主管部门制定发布，发布后需报国务院标准化行政主管部门备案。另外，还有通过市场自主制定的团体标准和企业标准。这些标准侧重于提高竞争力，同时建立、完善与新型标准体系配套的标准化管理体制。团体标准是由具备相应能力的学会、协会、商会、联合会等社会组织和产业技术联盟协调相关市场主体共同制定满足市场和创新需要的标准，供市场自愿选用，增加标准的有效供给。团体标准不设行政许可，政府只进行必要的规范、引导和监督，由社会组织和产业技术联盟自主制定发布，通过市场竞争优胜劣汰。企业标准是根据需要自主制定、在企业内部使用的标准，但对外提供的产品或服务涉及的标准，是作为企业对市场和消费者的质量承诺，旨在提高竞争力，建立企业产品和服务标准的自我声明公开和监督制度。

与颗粒有关的团体标准，由中国颗粒学会团体标准工作委员会负责制定，任何业内个人与团体都可提出新项目提案，由团体标准工作委员会进行形式审查，协助组织计划的实施，指导和督促标准主要负责起草单位或工作组进行标准的制定、修订工作[18]。

参考文献

[1] 中华人民共和国标准化法, 2018.

[2] ISO Guide 30:2015. *Reference Materials - Selected Terms and Definitions*. International Organization for Standardization, Genève, 2015.

[3] ISO Guide 35:2017. *Reference Materials-Guidance for Characterization and Assessment of Homogeneity and Stability*. International Organization for Standardization, Genève, 2017.

[4] ISO Guide 31:2015. *Reference Materials-Contents of Certificates, Labels and Accompanying Documents*. International Organization for Standardization, Genève, 2015.

[5] 标准物质管理办法. 国家计量局, 1987.

[6] ISO 17034:2016. *General Requirements for the Competence of Reference Material Producers*. International Organization for Standardization, Genève, 2016.

[7] ISO/IEC GUIDE 99:2007. *International Vocabulary of Metrology — Basic and General Concepts and Associated Terms (VIM)*. International Organization for Standardization, Genève, 2015.

[8] Garner, E., Rasberry, S., What's New in Traceability. *J Test Eval*, 1993, 21(6), 505-509.

[9] Xu, R., Reference Materials in Particle Measurements.// Knapp, J., Barber, T., Lieberman, A.; *Liquid and Surface Borne Particle Measurement Handbook*. Marcel Dekker, New York, 1996, Chpt 16, 709-720.

[10] Mori, Y., Yoshida, H., Masuda, H.; Characterization of Reference Particles of Transparent Glass by Laser Diffraction Method. *Part Part Syst Char*, 2007, 24, 91-96.

[11] ISO 14411-2:2020. *Preparation of Particulate Reference Materials-Part 2: Polydisperse Spherical Particles*. International Organization for Standardization, Genève, 2020.

[12] Yoshida, H., Mori, Y., Masuda, H., Yamamoto, T., Particle Size Measurement of Standard Reference Particle Candidates and Theoretical Estimation of Uncertainty Region. *Adv Powder Technol*, 2009, 20(2), 145-149.

[13] ISO/TS 14411-1:2017. *Preparation of Particulate Reference Materials-Part 1: Polydisperse Material Based on Picket Fence of Monodisperse Spherical Particles.* International Organization for Standardization, Genève, 2017.

[14] *Report of Investigation: Reference Material 8631a, Medium Test Dust (MTD).* National Institute of Standards and Technology, Gaithersburg, 2008.

[15] ISO 12103-1:2016. *Road Vehicles — Test Contaminants for Filter Evaluation — Part 1: Arizona Test Dust.* International Organization for Standardization, Genève, 2020.

[16] Fletcher, R., Verkouteren, J., Windsor, E., Bright, D., Steel, E., Small, J., Liggett, W., SRM 2806 (ISO Medium Test Dust in Hydraulic Oil): A Particle-Contamination Standard Reference Material for the Fluid Power Industry. *Fluid/Particle Sep J*, 1999, 12(2), 108486.

[17] 全国专业标准化技术委员会管理办法. 国家市场监督管理总局令第 31 号, 2020.

[18] T/CSP 002—2018. 中国颗粒学会团体标准工作程序. 中国颗粒学会, 2018.

第 10 章

其他颗粒表征技术概述

本章描述了目前用于各种工业应用的光学方法以外的常见颗粒表征技术。除了一些被广泛使用的成熟方法外，还包括一些尚未商业化的方法。读者可以在这方面的专著中找到有关技术的更多细节[1-13]。

每种方法列出了原理、总体应用范围、优缺点以及该方法的一些参考文献。利用当今互联网强大的搜索功能，可从日益扩充的文献海洋中寻找相关参考资料。在本章末尾总结了各类技术适用的粒度范围。

10.1 电阻法：计数与粒度

10.1.1 经典方法

自 20 世纪 50 年代初发明以来[14]，电阻法（ESZ，又称为电感应区法，Coulter 原理）被广泛应用于医疗技术领域，超过 98% 的自动细胞计数器采用基于 Coulter 原理的 Coulter 计数器[15,16]。除了测量各类血细胞外，此方法还可用于表征（计数和粒度测量）合适粒度范围内的任何可悬浮在电解质溶液中的颗粒材料[17]。在过去 70 年中，该方法已被用来表征数千种不同的医学与工业颗粒材料，2021 年的谷歌学者搜索发现有近 15 万篇有关 Coulter 计数器的各种应用文献。

在电阻法实验中，壁上带有一个小孔的玻璃管放置在含有低浓度颗粒的弱电解质悬浮液中，该小孔使得管内外的液体相通，并通过一个在孔内另一个在孔外的两个电极建立一个电场（图 10-1）。通常是在一片红

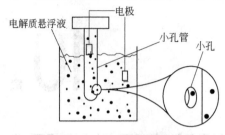

图 10-1　Coulter 原理测量示意图

宝石圆片上打上直径精确控制的小孔，然后将此圆片通过粘接或烧结贴在小孔管壁上有孔的位置。

在测量血细胞等生物颗粒时，Coulter 计数器所用的电解质为生理盐水（0.9%氯化钠溶液），这也是人体内液体的渗透压浓度，红细胞可以在这个渗透压浓度中正常生存，浓度过低会发生红细胞破裂，浓度过高会发生细胞的皱缩改变。在测量工业颗粒时，通常也用同样的电解质溶液，对粒度在小孔管测量下限附近的颗粒，用 4%的氯化钠溶液以增加测量灵敏度。当颗粒必须悬浮在有机溶剂内时，也可以加入适用于该有机溶液的电解质后，再在此有机溶液内进行测量。由于悬浮液中的电解质，在两电极加了一定电压后（或通了一定电流后），小孔内会有一定的电流流过（或两端有一定的电压），并在小孔附近产生一个所谓的"感应区"。含颗粒的液体从小孔管外被真空或其他方法抽取而穿过小孔而进入小孔管。当颗粒通过感应区时，颗粒的浸入体积取代了同体积的电解液从而使感应区的电阻发生短暂的变化。这种电阻变化会产生相应的电流脉冲或电压脉冲（图 10-2）。

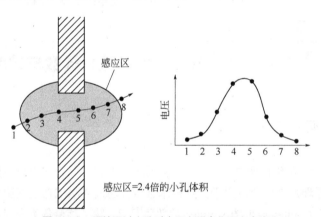

感应区=2.4倍的小孔体积

图 10-2　颗粒通过小孔时由于电阻变化而产生脉冲

通过测量电脉冲的数量及其振幅，可以获取有关颗粒数量和每个颗粒体积的信息。测量过程中检测到的脉冲数是测量到的颗粒数，脉冲的振幅与颗粒的体积、形状、电导率、孔隙率、小孔直径、电流、电解质组成有关：

$$U = \frac{V \rho_{0} i f}{\pi^2 R^4} \tag{10-1}$$

式中，U、V、ρ_0、i、f 和 R 分别是电压脉冲的振幅、颗粒体积、电解质电阻、通过小孔的电流、颗粒形状因子和小孔半径。如果假设所有颗粒的密度一样，则脉冲振幅与颗粒体积成正比，从而可以获得颗粒粒度及其分布。由于每秒钟可测量多达1万个颗粒，整个测量通常可以在数分钟内完成。在使用已知粒度的标准物质进行校准后，颗粒体积测量的准确度通常在1%～2%以内。通过小孔的液体体积可以通过精确的计量装置来测量，这样就能从测量体积内的颗粒计数得到准确的颗粒数量浓度。以前液体体积计量是通过液态汞体积来完成的，当前都使用精确的无汞计量泵进行。

为了能单独测量每个颗粒，悬浮液浓度必须能保证当含颗粒液体通过小孔时，颗粒是一个一个通过小孔，否则就会如图10-3那样将两个颗粒计为一个，而且体积测量也会发生错误。由于浓度太高出现的重合效应会带来两种后果：①两个颗粒被计为一个大颗粒［图10-3（a）］；②两个本来处于单个颗粒探测阈值之下未测到的颗粒被计为一个大颗粒［图10-3（b）］。重合发生率不是太高的样品（譬如在10%以下），有很多种方法与模型可以纠正由于重合带来的计数与粒径测量误差[18]，很多商业仪器都有自动探测与矫正重合的功能。

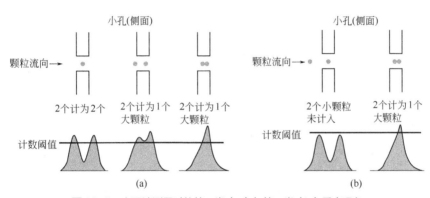

图10-3 电阻法测量时的第一类（a）与第二类（b）重合现象

由于流体动力学的原因，颗粒通过小孔时可有不同的途径，理想的是径直地通过小孔，但也有可能是通过非轴向的途径通过。非轴向通过时不但速度会较慢，所受的电流密度也较大，结果会产生表观体积较大的后果，也有可能将一个颗粒计成两个[19]。图10-4是颗粒的轴向流动与非轴向流动以及所产生的不同脉冲。现代商业仪器通过脉冲图形分析可以矫正由于非轴向流动对颗粒粒度测量或计数的影响。

此方法的粒度测量下限由区分通过小孔的颗粒产生的信号与各种背景噪声的能力所决定。尽管仪器的整个测量部分是在一个Faraday（法拉第）笼中，小孔内产生的电子噪声干扰还是难以彻底排除。虽然可以生产孔径小于5 μm的小孔管，但电路和环境噪声使得这些极小孔径在颗粒表征中无法被常规应用。测量上限由在样品烧杯中均匀悬浮颗粒的能力决定。对于沙粒，测量上限可能是500 μm，但对于碳化钨，上限可能只有 75 μm，因为碳化钨的密度要高很多。可以添加增稠剂，如甘油或蔗糖，以提高液体黏度，从而可以悬浮较大或较重的颗粒。增稠剂还有助于减少低黏度电解质溶液通过直径大于 400 μm 的小孔时产生的湍流噪声。每个小孔可用于测量直径为 2%～80%小孔直径范围内的颗粒，即 40：1 的动态范围。实用中的小孔直径通常为 15～2000 μm，所测颗粒粒度的范围为 0.3～1600 μm。如果颗粒小于小孔检测的下限，则其脉冲会被淹没在各类噪声中而测不到；如果颗粒大于小孔的检测上限，则有可能将小孔堵塞。很多仪器都有自动检测小孔堵塞与通过液体反冲去堵的功能[20]。如果要测量的样品粒度分布范围比任何单个小孔所能测量的范围更宽，则必须使用两个或以上不同小孔直径的小孔管，根据小孔的直径用湿法筛分或其他分离方法将样品分级，以免大颗粒堵住小孔，然后将用不同小孔管分别测试得到的分布重叠起来，以提供完整的颗粒分布。譬如一个粒径分布为 0.6～240 μm 的样品，可以用 30 μm、140 μm、400 μm 三根小孔管进行测量。

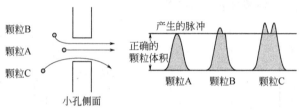

图 10-4 颗粒的轴向流动与非轴向流动以及产生的脉冲

该技术的优点在于颗粒的体积与计数是每个颗粒单独测量的，所以从测量分布的角度来考虑，有最高的分辨率，而且可以测量极稀或极少个数颗粒的样品[21]。由于体积是直接测量而不是如激光衍射等技术结果是通过某个模型计算出来的，所以不受模型与实际颗粒差别的影响，特别是除了某些极端情况如很长的棒状颗粒等，结果不会因颗粒形状而产生偏差。在实践中需要极其精密的粒度测量时，电阻法往往是首选。譬如 1982 年在航天飞机挑战者号上在零重力条件下合成的 30 μm 聚苯乙烯乳胶球，就是用电阻法标定后成为美国国家标准局的颗粒标准物质。该方法的最大局限是只能测量能悬浮在水相或非水相电解质溶液中的颗粒。

使用当代微电子技术，测量中的每个脉冲过程都可以打上时间标记后详细记录下来，用于回放或进行详细的脉冲图形分析。如果在测量过程中，颗粒有变化（如凝聚或溶解过程，细胞的生长或死亡过程等），则可以根据不同时间的脉冲对颗粒粒度进行动态跟踪，图 10-5 是一个细胞样品在测量过程中体积随时间变化的记录。

对于球状或长短比很接近的非球状颗粒，脉冲类似于正弦波，波峰的两侧是对称的。对于很长的棒状颗粒，如果是径直地通过小孔，则有可能当大部分进入感应区后，此颗粒还有部分在感应区外，这样产生的脉冲就是平台型的，从平台的宽度可以估计出棒的长度。对所有颗粒的脉冲图形进行分析，可以分辨出样品中的不同形状的颗粒。图 10-6 是一个墨粉样品脉冲宽度对颗粒体积作图，可以明显地看到样品中有几组不同形状的颗粒，对应于不同的等效球直径。对脉冲的详细分析还可以得到在通常阈值之下的颗粒体积，并得到除体积外颗粒形状的某些信息[22]。

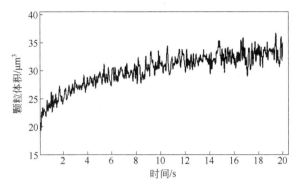

图 10-5　颗粒体积随时间的变化

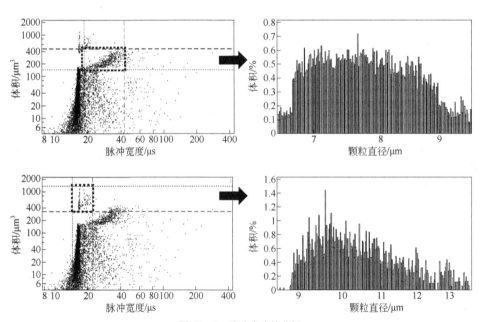

图 10-6　脉冲宽度的分析

大部分生物与工业颗粒是非导电与非多孔性的。对于含贯通孔或盲孔的颗粒，由于孔隙中填满了电解质溶液，在颗粒通过小孔时，这些体积并没有被非导电的颗粒物质所替代而对电脉冲有所贡献，所以电阻法测量这些颗粒时，所测到的是颗粒的固体体积，其等效球直径将小于颗粒的包络等效球直径。对于孔隙率极高的如海绵状颗粒，用激光粒度仪测出的包络等效球直径，是用电阻法测出的等效球直径的好几倍。如果已知样品为多孔性的，要得到包络粒度，需要通过湿法筛分等方法取得样品中一段窄分布的组分，用图像法测定其平均粒径；然后用此平均粒径作为电阻法测量颗粒时的矫正因子，即用此矫正因子乘以电阻法所测到的固体体积，从而得到包络体积或包络等效球直径。

只要所加电场的电压不是太高，通常为 $10\sim15\,V$，导电颗粒譬如金属颗粒也可以用电阻法进行测量，还可以添加 0.5%的溴棕三甲铵溶液阻止表面层的形成。当用一定电流获得结果后，可以使用一半的电流和两倍的增益重复进行分析，应该得到同样的结果。否则应使用更小的电流重复该过程，直到进一步降低电流时结果不变。

在各种制造过程中，例如在制造和使用化学机械抛光浆料、食品乳液、药品、油漆和印刷碳粉时，往往在产品的大量小颗粒中混有少量的聚合物或杂质大颗粒，这些大颗粒会严重影响产品质量，需要对其进行粒度与数量的表征。使用 Coulter 原理时，如果选择检测阈值远超过小颗粒粒度的小孔管（小孔直径比小颗粒大 50 倍以上），则可以将含大量小颗粒的悬浮液作为基础液体，选择适当的仪器设置与直径在大颗粒平均直径的 1.2～50 倍左右的小孔，来检测那些平均直径比小颗粒至少大 5 倍的大颗粒[23]。

10.1.2　可调电阻脉冲感应法

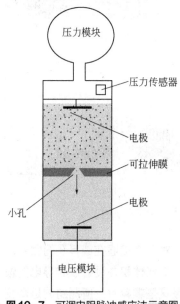

图 10-7　可调电阻脉冲感应法示意图

可调电阻脉冲感应法（TRPS）是在 21 世纪初发明的，用于纳米粒度范围的电阻法。在这一方法中，一个封闭的容器中间有一片弹性热塑性聚氨酯膜，膜上面有个小孔，小孔的大小可随膜的拉伸而变。与经典的电阻法仪器一样，在小孔两边各有一个电极，可测量由于颗粒通过小孔而产生的电流（电压）变化来测量颗粒的大小（图 10-7）。由于主要应用是测量生物纳米颗粒如病毒，小孔的直径较小（从 300 nm 至 15 μm），所以这类仪器不用真空抽取液体，而是用压力将携带颗粒的液体压过小孔。压力与电压都可调节以适用于不同的样品。有异于经典电阻法仪器用一系列不同直径小孔的小孔管测量不同粒度大小的样品，此方法用可拉伸薄膜变化小孔尺寸来测量不同粒度的样品，但是由于可拉伸膜的特性，此小孔很

图中标注：压力模块、压力传感器、电极、可拉伸膜、小孔、电极、电压模块

难做到均匀的圆形，大小也很难控制，所测得的在一定压力、一定小孔直径下电脉冲高度与粒度的关系，需要通过测量标准颗粒来进行标定而确定。

当小孔上有足够的压力差时，对流是主要的液体传输机制。脉冲频率，即颗粒计数速率，与颗粒浓度和流体流速的乘积成正比。由于流体流速与施加的压力下降成正比，颗粒浓度可以从脉冲频率与施加压力之间线性关系的斜率求出。但是需要用已知浓度的标准颗粒在不同压力下进行标定以得到比例系数[24-26]。

给定小孔直径的检测范围下限定义为能导致相对电流变化 0.05%的颗粒直径。这一下限由系统的电噪声、电解质的热运动、孔基板的介电噪声、放大器噪声和闪烁噪声所决定，而这些噪声的强弱取决于许多因素，包括小孔材料、小孔厚度、电子元件、温度等。检测范围的上限被定义为小孔孔径的一半，这样能保持较低程度的小孔堵塞。典型的圆锥形小孔的动态范围为 5∶1 至 15∶1，可测量的粒径范围通常为 40 nm～10 μm。

此技术也可在测量颗粒度的同时测量颗粒的 zeta 电位，但是测量的准确度与精确度都还有待提高，如何排除布朗运动对电泳迁移率测量的影响也是一个难题[27,28]。

10.1.3　其他类型的电阻法技术

近十几年来还有好几类小型化、微型化的基于 Coulter 原理的仪器装置。这些装置主要用于生物颗粒的检测与计数，粒度不是这些应用主要关心的参数。由于生物颗粒一般都在十几微米以下，所以小孔的直径都在数百微米以内。与上一节使用宏观压力的方法不同的是，很多这些设计使用的是微流控技术，整个装置的核心部分就是一个微芯片，携带颗粒的液体在微通道中流动，小孔是微通道中的一个关卡。除了需要考虑液体微流对测量带来的影响，以及可以小至 10 nm 的微纳米级电极的生产及埋入[29]，其余的测量原理和计算与经典的 Coulter 计数器并无二致。这些微芯片可以使用平版印刷、玻璃蚀刻、防蚀层清除、面板覆盖等步骤用玻璃片制作[30-32]，也可以使用三维打印的方式制作[33,34]。一些这类微流控电阻法装置已商业化，另外还有些其他的尝试，譬如利用 130～150 nm 纳米碳管为小孔测量纳米级的生物颗粒[35]。

Coulter 原理还被用在使用蛋白质纳米孔，例如耻垢分枝杆菌孔蛋白 A（MspA），在线性化的 DNA-肽复合物缓慢通过纳米孔时，通过精确地测量电流的变化而对单个蛋白质的氨基酸测序。由于此过程不影响肽链的完整性，因此能够反复地读取单个肽链，在单氨基酸变异鉴定中的检测误差率小于 10^{-6}[36,37]。

10.2 沉降法：粒度

沉降法是表征液体中颗粒的经典分级和粒度测量方法。沉降法基于颗粒在重力场或离心场中在静止液体中沉降的速度与粒度的关系来测量粒度。沉降速度和颗粒粒度之间的关系在低雷诺数时符合下列 Stokes 方程[38]：

$$d_{St} = \sqrt{\frac{18\eta u}{(\rho_s - \rho_l)g}}$$ (10-2)

式中，d_{St} 是 Stokes 等效球直径，此等效球与在层流条件下同一液体中的实际颗粒有相同的密度和自由落体速度；η、u、ρ_s、ρ_l 和 g 分别为悬浮液的黏度、颗粒沉降速度、有效颗粒密度、液体密度和加速度。在重力沉降法中，g 是重力加速度，在离心沉降法中，g（$= \omega^2 r$，ω 和 r 分别为离心角速度和颗粒测量处的离心旋转半径）是离心加速度。

雷诺数的概念由 Stokes 在 1851 年提出，但由于 Reynolds 在 1883 年开始推广了此数的应用，所以后人以他的名字命名。雷诺数的计算可由下式进行 [其中的符号意义与公式（10-2）相同]：

$$Re = \rho_l u d_{St}/\eta$$ (10-3)

在沉降法中，根据颗粒在测量开始时的位置，有均匀法（颗粒均匀地分散在液体中）和线启动法（颗粒在测量开始时集中在介质顶部的薄层中）（图 10-8）。根据测量位置，有增量方法（即从已知高度和时间的薄层确定固体量的测量），以及确定固体从悬浮液中沉降速率的累积方法。因此根据力场、测量位置和颗粒初始位置的不同组合，有八种实验安排。传统上，有基于颗粒质量的测量，如移液器法、倾倒法和沉降平衡法；基于悬浮密度的测量，如使用压力计或气量计；基于可见光或 X 射线照射到悬浮液后的衰减或散射的测量。所有这些方法都需要对沉降测量和浓度测量进行校准。

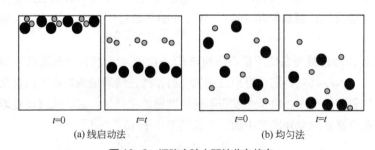

| (a) 线启动法 | (b) 均匀法 |

图 10-8 沉降实验中颗粒分布状态

沉降实验导出颗粒粒度的基础是 Stokes 方程，它适用于单个球形颗粒在没有其他力或运动干扰的情况下在液体中的层流沉降。为了满足这些条件，实验只应在低浓度和一定粒度范围内进行。在高浓度下，颗粒之间存在相互作用或干扰。特大颗粒的极快沉降速度会形成涡流或湍流而破坏层流的条件，特小颗粒强烈的布朗运动会干扰自由沉降。如果要保持 Stokes 直径的测量误差不超过 3%，则颗粒沉降的雷诺数必须小于 0.3。表 10-1 是雷诺数为 0.3 时水性溶液中可测的最大颗粒直径。一般公认可测的悬浮液中颗粒的最大体积浓度为 0.2%，而且沉降容器中相对壁的距离至少为 0.5 cm 以减少器壁效应。总的粒度测量范围取决于液体和颗粒之间的密度差异以及液体黏度，在离心沉降中还取决于离心机的旋转速度。对于水悬浮液中的大多数样品，重力沉降测量的粒度范围约为 0.1～300 μm，离心沉降约为 0.05～5 μm。

表 10-1　雷诺数为 0.3 时水性溶液中可测的最大颗粒直径

材料	密度/（g/cm³）	$d_{最大}$/μm（水）	$d_{最大}$/μm（20%蔗糖）	$d_{最大}$/μm（50%蔗糖）
SiO_2	2.65	56	83	280
Al_2O_3	3.96	46	68	226
Fe_2O_3	5.24	41	60	199
Zr	6.51	37	55	181
Fe	7.87	35	51	168
Mo	10.22	32	46	152
Rh	12.41	29	43	141
WC	15.64	27	40	130
W	19.32	25	37	120
Os	22.57	24	35	114
35℃溶液的黏度/cP		0.723	1.325	8.355
35℃溶液的密度/（g/cm³）		0.994	1.076	1.223

沉降法作为一种经典的颗粒分离与测量技术，已在很多工业界得到了广泛的应用，许多产品的规格和相应的工业标准都是建立在这些方法的基础上。然而沉降法有内在的局限性：非球形颗粒的沉降在低雷诺数时是无规定向的，而随着雷诺数的增加，颗粒将倾向于最大阻力的定向而产生最慢的沉降速度。因此，对于非球形颗粒的多分散样品，所测得的粒度分布将偏大，获得的分布将比实际分布宽。此外，用于沉降分析样品中的所有颗粒必须具有相同且已知的密度，否则不同粒度的颗粒可能会因密度差异而以相同的速度沉降。

由于这些缺点，特别是移液器法、沉降平衡法等方法所涉及的漫长而乏味的分析过程，很多 20 世纪还被普遍采用的装置和方法已被不依赖于分离的现代技术所取代，目前仍然广泛使用的沉降法主要是利用可见光或 X 射线探测的重力沉降与离心沉降[39]。

基于X射线穿过颗粒悬浮液时与光束中的颗粒质量成正比吸收的X射线重力沉降法，作为一种全自动的成熟技术，在涂料工业、碳酸钙、滑石粉、高岭土、二氧化钛、土壤、河床沉积、矿物行业广泛使用，并是造纸、陶瓷、磨料等行业的标准方法。

此方法首先通过对溶剂和混合均匀的悬浮液测量X射线的最大与最小透过率，得出最低浓度和最高浓度悬浮液对X射线的吸收率，利用颗粒对X射线的吸收正比于颗粒的质量及溶液中颗粒沉降速度与粒度的关系，应用Beer-Lambert公式测量X射线在任意时刻的强度，此强度指示了仍然悬浮在X射线之上的样品质量，通过扫描可以得到比现时粒径更小颗粒的累积质量分数。图10-9显示了四个不同时间点颗粒的沉降状态，所有沉降速率大于x/t_n的颗粒都已沉降到测量区域之下。

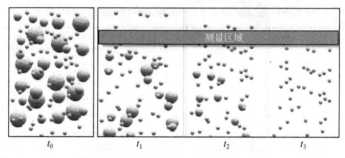

图10-9 X射线重力沉降法测量示意图

很多胶体体系如油漆、蛋黄酱、化妆品等，它们的稳定性直接关系到产品在生产、流通、使用过程中的特性与品质。稳定性研究的传统方法是将这些产品放在架子上，在室温或者在一定的提升温度下，用肉眼观察其变化。这些变化是由于产品内颗粒的凝聚、聚合、絮凝、破乳等造成颗粒粒度、质量与形态变化，从而产生沉降或漂浮。这些变化可能很微小，往往也很缓慢。用可见光或近红外光作为探测源，颗粒的沉降或漂浮不但可以作为颗粒粒度表征的手段，也可作为颗粒悬浮体系随时间变化稳定性的研究工具，因为透射光与散射光的强度会很灵敏地因光束中颗粒的粒度与浓度影响而变。用重力场观察这些变化比较接近真实情况[40]，但是使用离心场可以加速变化的过程，更快地得到研究结果[41,42]。

离心液相沉降法可以分为光照离心法与X射线离心法，样品的加入可以采用均匀法或自启动方法。光照离心法可以用单个点光源，也可用线光源照在样品池不同部位，然后用线探测器测量样品池不同位置的信号，可以更快地进行样品池不同深度的测量。离心机的转速一般在5000~15000 r/min，可以测量的粒径范围为0.1~5 μm，但稳定性研究的粒度范围则视样品体系与所要观察的现象而定，可以远超出这一范围。

10.3 筛分法：分级与粒度

筛分可能是最古老的材料分级技术之一，能按大小来分级、去除、回收不同类型材料。早在史前时期，它就可能已用于食品的制备，即使现代编织筛网的早期版本也可追溯到 16 世纪[43]。使用手工操作、机械振动、水力振动或超声振动的筛网分级具有简单、高效、运行费用低廉等优点。现代筛网分为用不同纤度绞纱或平纹织成的蚕丝筛网，包括用各种金属丝平纹、斜纹、席形编织方法织成的金属丝筛网，用锦纶、涤纶及其他化纤丝采用方平和平纹织成的合成纤维筛网，在金属板上穿孔的打孔板筛，以及在金属板上用照片蚀刻孔制成的电化筛网。编织筛网根据编织方法不同可分为双向弯曲筛网、单向隔波弯曲筛网、双向隔波弯曲筛网、锁定（定位）弯曲筛网、平顶弯曲筛网、压力焊筛网等。

蚕丝筛网大多供粮食工业筛选用，也可供砂轮砂布厂筛选不同粗细砂粒用。金属筛网广泛应用于固体、粉体物料的筛分、筛选与液体的过滤，在化学工业、食品和调味品业、矿产业、制药、造纸、金属粉末制造、化肥工业都有广泛的应用。合成纤维筛的网孔表面光滑，多用于印花绢网、集成电路印刷线路板制作，也可用于筛选显像管荧光粉和磁带的磁粉等较细颗粒。合成纤维筛网具有不生锈、耐腐蚀等特点，能代替部分金属筛网。取决于用途与筛网开口的大小，筛子的框架一般是方形或圆形的，而且一般都做成一系列不同开口的筛子能堆叠起来。如果是用机械振动、水力振动或超声振动，则还有特殊的装置使一个或一系列筛子能牢固地装在装置上且又能很方便地取下来装料或清洁。

筛分也是最古老的颗粒粒度分析手段。筛分使用含有许多统一开口、孔径已知的孔的测试筛（或一组测试筛）将材料分级。开口是编织筛网中编织线之间的缝隙，或在打孔板筛金属板上的穿孔，或在电化筛金属板上的照片蚀刻孔。大于开口孔径的颗粒将留在网上，小于孔径的颗粒将通过筛网。传统筛网的规格通常根据筛网编织中每英寸平行线数量相关的"目"编号规定，现代国际标准系列的规格则直接用开口的直径或边长表示。用不同材料制作的编织筛网的粒度测量范围通常从 20 μm 到十几厘米不等，而电化筛网的粒度测量范围从 5 μm 到 0.1mm 不等。开口最常见的形状是方形，但一些电化筛和打孔板筛为圆形开口。其他形状（菱形、矩形、六边形、槽形）开口的筛子也有使用。表 10-2 列出了国际标准化组织（ISO）、美国 ASTM 国际以及传统 Tyler 系列的标准筛系列开口规格。

在表 10-2 中，左列是 ISO 565[44]和 ISO 3310[45-47]中定义的筛网系列，其单位为毫米的名义开口尺寸与筛网序列数相同。中列为 ASTM 系列[48]，标号对应于 ISO 系列中的开口尺寸。右列为传统的 Tyler 系列。表中 Tyler 序列最后三个筛网在 ISO 与 ASTM 系列中没有对应的筛网，括号内的数值为这三个筛网的名义开口尺寸。许多国家有

表10-2 标准筛网系列

ISO	ASTM	Tyler	ISO	ASTM	Tyler	ISO	ASTM	Tyler
125mm	5″		6.7mm	0.265″	3 目	0.355mm	No.45	42 目
112mm	—		6.3mm	¼″		0.315mm	—	
106mm	4.24″		5.6mm	No. 3½	3½目	0.300mm	No.50	48 目
100mm	4″		5.0mm	—		0.280mm	—	
90mm	3½″		4.75mm	No.4	4 目	0.250mm	No.60	60 目
80mm	—		4.50mm			0.224mm	—	
75mm	3″		4.00mm	No.5	5 目	0.212mm	No.70	65 目
71mm	—		3.55mm	—		0.200mm	—	
63mm	2½″		3.35mm	No.6	6 目	0.180mm	No.80	80 目
56mm	—		3.15mm	—		0.160mm	—	
53mm	2.12″		2.80mm	No.7	7 目	0.150mm	No.100	100 目
50mm	2″		2.50mm	—		0.140mm	—	
45mm	1¾″		2.36mm	No.8	8 目	0.125mm	No.120	115 目
40mm			2.24mm	—		0.112mm	—	
37.5mm	1½″		2.00mm	No.10	9 目	0.106mm	No.140	150 目
35.5mm	—		1.80mm	—		0.100mm	—	
31.5mm	1¼″		1.70mm	No.12	10 目	0.090mm	No.170	170 目
28.0mm	—		1.60mm	—		0.080mm	—	
26.5mm	1.06″		1.40mm	No.14	12 目	0.075mm	No.200	200 目
25.0mm	1″		1.25mm	—		0.071mm	—	
22.4mm	7/8″		1.18mm	No.16	14 目	0.063mm	No.230	250 目
20.0mm	—		1.12mm			0.056mm		
19.0mm	¾″		1.00mm	No.18	16 目	0.053mm	No.270	270 目
18.0mm	—		0.900mm	—		0.050mm	—	
16.0mm	5/8″		0.850mm	No.20	20 目	0.045mm	No.325	325 目
14.0mm	—		0.800mm	—		0.040mm	—	
13.2mm	0.530″		0.710mm	No.25	24 目	0.038mm	No.400	400 目
12.5mm	½″		0.630mm	—		0.036mm	—	
11.2mm	7/16″		0.600mm	No.30	28 目	0.032mm	No.450	
10.0mm	—		0.560mm	—		0.025mm	No.500	500 目
9.5mm	3/8″		0.500mm	No.35	32 目	0.020mm	No.635	625 目
9.0mm	—		0.450mm	—		(0.015mm)		800 目
8.0mm	5/16″	2 目	0.425mm	No.40	35 目	(0.010mm)		1250 目
7.1mm	—		0.400mm	—		(0.005mm)		2500 目

注：1″=1 英寸=2.54cm。

自己的标准筛网系列，但是越来越多的国家采用 ISO 系列作为标准测试筛网系列。

与颗粒表征的任何其他技术相比，由于原理、设备和分析过程都很简单，筛分几乎在大于几十微米颗粒的各个领域都得到了广泛应用。筛分可用于干粉和湿浆。每次分析所需的材料量，在焦炭分析中可能高达 $50 \sim 100\,kg$，在粉尘分析中可小到几克。为了提高筛分的准确度与精确度，一般用定量可控的电磁振荡、机械振动或超声波，使颗粒产生垂直或水平运动。许多类型的自动筛分设备可用于提高工作效率和减少手工筛分操作。用开口在 $50\,\mu m$ 以下筛网筛分微小颗粒时，由于颗粒边角与网线的摩擦力（干法）或颗粒与浸润筛网液体的表面张力（湿法），重力与机械力都无法有效地使颗粒穿过筛网，这时就必须用超声来进行筛分。其他方法也可用于帮助筛分过程，如液体流动、空气喷射和振动空气柱等[49]。

尽管筛分法使用广泛，但也有其内在的缺点。例如圆形编织线，筛网上的开口实际上是三维的，但是筛网分级是仅两个维度的函数或者是一维的筛网规格（方形开口的边长与圆形开口的直径）。颗粒的形状也对结果有着很大影响，同一方形开口通过的圆形颗粒的直径与通过的棒长度不一样（图 10-10）。任何形状的三维颗粒能否穿过开口取决于颗粒的定向，这反过来又取决于筛网振动的频率、幅度、时间及颗粒本身的力学特性。筛分时两根直径相同但

图 10-10 颗粒形状对筛分结果的影响

长度不同的棒如果都是竖着的，则将通过同样大小的开口而产生相同的结果，如果是平躺的，结果则不同，取决于筛网振动的幅度与颗粒本身的特性[50]。

通常筛分的结果随筛网或颗粒的移动方法、筛面的几何形状（筛型、部分开放区域等）、操作时间长短、筛网上的颗粒数以及颗粒的物理特性（如其形状、黏性和脆性）而变化[51]。任何筛分结果都必须标明分析的条件，否则无法对结果进行比较。此外，开口的实际大小可能与名义大小有很大差异。特别是在目数高的编织筛网中，这种变化可能很大。例如对于目数高于 140 目的筛子，平均开口的公差可以为±8%，而最大开口的公差可能高达+60%。上述因素和其他因素限制了筛分的准确性和精确度，也是该技术在 20 世纪 80、90 年代被光散射方法广泛取代的原因之一。近二十年来，随着微米、纳米颗粒表征技术的蓬勃发展，尽管筛分技术仍广泛地用于各行业，但是作为粒度分析工具，主要应用集中在毫米与厘米以上尺度的材料。

10.4 色谱方法：分离与粒度

在颗粒表征的色谱方法中，样品被注入或放置在一个位置，然后通过作为载体

的液体在色谱路径中移动。在移动过程中，颗粒基于与颗粒粒度有关的某些属性以不同的方式捕获、滞留或相互作用从而被分离而先后经过检测器。所有色谱分析仪都需要校准以确定每一组分的滞留时间和浓度。有许多不同方法可用于检测基于化学成分或物理性质分离后流出色谱通道的样品，颗粒表征中使用的探测器通常是某些类型的光散射或紫外线传感器。根据色谱通道的形式和对样品分离属性的不同，有下列几种技术。

10.4.1　尺寸排阻色谱法

尺寸排阻色谱（SEC）也称为体积排阻色谱或凝胶渗透色谱（GPC），是一种成熟且广为人知的合成和生物高分子表征技术[52,53]。此方法使用一根填有均匀粒径与均匀孔径的多孔凝胶珠的柱子，含高分子的液体通过柱子时，根据通过柱子的高分子链与凝胶珠孔径相对大小或水动力学体积被分离（图 10-11）。较大的高分子因为它们太大不能进入凝胶珠内的孔隙而直接通过凝胶珠之间的空隙而首先流出，那些

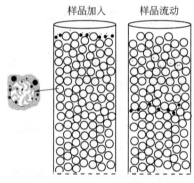

图 10-11　尺寸排阻色谱法工作原理图

可以进入凝胶珠孔隙的将滞留在孔中。高分子越小，其可以进入的孔越多、孔隙体积越大，从而滞留时间越长，流出越晚。排阻色谱法使用标准材料标定滞留时间作为分子量的函数，并使用检测器信号响应与流出物质量成正比的检测方案，来确定样品中不同分子量的高分子的量。

尺寸排阻色谱法对颗粒表征的应用基于与高分子链相同的原理。它主要用于分离纳米到 0.5 μm 左右粒径的亚微米胶体颗粒[54]。该技术的局限性在于颗粒-填充凝胶珠的相互作用导致的凝胶珠对聚合物或颗粒的陷阱作用而损失样品，并且当颗粒粒度超过 0.5 μm 时，分离效率会降低。由于填充珠孔径的不均匀性与孔隙的多样性以及柱填充的均匀性与紧密性，颗粒流出峰不可避免地会有不同程度的变宽，造成该方法用于粒度测量时的低分辨率[55,56]。

10.4.2　水动力色谱法

水动力色谱法（HDC）利用颗粒与流动路径中液体流形之间的水动力相互作用来分离颗粒[57]。当液体流过狭窄的路径时会有一个流形，其中接近壁的流速将比液

流中间的流速慢。含颗粒的悬浮液在压力下加入流动通道（毛细管）后，颗粒在壁之间的空隙中随着液体一起移动，与小颗粒相比，大颗粒被限制在离壁较远的空间内。图 10-12 说明了流经毛细管的理想情况。液体的流动是三维抛物线流形。在水动力的作用下，较大的颗粒靠壁的最近位置比小颗粒远，它们将经历相对较高的速度而先从毛细管内流出。水动力色谱最初是在 1962 年提出来的[58]，现在有两种类型：一种使用无孔珠子填充，水动力相互作用发生在液体中颗粒和弯曲的珠子表面之间。这种分辨率较低、应用也有限的 HDC 主要用于亚微米颗粒（0.03～2 μm）[59]。另一种类型的 HDC 使用一根很长的毛细管作为色谱柱，称为毛细管水动力分离（CHDF）。水动力相互作用发生在毛细管壁和颗粒之间。取决于要分离的颗粒大小范围，毛细管可有不同的长度和直径。对于特定的毛细管，可分离的颗粒粒度范围约为 100∶1。例如内部直径为 400 μm 的毛细管可用于分离 0.5～30 μm 的颗粒。分辨率远高于填充柱 HDC 的毛细管 HDC 被用于分离固体悬浮液以及乳液，在亚微米范围内，它可以分辨小至 10%的粒度差异[60]。

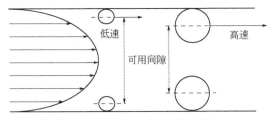

图 10-12 水动力色谱分离示意图

因为可以同时与一种或多种物理检测方法相耦合，譬如质谱、多角度静态光散射、动态光散射、黏度和折射探测器等[61,62]，水动力色谱可连续地在单一分析中确定分析物的质量、大小、形状和结构，而且在流动中不会似在排阻色谱法中那样进出填充珠孔隙时受到剪切力而引起断链或被陷在孔内的可能性。近年来水动力色谱在颗粒和高分子表征方面的应用方面发展得很快，还出现了芯片化的纳米毛细管水动力色谱装置[63]。

10.4.3 场流分离

虽然在图 10-12 的理想情况下，水动力色谱可以根据液体的流形与颗粒的质量中心位置将颗粒按流速分开，但还有其他许多因素导致实际情况偏离理想情况。例如虽然较小的颗粒可以进入管壁附近的空间，但同样的小颗粒也可以处在较大颗粒所在的毛细管的中心位置。颗粒的布朗运动会进一步导致颗粒将占据所有可用的径向位置，因此流出峰将会不可避免地增宽，从而限制了水动力色谱的分辨率和分离效率。而场流分离（FFF）在分离范围、选择性和分辨率方面都略胜一筹，更加通用。自20世纪60年代提出FFF理念以来[64,65]，该技术已发展成为一组应用于各种颗粒系统的方法。典型的场流分离设备是一个扁平的宽而薄的开放通道，将样品注入其中后，在垂直于通道的方向外加一个力场，使悬浮液中的颗粒从通道先后流出而达到分离的效果，在出口处用某检测手段测量流出物中的颗粒（图10-13）。流出的顺序将视所加力场对颗粒属性的作用而定。

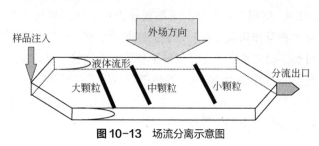

图 10-13　场流分离示意图

与水动力色谱一样，由于通道的几何形状，在通道中流动的液体将具有抛物线流形，通道壁附近的液体将具有接近零的速度，通道中心有最大速度。在测量时，当样品引入通道后，流动暂时停止，并加一外部场。此场可以有多种形式，常见的是离心场、热场、电场、磁场、流动场、重力场等。此外，每个场可有不同的操作模式。应用外加场的目的是将颗粒根据其大小或其他属性分配到液体流动中的不同流速的位置。完成此过程是基于颗粒某一属性对外加场的反应。例如在热场作用下，颗粒会根据热扩散系数和质量从热壁扩散到冷壁；在离心场中，颗粒会根据其密度和质量被推到外壁。一旦颗粒被分到不同的流层，由于不同位置的流速差异，液体流将在不同的时间将不同属性（往往是粒度）的颗粒带出。如果在加了外场之后小颗粒被集中在通道中心，则小颗粒的保留时间将短于大颗粒的保留时间。如果大颗粒聚集在通道的中心，则情况正好相反[66,67]。

虽然场流分离技术已经证明可以分离大小超过5个数量级的颗粒（从1 nm到500 μm），但研究和开发仍在继续，仪器的商业化进展还是很慢，产品的主要应用还仅限于学术界[68-70]。

10.5　超声分析

本书介绍的很多传统颗粒表征方法需要在稀悬浮液内进行，例如激光衍射法为了防止多重散射，Coulter计数器与光学计数器需要一个一个对颗粒计数，悬浮液浓度都不能太高。但是在某些情况下，颗粒表征必须在浓悬浮液中进行，其中的动态过程（如聚合、聚集或絮凝）可能会以更快的速度发生。在其他一些情况下，例如在乳液系统中，稀释会导致样品发生变化而不可行。在浓样品中进行颗粒表征对在线分析特别重要，因为在线过程中所要测的对象大部分都是浓悬浮液而无法对样品进行稀释。超声测量与需要测稀悬浮液的技术正好相反，它需要测量浓样品。超声波比光有更好的穿透样品的能力，测量时无需稀释，无需预处理，往往是无损检测，也不受样品中少量混杂污物的影响，同一测量的浓度与粒度的动态范围宽，在高达50%的体积浓度时仍可消除多重散射的影响。现在超声法已被广泛用于各类悬浮液特别是胶体体系与纳米颗粒体系的表征[71,72]。

10.5.1　超声法：粒度

传统超声法测量声波在样品中的衰减作为频率的函数，通常测量的频率范围为1～150 MHz，也可以测量声波传播速度的变化作为探测手段。

声衰减是衡量介质中声波能量损失的一种指标。在纯液体中传播时，衰减是由于介质的黏滞性、热传导及各种弛豫过程，其中黏滞性所造成的衰减可由 Stokes 声衰减定律来量化[73]，而与热传导一起所造成的衰减结果可由 1868 年发表的Stokes-Kirchhoff 公式来表述[74]。含颗粒悬浮液中声波的衰减是由其与液体介质和分散在液体中的任何颗粒的相互作用造成的，颗粒的存在破坏了声波传播的连续性，声波能量可因本征吸收、散射、黏性、热导、颗粒结构等不同机理而衰减。颗粒对声波衰减的主要贡献随粒度而不同，每个不同粒度分布与浓度的悬浮液都有一特征衰减光谱。当颗粒相对于悬浮介质移动时，也会发生对声波的吸收而使入射波衰减。如果已知体系的物理特性（如材料密度），则可以通过基本波方程对衰减进行建模和预测[75,76]。

各种频率的声波通过声波发生器在浓悬浮液中传输，另一个声波接收器接收衰减的平面波。通常采用的波形有连续波、猝发波、脉冲波。频谱检测通常使用三种技术：穿透传输、脉冲回波和干涉测量（图 10-14）。超声法测量装置通常由声波发生器、声波接收器、压电换能器、信号采集处理系统等组成。通过测定信号强度，可得到声衰减频谱，通过发射和接收信号的时间差以及传播距离，可求得声速。

超声法可用于在宽浓度范围内（体积浓度为 0.5%～50%）在相对较短的时间内（通常为几分钟）测量 0.01～1000 µm 的颗粒粒度。然而在应用超声法时需要知道体系（颗粒和介质）的机械、传输和热力学特性，包括密度、声衰减系数（作为频率的函数）、热膨胀系数、热导率、热容量、液体黏度和颗粒剪切刚性，这些参数值的精度需要优于 5%。即使其中一个参数变化也会改变结果，有时会显著改变结果。

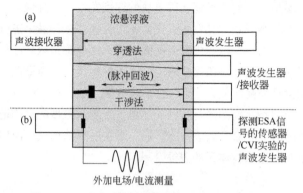

图 10-14 声衰减（a）与电声效应（b）探测示意图

　　使用矩阵反演技术从衰减光谱中确定粒度分布需要一定的理论模型。早在 20 世纪 50～70 年代就已有了单颗粒声衰减的 ECAH 理论模型[77,78]，后来又拓展成高浓度下的多重散射修正、耦合相模型，以及对黏性、热导、颗粒结构在高浓度下造成声波能量衰减的一系列理论[11,79]。当代强大的计算机运算功能使得应用这些复杂理论对测量数据做矩阵反演求粒度分布成为可能。不过由于颗粒的非球形以及其他与理想化或基于某种假设理论的差距，即使求出了粒度分布，与真实情况究竟差多远也往往是个疑问。因此使用只需要几个参数的分析公式，如单模或多模的对数正态分布，来代表所测体系依旧是一种选择。在实际数据处理中，即使使用设定的连续分布函数，也还是需要结合离散化的数据点（不同频率的衰减）进行离散化的拟合。根据理论分析与经验，粒度分布至少取 9 个点、频率测量需要 6 个点以上才能得到拟合误差较小的重现性结果[80]。通过增宽测量频率范围与改进数据处理算法，超声法也可用于双峰的粒度分布[81,82]。对于性质不同的混合颗粒，如对油漆中的乳胶与色素两种颗粒的混合物，超声法还没有理想的、非设定分布函数的数据处理方法。

　　除了测量声波的衰减外，另一种类型的声谱法已被证明能够测量 0.1～30 μm 的颗粒。这项技术测量脉冲多频超声波通过浓悬浮液（可高达 10% 体积浓度）的传输时间。声速随化学组分而不同，而且在不同的频率，声速随粒度的变化很不一样。譬如在亚微米粒度范围，声速随粒径的变化很明显，可是在 10～100 μm 的粒度范围，1 MHz 的声波速度几乎不随粒度而变。这样就可以在声速对粒度敏感段测量粒度，而在声速对粒度不敏感段测量颗粒浓度。此技术中应用的频率（0.05～50 MHz）低于衰减测量中的频率，因此超声波源和探测器之间的距离可以更长[83]。如果使用其他设备测量声场中的胶体振动电流（CVI），则也可以使用声学仪器确定悬浮颗粒的 zeta 电位。

10.5.2　电声效应：zeta 电位

在电声效应中，测量是基于电与声在带电颗粒上的相互作用：外加电场使带电颗粒运动而产生声波，或者外加声波使带电颗粒振动而产生电场。前者称为电声振幅（ESA），后者称为胶体振动电流（CVI）（图 10-14）。迄今为止的所有电声仪器都是探头型的。此类探头设计包括生成（测量）超声波的元件和生成（测量）电场（电流）的元件。

（1）电声振幅测量

在电声振幅（ESA）测量中，声波是由所加的高频电场在胶体悬浮液中将带电颗粒向前和向后推动后产生的[84]。电场导致带电颗粒的振动，此振动产生声波，测量此声波可以得知颗粒的 zeta 电位。加外电场后在不同频率（通常为 $1 \sim 10$ MHz）测量声波的振幅和相位，只要知道颗粒的浓度和密度，就可以确定颗粒的动态迁移率 μ_d。假设所有颗粒都有相同的 zeta 电位，并且分布遵循预先选定的分布函数，从动态迁移率可以推导出颗粒的 zeta 电位[85]。这种方法可测量的悬浮液体积浓度可以从小于 1% 至高达 60%。该技术已成功应用在很多类型的浓悬浮液中。然而它的主要限制是颗粒必须是带电的，与介质有足够的密度差，并且足够小从而可以在电场中产生显著的运动。

（2）胶体振动电流测量

在胶体振动电流（CVI）测量中，声波产生颗粒的振动，带电颗粒的振动产生与 zeta 电位有关的电流。测量的浓度范围与系统要求类似于电声振幅测量。这两种方法之间并无明显的孰优孰劣。

10.5.3　动态超声散射法：颗粒动态与粒度

动态超声散射法（DSS）是近 20 年发展起来的技术，有相关函数测量与脉冲声波相位模式两种方法。前一种方法类似于动态光散射，超声发生器发出的声波经过颗粒散射后，被传感器接收（实验安排有远场接收与近场接收两类），然后依据散射声波随时间波动计算场自相关函数。从相关函数可求算出悬浮液中颗粒的均方速度涨落以及动态速度相关长度，然后得到悬浮液中颗粒特性，可应用于从纳米到毫米大小的颗粒[86,87]。后一种方法使用 $20 \sim 30$ MHz 超声波发生器/传感器与尖峰脉冲器系统，用动态超声散射的相位模式测量沉降过程中微米大小的颗粒。测量可以直接得到随观察时间与位置而变的颗粒沉降速度。当此动态超声散射法与静态散射强度测量连用时，前者可获得 Stokes 沉降速度从而得到颗粒粒度，而后者可提供颗粒的数量浓度信息，可分辨 10 μm 与 17 μm 的双峰分布[88,89]。

10.6　气体物理吸附：粉体表面积与孔径

固体的表面由外表面与内表面组成，内表面是各类不同大小孔的壁。图 10-15 为四类不同类型的孔，其中闭孔由于全封闭，一般的手段无法探测，所以一般不计入固体表面积或孔隙度。根据国际纯粹与应用化学联合会（IUPAC）的规定，孔径小于 2 nm 为微孔，介于 2～50 nm 的为介孔，大于 50 nm 的为大孔。

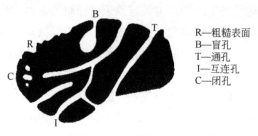

R—粗糙表面
B—盲孔
T—通孔
I—互连孔
C—闭孔

图 10-15　固体的各类孔

干燥固体粉末清洁表面的气体物理吸附与脱附是确定这些粉末表面积以及多孔材料孔径分布的最常用方法。物理吸附实验根据气体在测量时的状态分为静态法与动态法。静态法又分为体积法与重量法，动态法又分为连续流动法、双气路法、色谱法、程序升温法等[90]。本节主要介绍使用最多的静态体积法。

10.6.1　低压静态体积法

在气体吸附实验中，一定重量的粉体材料在样品管中通过真空或惰性气体净化加热和脱气以去除吸附的外来分子后，在超低温下（通常为 -195.6 ℃的液氮温度）被抽至真空。然后引入设定剂量的吸附气体，如氮气、氦气、氩气、二氧化碳、氢气等，这些气体不与样品发生化学反应或被吸收，但一定数量的气体分子将被样品表面物理吸附，并能很快达到平衡。如果不考虑脱附，从物体表面的能量陷阱与气体动力学可以估计出在 10^{-6} Torr（1Torr=133.322 Pa）的压力下每平方厘米每秒可吸附 10^{15} 个氮气分子，而且分子从表面扩散非常快，所以表面覆盖率恒定的平衡（吸附速度 = 脱附速度）较容易达到。达到平衡后测量系统中的压力，然后根据气体方程计算出所吸附的量。该加气过程反复进行直至达到实验所预定最高压力，每一个压力以及单位样品重量所吸附的气体量为一数据点，最后以相对压力（试验压力 p 与饱和蒸气压 p_0 之比）对吸附量作图得到吸附等温线。也可从到达最高压力后抽出一定量的气体，达到平衡后测量压力，直到一定的真空度，以同样方法作图得到脱附等温线。实验的相对压力范围 p/p_0 可从 10^{-8} 或更高的真空度至 1。

由于气体与表面的作用能远大于气体分子之间的作用能，所以气体首先在表面形成密堆积单吸附层，可用于计算表面积。当体系压力继续增加（气体浓度增加），表面开始多层吸附，气体开始在孔内冷凝（图 10-16），这一冷凝吸附的体积可用来表征孔隙，使用气体吸附来测量孔径的范围从几个埃到大约半微米。

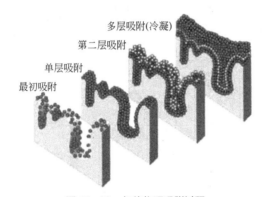

图 10-16　气体物理吸附过程

根据孔的结构与大小，可有 6 类吸附等温线（图 10-17）。第一类为只有较小外表面的微孔材料，在 p/p_0 接近 1 时吸附量有限，其吸附为填充微孔的单层吸附，又称为 Langmuir 吸附。第二类为表面均匀的非孔或大孔材料，可有无限制的多层吸附，p/p_0 接近 1 时吸附量无限。第三类为具有与吸附分子很低相互作用能的非孔材料（譬如硬脂酸镁）。第四类为介孔材料的多层吸附，孔中的饱和蒸气压降低而产生毛细管冷凝，吸附等温线具有不同形状与曲率的滞后环，即吸附曲线与脱附曲线不重合（图10-17 中带箭头的曲线部分）。第五类为具有与吸附分子很低相互作用能的介孔材料。第四类与第五类的差别类似于第二类与第三类的差别。第六类为具有均匀表面的非孔材料，吸附等温线每步台阶与体系和温度有关，反映了外表面每一层的吸附，台阶的高度与每一层吸附的容量有关，一般前 2～3 阶的高度相等。

知道吸附分子的面积 σ，例如氮气 $\sigma = 16.2\ \text{Å}^2$，使用不同的吸附模型，可以通过公式拟合出材料的比表面积、孔体积以及孔径分布的信息。

计算比表面积最早的理论是 Freundlich 的纯经验吸附公式[91]与 Langmuir 提出的半经验单层吸附公式。Langmuir 模型假定所有吸附点都是一样的，只能吸附一个气体分子，吸附了就不能移动[92]。对于第一类吸附等温线，可以用 Langmuir 公式以及考虑了吸附分子与吸附质相互作用的 Temkin 修正公式[93]。对第二类与第四类吸附等温线，可以使用最广为人知的多层吸附 BET 公式。BET 公式假设材料有非孔的均匀表面，气体分子可以吸附多层，第一层吸附热高于以后的各层吸附热，第二层及以后各层吸附热相同，且等于液化热，忽略吸附分子之间的相互作用，层之间没有相互作用[94,95]：

$$\frac{p}{n(p_o - p)} = \frac{1}{cn_m} + \frac{c-1}{cn_m} \times \frac{p}{p_o} \tag{10-4}$$

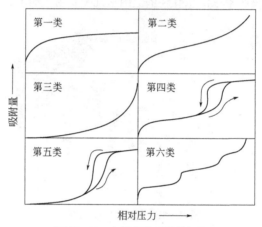

图 10-17 六类吸附/脱附等温线

式中，p、p_o、c、n、n_m 分别是吸附压力、饱和蒸气压、一个大于零的常数、在相对压力 p/p_o 下吸附的量（mol/g 吸附质）和单层容量（单层覆盖所需的 mol/g 吸附质）。通常在 p/p_o 等于 0.05～0.30 的范围内，通过 $p/[n(p_o-p)]$ 对（p/p_o）作图的斜率和截距，可以得到 n_m 从而导出比表面积 S：

$$S = N_A n_m \sigma \tag{10-5}$$

式中，N_A 是 Avogadro 常数。可由气体吸附来测定的比表面积范围约为 0.01～2000 m²/g。

材料的孔体积可以使用 t 图法（或称为 t 曲线，以在 p/p_o 测出的吸附量对理论计算出的吸附层统计厚度作图）通过线性区外推截距获得。作 t 图时计算吸附层厚度的模型有 Halsey 公式[96]、Harkins-Jura 公式[97]、Derjaguin-Broekhoff-de Boer 公式[98,99]、Kruk-Jaroniec-Sayari 公式[100]等。介孔孔径分布可通过拟合 Barrett-Joyner-Halenda（BJH）模型[101]或经过 Kruk-Jaroniec-Sayari 修正过的 BJH 模型[100]等获得。微孔孔径分布可通过拟合 Dubinin-Radushkevich（D-R）模型[102]、Dubinin-Astakhov（D-A）

模型[103-105]、Horwath-Kawazoe（HK）模型[106]（包括经过 Cheng-Yang 系数修正过的 HK 模型[107]与 Saito-Foley 圆柱形孔公式[108]）、Mikhail-Brunauer-Bodor（MP）模型[109]，以及其他的修正模型[110,111]等获得。

以上所有的模型都是基于某些近似条件而导出的分析公式。近年来随着计算机能力的提高，从吸附质与气体的物理作用力出发，根据线性 Fredholm 第一类积分方程从实验等温线数据直接进行矩阵反演的方法算出孔径分布的密度函数理论应用得越来越多。密度函数理论针对狭窄孔中的流体结构，以流体-流体和流体-固体之间相互作用的分子间势能为基础，对特定孔径与形态的空隙计算气态或液态流体密度在一定压力下作为离孔壁距离的函数，对不同孔径的孔进行类似计算，得出一系列特定压力特定孔径下单位孔容的吸附量，从而可计算出某个孔径分布在不同压力下的理论吸附等温线，然后通过矩阵反演计算，以非负最小二乘法拟合实际测量得到的等温线，从而计算出孔径分布的离散数据点。

从 1985 年首次应用密度函数理论至今，孔结构已从简单的一维模型扩展到非均匀孔壁表面的二维模型。表 10-3 列出了密度函数理论发展中的一些里程碑，其中的狭缝模型除了两端开口的无限长狭缝，还包括一端封闭的狭缝[112,113]。

表 10-3　密度函数理论发展简史

年份	理论（英文缩写）	模型
1985	非定域密度函数理论（NLDFT）[114]	硬球
1989	密度函数理论（DFT）[115]	狭缝
1993	非定域密度函数理论（NLDFT）[116]	狭缝
1997	非定域密度函数理论（NLDFT）[117]	狭缝、圆柱状
2009	骤冷固体密度函数理论（QSDFT）[118]	无定形物质
2009	二维非定域密度函数理论（2DNLDFT）[119]	二维有限圆盘
2013	非均二维非定域密度函数理论（H2DNLDFT）[120]	二维非均匀狭缝
2017	平滑移位的非定域密度函数理论（SSNLDLT）[121]	正则化参数调整
2018	非均二维非定域密度函数理论（H2DNLDFT）[122]	二维非均匀圆柱

10.6.2　高压静态体积法

除了通过低温低压的气体物理吸附表征粉体的表面积与孔隙情况，在高温高压进行惰性气体的吸附，是另一种物性表征的手段。高压吸附是为了表征孔隙在不同压力下的容量，譬如在 CO_2 捕获后封存在煤层、盐土层、枯竭油藏中的容量，在金属氢化物、金属有机骨架材料（MOF）、多孔炭黑、燃料电池中的氢气存储容量，煤层或地下页岩的甲烷容量等。高压吸附等温线的测量压力范围可从高真空到

100～200 bar（1bar=10^5 Pa）或更高，分析温度从低温到 500 ℃，常用的吸附气体为氮气、氢气、甲烷、氧气、氩气和二氧化碳。

10.6.3 流动气体法

动态方法通过导热检测器（TCD）监控大气压力下在样品上连续流动的吸附气体和惰性气体混合物组分的变化，来测量气体的吸附与脱附。首先在环境温度下监测样品管中的气体流出量，作为测量基线。然后降低样品温度以促进吸附，当吸附气体从混合物中消耗后，气体混合物的导热性将发生变化。当吸附平衡建立后，流出物中恢复初始气体混合物比例，TCD 信号返回基线。再将样品温度提升到环境温度，再一次进行测量，这次由于吸附气体的脱附，混合气体的比例将向另一方向变化，直到脱附完成，混合气体的比例再一次回到初始混合组分。

与校准信号相比，综合这两个信号可以得到样品吸附的气体量。混合气体中吸附气体的分压除以饱和压，是吸附发生时的相对压力[123]。

此类仪器由能提供/控制不同比例的干燥混合气体的组件、样品加热脱气站与在冷阱（杜瓦瓶）中的样品测量站及其附件、导热检测器，以及各类控制气体流通的阀与管路组成。

此方法能测量粉体比表面与总孔体积。当用多点 BET 方法时，需要改变吸附气体（通常为氮气或正丁烷）与惰性气体（通常为氦气）的比例，例如使用从 5%～30%不同体积分数的氮气[124,125]。

10.7　压汞法：孔径分析

压汞法用于表征带有大孔的粉体。在压汞法孔测量中，汞被高压压进材料的盲孔、通孔、互连孔和粉体间的空隙。根据 Washburn 公式[126]，如果接触角为 130°，则 0.5 psi（1psi=0.006895MPa）的压力可进入直径为 360 μm 的孔，60000 psi 可进入 3 nm 的孔。压汞法可应用的孔径范围在 3.6 nm～900 μm 左右。该方法基于非润湿液体汞在狭窄毛细管中的上升现象。汞随着压力的增加渗透到毛孔中，其占据总孔隙的程度取决于施加的外部压力。记录作为压力函数的汞注入量，孔径大小和分布可以使用 Young-Laplace 模型得到[127]。从压汞法可得到粉体的颗粒粒径分布、体密度、骨架密度、孔隙率、总表面积、孔的曲率与粉体的压缩性。

这种方法使用大剂量的汞，而且并非所有的汞都会从毛孔中排出而被回收，孔也可能会因为高压而坍塌。不但在操作时需要严格注意用汞安全，测完的样品处理以及废汞回收也是令使用者烦心的问题。由于全球对汞污染的关注，一些传统用汞的技术或装置设备如温度计等都已被很多国家禁止。国际纯粹与应用化学联合会与欧盟经过全球有关专家的调查研究，证明压汞法仍是在表征大孔材料时不可替代的方法，所以不禁止压汞法在全球的使用[128]。尽管洁净汞的取得与脏汞的回收越来越困难，压汞法越来越不受欢迎，可是至少在目前仍然是粉体表征技术中不可缺少的一项技术。

10.8 空气渗透法：平均粒度

空气渗透性技术用于在粉末平均比表面的测量是个很成熟的技术。此技术基于空气渗透性，利用两个压力传感器测量填压粉末床的压力下降。控制通过样品的空气流速与使用 Kozeny-Carmen 公式[129]可以确定比表面积，然后假定颗粒是光滑的非孔性圆球，就可求得平均粒度。

$$\frac{\Delta p}{L} = \left[\frac{\text{SSA} \cdot \rho \cdot (1-\varepsilon)}{7d}\right]^2 \times \frac{Q\eta}{\pi \varepsilon^3} \tag{10-6}$$

式中，Δp、L、SSA、ρ、ε、d、Q、η 分别为压降（Pa）、样品高度（m）、比表面积（m^2/kg）、颗粒的真密度（kg/m^3）、样品体积孔隙度（无量纲）、样品管直径（m）、气流流速（m^3/s）、干燥空气的黏度（Pa·s）。

空气渗透法是水泥、金属粉、制药等行业进行粉体粒度分析的标准方法[130]。在水泥行业，传统上用通过空气渗透法测得的 Blaine 数表示水泥的细度[131]，在其他一些行业，用 Fisher 数作为粒度的等效表示。空气渗透法有很多国际与国家标准，近年来也有很多在理论与应用上的更新与扩展[132,133]。空气渗透法的一般应用粒径范围为 0.5～75 μm。

10.9 毛细管流动孔径分析法：通孔孔径

这个技术又被称为气泡法、液体排除法、气液孔径分析法（GLP）或液液孔径分析仪（LLP）。这种基于泡点测量得到完整通孔孔径（孔喉）分布（图 10-18）的技术在 20 世纪 70 年代由 Whatman 和 Coulter 公司开发成商业仪器，成为测量钻井岩心通孔、金属或陶瓷过滤器、无纺布、纸张、中空纤维、尿布、医疗隔断材料（包括口罩）、各类膜（包括燃料电池中的隔离膜），特别是在表征过滤膜的滤孔分布与过滤效率时最常用的技术。此方法不能测量粉末，也得不到孔隙度/孔体积[134]。

图 10-18 毛细管流动孔径分析法测量孔喉

在毛细管气液孔径分析仪中，样品首先被低表面张力和低蒸气压的液体完全浸润，然后使一定压力下的惰性气体流通过样品，从孔中挤压出浸润液体，通常使用流量计测量气体流速，直到达到"泡点"（最大孔排空流体的压力而有气泡出现）。然后不断增加压力，并测量气体的流量，直到所有孔被清空。

所用的浸润液体应具有以下物理性质：零接触角，低表面张力，低蒸气压，对所测样品化学惰性。

该方法取决于表面张力产生的毛细管上升：浸没在液体中的湿毛细管或孔中的液体沿着毛细管上升，直到达到重力平衡。如果液体完全浸润孔，且接触角为零，则有下列从 Young-Laplace 公式导出的测量公式：

$$p = 4\gamma/d \tag{10-7}$$

式中，p、γ、d 分别为压力、表面张力、孔直径。此方法测量的是通孔中孔隙最窄的部分，称为孔喉，所得到的孔径实为孔喉，第一泡点即为最大的孔喉。

测量有压力扫描与压力稳定步进两种模式。在压力扫描模式中压力随着时间的增加速率是个常数，对压力与流量进行连续测量，快速且结果可重复，非常适合用于质量控制。缺点是具有复杂的孔路径或较厚的样品难以得到正确的结果，因为液体从孔隙中流出需要时间，压力增加的速度会影响结果，较慢的速度将得到较大的孔径结果，压力增加的速度必须根据最终压力或孔径分析范围进行调整。压力稳定步进模式通过压力调节器与针阀以非常精确的步骤调节压力，数据点仅在压力和流量达到稳定时记录，使所有相应大小的孔在一定压力下全部排空才增加压力，可以精确地测量孔径和计算实际孔径分布，对分析具有复杂孔结构的样品时至关重要，有助于深入了解样品的孔扭曲性。

通过不同压力的气体流量对压力作图，通过公式（10-7），可以确定孔径范围从几十纳米到几百微米的第一泡点（FBP）、最大孔径、最小孔径、平均流量的孔径（流量的一半通过大于此直径的孔隙）、气体渗透性（通过样品不含润湿液体的干燥曲线获得）[135,136]。

毛细管液液孔径分析仪的实验过程类似气液孔径分析仪，不过样品被低表面张力和低蒸气压的液体完全浸润后，是用另一种与浸润液体互不溶的液体通过样品，而从孔中置换出浸润液体，通常使用液体流量计测量置换液体的液体流速，直到置换液体从样品中流出。然后不断增加压力，置换液体的流出量越来越多，直到所有孔被清空。通过不同压力的置换液体流量对压力作图，可以确定孔径范围从几纳米到几百纳米的第一泡点、最大孔径、最小孔径、平均流量的孔径、气体渗透性。与气液孔径分析仪相比，所需的压力更小，适合易碎样品，非常适合于中空纤维的表征，可测量更小的孔（2 nm～1 µm）。对置换液体的要求是与浸润液体必须有明确的边界，不可压缩，不含气，与样品兼容，已知接触角，已知表面张力。水/异丁醇，Porefil/异丁醇，乙醇/Porefil 为常用的置换液体/浸润液体对，其中 Porefil 是一表面张力为 16 mN/m 的全氟醚的商品名称。除了气液孔径分析仪得到的信息，液液孔径分析仪测量还可得到总孔数、总孔面积、开放孔隙度（总孔面积和样品面积之比）[137]。

此技术现在尚无公认的标准样品来验证测量的准确性，蚀刻膜有最接近完美的圆柱形孔，孔径分布很窄，但尚未成为标准物质。

10.10　气体置换比重测定法：密度

材料表征的另一个常见参数是颗粒材料或非颗粒材料的密度。正如图 10-15 所示，材料有闭孔与向外开口的通孔与盲孔。除去所有孔隙后的固体是材料的真实固体体积，真实密度为除去所有闭孔、盲孔与通孔后单位体积的质量。但是，除非将材料碾得粉碎，将所有闭孔都暴露在外，否则无法测量其真实体积。骨架体积是除去盲孔与通孔之后的体积，骨架密度为除去所有盲孔与通孔后单位体积的质量。另外还有包络体积，一个假想的包络着颗粒的体积，此体积几乎含有所有的孔（图10-19）。对粉体而言，松装密度与振实密度也是两个经常测量的参数。松装密度是单位体积粉体的质量，而振实密度是这些粉体经过一定方式振动（或敲拍）后单位体积的质量。这两种密度都含有颗粒间的空隙。

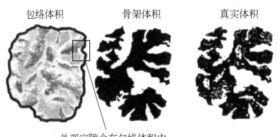

包络体积　　　骨架体积　　　真实体积

外部空隙含在包络体积中

图 10-19　颗粒的各类体积

密度分析有很广泛的应用，譬如药物粉末的碾压操作、钻井岩心分析、硅溶胶-

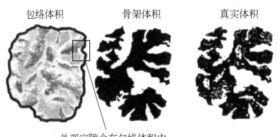

凝胶产品和水泥产品的结构分析、矿石分析、食品工业中的碳酸钙分析、电池电极的石墨分析甚至水果分析等[138,139]。

气体置换法是确定材料密度快速、准确和可重复的方法。样品放置在密封、已知体积的样品舱内，然后灌入用作置换介质的惰性气体如氦气或氮气，这些气体可填充小至 1 Å 的孔隙与空隙。灌注的气体在平衡后进一步扩充到另一已知精确体积的舱内，然后测量平衡后的压力，由气体公式计算样品体积，从而根据样品重量得出骨架密度。

10.11 核磁共振技术

核磁共振是高校、研究所用来进行物质分析的常规分析仪器，近年来也已被发展用来表征颗粒：用脉冲场梯度核磁共振测量颗粒的扩散系数从而得到粒度的信息，以及用弛豫时间测量颗粒在液体中的总表面积。

10.11.1 脉冲场梯度核磁共振：粒度与孔结构

在脉冲场梯度核磁共振（PFG-NMR）测量中，应用射频脉冲将样品核自旋的磁化旋转到垂直于主均匀磁场的横向平面。核自旋的位置随后通过在短时间内施加线性磁场梯度来标记，然后应用第二个脉冲翻转样品中局部磁化的相位，应用第二个磁场梯度脉冲后记录下自旋回声。在梯度脉冲之间的时间跨度内，沿磁场梯度方向自旋的扩散会导致相位相干性不可逆转地丧失，从而获得样品的自扩散系数，然后进一步可以从扩散系数得到如胶束和 100 nm 乳胶颗粒的粒度分布[140-142]。这一技术也可用来研究加了标记的小分子在纳米多孔材料中的扩散，从而进行孔结构的研究[143]。

10.11.2 核磁共振弛豫时间比较法：颗粒总表面积

与颗粒表面结合的液体分子的核磁共振弛豫时间 T_1 与 T_2 比在整体液体中要慢得多。与低表面积样品相比，分散在液体中的高表面积样品总的弛豫时间较慢，因为有更多的液体分子与表面结合。假设颗粒表面为单层液体分子覆盖，则可以根据下列公式与纯液体的弛豫时间相比来得出分散在液体中颗粒的总表面积：

$$单位重量总表面积 = (R_{av}-R_b)/(K_a\psi_p) \tag{10-8}$$

式中，R_{av}、R_b、K_a 与 ψ_p 分别是测量的样品平均自旋弛豫速率常数、纯液体自旋弛豫速率常数、仪器常数（可由标定物质测定）与颗粒的体积分数[144]。这个技术的表面积测量可使用 T_1 或 T_2 来完成。在某些情况下，例如高浓度的悬浮液中 T_2 的弛豫时间太短，很难精确地测定，这时用 T_1 测量更合适。

这个方法具有直接测量、样品无需稀释等预处理、不需温度控制、只需要 0.1 mL 样品的优点。如果编程测量 T_1 或 T_2 随时间的变化，还可以实时观察体系的动态过程[145,146]。

10.12 流动电位测量：zeta 电位

流动电位/流动电流发生在被液体浸润的颗粒表面或多孔材料的孔隙中。颗粒表面与多孔材料的孔壁上覆盖着由液固界面的离子分离或吸附而产生的电荷。这些表面电荷与液体中的反电荷形成扩散层内的双电层。当用压力使液体流过这些浸润的表面时，会产生电响应。这种电响应所产生的电流或电位是由于液体的流动导致了扩散层内电荷的运动，所以称为流动电位/电流。

流动电位/电流最初仅用在静态的压力梯度下，即 DC 模式[147]。后来发现振荡的压力梯度（AC 模式）也会产生流动电位/电流，而且在高频率下具有被称为"震动电位/电流"的奇特特征。

流动电位/电流的这两种模式形成了不同的测量技术和完全不同的仪器。因为只有水动力能渗透的多孔材料才能产生直流压力梯度的液体流，孔径的减小或孔隙的减少会导致渗透能力的降低并最终使液体无法流动，所以 DC 模式只适用于颗粒或足够大孔径与较高孔隙率的多孔材料。这在确定纤维、膜、纺织品和其他较大颗粒体系的 zeta 电位时很有用，因为电泳光散射测量不能应用于这些体系[148,149]。高频 AC 模式的压力梯度波可以穿透毛孔小、孔隙有限的多孔材料，所以在测量这些材料时可以取代 DC 模式。

10.12.1 DC 流动电位法

对孤立的薄双电层，压力差Δp产生的电位ΔU_{str}有以下表达：

$$\Delta U_{str} = \frac{\varepsilon_{rel}\varepsilon_o\zeta}{\eta\kappa}\Delta p \tag{10-9}$$

式中，ε_{rel}、ε_o、ζ、η、κ分别为液体的介电常数、真空电容率、孔表面的 zeta

电位、液体的动态黏度、孔径内的电导率[150]。

小孔径壁上的双电层会产生部分重叠，如果孔径足够小，最终导致相对壁的双电层完全重叠，这时上述公式就需要进行修正[151]。

10.12.2　AC 流动电位法

高频振荡压力导致流动电位/电流理论，是在 1944 年基于 Smoluchowski 孤立薄双电层理论提出的[152]。由于高频超声波是驱动力，所以引入了"震动电效应"一词。液体在 MHz 的高频率下变得可压缩，因此电动效应变得非等体积。经过对双电层模型的修正与简化[153]，导出了下列震动电流 I_{see} 的实用公式：

$$I_{see} = \frac{\varepsilon_m \varepsilon_o \zeta}{\eta} \times \left(1 - \frac{\rho_m}{\rho_s}\right) \times \frac{K_s}{K_m} \nabla p \qquad (10\text{-}10)$$

式中，ρ_m、ρ_s、K_m、K_s、∇p 分别为液体密度、材料密度、液体电导率、材料电导率、孔内压力梯度。对于双电层完全重叠的极小孔，则需要用不同的修正公式[154]。

10.13　共振质量测量：计数与粒度

此技术根据 Archimedes 浮力原理使用共振质量测量技术来计数颗粒和测量粒度。当混有 0.05～5 μm 颗粒的悬浮液或溶液在微型机电系统（MEMS）制作的传感器内通过一个共振悬臂时，由于颗粒的质量与液体不同而造成悬臂的上下移动，从而导致照射在悬臂上的光束反射位置变化。每个颗粒的通过都能造成一个光反射位置变化的脉冲，探测到的脉冲信号的数目与通过检测区的颗粒数有关，其高度及正负与颗粒与液体相对比重有关[155,156]。

此技术能真正高灵敏度、高分辨率和可重复地定量测量颗粒，其关键应用是检测、量化和定性纳米至微米范围内的气泡与固体颗粒物特别是各类生物颗粒[157]。通过区分负浮力和正浮力，此技术能够区分样品内颗粒物的性质，譬如蛋白质聚合物（正浮力）和硅油液滴（负浮力）等杂质颗粒。通道易堵是该技术的一个障碍。

10.14　亚微米气溶胶测定：计数与粒度

亚微米气溶胶颗粒在大气中大量存在，但由于其大小和浓度，常用的粒度测量和计数方法不适用于亚微米气溶胶。表征亚微米气溶胶有两个步骤：首先根据其大小对气溶胶颗粒进行分级（或分类）。有两种方案可用于分级亚微米气溶胶。第一个方案为扩散池法，颗粒通过一叠筛网时，由于扩散与筛网的网线相撞被捕获。小颗粒扩散得快，会与网线发生更多的碰撞而首先被捕获，大颗粒将被后续网所捕获。扩散池法可以分离 5～200 nm 大小的气溶胶。

第二个更常用的方案是用差分迁移率分析系统来完成分类与粒度测量。这个系统由电荷调节器、差分电迁移率分类器（DEMC）、流量计与颗粒检测器组成。首先对颗粒进行电荷调节，使电迁移率与大小成正比，然后由鞘流携带进入 DEMC。有各种设计类型的 DEMC，譬如同轴圆柱形、径向形、并行板形等。最常用的是由两个同轴圆柱形电极和两个入口（一个用于过滤干净的鞘流空气，另一个用于气溶胶样品）组成的同轴圆柱形 DEMC。带电的气溶胶被鞘流空气带入 DEMC 的同轴圆柱电极之间的电场内。带电颗粒将在电场中迁移并在其流体动态阻力与电场驱动力平衡时达到终端迁移速度。颗粒在被鞘流携带流动过程中向中心电极迁移，其中有特定电迁移率的进入中心电极底部附近的细圆缝而被气流输送到检测器，其余被气流排出 DEMC。通过改变电压可以选择输送不同电迁移率即不同大小的颗粒至检测器。这种方法可以分离 1～1000 nm 之间的颗粒[158,159]。

被分离后的气溶胶颗粒数量的检测，可以使用连续流动凝结颗粒计数器（CPC）或气溶胶静电计。CPC 由蒸发液容器与光学计数器组成，气溶胶通过蒸发液容器时，被蒸气凝结生成更大的颗粒（约 10 μm），随后用光学计数器检测和计数这些变大了的颗粒。气溶胶静电计通常设计为 Faraday 杯式（FCAE），带电的气溶胶颗粒沉积在 Faraday 杯内的过滤网后，通过电流测量这些颗粒所带的电荷而求出颗粒的数量。

上述气溶胶粒度测量与计数所使用的设备都需要用标准颗粒或其他方法进行标定与校准[160-162]。

10.15　颗粒表征技术小结

图 10-20 为本书述及的技术中与粒度测量有关的技术的大致粒度测量范围。

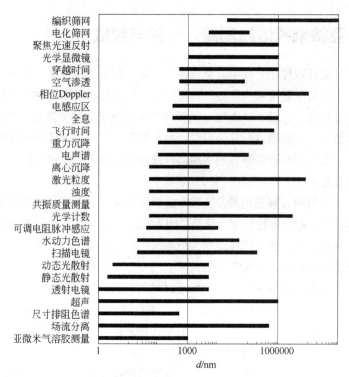

图 10-20 粒度表征技术一览图

参考文献

[1] Allen, T.; *Particle Size Measurement*. 5th ed. Chapman & Hall, London, 1997.

[2] Bernhardt, C.; *Particle Size Analysis: Classification and Sedimentation Methods*. Chapman & Hall, London, 1994.

[3] Knapp, J.Z.; Barber, T.A.; Lieberman, A.; *Liquid and Surface-Borne Particle Measurement Handbook*. Marcel Dekker, New York, 1996.

[4] Provder, T.; *ACS Symp Series 332 Particle Size Distribution* Ⅰ. ACS, Washington DC, 1987.

[5] Provder, T.; *ACS Symp Series 472 Particle Size Distribution* Ⅱ. ACS, Washington DC, 1991.

[6] Müller, R.H.; Mehnert, W.; *Particle and Surface Characterization Methods*. Medpharm Scientific Publishers, Stuttgart, Germany, 1997.

[7] Provder, T.; *ACS Symp Series 693 Particle Size Distribution* Ⅲ. ACS, Washington DC, 1998.

[8] Jillavenkatesa, A.; Dapkunas, S.J.; Lum, L.H.; *Particle Size Characterization*. NIST Special Publications 960-1, NIST, Gaithersburg, 2001.

[9] Yekeler, M.; *Fine Particle Technology and Characterization*. Research Signpost, Kerala, 2008.

[10] Merkus, H.G.; *Particle Size Measurements*. Springer, New York, 2009.

[11] 蔡小舒, 苏明旭, 沈建琪等. 颗粒粒度测量技术及应用. 北京: 化学工业出版社, 2010.

[12] 王介强, 徐红燕等. 粉体测试与分析技术. 北京: 化学工业出版社, 2017.

[13] Hodoroaba, V.; Unger, W.E.S.; Shard, A.G.; *Characterization of Nanoparticles, Measurement Processes for Nanoparticles*. Elsevier, Amsterdam, 2020, 213-224.

[14] Coulter, W.H.; Means for Counting Particles Suspended in a Fluid. US 2656508, 1953.

[15] Graham, M.D.; The Coulter Principle: Foundation of an Industry. *J Assoc Lab Auto*, 2003, 8(6), 72-81.

[16] Graham M.D.; The Coulter Principle: Imaginary Origins. *Cytometry A,* 2013, 83(12), 1057-1061.

[17] Allen T.; The Electrical Sensing Zone Method of Particle Size Distribution Determination (the Coulter Principle).//*Particle Size Measurement*, Springer, Dordrecht, 1990, 455-482.

[18] Wynn, E.J.W.; Hounslow, M.J.; Coincidence Correction for Electrical-zone (Coulter-counter) Particle Size Analysers. *Powder Technol,* 1997, 93(2), 163-175.

[19] Berge, L.I.; Jossang, T.; Feder, J.; Off-axis Response for Particles Passing through Long Apertures in Coulter-type Counters. *Meas Sci Technol*, 1990, 1(6), 471-474.

[20] Atchley; P.; D'Amron, S.; Particle Counter with Electronic Detection of Aperture Blockage: US 8146407, 2012.

[21] Lines, R.W.; The Electrical Sensing Zone Method.// Knapp, J.Z.; Barber, T.A.; Lieberman, A.; *Liquid and Surface-Borne Particle Measurement Handbook*. Marcel Dekker, New York, 1996, 113-154.

[22] Rhyner, M.N.; The Coulter Principle for Analysis of Subvisible Particles in Protein Formulations. *AAPS J*, 2011, 13, 54-58.

[23] Xu, R.; Yang, Y.; Method of Characterizing Particles: US 8395398, 2013.

[24] Vogel, R.; Willmott, G.; Kozak, D.; Roberts, G.S.; Anderson, W.; Groenewegen, L.; Glossop, B.; Barnett, A.; Turner, A.; Trau, M.; Quantitative Sizing of Nano/Micro Particles with a Tunable Elastomeric Pore Sensor. *Anal Chem*, 2011, 83(9), 3499-3506.

[25] Roberts, G.S.; Yu, S.; Zeng, Q.; Chan, L.; Anderson, W.; Colby, A.H.; Grinstaff, M.W.; Reid, S.; Vogel, R.; Tunable Pores for Measuring Concentrations of Synthetic and Biological Nanoparticle Dispersions. *Biosens Bioelectron*, 2012, 31(1), 17-25.

[26] Pei, Y.; Vogel, R.; Minelli, C.; Tunable Resistive Pulse Sensing (TRPS).// Hodoroaba, V.; Unger, W.E.S.; Shard, A.G.; *Characterization of Nanoparticles, Measurement Processes for Nanoparticles*. Elsevier, Amsterdam, 2020, 117-136.

[27] Blundell, E.L.C.J, Vogel, R.; Platt, M.; Particle-by-Particle Charge Analysis of DNA-Modified Nanoparticles Using Tunable Resistive Pulse Sensing. *Langmuir*, 2016, 32(4), 1082-1090.

[28] Willmott, G. R.; Tunable Resistive Pulse Sensing: Better Size and Charge Measurements for Submicrometer Colloids. *Anal Chem*, 2018, 90 (5), 2987-2995.

[29] Zhang, B.; Galusha, J.; Shiozawa, P.G.; Wang, G.; Bergren, A.J.; Jones, R.M.; White, R.J.; Ervin, E.N.; Cauley, C.C.; White, H.S.; Bench-Top Method for Fabricating Glass-Sealed Nanodisk Electrodes, Glass Nanopore Electrodes, and Glass Nanopore Membranes of Controlled Size. *Anal Chem*, 2007, 79(13), 4778-4787.

[30] Larsen, U.D.; Blankenstein, G.; Branebjerg, J.; Microchip Coulter Particle Counter. *Proceedings of International Solid State Sensors and Actuators Conference* (*Transducers '97*), 1997, 2, 1319-1322.

[31] Jagtiani1, A.V.; Carletta, J.; Zhe, J.; An Impedimetric Approach for Accurate Particle Sizing Using a Microfluidic Coulter Counter. *J Micromech Microeng*, 2011, 21(4), 045036.

[32] Zhang, W.; Hu, Y.; Choi, G.; Liang, S.; Liu, M.; Guan, W.; Microfluidic Multiple Cross-Correlated Coulter Counter for Improved Particle Size Analysis. *Sensor Actuat B: Chem*, 2019, 296, 126615.

[33] Hampson, S.M.; Pollard, M.; Hauer, P.; Salway, H.; Christie, S.D.R.; Platt, M.; Additively Manufactured Flow-Resistive Pulse Sensors. *Anal Chem*, 2019, 91(4), 2947-2954.

[34] Pollard, M.; Hunsicker, E.; Platt, M.; A Tunable Three-Dimensional Printed Microfluidic Resistive Pulse Sensor for the Characterization of Algae and Microplastics. *ACS Sens*, 2020, 5(8), 2578-2586.

[35] Ito, T.; Sun, L.; Henriquez, R.R.; Crooks, R.M.; A Carbon Nanotube-Based Coulter Nanoparticle Counter. *Acc Chem Res*, 2004, 37, 12, 937-945.

[36] Derrington, I.M., Butler, T.Z., Collins, M.D., Manrao, E., Pavlenok, M., Niederweis, M., Gundlach, J.H., Nanopore DNA sequencing with MspA. *P Natl Acad Sci*, 2010, 107(37), 16060-16065.

[37] Brinkerhoff, H., Kang, A.S.W., Liu, J., Aksimentiev, A., Dekker, C., Multiple Rereads of Single Proteins at Single-Amino Acid Resolution Using Nanopores. *Science*, 374(6574), 1509-1513, 2021.

[38] Stokes, G.G.; On the Effect of the Internal Friction of Fluids on the Motion of Pendulums. *Trans Cambridge Philos Soc*, 1851, 9, 8-94.

[39] Allen, T.; A Review of Sedimentation Methods of Particle Size Analysis.//*Proc Conf Part Size Analysis*. Loughborough, 1991.

[40] Queiroz, D.G.; da Silva, C.M.F.; Minale, M.; Merino, D.; Lucas, E.F.; The Effect of Monoethylene Glycol on the Stability of Water-in-oil Emulsions. *Can J Chem Eng*, 2021, 1-10.

[41] Lerche, D.; Comprehensive Characterization of Nano- and Microparticles by In-Situ Visualization of Particle Movement Using Advanced Sedimentation Techniques. *KONA Powder Part J*, 2019, 36, 156-186.

[42] Lerche, D.; Dispersion Stability and Particle Characterization by Sedimentation Kinetics in a Centrifugal Field. *J Disper Sci Technol*, 2002, 23(5), 699-709.

[43] Groves, M.J.; Wyatt-Sargent, J.L.; *Proc Particle Size Analysis Conf.* Soc Anal Chem, 1970, 156-177.

[44] ISO 565:1990. *Test Sieves-Metal Wire Cloth, Perforated Metal Plate and Electroformed Sheet- Nominal Sizes of Openings*. International Organization for Standardization, Genève, 1990.

[45] ISO 3310-1:2016. *Test Sieves-Technical Requirements and Testing-Part1: Test Sieves of Metal Wire Cloth*. International Organization for Standardization, Genève, 2016.

[46] ISO 3310-2:2013. *Test Sieves-Technical Requirements and Testing-Part2: Test Sieves of Perforated Metal Plate*. International Organization for Standardization, Genève, 2013.

[47] ISO 3310-3:1990. *Test Sieves-Technical Requirements and Testing-Part3: Test Sieves of Electroformed Sheets*. International Organization for Standardization, Genève, 1990.

[48] ASTM Standard E11-20. *Standard Specification for Woven Wire Test Sieve Cloth and Test Sieves*. ASTM International, West Conshohocken, 2020.

[49] Hasan, Z.; Sourov, M.H.; Design and Development of Automatic Sieving Machine for Granular/Powder Materials. *Recent Trends Autom Automobile Eng*, 2021, 4(1), 1-12.

[50] Shatsky, V.P.; Orobinsky, V.I.; Axeonov, I.I.; Kornev, A.S.; Analysis of the Beats of Separation Sieve Pans. *IOP C Ser Earth Env*, 2021, 659, 012106.

[51] Ludwick, J.C.; Henderson, P.L.; Particle Shape and Inference on Size from Sieving. *Sedimentology*, 1968, 11(3-4), 197-235.

[52] 张祥民. 色谱-质谱技术在生物分析研究中的最新进展. 色谱, 2017, 1, 138-140.

[53] Fekete, S.; Beck, A.; Veuthey, J.; Guillarme, D.; Theory and Practice of Size Exclusion Chromatography for the Analysis of Protein Aggregates. *J Pharmaceut Biomed*, 2014, 101, 161-173.

[54] Vajda, J.; Weber, D.; Brekel, D.; Hundt, B.; Müller, E.; Size Distribution Analysis of Influenza Virus Particles Using Size Exclusion Chromatography. *J Chromatogr A*, 2016, 1465, 117-125.

[55] Yau, W.W.; Kirkland, J.J.; Bly, D.D.; *Modern Size Exclusion Chromatography*. John Wiley and Sons, New York, 1979.

[56] Kirkland, J.J.; New Separation Methods for Characterizing the Size of Silica Sols. *Adv Chem Ser*, 1994, 234, 287-308.

[57] Striegel, A.M.; Brewer, A.K.; Hydrodynamic Chromatography. *Annu Rev Anal Chem*, 2012, 5, 15-34.

[58] Pedersen, K.O.; Exclusion Chromatography. *Arch Biochem Biophys*, 1962, Suppl. 1, 157-168.

[59] Revillion, A.; Alternatives to Size Exclusion Chromatography. *J Liq Chromatogr*, 1994, 17, 2991-2994.

[60] dos Ramos, J.G.; Silebi, C.A.; Submicron Particle Size and Polymerization Excess Surfactant Aanalysis by Capillary Hydrodynamic Fractionation (CHDF). *Polym Int*, 1993, 30, 445-450.

[61] Striegel, A.M.; Hydrodynamic Chromatography: Packed Columns, Multiple Detectors, and Microcapillaries. *Anal Bioanal Chem*, 2012, 402, 77-81.

[62] Pitkänen, L.; Bustos, A.R.M.; Murphy, K.E.; Winchester, M.R.; Striegel, A.M.; Quantitative Characterization of Gold Nanoparticles by Size-exclusion and Hydrodynamic Chromatography, Coupled to Inductively Coupled Plasma Mass Spectrometry and Quasi-elastic Light Scattering. *J Chromat A*, 2017, 1511, 59-67.

[63] Duan, L.; Yobas, L.; On-chip Hydrodynamic Chromatography of DNA through Centimeters-long Glass Nanocapillaries. *Analyst*, 2017, 142, 2191-2198.

[64] Giddings, J.C.; A New Separation Concept Based on a Coupling of Concentration and Flow Nonuniformities. *Separ Sci*, 1966, 1(1), 123-125.

[65] Schimpf, M.E.; Caldwell, K.; Giddings, J.C.; *Field-Flow Fractionation Handbook*. John Wiley & Sons, New York, 2000.

[66] Giddings, J.C.; *Unified Separation Science*. Wiley, New York, 1991.

[67] Williams, P.S.; Giddings, J.C.; Theory of Field-Programmed Field Flow Fractionation with Correction for Steric Effects. *Anal Chem*, 1994, 66, 4215-4228.

[68] Roda, B.; Zattoni, A.; Reschiglian, P.; Moon, M.H.; Mirasoli, M.; Michelini, E.; Roda, A.; Field-flow Fractionation in Bioanalysis: A Review of Recent Trends. *Anal Chim Acta*, 2009, 635(2), 132-143.

[69] Mudalige, T.K.; Qu, H.; Haute, D.V.; Ansar, S.M.; Linder, S.M.; Capillary Electrophoresis and Asymmetric Flow Field-flow Fractionation for Size-based Separation of Engineered Metallic Nanoparticles: A Critical Comparative Review. *Trac-Trend Anal Chem*, 2018, 106, 202-212.

[70] Plavchak, C.L.; Smith, W.C.; Bria, C.R.M.; Williams, S.K.R.; New Advances and Applications in Field-Flow Fractionation. *Annu Rev Anal Chem*, 2021, 14, 6.1-6.23.

[71] Hackley, V.A.; Texter, J.; *Handbook on Ultrasonic and Dielectric Characterization Techniques for Suspended Particulates*. ACS, Westerville, 1998.

[72] Dukhin, A.S.; Acoustic Spectroscopy for Particle Size Measurement of Concentrated Nanodispersions.//Hodoroaba, V.; Unger, W.E.S.; Shard, A.G.; *Characterization of Nanoparticles Measurement Processes for Nanoparticles*. Elsevier, London, 2020, 197-212.

[73] Stokes, G.G.; LIV. On a Difficulty in the Theory of Sound. *Philosophical Magazine*, 1848, 33(223), 349-356.

[74] 冯若. 超声手册. 南京: 南京大学出版社, 1999.

[75] Dukhin, A.S.; Ohshima, H.; Shilov, V.N.; Goetz, P.J.; Electroacoustics for Concentrated Dispersions. *Langmuir*, 1999, 15, 3445-3451.

[76] McClements, D.J.; Principles of Ultrasonic Droplet Size Determination in Emulsions. *Langmuir*, 1996, 12, 3454-3461.

[77] Epstein, P.S.; Carhart, R.R.; The Absorption of Sound in Suspensions and Emulsions. I. Water Fog in Air. *J Acoust Soc Am*, 1953, 25, 553-565.

[78] Allegra, J.R.; Hawley, S.A.; Attenuation of Sound in Suspensions and Emulsions: Theory and Experiments. *J Acoust Soc Am*, 1972, 51, 1545-1564.

[79] Dukhin, A.S.; Goetz, P.J.; *Characterization of Liquids, Nano- and Microparticulates, and Porous Bodies using Ultrasound*. 2nd ed. Elsevier, New York, 2010, 127-186.

[80] Challis, R.E.; Pinfield, V.J.; Ultrasonic Wave Propagation in Concentrated Slurries - The Modelling Problem. *Ultrasonics*, 2014, 54(7), 1737-1744.

[81] 蒋瑜, 贾楠, 苏明旭. 基于改进差分进化算法的超声衰减谱反演计算. 上海理工大学学报, 2020, 42(4), 332-338.

[82] Dukhin, A.S.; Goetz, P.J.; Characterization of Chemical Polishing Materials (Monomodal and Bimodal) by Means of Acoustic Spectroscopy. *Colloid Surface A*, 1999, 158(3), 343-354.

[83] Coghill, P.J.; Millen, M.J.; Sowerby, B.D.; On-line Particle Size Analysis Using Ultrasonic Velocity Spectroscopy. *Part Part Syst Charact*, 1997, 14, 116-121.

[84] Oja, T.; Petersen, G.L.; Cannon, D.W.; Measurement of Electro-kinetic Properties of a Solution: US 4497208, 1985.

[85] O'Brien, R.W.; Cannon, D.W.; Rowlands, W.; Electroacoustic Determination of Particle Size and Zeta Potential. *J Colloid Interf Sci,* 1995, 173, 406-418.

[86] Cowan, M.L.; Page, J.H.; Weitz, D.A.; Velocity Fluctuations in Fluidized Suspensions Probed by Ultrasonic Correlation Spectroscopy. *Phys Rev Lett,* 2000, 85, 453-456.

[87] Cowan, M.L.; Page, J.H.; Dynamic Sound Scattering: Field Fluctuation Spectroscopy with Singly Scattered Ultrasound in the Near and Far Fields. *J Acoust Soc Am,* 2016, 140, 1992-2001.

[88] Kohyama, M.; Norisuye, T.; Tran-Cong-Miyata, Q.; Dynamics of Microsphere Suspensions Probed by High-Frequency Dynamic Ultrasound Scattering. *Macromolecules,* 2009, 42(3), 752-759.

[89] Dong, T.; Norisuye, T.; Nakanishi, H.; Tran-Cong-Miyata, Q.; Particle Size Distribution Analysis of Oil-in-water Emulsions Using Static and Dynamic Ultrasound Scattering Techniques. *Ultrasonics,* 2020, 108, 106117.

[90] 陈诵英, 孙予罕, 丁云杰, 周仁贤, 罗孟飞. 吸附与催化. 郑州: 河南科学技术出版社, 2001.

[91] Freundlich, H.Z.; Over the Adsorption in Solution. *J Phys Chem,* 1906, 57A, 385-397.

[92] Langmuir, I.; The Evaporation, Condensation and Reflection of Molecules and the Mechanism of Adsorption. *Phys Rev,* 1916, 8(2), 149-176.

[93] Temkin, M.I.; Pyzhev, V.; Kinetics of Ammonia Synthesis on Promoted Iron Catalyst. *Acta Phys Chim USSR,* 1940, 12, 327.

[94] Gregg, S.J.; Sing, K.S.W.; *Adsorption, Surface Area and Porosity.* 2nd ed. Academic Press, New York, 1982.

[95] Brunauer, S.; Emmett, P.H.; Teller, E.; Adsorption of Gases in Multimolecular Layers. *J Am Chem Soc,* 1938, 60, 309-319.

[96] Halsey, G.; Physical Adsorption on Non-Uniform Surfaces. *J Chem Phys,* 1948, 16(10), 931-937.

[97] Harkins, W.D.; Jura, E.J.; The Decrease of Free Surface Energy as a Basis for the Development of Equations for Adsorption Isotherms; and the Existence of Two Condensed Phases in Films on Solids. *J Chem Phys,* 1944, 12, 112-113.

[98] Derjaguin, B.V.; A Theory of Capillary Condensation in the Pores of Sorbents and of Other Capillary Phenomena Taking into Account the Disjoining Action of Polymolecular Liquid Films. *Prog Surf Sci,* 1992, 40(1-4), 46-61.

[99] Broekhoff, C.J.P.; de Boer, J.H.; Studies on Pore Systems in Catalysts. IX. Calculation of Pore Distributions from the Adsorption Branch of Nitrogen Sorption Isotherms in the Case of Open Cylindrical Pores A. Fundamental Equations. *J Catal,* 1967, 9, 8-14.

[100] Kruk, M.; Jaroniec, M.; Sayari, A.; Application of Large Pore MCM-41 Molecular Sieves To Improve Pore Size Analysis Using Nitrogen Adsorption Measurements. *Langmuir,* 1997, 13(23), 6267-6273.

[101] Barrett, E.P.; Joyner, L.G.; Halenda, P.H.; The Determination of Pore Volume and Area Distributions in Porous Substances. I. Computations from Nitrogen Isotherms. *J Am Chem Soc,* 1951, 73, 373-380.

[102] Dubinin, M.M.; Radushkevich, L.V.; The Equation of the Characteristic Curve of Activated Charcoal. *Dokl Akad Nauk SSSR*, 1947, 55, 327-329.

[103] Dubinin, M.M.; Stoeckli, H.F.; Homogenous and Heterogeneous Micropore Structures in Carbonaceous Adsorbents. *J Colloid Interf Sci*, 1980, 75, 34-42.

[104] Gil, A.; Grange, P.; Application of the Dubinin-Radushkevich and Dubinin-Astakhov Equations in the Characterization of Microporous Solids. *Colloid Surface A*, 1996, 113(1-2), 39-50.

[105] Sun, Y.; Li, S.; Sun, R.; Yang, S.; Liu, X.; Modified Dubinin-Astakhov Model for the Accurate Estimation of Supercritical Methane Sorption on Shales. *ACS Omega* 2020, 5(26), 16189-16199.

[106] Horvath, G.; Kawazoe, K.; Method for the Calculation of Effective Pore Size Distribution in Molecular Sieve Carbon. *J Chem Eng Jpn*, 1983, 16(6), 470-475.

[107] Cheng, L.S.; Yang, R.T.; Predicting Isotherms in Micropores for Different Molecules and Temperatures from a Known Isotherm by Improved Horvath-Kawazoe Equations. *Adsorption*, 1995, 1, 187-196.

[108] 暴丽霞, 高培峰, 彭绍春. 多孔材料孔径分布测试方法的研究. 材料科学, 2020, 10(2), 95-103.

[109] Mikhail, R.Sh.; Brunauer, S.; Bodor, E.E.; Investigations of a Complete Pore Structure Analysis: Ⅰ. Analysis of Micropores. *J Collo Interf Sci*, 1968, 26(1), 45-53.

[110] Ternan, M.; A Theoretical Equation for the Adsorption t-curve. *J Colloid Interf Sci*, 1973, 45(2), 270-279.

[111] 王登科, 李文睿, 浦海, 魏建平, 于充. 考虑气体多层吸附的表面扩散传输模型. 中国石油大学学报:自然科学版, 2020, 1, 115-123.

[112] Marconi, U.M.B.; Swol, F.V.; Microscopic Model for Hysteresis and Phase Equilibria of Fluids Confined Between Parallel Plates. *Phys Rev A*, 1989, 39, 4109-4116.

[113] Wongkoblap, A.; Do, D.D.; Adsorption of Water in Finite Length Carbon Slit Pore: Comparison between Computer Simulation and Experiment. *J Phys Chem B*, 2007, 111(50), 13949-13956.

[114] Tarazona, P.; Free-energy Density Functional for Hard Spheres. *Phys Rev A*, 1985, 31, 2672-2679.

[115] Seaton, N.A.; Walton, J.P.R.B.; Quirke, N.; A New Analysis Method for the Determination of the Pore Size Distribution of Porous Carbons from Nitrogen Adsorption Measurements. *Carbon*, 1989, 27(6), 853-861.

[116] Lastoskie, C.; Gubbins, K.E.; Quirke, N.; Pore Size Heterogeneity and the Carbon Slit Pore: A Density Functional Theory Model. *Langmuir*, 1993, 9, 2693-2702.

[117] Olivier, J.P.; Modeling Physical Adsorption on Porous and Nonporous Solids Using Density Functional Theory. *J Porous Mater*, 1995, 2, 9-17.

[118] Neimark, A.V.; Lin, Y.; Ravikovitch, P.I.; Thommes, M.; Quenched Solid Density Functional Theory and Pore Size Analysis of Micro-mesoporous Carbons. *Carbon*, 2009, 47(7), 1617-1628.

[119] Jagiello, J.; Olivier, J.P.; A Simple Two-Dimensional NLDFT Model of Gas Adsorption in Finite Carbon Pores. Application to Pore Structure Analysis. *J Phys Chem C*, 2009, 113(45), 19382-19385.

[120] Jagiello, J.; Olivier, J.P.; 2D-NLDFT Adsorption Models for Carbon Slit-shaped Pores with Surface Energetical Heterogeneity and Geometrical Corrugation. *Carbon*, 2013, 55, 70-80.

[121] Kupgan, G.; Liyana-Arachchi, T.P.; Colina, C.M.; NLDFT Pore Size Distribution in Amorphous Microporous Materials. *Langmuir*, 2017, 33(42), 11138-11145.

[122] Jagiello, J.; Jaroniec, M.; 2D-NLDFT Adsorption Models for Porous Oxides with Corrugated Cylindrical Pores. *J Coll Interf Sci*, 2018, 532, 588-597.

[123] Melsen, F.M.; Eggertsen, F.T.; Determination of Surface Area Adsorption: Measurements by a Continuous Flow Method. *Anal Chem*, 1958, 30, 1387-1390.

[124] Eberly, P.E. Jr.; Measurement of Adsorption Isotherms and Surface Areas by Continuous Flow Method. *J Phys Chem*, 1961, 65, 1261-1265.

[125] Arlabosse, P.; Rodier, E.; Ferrasse, J.H.; Chavez, S.; Lecomte, D.; Comparison between Static and Dynamic Methods for Sorption Isotherm Measurements. *Dry Technol*, 2003, 21(3), 479-497.

[126] Washburn, E.W.; Note on a Method of Determining the Distribution of Pore Sizes in a Porous Material. *Proc Natl Acad Sci USA*, 1921, 7(4), 115-116.

[127] Adamson, A. W.; *Physical Chemistry of Surfaces*. 2nd ed. Interscience, New York, 1967.

[128] Rouquerol, J.; Baron, G.; Denoyel, R.; Giesche, H.; Groen, J.; Klobes, P.; Levitz, P.; Neimark, A.V.; Rigby, S.; Skudas, R.; Sing, K.; Thommes, M.; Unger, K.; Liquid Intrusion and Alternative Methods for the Characterization of Macroporous Materials (IUPAC Technical Report). *Pure Appl Chem*, 2012, 84(1), 107-136.

[129] Carman, P.C.; Permeability of Saturated Sands, Soils and Clays. *J Agr Sci*, 1939, 29(2), 262-273.

[130] ASTM E2980-20. *Standard Test Methods for Estimating Average Particle Size of Powders Using Air Permeability*. ASTM International, West Conshohocken, 2020.

[131] ASTM C204-18e1. *Standard Test Methods for Fineness of Hydraulic Cement by Air-Permeability Apparatus*. ASTM International, West Conshohocken, 2019.

[132] Schulz, R.; Ray, N.; Zech, S.; Rupp, A.; Knabner, P.; Beyond Kozeny-Carman: Predicting the Permeability in Porous Media. *Transp Porous Med*, 2019, 130, 487-512.

[133] Hommel, J.; Coltman, E.; Class, H.; Porosity-Permeability Relations for Evolving Pore Space: A Review with a Focus on (Bio-)geochemically Altered Porous Media. *Transp Porous Med*, 2018, 124, 589-629.

[134] Tanis-Kanbur, M.B.; Peinador, R.I.; Calvo, J.I.; Hernández, A.; Chew, J.W.; Porosimetric Membrane Characterization Techniques: A Review. *J Membrane Sci*, 2021, 619, 118750.

[135] British Standard 7591-4:1993. *Porosity and Pore Size Distribution of Materials. Method of Evaluation by Liquid Expulsion*. BSI, London, 1993.

[136] Peinador, R.I.; Calvo, J.I.; Aim, R.B.; Comparison of Capillary Flow Porometry (CFP) and Liquid Extrusion Porometry (LEP) Techniques for the Characterization of Porous and Face Mask Membranes. *Appl Sci*, 2020, 10(16), 5703-5717.

[137] Giglia, S.; Bohonak, D.; Greenhalgh, P.; Leahy, A.; Measurement of Pore Size Distribution and Prediction of Membrane Filter Virus Retention Using Liquid-liquid Porometry. *J Membrane Sci*, 2015, 476, 399-409.

[138] Bartley, P.C.; Amoozegar, A.; Fonteno, W.C.; Jackson, B.E.; Particle Density of Substrate Components Measured by Gas Pycnometer. *Acta Hortic*, 2020, 1273, 17-22.

[139] Hughes, S.; Olaya, S.Q.; Using Pycnometry and Archimedes' Principle to Measure the Gross and Air Cavity Volume of Fruit. *IOP Sci Notes*, 2021, 2, 025201.

[140] Blees, M. H.; Geurts, J. M.; Leyte, J. C.; Self-Diffusion of Charged Polybutadiene Latex Particles in Water Measured by Pulsed Field Gradient NMR. *Langmuir*. 1996, 12, 1947-1957.

[141] van Duynhoven, J.P.M.; Goudappel, G.J.W.; van Dalen, G.; van Bruggen, P.C.; Blonk, J.C.G.; Eijkelenboom, A.P.A. M.; Scope of Droplet Size Measurements in Food Emulsions by Pulsed Feld Gradient NMR at Low Feld. *Magn Reson Chem*, 2002, 40, S51-S59.

[142] Morgan, V.G.; Sad, C.M.S.; Constantino, A.F.; Azeredo, R.B.V.; Lacerda Jr.; V.; Castro, E.V.R.; Barbosa, L.L.; Droplet Size Distribution in Water-Crude Oil Emulsions by Low-Field NMR. *J Brazil Chem Soc*, 2019, 30(8), 1587-1598.

[143] Kärger, J.; Avramovska, M.; Freude, D.; Haase, J.; Hwang, S.; Valiullin, R.; Pulsed Field Gradient NMR Diffusion Measurement in Nanoporous Materials. *Adsorption*, 2021, 27, 453-484.

[144] Davis, P.J.; Gallegos, D.P.; Smith, D.M.; Rapid Surface Area Determination via NMR Spin-lattice Relaxation Measurements. *Powder Technol*, 1987, 53(1), 39-47.

[145] Race, S.; Fairhurst, D.; Brozel, M.; Compact and Portable Low-field Pulsed NMR Dispersion Analyzer: US 7417426, 2008.

[146] Fairhurst, D.; Cosgrove, T.; Prescott, S.W.; Relaxation NMR as a Tool to Study the Dispersion and Formulation Behavior of Nanostructured Carbon Materials. *Magn Reson Chem*, 2016, 54, 521-526.

[147] Kruyt, H.R.; Jonker, G.H.; Overbeek, J.T.G.; *Colloid Science Vol 1: Irreversible Systems*. Elsevier, Amsterdam, 1952.

[148] Ribitsch, V.; Jacobasch, H.J.; Boerner, M.; Streaming Potential Measurements of Films and Fibres.//Williams, R. A.; de Jaeger, N. C.; *Advance in Measurement and Control of Colloidal Processes*. Butterworth-Heinemann, London, 1991, 354-365.

[149] Furusawa, K.; Sasaki, H.; Nashima T.; Electro-osmosis and Streaming Potential Measurement.//Ohshima, H.; Furusawa, K.; *Surfactant Science Series 76: Electrical Phenomena at Interfaces*. Marcel Dekker, New York, 1998, 225-244.

[150] Smoluchowski, M.; Contribution to the Theory of Electro-osmosis and Related Phenomena. *Bull Intern Acad Sci Cracovie*, 1903, 184.

[151] Tanny, G.B.; Hoffer, E.; Hyperfiltration by Polyelectrolyte Membranes. 1. Analysis of the Streaming potential. *J Colloid Interf Sci*, 1973, 44(1), 21-36.

[152] Frenkel, J.; On the Theory of Seismic and Seismoelectric Phenomena in a Moist Soil. *J Phys-USSR*, 1944, 3(5), 230-241.

[153] Dukhin, A.S.; Shilov, V.N.; Seismoelectric Effect: A Non-isochoric Streaming Current. 2. Theory. *J Colloid Interf Sci*, 2010, 346, 248-253.

[154] Dukhin, A.S.; Parlia, S.; Studying Homogeneity and Zeta Potential of Membranes Using Electroacoustics. *J Membrane Sci*, 2012, 415-416, 587-595.

[155] Burg, T.P.; Manalis, S.R.; Suspended Microchannel Resonators for Biomolecular Detection. *Appl Phys Lett*, 2003, 83, 2698-2700.

[156] Gupta, A.; Akin, D.; Bashir, R.; Detection of Bacterial Cells and Antibodies Using Surface Micromachined Thin Silicon Cantilever Resonators. *J Vac Sci Tech B*, 2004, 22, 2785-2791.

[157] Hernandez, C.; Abenojar, E.C.; Hadley, J.; de Leon, C.; Coyne, R.; Perera, R.; Gopalakrishnan, R.; Basilion, J.P.; Kolios, M.C.; Exner, A.A.; Sink or Float? Characterization of Shell-stabilized Bulk Nanobubbles Using a Resonant Mass Measurement Technique. *Nanoscale*, 2019, 11, 851-855.

[158] Winkelmayr, W.; Reischl, G.P.; Linder, A.O.; Berner, A.; A New Electromobility Spectrometer for the Measurement of Aerosol Size Distribution in the Size Range from 1 to 1000 nm. *J Aerosol Sci*, 1991, 22, 289-296.

[159] de la Mora, J.; de Juan, L.; Eichler, T.; Rosell, J.; Differential Mobility Analysis of Molecular Ions and Nanometer Particles. *Trends Anal Chem*, 1998, 17, 328-339.

[160] Kulkarni, P.; Baron, P.A.; Willeke, K.; *Aerosol Measurement: Principles, Techniques, and Applications*. 3rd ed. Wiley, New York, 2011.

[161] ISO 27891:2015. *Aerosol Particle Number Concentration-Calibration of Condensation Particle Counters*. International Organization for Standardization, Genève, 2015.

[162] ISO 15900:2020. *Determination of Particle Size Distribution-Differential Electrical Mobility Analysis for Aerosol Particles*. International Organization for Standardization, Genève, 2020.

符号

颗粒表征技术是在不同领域内发展起来的。历史上各个领域内所用的符号不尽相同与统一，很多沿用至今。往往同一符号在不同技术中代表不同的参数，而同一参数在不同技术中用不同符号表示。本书在引用文献公式时，尽可能地沿用原有符号。

附表 1 列出了各个技术中所用的符号及其含义，但不含某些技术在数学处理过程中使用的一些符号。另外的一些符号已在表 5-3 与表 5-4 中列出。

附表 1　书中所用的一些符号及其含义

符号	含义	符号	含义
α	极化率 角度 速度变化率	μ	电泳迁移率
		μ_a	吸收系数
		μ_{eo}	电渗迁移率
α_D	D_T 与分子量相关的标度参数	μ_d	动态迁移率
β	极化率 角度 效率系数	μ_i	分布的第 i 个中心矩
		μ_s	散射系数
		μ_s'	各向同性散射系数
δ	相位因子 固有各向异性因子	ν	频率
		θ	散射角度
ε	介电常数 相对粒径测量误差 体积孔隙度	ρ	密度 电解液电阻率
ϕ	体积分数	σ	一个分子所覆盖的表面积 标准偏差
γ	消光系数 角度 正则化参数 表面张力		
		σ^2	方差
η	黏度	τ	延迟时间 相干时间 浊度
φ	散射方位角 相位		
κ	Debye-Hückel 参数 孔内的电导率	ω	角频率
		ξ	散射光与颗粒移动方向之间的角度
λ	波长	ψ	电位

符号	含义	符号	含义
ψ_p	体积分数	m	复数折射率
ζ	zeta 电位	m_i	第 i 个组分的复数折射率
$B(m,n)$	β 函数		吸附量
Γ	相关函数衰减常数	n	数量
	谱线宽度		折射率实部
$\Gamma(n)$	Γ 函数	$q(x)$	微分分布函数
Ω	固体角	$q(x_i)$	离散分数分布
$a(\theta,\varphi,d)$	散射核函数		距离
a	长轴半长	r	半径
	截距		比值
b	短轴半长	s	表面电荷密度
c	常数		时间
	光速	t	温度
d	直径		颗粒速度
d_f	分形维度	u	不确定性
e	基本电荷	v_s	计数通道阈值
f	焦距	w	散射体积直径
	形状因子		一般变量
$f(m,\theta)$	反常衍射函数	x	直径
$f(\theta)$	散射角向图形		位置
$f(\kappa r)$	Henry 函数	$\bar{x}$	x 的平均值
g	加速度	z	相关函数基线
g_1	偏斜度		振幅
g_2	峭度	A	相关函数基线
			面积
$g^{(1)}(\tau)$	归一化一阶相关函数	A_2	第二维里系数
$g^{(2)}(\tau)$	归一化二阶相关函数	C	浓度
h	高度	C_i	第 i 个累积量
i	电流	D	介电常数
k	波矢量	D_R	旋转扩散系数
k	折射率虚部	D_T	平动扩散系数
k_B	Boltzmann 常数	$\bar{D}_{p,q}$	力矩比表示法中的平均值
k_d	扩散第二维里系数		光的电矢量
k_D	D_T 与分子量相关的标度参数	E	电场
k_T	热导率		光学计数仪中的几何项
l	长度	G	电导率
	距离		正则化因子
	厚度	$G^{(1)}(\tau)$	一阶相关函数

符号	含义	符号	含义
H	静态光散射中的光学常数	R	半径 距离 光学计数仪的光学响应 核磁共振自旋弛豫速率
I	光强		
J_1	一阶的第一类 Bessel 函数		
$\boldsymbol{K}$	散射矢量	R_{ex}	超额 Rayleigh 比
K	电导率	R_g	回转半径
L	长轴长度	R_s	分布的分辨率
M	分子量 分布矩	RSD	相对标准偏差
$M_{k,r}$	力矩表示法中的第 k 个力矩	S	表面积 功率谱 熵函数
$N(d)$	数量分布		
N	数量	S'	结构因子
N_A	Avogadro 常数	$S_{i,i=1\sim4}$	散射振幅函数
p	压力 概率 功率 周长	T	热力学温度 时间
$P(x)$	散射因子	U	脉冲幅度 Stokes 参数 可接受不确定度 扩展测量不确定度
Q	气流流速		
$Q(x)$	累积分布	V	速度 体积 Stokes 参数
Q_{ex}	颗粒消光效率		
Q_{sc}	颗粒散射子	Z	长度

Mie 理论的球散射函数

$$S_1 = \sum_{k=1} \frac{2k+1}{k^2+k}[a_k \pi_k(\cos\theta) + b_k \tau_k(\cos\theta)] \qquad (\text{附 }2\text{-}1)$$

$$S_2 = \sum_{k=1} \frac{2k+1}{k^2+k}[a_k \tau_k(\cos\theta) + b_k \pi_k(\cos\theta)] \qquad (\text{附 }2\text{-}2)$$

其中

$$\pi_k(\cos\theta) = \frac{2k-1}{k-1}\cos\theta \cdot \pi_{k-1}(\cos\theta) - \frac{k}{k-1}\pi_{k-2}(\cos\theta) \qquad (\text{附 }2\text{-}3)$$

$$\pi_0(\cos\theta) = 0; \qquad \pi_1(\cos\theta) = 1 \qquad (\text{附 }2\text{-}4)$$

$$\tau_k(\cos\theta) = \pi_k(\cos\theta)\cos\theta - (1-\cos^2\theta)\pi_k'(\cos\theta) \qquad (\text{附 }2\text{-}5)$$

$$\tau_1(\cos\theta) = \cos\theta \qquad (\text{附 }2\text{-}6)$$

$$\pi_k'(\cos\theta) = (2k-1)\pi_{k-1}(\cos\theta) + \pi_{k-2}'(\cos\theta) \qquad (\text{附 }2\text{-}7)$$

$$\pi_0'(\cos\theta) = 0; \qquad \pi_1'(\cos\theta) = 0 \qquad (\text{附 }2\text{-}8)$$

$$a_k = \frac{\Psi_k(\alpha)[\eta_k^{(1)}(\beta) - m\eta_k^{(1)}(\alpha)]}{\varsigma_k(\alpha)[\eta_k^{(1)}(\beta) - m\eta_k^{(3)}(\alpha)]} \qquad (\text{附 }2\text{-}9)$$

$$b_k = \frac{\Psi_k(\alpha)[\eta_k^{(1)}(\alpha) - m\eta_k^{(1)}(\beta)]}{\varsigma_k(\alpha)[\eta_k^{(3)}(\alpha) - m\eta_k^{(1)}(\beta)]} \qquad (\text{附 }2\text{-}10)$$

$$\Psi_k(\alpha) = \frac{2k-1}{\alpha}\Psi_{k-1}(\alpha) - \Psi_{k-2}(\alpha) \qquad (\text{附 }2\text{-}11)$$

$$\Psi_0(\alpha) = \sin\alpha \qquad \Psi_1(\alpha) = \frac{\sin\alpha}{\alpha} - \cos\alpha \qquad (\text{附 }2\text{-}12)$$

$$\eta_k^{(1)}(y) = \frac{y^2 + ky\eta_{k-1}^{(1)}(y) - k^2}{ky - y^2\eta_{k-1}^{(1)}(y)}$$

（附 2-13）

$$\eta_0^{(1)}(y) = \cot y; \qquad y = \alpha, \beta$$

（附 2-14）

$$\varsigma_k(\alpha) = \frac{2k-1}{\alpha}\varsigma_{k-1}(\alpha) - \varsigma_{k-2}(\alpha)$$

（附 2-15）

$$\varsigma_0(\alpha) = \sin\alpha + i\cos\alpha; \quad \varsigma_1(\alpha) = \frac{\sin\alpha}{\alpha} - \cos\alpha + i\left(\frac{\cos\alpha}{\alpha} + \sin\alpha\right)$$

（附 2-16）

$$\eta_k^3(\alpha) = \frac{\varsigma_{k-1}(\alpha)}{\varsigma_k(\alpha)} - \frac{k}{\alpha}$$

（附 2-17）

$$\alpha = \pi d n_0 / \lambda_0; \quad \beta = \pi d m / \lambda_0$$

（附 2-18）

附录 **3**

常用液体的物理常数

（1）水

① 折射率　折射率是电磁波的波长或相速在物质中与在真空中之比。它是波长、温度和压力的函数。如果材料在任何波长下都是非吸收和非磁性的，则折射率的平方等于该波长下物质的介电常数。对于有吸收的物质，复数折射率 $m = n - ik$ 与吸收系数 k 相关，实部描述折射，虚部描述吸收。以下描述水的折射率作为波长（λ，单位为μm）和温度函数的经验方程适用的温度范围为 0~50℃，波长范围为 0.4~0.7 μm[1]。与《CRC 化学与物理手册》[2]中的数值相比，此公式计算的值精确到 5 位有效数字。

$$n(\lambda, t) = \left(1.75648 - 0.013414\lambda^2 + \frac{0.0065438}{\lambda^2 - 0.11512^2}\right)^{0.5} + 0.00204976 - \quad \text{（附 3-1）}$$
$$10^{-5}[0.124(t - 20) + 0.1993(t^2 - 20^2) - 0.000005(t^4 - 20^4)]$$

② 黏度　黏度是衡量流体对流动的抵抗力指标。它描述移动流体的内部摩擦。黏度的 SI 单位是 Pa·s（N·s/cm²），或者较小的单位 mPa·s；CGS 单位是 poise，P[g/(cm·s)]，或者更常用的 cP（因为水在 20 ℃的黏度约为 1 cP）。它们之间的换算为 1 cP = 10^{-2} P = 10^{-3} Pa·s = 1 mPa·s。运动黏度是黏度与密度之比，单位为（cm²/s）。以下经验方程是温度范围为 5~125 ℃时水的黏度（单位为 cP）[3]。

$$\lg \eta_t = \frac{1301}{998.333 + 8.1855(t - 20) + 0.00585(t - 20)^2} - 1.30103 \quad \text{（附 3-2）}$$

③ 介电常数　介电常数是衡量某种物质在给定电场中与空气相比所能承受的电荷量的指标。以下经验方程适用于温度范围 0~60 ℃之间[4]。此公式计算的值与《CRC 化学与物理手册》[2]中的数值相比，精确到 4 位有效数字。

$$D = 78.30[1 - 4.579 \cdot 10^{-3}(t - 25) + 1.19 \cdot 10^{-5}(t - 25)^2 - 2.8 \cdot 10^{-8}(t - 25)^3] \quad \text{（附 3-3）}$$

（2）其他液体

附表 2 列出其他一些常见液体的颗粒表征中几个常用的物理常数。表中第 4 列的液体黏度值是在第 3 列的相应温度下的值。折射率是 20 ℃时钠 D 线的值（$\lambda = 589.3$ nm）。介电常数为 20 ℃时的值[2]。

附表 2　液体的一些物理常数

液体英文名称	液体中文名称	温度/℃	黏度/cP	折射率	介电常数
1,1,2,2-tetrabromoethane	1,1,2,2-四溴乙烷	25	9.00	1.6380	7.0
1,1,2,2-tetrachloroethane	1,1,2,2-四氯乙烷	15	1.844	1.4944	7
1,2-dichloroethane	1,2-二氯乙烷	25/50	0.464/0.362	1.4443	9.3
1,2-propanediol	1,2-丙二醇	25	40.4	1.4324	32
1-octanol	正辛醇	25/50	7.288/3.232	1.4293	10
1-propyl alcohol	1-丙醇	20/30	2.23/1.72	1.3854	20
2,2,4-trimethylpentane	2,2,4-三甲基戊烷	20	0.5	1.3916	1.94
2-ethoxyethanol	2-乙氧基乙醇	20	1.72	1.402	16.9
2-propyl alcohol	2-丙醇	15/30	2.86/1.77	1.377	18
acetaldehyde	乙醛	10/20	0.255/0.22	1.3316	22
acetic acid	醋酸	18/25	1.30/1.16	1.3718	6.15
acetic anhydride	醋酸酐	18/50	0.90/0.62	1.3904	20
acetone	丙酮	20/25	0.326/0.316	1.3589	20.7
acetonitrile	乙腈	20/25	0.360/0.345	1.3460	37.5
acetophenone	苯乙酮	20/25	1.8/1.62	1.5342	17.4
allyl alcohol	烯丙醇	20/30	1.363/1.07	1.4135	22
amyl acetate(iso)	乙酸异戊酯	20	0.867	1.4012	7.252
aniline	苯胺	20/50	4.40/1.85	1.5863	6.89
anisole	茴香醚	20	1.32	1.5179	4.3
benzaldehyde	苯甲醛	20/25	1.6/1.35	1.5463	17.8
benzene	苯	20/50	0.652/0.436	1.5011	2.28
benzyl alcohol	苯甲醇	20/50	5.8/2.57	1.5396	13.1
benzylamine	苄胺	20	1.59	1.5401	4.6
bromobenzene	溴苯	15/30	1.196/0.985	1.5602	5.5
bromoform	溴仿	15/25	2.15/1.89	1.5980	4.4
carbon disulfide	二硫化碳	20/40	0.363/0.330	1.6280	2.64
carbon tetrachloride	四氯化碳	20/50	0.969/0.654	1.4630	2.24
castor oil	蓖麻油	25	600	1.47	4.0
chlorobenzene	氯苯	20/50	0.799/0.58	1.5248	2.71
chloroform	氯仿	20/25	0.580/0.542	1.4464	4.81
cyclohexane	环己烷	17/20	1.02/.696	1.4264	2.02
cyclohexanol	环己醇	25/50	47.5/12.3	1.4655	15
cyclohexanone	环己酮	15/30	2.453/1.803	1.451	18.3

液体英文名称	液体中文名称	温度/℃	黏度/cP	折射率	介电常数
cyclohexene	环己烯	20/50	0.696/0.456	1.4451	2.02
cyclopentane	环戊烷	20	0.44	1.406	1.97
delphi liquid	德尔福液体	20		1.2718	
dibutyl phthalate	邻苯二甲酸二丁酯	25/50	16.6/6.47	1.4900	约8
dichloromethane	二氯甲烷	15/30	0.449/0.393	1.4244	9.09
diethylamine	二乙胺	25	0.346	1.3864	3.7
dimethyl sulfate	硫酸二甲酯	15/30	2.0/1.57	1.3874	55
dimethyl sulfoxide	二甲基亚砜	25	2.0	1.47	4.7
dimethylaniline	二甲基苯胺	20/50	1.41/0.9	1.5582	4.4
dimethylformamide	二甲基甲酰胺	25	0.802	1.42	36.7
dioxane	二噁烷	15/25	1.44/1.177	1.4175	2.2
ether (di-ethyl)	乙醚	20/25	0.233/0.222	1.3497	4.3
ethyl acetate	乙酸乙酯	20/25	0.455/0.441	1.3722	6.0
ethyl alcohol	乙醇	20/30	1.2/1.003	1.3611	25
ethyl benzene	乙苯	17/25	0.691/0.640	1.49	2.5
ethyl bromide	溴乙烷	20/25	0.402/0.374	1.4239	4.9
ethylene bromide	溴化乙烯	20	1.721	1.5379	
ethylene glycol (10%)	乙二醇（10%）	20/30	0.812/0.699		
ethylene glycol (20%)	乙二醇（20%）	20/30	1.835/1.494		
ethylene glycol (50%)	乙二醇（50%）	20/30	4.2/3.11		
ethylene glycol (70%)	乙二醇（70%）	20/30	7.11/5.04		
ethylene glycol (100%)	乙二醇（100%）	20/30	19.9/12.2	1.4310	38.7
formamide	甲酰胺	20/25	3.76/3.30	1.4453	84
formic acid	甲酸	20/50	1.80/1.03	1.3714	58
freon (11 和 113)	氟利昂（11 和 113）	25	0.415	1.36	3.1
furfural	糠醛	20/25	1.63/1.49	1.5261	42
glycerin (10wt%)	甘油（质量分数 10%）	20/25	1.311/1.153	1.3448	
glycerin (20wt%)	甘油（质量分数 20%）	20/25	1.769/1.542	1.3575	
glycerin (40wt%)	甘油（质量分数 40%）	20/25	3.750/3.181	1.3841	
glycerin (100wt%)	甘油（质量分数 100%）	20/25	1499/945	1.4729	42.5
heptane	庚烷	20/25	0.409/0.386	1.3876	1.92
hexane	己烷	20/25	0.326/0.294	1.3754	1.89
iodoethane	碘乙烷	25/50	0.556/0.444	1.5168	7.4
isobutyl alcohol	异丁醇	15/20	4.703/3.9	1.3968	15.8
isopar G	Isopar G	20/40	1.49/1.12	1.4186	2.0
isopentane	异戊烷	20	0.223	1.3550	
isopropyl alcohol	异丙醇	15/30	2.86/1.77	1.377	18
isopropyl ether	异丙醚	25/50	0.396/0.304	1.3680	3.85

液体英文名称	液体中文名称	温度/℃	黏度/cP	折射率	介电常数
isopropyl acetate	乙酸异丙酯	20	0.525	1.377	
m-bromoaniline	间溴苯胺	20	6.81	1.6260	13
methanol	甲醇	20/25	0.597/0.547	1.3312	33.6
methyl acetate	乙酸甲酯	20/40	0.381/0.320	1.3614	7
methyl cyclohexane	甲基环己烷	25/50	0.679/0.501	1.4253	2
methyl ethyl ketone	甲乙酮	20/50	0.42/0.31	1.38	19
methyl iodide	甲基碘	20	0.500	1.5293	7.0
methyl isobutyl ketone	甲基异丁基酮	20/50	0.579/0.542	1.396	18
methylene chloride	二氯甲烷	15/30	0.449/0.393	1.4237	9.08
m-toluidine	间甲苯胺	20	0.81	1.5711	6.0
m-xylene	间二甲苯	15/20	0.650/0.620	1.4972	2.37
n-amyl alcohol	正戊醇	15/30	4.65/2.99	1 4099	13.9
n-butyl acetate	乙酸正丁酯	20	0.73	1.3951	5.0
n-butyl alcohol	正丁醇	20/50	2.948/1.42	1.3993	17.8
n-decane	正癸烷	20/50	0.92/0.615	1.4120	2.0
nitrobenzene	硝基苯	20/50	2.0/1.24	1.5529	35
nitromethane	硝基甲烷	20/25	0.66/0.620	1.3818	39.4
n-nonane	正壬烷	20/50	0.711/0.492	1.4054	1.972
n-octane	正辛烷	20/50	0.542/0.389	1.3975	2.0
n-pentane	正戊烷	0/20	0.277/0.240	1.3570	1.84
n-propyl acetate	乙酸正丙酯	20/50	0.537/0.39	1.384	6.3
o-dichlorobenzene	邻二氯苯	25	1.32	1.5515	99
o-nitrotoluene	邻硝基甲苯	20/40	2.37/1.63	1.5474	27.4
o-toluidine	邻甲苯胺	20	0.39	1.5728	6.34
o-xylene	邻二甲苯	16/20	0.876/0.810	1.5055	2.568
propyl bromide	溴丙烷	20	0.524	1.4341	7.2
propylene glycol (10%)	丙二醇（10%）	20/30	1.5/1.2	1.344	
propylene glycol (20%)	丙二醇（20%）	20/30	2.18/1.59	1.355	
propylene glycol (30%)	丙二醇（30%）	20/30	3.0/2.1	1.367	
propylene glycol (100%)	丙二醇（100%）	20/40	56/18	1.433	
p-toluidine	对甲苯胺	20	0.80	1.5532	6.0
p-xylene	对二甲苯	16/20	0.696/0.648	1.4958	2.27
pyridine	吡啶	20	0.95	1.5102	12.5
sec-butyl alcohol	仲丁醇	25/50	3.096/1.332	1.3954	15.8
styrene (vinyl benzene)	苯乙烯（乙烯基苯）	20/50	0.749/0.502	1.55	2.4
sulfuric acid	硫酸	20	0.254	1.8340	84
tert-butyl alcohol	叔丁醇	25/50	4.312/1.421	1.3847	11.5

液体英文名称	液体中文名称	温度/℃	黏度/cP	折射率	介电常数
tetrachloroethylene	四氯乙烯	15	0.93	1.5044	2.5
tetradecane	十四烷	20/50	2.31/1.32	1.429	
tetrahydrofuran	四氢呋喃	20/30	0.575/0.525	1.40	7.6
toluene	甲苯	20/30	0.590/0.526	1.4969	2.4
trichloroethane	三氯乙烷	20	0.2	1.4377	7.5
trichloroethylene	三氯乙烯	20	0.57	1.4784	3.4
triethylamine	三乙胺	25/50	0.347/0.273	1.4003	2.4
water	水	20/25	1.002/.8904	1.3330	80.2

附录 **4**

常用分散剂

常用名称	类型	中文名称	英文名称
Aerosol OT	阴	琥珀酸二异辛酯磺酸钠	dioctyl sulfosuccinate sodium salt
Calgon	阴	六偏磷酸钠	sodium hexametaphosphate
Chelaplex Ⅲ, Komplexon Ⅲ, Trilon BD	阴	乙二胺四乙酸二氢二钠	disodium dihydrogen ethylene diamine tetra acetate dihydrate
CTAB	阳	十六烷基三甲基溴化铵	cetyl trimethyl ammonium bromide
Daxad 19, Lomar PW	阴	聚萘磺酸钠	sodium salt of polynaphthalene sulfonate
Daxad 30	阴	聚甲基丙烯酸钠	sodium polymethacrylate
Dispersol T	阴	硫酸钠与甲醛萘磺酸钠缩合物的混合物	a mixture of sodium sulfate and a condensate of formaldehyde with sodium naphthalene sulfonate
Emulgator E30, Mersolat H	阴	氯化硫皂化石蜡油	sulfochlorinated saponified paraffin oils
Ethomeen C/15	阳	椰子油胺加合 15 个环氧乙烷基团	coconut oil amine adduct with 15 ethylene oxide groups
Igepal CA-630	非	辛基苯氧基聚乙氧基乙醇	octyl phenoxy polyethoxy ethanol
Igepon T	阴	N-甲基-N-油酸钠	sodium N-methyl-N-oleoyltaurate
Nacconol 90F	阴	烷基芳基磺酸钠	alkylaryl sulfonate sodium salt
Neodol 91-6	非	9～11 碳的线性伯醇乙氧基化物	C_9～C_{11} linear primary alcohol ethoxylate
OLOA 1200	非	聚异丁烯丁二酰亚胺	polyisobutene succinimide
Renex 648	非	壬基酚聚氧乙烯醚	nonylphenol ethoxylates
Saponin K	非	石油皂+三氯乙烯	petrol soap + trichlorethylene
SDS	阴	十二烷基磺酸钠	sodium dodecyl sulfate
Span 20（司盘 20）	非	山梨醇酐单月桂酸酯	sorbitan monolaurate
Span 40（司盘 40）	非	山梨醇酐单棕榈酸酯	sorbitan monopalmitate
Span 60（司盘 60）	非	山梨醇酐单硬脂酸酯	sorbitan monostearate
Span 80（司盘 80）	非	山梨醇酐单油酸酯	sorbitan monooleate

颗粒表征的
光学技术及应用

402

常用名称	类型	中文名称	英文名称
Sterox	非	聚氧乙烯硫醚	polyoxyethylene thioether
Tamol SN	阴	缩合磺酸钠	sodium salt of condensed sulfonic acid
Teepol	阴	十二烷基苯磺酸钠（主要成分）	sodium dodecyl benzene sulfonate (main component)
Triton X-100（曲拉通 X-100）	非	聚乙二醇辛基苯基醚	octylphenol ethylene oxide condensate
Tween 20（吐温 20）	非	聚氧乙烯山梨糖醇酐单月桂酸酯	polyoxyethylene sorbitan monolaurate
Tween 80（吐温 80）	非	聚氧乙烯山梨糖醇酐单油酸酯	polyoxyethylene sorbitan monooleate

用于分散一些粉体材料的液体与分散剂

材料	液体	分散剂	材料（英文）	分散剂（英文）
一氧化铅	水	焦磷酸钠	lead monoxide	sodium pyrophosphate
一水磷酸钙	2-丁醇	无	calcium phosphate monohydrate	none
一水磷酸钙	己烷	无	calcium phosphate monohydrate	none
三氧化二砷	十六烷	$HC_nH_{2n}COOH$（$n=11\sim17$）	arsenic trioxide	$HC_nH_{2n}COOH$（$n=11\sim17$）
三氧化二砷	辛醇	无	arsenic trioxide	none
三氧化二锑	水	六偏磷酸钠	antimony trioxide	Calgon
三氧化二锑	水	焦磷酸钠	antimony trioxide	sodium pyrophosphate
三氧化钼	水	环氧乙烷冷凝液	molybdenum trioxide	Nonidet LE
三氧化钼	水	六偏磷酸钠	molybdenum trioxide	Calgon
三水合磷酸钙	水	正磷酸钾	calcium phosphate trihydrate	potassium orthophosphate
三水合磷酸钙	水	六偏磷酸钠	calcium phosphate trihydrate	Calgon
三水合磷酸钙	水	焦磷酸钠	calcium phosphate trihydrate	sodium pyrophosphate
二氧化硅（无定形）	水	聚乙二醇辛基苯基醚	silicon dioxide (amorphous)	Triton X-100
二氧化硅（无定形）	乙醇	正磷酸钾	silicon dioxide (amorphous)	potassium orthophosphate
二氧化硅（无定形）	水	六偏磷酸钠	silicon dioxide (amorphous)	Calgon
二氧化硅（无定形）	水	焦磷酸钠	silicon dioxide (amorphous)	sodium pyrophosphate
二氧化硅（石英）	水	正磷酸钾	silicon dioxide (quartz)	potassium orthophosphate

材料	液体	分散剂	材料（英文）	分散剂（英文）
二氧化硅（石英）	水	焦磷酸钠	silicon dioxide (quartz)	sodium pyrophosphate
二氧化硅（石英）	水	硅酸钠	silicon dioxide (quartz)	sodium silicate
二氧化钛（金红石）	水	聚乙二醇辛基苯基醚	titanium dioxide (rutile)	Triton X-100
二氧化钛（金红石）	水	西替利胺	titanium dioxide (rutile)	cetrimide
二氧化钛（金红石）	水	六偏磷酸钠	titanium dioxide (rutile)	Calgon
二氧化钛（金红石）	水	焦磷酸钠	titanium dioxide (rutile)	sodium pyrophosphate
二氧化铀（UO$_2$）	甲醇	无	uranium dioxide (UO$_2$)	none
二氧化铀（UO$_2$）	1-丁醇	无	uranium dioxide (UO$_2$)	none
二氧化铀（UO$_2$）	水	木质素磺酸钠	uranium dioxide (UO$_2$)	sodium lignosulfonate
二氧化铀（UO$_2$）	水	六偏磷酸钠	uranium dioxide (UO$_2$)	Calgon
二氧化锆	水	六偏磷酸钠	zirconium dioxide	Calgon
二氧化锆	水	焦磷酸钠	zirconium dioxide	sodium pyrophosphate
二氧化锆	1,2,3-丙三醇/水	焦磷酸钠	zirconium dioxide	sodium pyrophosphate
二氧化锰	水	环氧乙烷冷凝液	manganese dioxide	Nonidet LE
二氧化锰	水	焦磷酸钠	manganese dioxide	sodium pyrophosphate
二水硫酸钙	1,2-乙二醇	柠檬酸钴	calcium sulfate dihydrate	cobalt citrate
二水硫酸钙	甲醇	无	calcium sulfate dihydrate	none
二水硫酸钙	水	琥珀酸二异辛酯磺酸钠	calcium sulfate dihydrate	Aerosol OT
半水硫酸钙	水	柠檬酸钾	calcium sulfate hemihydrate	potassium citrate
卤化银	水	六偏磷酸钠	silver halides	Calgon
可可粉	1-丁醇	无	cocoa powder	none
可可粉	2-丁醇	无	cocoa powder	none
可可粉	邻苯二甲酸二乙酯	无	cocoa powder	none
可可粉	丙酮	无	cocoa powder	none
四氧化锰	水	硫酸钠与甲醛萘磺酸钠缩合物的混合物	manganese tetroxide	Dispersol T

材料	液体	分散剂	材料（英文）	分散剂（英文）
四氧化锰	水	焦磷酸钠	manganese tetroxide	sodium pyrophosphate
木浆	水	硅酸钠	wood pulp	sodium silicate
氟化钙	水	焦磷酸钠	calcium fluoride	sodium pyrophosphate
氟化铝钠	1,2-乙二醇	无	sodium aluminum fluoride	none
氟化铝钠	1,2,3-丙三醇/水	无	sodium aluminum fluoride	none
氟化铝钠	水	焦磷酸钠	sodium aluminum fluoride	sodium pyrophosphate
氢氧化钙	乙醇	无	calcium hydroxide	none
氧化硼	水	焦磷酸钠	boron oxide	sodium pyrophosphate
氧化钍	水	硫酸钠与甲醛萘磺酸钠缩合物的混合物	thorium oxide (thoria)	Dispersol T
氧化钍	水	六偏磷酸钠	thorium oxide (thoria)	Calgon
氧化钍	水	焦磷酸钠	thorium oxide (thoria)	sodium pyrophosphate
氧化钙	环己酮	无	calcium oxide	none
氧化钙	1,2-乙二醇	无	calcium oxide	none
氧化钨（WO₃）	丁醇	无	tungsten oxide (WO$_3$)	none
氧化钨（WO₃）	水	六偏磷酸钠	tungsten oxide (WO$_3$)	Calgon
氧化铁	乙醇	无	ferric oxide	none
氧化铁	水	焦磷酸钠	ferric oxide	sodium pyrophosphate
氧化铜	水	六偏磷酸钠	copper oxide	Calgon
氧化铝	水	聚乙二醇辛基苯基醚	aluminum oxide	Triton X-100
氧化铝	水	环氧乙烷冷凝液	aluminum oxide	Nonidet LE
氧化铝	水	盐酸(pH=3)	aluminum oxide	hydrochloric acid (pH=3)
氧化铝	丁胺	无	aluminum oxide	none
氧化铝	1-丁醇	无	aluminum oxide	none
氧化铝	水	烷基萘磺酸钠	aluminum oxide	sodium alkyl naphthalene sulphonate
氧化铝	水	六偏磷酸钠	aluminum oxide	Calgon
氧化铝	水	焦磷酸钠	aluminum oxide	sodium pyrophosphate
氧化铝	水	酒石酸钠	aluminum oxide	sodium tartrate

颗粒表征的
光学技术及应用

材料	液体	分散剂	材料（英文）	分散剂（英文）
氧化铝	2-甲基庚烷	山梨醇酐月桂酸酯	aluminum oxide	Span 20
氧化铝（刚玉）	水	焦磷酸钠	aluminum oxide (corundum)	sodium pyrophosphate
氧化铬	水	焦磷酸钠	chromium oxide	sodium pyrophosphate
氧化锌	水	正磷酸钾	zinc oxide	potassium orthophosphate
氧化锌	水	六偏磷酸钠	zinc oxide	Calgon
氧化锌	水	焦磷酸钠	zinc oxide	sodium pyrophosphate
氧化镁	水	六偏磷酸钠	magnesium oxide	Calgon
氧化镍	水	聚乙二醇辛基苯基醚	nickel oxide	Triton X-100
氧化镍	水	六偏磷酸钠	nickel oxide	Calgon
氧氯化铜	水	六偏磷酸钠	copper oxychloride	Calgon
氮化硼	1-丁醇	无	boron nitride	none
氰胺铅	水	焦磷酸钠	lead cyanamide	sodium pyrophosphate
水合硅酸铝（云母）	水	焦磷酸钠	aluminosilicate hydrate (mica)	sodium pyrophosphate
水合硅酸镁	水	焦磷酸钠	magnesium silicate hydrate	sodium pyrophosphate
淀粉	2-丁醇	无	starch	none
淀粉	邻苯二甲酸二乙酯	无	starch	none
灰	水	焦磷酸钠	ash	sodium pyrophosphate
炭黑	水	琥珀酸二异辛酯磺酸钠	carbon black	Aerosol OT
炭黑	水	亚油酸钠/油酸钠	carbon black	sodium linoleate/sodium oleate
炭黑	水	单宁酸	carbon black	tannic acid
砷酸盐	水	焦磷酸钠	arsenates	sodium pyrophosphate
硅	水	西替利胺	silicon	cetrimide
硅	水	硫酸钠与甲醛萘磺酸钠缩合物的混合物	silicon	Dispersol T
硅	乙醇	无	silicon	none
硅线石	水	焦磷酸钠	sillimanite	sodium pyrophosphate
硅藻土	水	无	diatomaceous earth	none
硅藻土	水	正磷酸钾	diatomaceous earth	potassium orthophosphate

附录5
用于分散一些粉体材料的液体与分散剂

材料	液体	分散剂	材料（英文）	分散剂（英文）
硅藻土	水	六偏磷酸钠	diatomaceous earth	Calgon
硅藻土	水	焦磷酸钠	diatomaceous earth	sodium pyrophosphate
硅酸盐	水	焦磷酸钠	silicates	sodium pyrophosphate
硅酸盐水泥	庚烷	$HC_nH_{2n}COOH$（n=11～17）	cement (portland)	$HC_nH_{2n}COOH$ (n=11～17)
硅酸盐水泥	乙醇	氯化钙	cement (portland)	calcium chloride
硅酸盐水泥	1-丁醇	无	cement (portland)	none
硅酸盐水泥	甲醇	焦磷酸钠	cement (portland)	sodium pyrophosphate
硅酸盐水泥	2-甲基庚烷	山梨醇酐月桂酸酯	cement (portland)	Span 20
硅酸铝（绿柱石）	水	六偏磷酸钠	aluminosilicate (beryl)	Calgon
硅酸铝（绿柱石）	水	硅酸钠	aluminosilicate (beryl)	sodium silicate
硅酸铝（膨润土）	水	焦磷酸钠	aluminosilicate(bentonite)	sodium pyrophosphate
硅酸铝（长石）	水	焦磷酸钠	aluminosilicate (feldspar)	sodium pyrophosphate
硅酸铝（高岭土）	水	氨	aluminosilicate (kaolin)	ammonia
硅酸铝（高岭土）	水	盐酸	aluminosilicate (kaolin)	hydrochloric acid
硅酸铝（高岭土）	水	正磷酸钾	aluminosilicate (kaolin)	potassium orthophosphate
硅酸锆（锆石）	水	焦磷酸钠	zirconium silicate (zircon)	sodium pyrophosphate
硒	水	焦磷酸钠	selenium	sodium pyrophosphate
硫化亚铁（黄铁矿）	水	焦磷酸钠	ferrous sulfide (pyrite)	sodium pyrophosphate
硫化镉	1,2-乙二醇	无	cadmium sulphide	none
硫化镉	水	焦磷酸钠	cadmium sulphide	sodium pyrophosphate
硫黄	水	亚油酸钠/油酸钠	sulphur	sodium linoleate/sodium oleate
硫酸钡（重晶石）	水	硫酸钠与甲醛萘磺酸钠缩合物的混合物	barium sulfate (barytes)	Dispersol T
硫酸钡（重晶石）	水	正磷酸钾	barium sulfate (barytes)	potassium orthophosphate
硫酸钡（重晶石）	水	六偏磷酸钠	barium sulfate (barytes)	Calgon
硫酸钡（重晶石）	水	焦磷酸钠	barium sulfate (barytes)	sodium pyrophosphate
硫酸铅	水	正磷酸钾	lead sulfate	potassium orthophosphate
硼（非晶态）	1-丁醇	无	boron (amorphous)	none
炭（无烟煤）	水	正磷酸钾	carbon (anthracite)	potassium orthophosphate

材料	液体	分散剂	材料（英文）	分散剂（英文）
炭（无烟煤）	水	烷基萘磺酸钠	carbon (anthracite)	sodium alkyl naphthalene sulphonate
炭（木炭）	水	亚油酸钠/油酸钠	carbon (charcoal)	sodium linoleate/sodium oleate
炭（木炭）	水	焦磷酸钠	carbon (charcoal)	sodium pyrophosphate
炭（褐煤）	邻苯二甲酸二乙酯	无	carbon (lignite)	none
炭（活性炭）	2-丁醇	无	carbon (activated charcoal)	none
炭（焦炭）	水	烷基萘磺酸钠	carbon (coke)	sodium alkyl naphthalene sulphonate
炭（焦炭）	水	亚油酸钠/油酸钠	carbon (coke)	sodium linoleate/sodium oleate
炭（煤）	十二烷	无	carbon (coal)	none
炭（煤）	邻二甲苯	无	carbon (coal)	none
炭（煤）	水	聚氧乙烯山梨醇酐月桂酸酯	carbon (coal)	Tween 20
炭（煤）	水	琥珀酸二异辛酯磺酸钠	carbon (coal)	Aerosol OT
炭（煤）	水	亚油酸钠/油酸钠	carbon (coal)	sodium linoleate/sodium oleate
炭（石墨）	水	硫酸钠与甲醛萘磺酸钠缩合物的混合物	carbon (graphite)	Dispersol T
炭（石墨）	1-丁醇	无	carbon (graphite)	none
炭（石墨）	乙醇	无	carbon (graphite)	none
炭（石墨）	水	琥珀酸二异辛酯磺酸钠	carbon (graphite)	Aerosol OT
炭（石墨）	水	亚油酸钠/油酸钠	carbon (graphite)	sodium linoleate/sodium oleate
炭（石墨）	水	单宁酸	carbon (graphite)	tannic acid
炭（褐煤）	邻苯二甲酸二乙酯	无	carbon (lignite)	none
炭（钻石）	乙醇	无	carbon (diamond)	none
炭（钻石）	水	正磷酸钾	carbon (diamond)	potassium orthophosphate
碳化硅	水	正磷酸钾	silicon carbide	potassium orthophosphate
碳化硅	水	六偏磷酸钠	silicon carbide	Calgon
碳化硅	水	焦磷酸钠	silicon carbide	sodium pyrophosphate

材料	液体	分散剂	材料（英文）	分散剂（英文）
碳化硼	水	焦磷酸钠	boron carbide	sodium pyrophosphate
碳化钨	1,2-乙二醇	焦磷酸钠	tungsten carbide	sodium pyrophosphate
碳酸钙	水	聚乙二醇辛基苯基醚	calcium carbonate	Triton X-100
碳酸钙	水	硫酸钠与甲醛萘磺酸钠缩合物的混合物	calcium carbonate	Dispersol T
碳酸钙	水	环氧乙烷冷凝液	calcium carbonate	Nonidet LE
碳酸钙	十二烷	无	calcium carbonate	none
碳酸钙	水	柠檬酸钾	calcium carbonate	potassium citrate
碳酸钙	水	正磷酸钾	calcium carbonate	potassium orthophosphate
碳酸钙	水	六偏磷酸钠	calcium carbonate	Calgon
碳酸钙	水	焦磷酸钠	calcium carbonate	sodium pyrophosphate
碳酸钙	水	硅酸钠	calcium carbonate	sodium silicate
碳酸钙镁	水	六偏磷酸钠	calcium magnesium carbonate	Calgon
碳酸钡	甲醇	无	barium carbonate	none
碳酸铅	水	六偏磷酸钠	lead carbonate	Calgon
碳酸镁	水	六偏磷酸钠	magnesium carbonate	Calgon
碳酸镁	水	焦磷酸钠	magnesium carbonate	sodium pyrophosphate
碳酸镁	2-甲基庚烷	山梨醇酐月桂酸酯	magnesium carbonate	Span 20
粉煤灰	水	无	fly ash	none
粉煤灰	水	焦磷酸钠	fly ash	sodium pyrophosphate
红磷	水	硅酸钠	phosphorus (red)	sodium silicate
红色氧化铅	1,2-乙二醇	无	lead oxide (red)	none
红色氧化铅	水	焦磷酸钠	lead oxide (red)	sodium pyrophosphate
聚氯乙烯	2-丁醇	无	polyvinyl chloride	none
聚氯乙烯	水	正磷酸钾	polyvinyl chloride	potassium orthophosphate
聚氯乙烯	水	亚油酸钠/油酸钠	polyvinyl chloride	sodium linoleate/sodium oleate
聚甲基丙烯酸甲酯	水	正磷酸钾	polymethylmethacrylate	potassium orthophosphate

材料	液体	分散剂	材料（英文）	分散剂（英文）
聚醋酸乙烯酯	水	六偏磷酸钠	polyvinyl acetate	Calgon
蔗糖	2-丁醇	无	sucrose	none
蔗糖	邻苯二甲酸二乙酯	无	sucrose	none
钛	水	聚乙二醇辛基苯基醚	titanium	Triton X-100
钛	水	六偏磷酸钠	titanium	Calgon
钛酸钡	水	硫酸钠与甲醛萘磺酸钠缩合物的混合物	barium titanate	Dispersol T
钠石灰玻璃	水	聚乙二醇辛基苯基醚	glass, soda-lime	Triton X-100
钠石灰玻璃	水	硫酸钠与甲醛萘磺酸钠缩合物的混合物	Glass, soda-lime	Dispersol T
钠石灰玻璃	水	环氧乙烷冷凝液	Glass, soda-lime	Nonidet LE
钠石灰玻璃	1-丁醇	无	soda-lime glass	none
钠石灰玻璃	甲醇	无	soda-lime glass	none
钠石灰玻璃	水	无	soda-lime glass	none
钠石灰玻璃	水	正磷酸钾	soda-lime glass	potassium orthophosphate
钠石灰玻璃	水	焦磷酸钠	soda-lime glass	sodium pyrophosphate
钨	蔗糖水溶液	壬基酚聚氧乙烯醚	tungsten	Renex 648
钨	1,2,3-丙三醇	六偏磷酸钠+环氧乙烷冷凝液	tungsten	Calgon+Nonidet LE
钨酸（H_2WO_4）	甲醇	无	tungstic acid (H_2WO_4)	none
钨酸（H_2WO_4）	丁醇	无	tungstic acid (H_2WO_4)	none
钴	1-丁醇	无	cobalt	none
钴	邻苯二甲酸二乙酯	无	cobalt	none
钴	乙醇	无	cobalt	none
铁	水	聚乙二醇辛基苯基醚	iron	Triton X-100

材料	液体	分散剂	材料（英文）	分散剂（英文）
铁	水	环氧乙烷冷凝液	iron	Nonidet LE
铁	1-丁醇	无	iron	none
铁	乙醇	无	iron	none
铁	水	六偏磷酸钠	iron	Calgon
铜	1-丁醇	无	copper	none
铜	乙醇	无	copper	none
铜	丙酮	无	copper	none
铜	水	焦磷酸钠	copper	sodium pyrophosphate
铝	十六烷	环烷酸铅	aluminum	lead naphthenate
铝	丙二醇	无	aluminum	none
铬酸铅	水	焦磷酸钠	lead chromate	sodium pyrophosphate
锌	1-丁醇	无	zinc	none
锌	乙醇	六偏磷酸钠	zinc	Calgon
锌	水	六偏磷酸钠	zinc	Calgon
面粉	邻苯二甲酸二乙酯	无	flour	none
颜料（无机）	水	柠檬酸钾	pigments (inorganic)	potassium citrate
颜料（有机）	水	聚乙二醇辛基苯基醚	pigments (organic)	Triton X-100
颜料（有机）	水	环氧乙烷冷凝液	pigments (organic)	Nonidet LE
颜料（有机）	水	柠檬酸钾	pigments (organic)	potassium citrate
颜料（有机）	水	焦磷酸钠	pigments (organic)	sodium pyrophosphate

参考文献

[1] *International Critical Tables of Numerical Data, Physics, Chemistry and Technology.* National Research Council (U.S.), McGraw-Hill, New York, 1926.

[2] *CRC Handbook of Chemistry and Physics.* CRC Press, Boca Raton, 2020.

[3] Hardy, R. C., Cottington, R. L., Viscosity of Deuterium Oxide and Water in the Range 5 to 125 C. *J Res NBS*, 1949, 42, 573-578.

[4] Maryott, A.A., Smith, E.R., *Table of Dielectric Constants of Pure Liquids.* NBS Cir, 1951, 514.